高职高专“十三五”规划教材

炼钢技术

主　编　杨桂生　全　红
副主编　张金梁　姚春玲

北　京
冶金工业出版社
2023

内 容 提 要

本书以现代炼钢生产工艺流程为主线，系统阐述了炼钢用原材料及铁水预处理、氧气转炉炼钢、电弧炉炼钢、钢水炉外精炼、连续铸钢等内容。

本书可作为高职高专院校教材，也可供从事炼钢生产的工程技术人员及管理人员参考。

图书在版编目(CIP)数据

炼钢技术/杨桂生，全红主编．—北京：冶金工业出版社，2016.1(2023.1重印)

高职高专“十三五”规划教材

ISBN 978-7-5024-7104-0

Ⅰ.①炼…　Ⅱ.①杨…　②全…　Ⅲ.①炼钢—高等职业教育—教材　Ⅳ.①TF7

中国版本图书馆CIP数据核字（2015）第293239号

炼钢技术

出版发行　冶金工业出版社　　**电　话**　(010)64027926
地　址　北京市东城区嵩祝院北巷39号　　**邮　编**　100009
网　址　www.mip1953.com　　**电子信箱**　service@mip1953.com

责任编辑　杨盈园　美术编辑　彭子赫　版式设计　葛新霞
责任校对　禹　蕊　责任印制　窦　唯
北京印刷集团有限责任公司印刷
2016年1月第1版，2023年1月第4次印刷
787mm×1092mm　1/16；16.75印张；402千字；255页
定价48.00元

投稿电话　(010)64027932　投稿信箱　tougao@cnmip.com.cn
营销中心电话　(010)64044283
冶金工业出版社天猫旗舰店　yjgycbs.tmall.com
(本书如有印装质量问题，本社营销中心负责退换)

前　言

钢铁工业是基础工业，是国民经济建设、社会发展的重要物质基础，是国家实力和工业发展水平的重要标志。中国经济的腾飞，促进了中国钢铁工业的迅猛发展。目前，我国粗钢产量已经达到世界钢产量的一半，成为名副其实的钢铁大国，并且钢材品种结构和质量不断优化，绝大多数钢材已经基本可以满足下游行业对材料质量性能不断提升的需求。我国的钢铁行业正朝着技术升级、结构优化、淘汰落后的方向发展。为适应钢铁工业发展对不同层次人才的需求，特编写本书。

本书以现代炼钢生产工艺流程为主线，系统阐述了炼钢用原材料及铁水预处理、氧气转炉炼钢、电弧炉炼钢、钢水炉外精炼、连续铸钢等内容。编写过程中注重内容的选取，注重理论与实践的结合，突出基本理论、基本知识、基本技能的讲解，力求通俗易懂。

本书的编写人员均为昆明冶金高等专科学校冶金技术专业的教师，其中杨桂生担任第一主编，全红担任第二主编，张金梁、姚春玲担任副主编。具体编写分工为：第1、2章由姚春玲编写，第3、8章由张金梁编写，第4章由全红编写，第5章由张金梁、全红共同编写，第6、7、9、10章由杨桂生编写。杨桂生负责全书的策划和统稿。

本书的编写得到了昆明冶金专科学校冶金材料学院的大力支持，在此表示衷心的感谢。此外，编写中还参考了许多文献资料，在此也向有关作者和出版社表示真挚的谢意。

由于编者水平有限，书中不妥之处，敬请读者批评指正。

杨桂生

2015年6月

前言

目 录

1 概　　述

1.1 炼钢的基本任务

钢和生铁都是铁基合金，都含有碳、硅、锰、磷、硫5种元素，其主要区别见表1-1。钢和生铁最根本的区别在于碳含量不同，一般碳含量小于2.11%的称为钢。钢的综合性能特别是力学性能比生铁好得多，可以进行拉、压、轧、冲、拔等深加工，因此钢比生铁的用途广泛。除约占生铁总量10%的铸造生铁用于生产铁铸件外，约占生铁90%的炼钢生铁要进一步冶炼成钢，以满足国民经济各行业的需要。不同的用途对钢的性能要求不同，从而对钢的生产要求也不同。

表1-1　钢和生铁的主要区别

项　　目	钢	生　铁
碳含量（质量分数）/%	≤2.1，一般为0.04~1.7	>2.11，一般为2.5~4.3
硅、锰、磷、硫含量	较少	较多
熔点/℃	1450~1530	1100~1150
力学性能	强度高，塑性、韧性好	硬而脆，耐磨性好
可锻性	好	差
焊接性	好	差
热处理性能	好	差
铸造性	好	更好

炼钢就是通过冶炼降低生铁中的碳和去除有害杂质，再根据对钢性能的要求加入适量的合金元素，使其成为具有高的强度、韧性或其他特殊性能的钢。因此，炼钢的基本任务是：

（1）脱碳。碳是控制钢性能最主要的元素。钢中碳含量增加，则硬度、脆性都将提高，而延展性能将下降；反之，碳含量减少，则硬度、强度下降而延展性提高。所以炼钢过程必须按钢种规格将碳氧化至一定范围。

（2）脱硫、脱磷。对绝大多数钢种来说，P、S均为有害杂质。P会引起钢的冷脆，S会引起钢的热脆，因此，要求在炼钢过程中尽量去除。

不同钢种对硫含量有着不同的规定：非合金钢中普通质量级钢要求$w[S] \leqslant 0.045\%$，优质级钢$w[S] \leqslant 0.035\%$，特殊质量级钢$w[S] \leqslant 0.025\%$，超低硫钢$w[S] \leqslant 0.001\%$。

钢中的磷含量允许范围为：非合金钢中普通质量级钢$w[P] \leqslant 0.045\%$，优质级钢$w[P] \leqslant 0.035\%$，特殊质量级钢$w[P] \leqslant 0.025\%$；普通低磷钢$w[P] \leqslant 0.010\%$，超低磷钢$w[P] \leqslant 0.005\%$，极低磷钢$w[P] \leqslant 0.002\%$。

但有些钢种如炮弹钢、耐腐蚀钢等，则需要加入磷元素。

（3）脱氧。炼钢是氧化还原过程。其在吹炼过程中，向熔池吹入了大量的氧气，到吹炼终点，钢水中含有过量的氧，如果不进行脱氧，将影响其后的浇注操作。而且在钢的凝固过程中，氧以氧化物的形式大量析出，钢中将产生氧化物非金属夹杂，降低钢的塑性和冲击韧性，使钢变脆。为此，要将钢水按不同钢种要求脱氧。脱氧一般是通过向钢水中加入比铁具有更大亲氧能力的元素来完成（如 Al、Si、Mn 等合金）。

（4）去气和非金属夹杂。钢中气体主要指溶解在钢中的氢和氮。炼钢炉料带有水分或由于空气潮湿，都会使钢中的含氢量增加。在钢的热加工过程中，钢中含有氢气的气孔会沿着加工方向被拉长而形成发裂，从而降低钢材的强度、塑性以及冲击韧性。这种现象称为氢脆。氮由炉气进入钢中。氮在奥氏体中的溶解度较大，而在铁素体中的溶解度很小，且随温度的下降而减小。当钢材由高温较快冷却时，过剩的氮由于来不及析出便溶于铁素体中。随后在 200~250℃加热，将会发生氮化物的析出，使钢的强度、硬度上升，塑性大大降低。这种现象称为蓝脆。

非金属夹杂包括氧化物、硫化物、磷化物以及它们所形成的复杂化合物，按来源可以分成内生夹杂和外来夹杂。外来夹杂系偶然产生，通常颗粒大，呈多角形，成分复杂，氧化物分布也没有规律。内生夹杂物类型和组成取决于冶炼和脱氧方法。碳-氧反应产生的 CO 气泡逸出时会搅动熔池，促进非金属夹杂的上浮和有害气体的排除。有时还需真空冶炼将气体脱除到更低水平。

（5）调整钢液成分。为保证钢的各种物理、化学性能，除控制钢液的碳含量和降低杂质含量外，还应加入适量的合金元素使其含量达到钢种规定范围。

（6）调整钢液温度。铁水温度一般只有 1300℃左右，而钢水温度必须高于 1500℃才不至于凝固。钢水脱碳、脱磷、脱硫、脱氧、去气、去非金属夹杂等过程，都需在液态条件下进行。此外，为了将钢水浇注为铸坯（或钢锭），也要求出钢温度在 1600℃以上。为此，在炼钢过程中，需对金属料和其他原料加热升温，使钢液温度达到出钢要求。

（7）将钢液浇铸成质量好的钢锭或钢坯。通过连续铸钢或模铸方法，将钢液浇注成各种不同形状和不同尺寸的、质量好的钢坯或钢锭。

炼钢的基本任务可以归纳为："四脱"（脱碳、氧、磷和硫），"二去"（去气和去夹杂），"二调整"（调整成分和温度）。采用的主要技术手段为：供氧、造渣、升温、加脱氧剂和合金化操作。

1.2　现代炼钢法发展历程

自 1855 年英国冶金学家贝塞麦（H. Bessemer）发明底吹酸性空气转炉联防法以来，现代炼钢生产在不断探索中发展了一个半世纪。设备的不断更新和工艺的不断改进，使钢的产量大幅度提高、质量日益改善。

1855 年英国人贝塞麦发明酸性底吹空气转炉炼钢法。将空气吹入铁水，使铁水中硅、锰、碳高速氧化，依靠这些元素氧化放出的热量将液体金属加热到能顺利进行浇注的温度，从此开创了大规模炼钢的新时代。

1865 年，法国人马丁（Mar Tin）利用蓄热室原理发明了以铁水、废钢为原料的酸性平炉（马丁炉）法。1880 年出现第一座碱性平炉。由于碱性平炉能适用于各种原料条件，生铁和废钢的比例可以在很宽的范围内变化，解决了废钢炼钢的问题，钢的品种质量也大大超过空气转炉，因此碱性平炉一度成为世界上最主要的炼钢方法，其地位保持了半个多世纪。但是平炉设备庞大，生产率较低，对环境的污染较大。目前平炉炼钢已基本淘汰。

1878 年，英国人托马斯（S. G. Thomas）发明了碱性底吹空气转炉炼钢法（即托马斯法），用白云石加少量黏土作黏结剂制成炉衬，在吹炼过程中加入石灰造碱性渣，解决了高磷铁水的脱磷问题（特别适用于西欧一些国家）。

20 世纪 40 年代初，大型空气分离机问世，它可提供大量廉价的氧气，给氧气炼钢提供了物质条件。1948 年，德国人罗伯特·杜勒（Robert Durrer）在瑞士成功地进行了氧气顶吹转炉炼钢试验。1952 年在奥地利林茨（Linz）城、1953 年在多纳维茨（Donawitz）城先后建成了 30t 氧气顶吹转炉车间并投入生产，所以这一方法也称为 LD 法，而在美国一般称作 BOF（Basic Oxygen Furnace）或 BOP（Basic Oxygen Process），在英国、加拿大等地称作 BOS（Basic Oxygen Steelmaking）。氧气顶吹转炉由于生产率及热效率高，成本低，钢水质量高，便于实现自动化操作，因此成为冶金史上发展最迅速的新技术。氧气转炉炼钢是目前世界上最主要的炼钢方法。

1967 年，德国马克希米利安公司与加拿大莱尔奎特公司共同协作试验，成功开发了氧气底吹转炉炼钢法。1978 年，法国钢铁研究院（IRSID）在顶吹转炉上进行了底吹惰性气体搅拌的试验并获得成功。1979 年，日本住友金属发表了转炉复合吹炼的报告。由于转炉复合吹炼兼有顶吹和底吹转炉炼钢的优点，促进了金属与渣、气体间的平衡，吹炼过程平稳，渣中氧化铁含量少，减少了金属和铁合金的消耗，加之改造容易（对 LD 转炉），因此该炼钢方法在各国得到了迅速推广。目前我国大中型转炉大都采用了复吹技术。

1899 年，法国人赫劳特研制用三相交流电弧炉炼钢获得成功。此法由于钢液成分、温度和炉内气氛容易控制，品种适应性大，特别适于冶炼高合金钢。电弧炉炼钢法是当前主要的炼钢法之一，由电炉冶炼的钢目前占世界钢总产量的 30%～40%。当前电炉炼钢普遍采用超高功率（交流、直流）电弧炉技术。

世界上的主要炼钢方法是氧气转炉和电弧炉炼钢法，其特征见表 1-2。此外，为了冶炼某些特殊用途的钢种和合金，人们还采用感应炉、电渣炉、等离子炉等特种冶金方法。

表 1-2　主要炼钢法的特征

炼钢法	原　料	热　源	氧化剂	造渣剂	特　征	用　途
转炉	主要是铁水，少量废钢	铁水物理热、杂质的氧化热	氧气	石灰、白云石、萤石等	炼钢时间短、废钢使用量少	普通钢、低合金钢
电弧炉	主要是废钢，少量铁水	电能	氧气、铁矿石	石灰、萤石、火砖块	热效率高，钢的 P、S 低，成分调整容易	合金钢、普通钢

1.3　钢铁工业在国民经济中的重要地位与作用

钢具有强度高、韧性好、易加工和焊接等特性，所以是一种优良的结构材料。改变钢中的合金元素及其数量可以获得各种不同性能的合金钢，从而满足制造各种工具和设备的要求。此外，由于铁矿石储藏丰富，便于冶炼和加工，可以进行大规模工业化生产，因此钢铁一直是经济建设、社会发展的重要物质基础，并成为衡量一个国家国力的重要标志之一。

钢铁一直是人类社会使用量最大、覆盖面最宽的重要材料。在现代化建设中，钢的需求涉及所有部门，而且需用的品种和数量都很大。现代农业、机械工业、化学工业、建筑业、电子工业、兵器工业、航空航天工业以及人们日常生活都离不开钢。钢铁业是发展工业经济和改善人民生活的支柱产业。

钢铁之所以成为使用最多的金属材料，其原因有：

（1）就金属元素而言，铁在自然界中的储藏量仅次于铝，居第二位，而且多形成巨大的铁矿床。铁矿石中铁的含量通常为25%~70%。

（2）铁矿石冶炼和加工较容易，且生产规模大、效率高、质量好、成本低，具有其他金属生产无可比拟的优势。

（3）钢铁具有良好的物理、力学和工艺性能，如有较高的强度和韧性，是热和电的良好导体，耐磨、耐腐蚀、焊接及铸造加工性好等。

（4）将某些金属（如镍、铬、钒、锰等）作为合金元素加入铁中，就能获得具有各种性能的金属材料。

（5）钢铁材料通过热处理能调整其力学性能，以满足国民经济各方面的需要。

（6）钢铁材料失效后，回收再利用方便，可以形成“生产使用—废弃—回收—再生产”的循环使用链，是很好的生态材料。

目前世界钢铁产量随着国民经济的发展仍在不断增长，而且近年来钢铁材料与各种有色金属及合金、有机合成材料、无机非金属材料等组成复合材料，用途进一步扩大。目前还没有哪一种材料能取代钢铁材料现有的地位。

1.4　我国钢铁工业的发展

我国是世界上最早使用铁器的国家之一，但实现工业化生产较晚。1890 年张之洞在湖北汉阳开办的汉阳钢铁厂，是我国第一个近代钢铁企业。旧中国钢铁工业非常落后，产量很低，从 1890 年到 1948 年的半个世纪中，累计产钢不到 200 万吨，年产钢量最多的是 1943 年 92.3 万吨。1949 年只有 15.8 万吨，居世界第 26 位，当时世界钢产量是 1.6 亿吨。

新中国成立以来，特别是改革开放以来，我国钢铁工业有了迅速的发展。1978 年钢产量为 3712 万吨，居世界第 5 位。1990 年达到 6603 万吨，1996 年首次突破 1 亿吨，钢产量为 10124 万吨，跃居世界第 1 位，我国钢铁工业发展进入高速增长的时期。1978~2014 年我国及世界粗钢产量见表 1-3。在基本满足国民经济需要的同时，我国已成为钢材净出口国。2014 年我国钢产量 8.2 亿吨，当年世界钢产量为 16.6 亿吨，达世界钢产量的一半。我国已经成为名副其实的钢铁大国。

表 1-3　我国及世界粗钢产量　　万吨

年　份	1978	1990	1995	2000	2003	2005	2008	2010	2012	2014
中国	3712	6603	9296	12700	22000	35300	541	62665	71654	82269
世界总量	59500	61599	75228	83600	96500	113000	133900	147900	154800	166100

随着国民经济的较快增长和人民生活水平的提高，我国粗钢消费量也持续增长。2012年，我国粗钢表观消费量逾6亿吨。建筑、机械、汽车、造船、铁道、石油、家电、集装箱是用钢大户，其中建筑用钢是钢材最大的消费行业，其次是机械。这八大行业用钢消费量基本占全国钢材消费量的70%以上。我国钢材品种结构和质量不断优化，绝大多数钢材已经基本可以满足下游行业对材料质量性能不断提升的需求。

1.5　钢的分类及命名

1.5.1　钢的分类

按组成元素不同，钢可分为碳素钢和合金钢。碳素钢是碳含量低于2%，并有少量硅、锰以及磷、硫等杂质的铁碳合金。为改善或获得某种性能，可在碳素钢的基础上加入一种或多种适量合金元素成为合金钢。钢的品种规格目前已发展到上千种，为生产和使用方便，将钢的品种进行分类，我国常用钢的分类见表1-4。

表1-4　钢的分类

分类方法	类　别	名称及要求	
冶炼	冶炼设备	转炉钢、电炉钢、平炉钢	
	脱氧程度	沸腾钢、镇静钢、半镇静钢	
化学成分	碳素钢	低碳钢（$w(\mathrm{C})<0.25\%$），中碳钢（$w(\mathrm{C})=0.25\%\sim0.60\%$），高碳钢（$w(\mathrm{C})>0.60\%$）	
	合金钢	低合金钢（$w(\mathrm{Me})<3\%$），中合金钢（$w(\mathrm{Me})=3\%\sim10\%$），高合金钢（$w(\mathrm{Me})>10\%$）	
质量	普通碳素钢	甲类钢	$w(\mathrm{S})<0.05\%$，$w(\mathrm{P})<0.045\%$
		乙类钢	
		特类钢	
	优质碳素钢	$w(\mathrm{S})<0.045\%$，$w(\mathrm{P})<0.04\%$	
	高级碳素钢	$w(\mathrm{S})<0.02\%$，$w(\mathrm{P})<0.03\%$	
用途	工具钢	碳素工具钢	
		合金工具钢、刃具钢用、量具用钢、模具钢	
		高速工具钢	
	特殊性能钢	不锈钢、不锈耐酸钢、耐热不起皮钢、耐热合金、磁性材料	

1.5.2　钢的命名

钢的分类只能把具有共同特征的钢种划分和归纳为同一类，不能把每一种钢的特征都反映出来，因此还必须用钢号来表示。世界各国的钢号表示方法各不相同。我国用GB/T 221—2008表示钢铁产品牌号，见表1-5。其表示原则为：

（1）牌号中化学元素用汉字或化学符号表示，如“碳”或“C”、“锰”或“Mn”等。

（2）采用汉语拼音字母表示产品名称、用途、特性和工艺等时，一般从代表该产品名称的汉字和汉语拼音中选取，原则上取第一个字母。当所选字母和另一产品代号重复时，取第二或第三个字母，一般不超过两个。

表 1-5　各类钢铁产品名称、用途、特性和工艺方法表示符号（GB/T 221—2008）

名称	汉字及汉语拼音		符号（位置）
	汉字	汉语拼音	
碳素结构钢	屈	QU	Q（牌号头）
低合金高强度高	屈	QU	Q（牌号头）
耐候钢	耐候	NAIHOU	NH（牌号尾）
易切削非调制钢	易非	YIFEI	YF（牌号头）
热锻用非调制钢	非	FEI	F（牌号头）
易切削钢	易	YI	Y（牌号头）
电工用热轧硅钢	电热	DIANRE	DR（牌号头）
车辆车轴用钢	辆轴	LIANGZHOU	LZ（牌号头）
电工用冷轧无取向用钢	无	WU	W（牌号中）
电工用冷轧取向用钢	取	QU	Q（牌号中）
（电讯用）取向高磁感硅钢	电高	DIANGAO	DG（牌号头）
焊接气瓶用钢	焊瓶	HANPING	HP（牌号尾）
（滚珠）轴承钢	滚	GUN	G（牌号头）
铆螺钢	铆螺	MAOLUO	ML（牌号头）
质量等级			A（牌号尾）
质量等级			B（牌号尾）
			C（牌号尾）
			D（牌号尾）
矿用钢	矿	KUANG	K（牌号尾）
压力容器用钢	容	RONG	R（牌号尾）
桥梁用钢	桥	QIAO	q（牌号尾）
锅炉钢	锅	GUO	g（牌号尾）
汽车大梁用钢	梁	LIANG	L（牌号尾）
碳素工具钢	碳	TAN	T（牌号头）
管线用钢			S（牌号头）
机车车轴用钢	机轴	JIZHOU	JZ（牌号头）
地质钻探钢管用钢	地质	DIZHI	DZ（牌号头）
电工用冷轧取向高磁感硅钢	取高	QUGAO	QG（牌号中）
塑料模具钢	塑模	SUMO	SM（牌号头）
沸腾钢	沸	FEI	F（牌号尾）
半镇静钢	半	BAN	b（牌号尾）
镇静钢	镇	ZHEN	Z（牌号尾）
特殊镇静钢	特镇	TEZHEN	TZ（牌号尾）
钢轨钢	轨	GUI	U（牌号头）
船用钢	船	CHUAN	国际符号
焊接用钢	焊	HAN	H（牌号头）

1.5.3　新一代钢铁材料的主要特征

新一代钢铁材料具有以下 3 个主要特征：

（1）超细晶。钢只有获得超细晶组织才能在“强度翻番”后具有良好强韧性配合。铁素体-珠光体钢最终使用态的晶粒度应当从传统的几十微米（八级晶粒度为 20μm）细化到几微米。贝氏体-马氏体的板条束宽度细化到几微米，甚至更细。细晶技术应当是研究提高材料强韧性的首选途径。

（2）高洁净度。经济洁净度是指钢材内部杂质含量和夹杂物形态能满足使用要求的洁净度。由于钢的强度翻番，材料在使用时承受了更高应力，使裂纹形成和扩展的敏感性增加。按照断裂力学的基本概念，在相同条件下，受力愈大，临界裂纹尺寸（以夹杂物大小作为内在不可避免的裂纹）愈小。因此，新一代钢铁材料应有更高的洁净度。

（3）高均匀性。钢液凝固过程中，由于传热规律造成顺序凝固，无论模铸还是连铸都带来低熔点元素的宏观偏析。随后的高温加热及大变形量轧制，都难以消除偏析。现代冶金的发展趋势是流程愈来愈紧凑，过程愈来愈快，材料组织向非平衡发展。为改善钢的均匀性，在凝固过程中应尽可能减少柱状晶，争取获得全等轴晶的钢坯，在杂质总量不变的情况下，提高均匀性相当于提高洁净度。

新一代钢铁材料除上述 3 个特征外，从经济和生产应用考虑，还应满足以下 3 个条件：

（1）良好的性能价格比。强度翻番，价格不能翻番。必须有更好的性能价格比，以保证市场的竞争力。

（2）强韧性良好配合。不能以牺牲韧性来提高强度。必须有足够的韧性储备，特别是低温韧性，以保证安全。

（3）符合可持续发展的方针。应尽量降低能源、资源消耗，便于废钢回收利用。钢中要少用合金元素，降低碳含量，以保证塑性、韧性和焊接性。工艺过程不能污染环境。

正在开发的新一代钢铁材料，有高层建筑用钢（$\sigma_s \geqslant 500$MPa）、大跨度重载桥梁用钢（$\sigma_s \geqslant 980$MPa）、井深达 5500m 以上的石油开采钻井用钢、地下和海洋设施用的耐蚀低合金钢和微合金结构钢等。

1.6　现代钢铁生产工艺流程

现代炼钢工艺的流程主要有两种：以氧气转炉炼钢工艺为中心的钢铁联合企业生产流程和以电炉炼钢工艺为中心的小钢厂生产流程。通常习惯上人们把前者称为长流程，把后者称为短流程。

长流程工艺就是：从炼铁原燃料准备开始，原料入高炉冶炼得到液态铁水，高炉铁水经过（或不经过）铁水预处理入氧气转炉吹炼，再经二次精炼（或不经过）获得合格钢水，钢水经过凝固成型工序（连铸或模铸）成坯或锭，再经轧制工序最后成为合格钢材。这种工艺流程由于生产单元多，规模庞大，生产周期长，因此称为钢铁生产的长流程。

短流程工艺就是：回收再利用的废钢（或其他代用料）经破碎、分选加工后，预热直接加入电炉中，电炉利用电能作为热源来进行冶炼，再经二次精炼，获得合格钢水，后续工序同长流程工序。这种工艺流程由于简捷，高效节能，生产环节少，生产周期短，因此称为钢铁生产的短流程，又称为“三位一体”流程（即由电炉—炉外精炼—连铸组成）或者“四个一”流程（即由电炉—炉外精炼—连铸—连轧组成）。

进入 21 世纪，在自然资源保有量不断锐减和环境状况日益恶化的背景下，社会更加关心人类今后的生存空间和可持续发展的战略问题。因此，用全新的观点改造传统的工艺流程，已成为今后社会发展的必然要求。根据资源的多样化，钢铁生产将采用多种冶炼工艺，如图 1-1 所示。

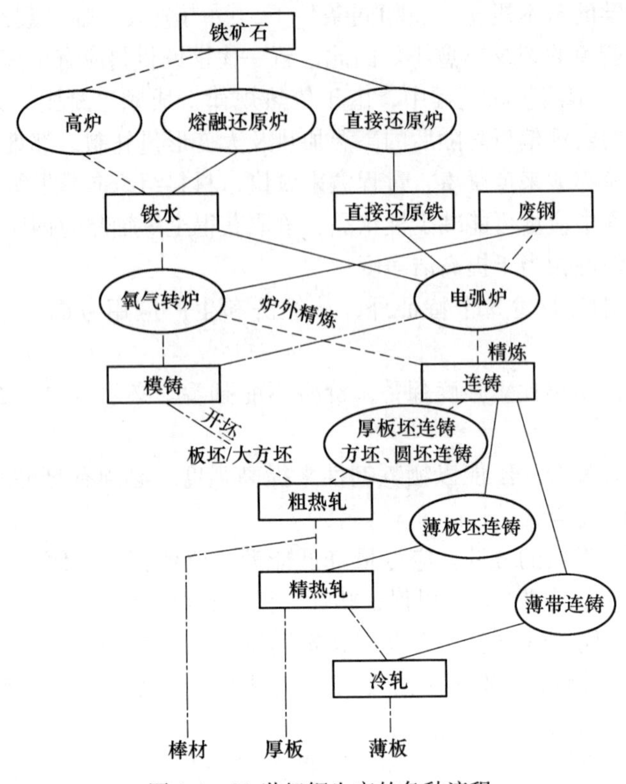

图1-1　21世纪钢生产的各种流程

1.7　炼钢技术经济指标

炼钢的技术经济准则是高效、优质、品种多、低消耗、综合利用资源、提高经济效益。因此技术经济指标能够反映生产中的技术水平与经济效果，它反映并衡量一个企业完成计划的情况，同时也能为企业内部的各项技术、生产与经营活动、检查分析提供依据。

(1) 生产率。

1) 产量。产量是用合格钢产量来表示，如万吨/a、t/月、t/d。

炼钢废品是从出钢开始考核，其中包括从出钢到浇注整个过程中所产生的跑钢、漏钢、混号钢锭及连铸各种因素造成的断流损失，以及轧后废品、用户退回的废品。炼钢必需的合理损失不计入废品，如模铸中注管、汤道、钢包底黏钢等为合理损耗；连铸的切头、切尾、开浇摆槽损失、中包浇余钢水、氧化铁皮等损耗在规定范围之内也均属于合理损失。

2) 小时产钢量。

$$小时产钢量(t/h)=\frac{平均炉产钢量(t)\times 良坯(锭)收得率(\%)}{炉役期平均冶炼时间(h)}$$

3) 平均炼钢时间。平均炼钢时间指冶炼一炉钢所需时间。

$$平均炼钢时间(min/炉)=\frac{炼钢作业总时间(min)}{出钢总炉数(炉)}$$

炼钢作业时间与日历作业率计算内容相同。炼钢出钢炉数不包括全炉废品、全炉钢水回炉、事故回炉等。

4）利用系数。

①转炉的日历利用系数。转炉的日历利用系数是指转炉在日历工作时间内，每公称吨位所生产合格钢的数量。

$$\text{转炉的日历利用系数(t/(公称吨位·d))} = \frac{\text{合格钢产量(t)}}{\text{转炉公称吨位} \times \text{转炉座数} \times \text{日历天数(d)}}$$

转炉公称吨位是指转炉设计总吨位；用于修砌和烘烤的炉座可不计算在内。日历天数是指在规定的实际日历天数，其中包括转炉大、中修停工的天数。

②电炉的利用系数。电炉的利用系数是衡量一座电炉产量高低的标志。它是指电炉1天（24h）每1MV·A变压器容量生产合格钢的吨数，单位为t/(MV·A·d)，计算公式为：

$$\text{利用系数} = \frac{\text{合格钢产量}}{\text{变压器容量} \times \text{日历天数}}$$

$$\text{合格钢产量} = \text{检验量} - \text{废品量}$$

电炉变压器容量按铭牌容量计算；但经改造后的变压器应按新测定的容量计算。天数通常按月、季度、年进行统计，但扣除计划检修和停电所占去的时间。

利用系数在很大程度上综合反映了产品质量的优劣、产量的增减、操作水平的高低、设备潜力的挖掘以及企业管理水平等。

5）作业率。作业率指炼钢炉作业时间占日历时间的百分比。

$$\text{作业率(\%)} = \frac{\text{实际炼钢作业时间}}{\text{日历时间}} \times 100\% = \frac{\text{日历时间} - \text{停工时间}}{\text{日历时间}} \times 100\%$$

转炉实际炼钢作业时间是指扣除停炉的非作业时间，它包括吹氧时间和辅助时间，如装料、等铁水、等废钢、等钢包、等吊车、等浇注、等氧气等时间，只要炉与炉的间隔时间在10min以内，都计算在炼钢作业时间之内，超过10min就统计在非作业时间中。

电炉实际炼钢作业时间包括补炉、装料、炼钢、出钢以及冶炼过程中耽误的时间。冶炼过程中的耽误时间是指等吊车、等钢包、等分析、等原材料、接换电极以及处理冶炼过程中的各类事故所耗的时间。停工时间为检修设备、更换水冷件、特殊修砌补打炉衬、计划停电、停水及换炉壳与换炉盖等所花费时间的总和。

作业率反映了炼钢对时间的利用程度，一般波动在94%~96%之间。如果企业管理水平高，设备维修保养好，炉衬使用寿命高，冶炼操作正常，防止各类事故的发生，缩短计划或杜绝非计划检修时间，作业率就能提高。

6）炉龄。炉衬寿命也称炉龄。转炉炉龄是指新砌内衬后，从开始炼钢起直到更换炉衬止，一个炉役所炼钢的炉数。可按下式计算平均炉龄：

$$\text{炉龄(炉)} = \frac{\text{炼钢总炉数}}{\text{炉衬更换次数}}$$

炼钢电炉的炉龄是指在一个炉役期内，即炉底、炉壁（或炉盖）从投入使用起到更换新炉底、新炉壁（或新炉盖）期间内的炼钢炉数。炼钢电炉的炉底、炉壁或炉盖平均使用寿命的计算公式为：

$$炉底平均使用寿命 = \frac{出钢总炉数}{更换炉底次数}$$

$$炉壁平均使用寿命 = \frac{出钢总炉数}{更换炉壁次数}$$

$$炉盖平均使用寿命 = \frac{出钢总炉数}{更换炉盖次数}$$

炉底、炉壁或炉盖的平均使用寿命通常按月、季度、年进行统计。

7）劳动生产率。劳动生产率包括实物劳动生产率和全员劳动生产率。

转炉炼钢工人实物劳动生产率是指每名炼钢工人及学徒工在某一规定的时间内（年、月、日）所生产合格钢的数量。

$$实物劳动生产率(t/人) = \frac{合格钢坯(锭)产量(t)}{车间生产工人(学徒工在内)人数(人)}$$

$$全员劳动生产率(t/人) = \frac{合格铸坯(锭)产量(t)}{车间人员总数(人)}$$

（2）质量。质量一般是指铸坯（锭）合格率，按钢种分月、季度、年统计。

$$铸坯(锭)合格率(\%) = \frac{合格钢坯(锭)产量(t)}{铸坯(锭)检验合格量(t) + 废品量(t)}$$

（3）品种。

1）品种完成率。品种完成率即计划钢种率，指完成钢种与计划钢种的百分数。

$$品种完成率(\%) = \frac{完成钢种}{计划钢种} \times 100\%$$

2）合金比。合金比指合金钢合格产量占合格钢总产量的百分数。

$$合金比(\%) = \frac{合金钢合格产量}{合格钢总产量} \times 100\%$$

高合金比是指合格的高合金钢（合金元素总含量大于10%的钢）产量占合格钢总产量的百分比。计算公式为：

$$高合金比(\%) = \frac{合格高合金钢产量}{合格钢总产量} \times 100\%$$

（4）消耗。

1）钢铁料消耗。每冶炼1t合格铸坯（锭）所消耗钢铁原料的数量，即：

$$钢铁料消耗(kg/t) = \frac{入炉钢铁原料数量(kg)}{合格铸坯(锭)产量(t)}$$

$$钢铁料数量 = 铁水量 + 废钢铁量$$

废钢铁量包括废钢、生铁块及废铁等加入量。

2）金属料消耗。金属料消耗是每冶炼1t合格铸坯（锭）所消耗的金属材料，它包括钢铁原料和铁合金的消耗数量，铁合金包括脱氧剂、提温剂和发热剂及调整成分用的铁合金，还要将含铁原料如铁矿石，氧化铁皮折合成铁后计入消耗。

有些钢铁原料可按规定折算后计入消耗。例如轻薄废钢可按60%折算；压块废钢按65%折算；渣钢按70%折算，若是砸碎加工的渣钢可按90%折算；钢丝和铁屑按40%折算；粉状铁合金按50%折算；除此之外的其他材料均按实物量计入。

$$金属料消耗(kg/t)=\frac{金属料消耗总和(kg)}{合格铸坯(锭)产量(t)}$$

3）氧气消耗。

$$氧气消耗量(标态)(m^3/t)=\frac{氧气总量(标态)(m^3)}{合格铸坯(锭)总量(t)}$$

4）原材料消耗。原材料消耗是指生产 1t 合格钢所消耗的某种原材料数量，单位为 kg/t，计算公式为：

$$原材料单位消耗量=\frac{某种原材料消耗量}{合格钢产量}$$

冷装电炉炼钢原材料消耗的考核项目主要有电极、各种铁合金、废钢、生铁、耐火材料等，它们均可按上式进行类推计算。

5）冶炼电耗。冶炼电耗是指生产 1t 合格钢所消耗的电量，单位为 kW · h/t，计算公式为：

$$电能单位消耗量=\frac{炼钢所使用的电量}{所炼合格钢量}$$

冶炼电耗是指炉前电度表指示的耗电量，可扣除烤炉用电。但洗炉和为了提高电炉钢质量服务的炼渣炉、二次精炼炉所耗用的冶炼用电，应与电炉钢冶炼电耗一并计算。

6）炼钢能耗指标。

①吨钢综合能耗。吨钢综合能耗是常用的最直观的能耗指标，其含义为，在统计期内，能源消耗总量与同期的钢产量之比，也就是每生产 1t 钢企业（或行业）消耗的能源量，单位为（标煤）kg/t，计算公式为：

$$吨钢综合能耗=\frac{统计期内能耗总量}{同期钢产量}$$

各企业的生产构成差异较大，有的企业生产构成较简单，只生产钢铁产品，而有的企业不仅生产钢铁产品，而且生产耐火材料、金属制品、机械加工等产品，甚至生产水泥、化肥、炭黑等产品，致使吨钢的综合能耗差别很大。因此这一能源指标的变化，只反映本企业能耗水平的进步，无法利用它进行不同企业间的直观比较分析。

②联合企业吨钢可比能耗。联合企业吨钢可比能耗简称吨钢可比能耗，单位为（标煤）kg/t，为钢铁联合企业每生产 1t 钢，从炼铁（包括焦化、烧结）、炼钢（包括铸锭、连铸）直到成材配套生产所必需的能耗量和企业煤气、燃油加工与输送、机车运输及企业能源亏损等分摊在每吨钢上的耗能量之和。

③工序单位能耗。工序单位能耗简称工序能耗，单位为（标煤）kg/t，其中 t 为产品量单位，即在统计期内，某工序生产单位产品的耗能量，计算公式为：

$$工序单位能耗=\frac{工序能源消耗能量}{工序产品产量}$$

工序能耗的大小反映了该工序的能耗水平，采用这一指标便于对不同企业相同工序能耗水平进行分析对比。

④吨钢能耗指标的校正。校正吨钢能耗的定义为：按国外（对象国）的统计口径对我国的吨钢综合能耗统计范围进行调整所得到的吨钢能耗值。此指标用于与国外指标进行

分析比较，计算公式为：

$$校正吨钢能耗 = \frac{校正耗能量}{同期钢产量}$$

校正耗能量=耗能总量-［焦化耗能量+矿山耗能量+炭素、耐火材料耗能量+机修耗能量+其他（金属制品、生活、其他生产等）耗能量］

（5）成本与利润

冶金企业有大批量、多工序生产的特点。通常上一工序半成品的成本（或价格）随半成品实物转移，计入下一工序相应产品的原料费用中。炼钢厂（车间）的成品是连铸坯或钢锭。可比成本用成本的降低率来表示。

$$成本降低率(\%) = 1 - \frac{\sum(每种品种本期单位成本 \times 本期产量)}{\sum(每种品种上期单位成本 \times 本期产量)} \times 100\%$$

$$连铸坯成本(元/t) = \frac{原料费用 + 辅助费用 + 燃料费 + 人工费用 + 维修费 + 其他费用(元)}{合格铸坯产量(t)}$$

思考题

1-1 钢与生铁有何区别？
1-2 炼钢的基本任务是什么？
1-3 钢中硫、磷的危害有哪些？
1-4 钢中氮、氢有什么危害？其来源有哪些？
1-5 新一代钢铁材料的主要特征是什么？
1-6 炼钢的主要方法有哪些，各有何特征？
1-7 长流程与短流程各有何特点？
1-8 炼钢的技术经济准则是什么？技术经济指标反映的主要内容是什么？
1-9 解释炉龄、劳动生产率、钢铁料消耗、冶炼电耗的概念。

2 炼钢用原材料及铁水预处理

原材料是炼钢的物质基础，原材料质量的好坏对炼钢工艺和钢质量有直接影响。国内外大量生产实践证明，采用精料以及原料标准化，是实现冶炼过程自动化、改善各项技术经济指标、提高经济效益的重要途径。根据所炼钢种、操作工艺及装备水平合理地选用和搭配原材料可达到低费用投入、高质量产出的目的。

对原材料总的质量要求是：化学成分和物理性能符合技术标准，并保持相对稳定。

随着市场对钢品种、质量要求的提高，目前普遍对入炉原料进行预处理（精料），以进一步提高炼钢生产的各项技术经济指标。

炼钢原料分为金属料、非金属料和气体。金属料包括铁水（生铁）、废钢、废钢代用品（直接还原铁及碳化铁等）、铁合金；非金属料包括石灰、萤石、白云石、合成造渣剂、耐火材料等；气体有氧气、氩气、氮气。

2.1 金 属 料

2.1.1 铁水

铁水是转炉炼钢的基础原料（少量用于电炉钢），一般占入炉量的70%~100%。铁水的物理热和化学热是转炉炼钢的基本热源，因此对铁水的成分和温度都有一定的要求。

（1）铁水温度。铁水温度的高低是带入转炉物理热多少的标志，铁水物理热约占转炉热收入的50%。铁水温度高有利于稳定操作和转炉的自动控制。因此，我国炼钢规范规定入炉铁水温度应高于1250℃，并且要相对稳定。铁水温度低于1250℃时，将造成炉内热量不足，影响熔池升温和元素氧化的进程，同时不利于化渣和去除杂质，还容易导致喷溅。小型转炉入炉温度要求高点，大型转炉入炉温度可低点，以满足炼钢工艺的需求。

通常，高炉的出铁温度在1350~1450℃，由于铁水在运输和待装过程中会散失热量，所以最好采用混铁车或混铁炉的方式供应铁水，在运输过程应加覆盖保温剂，以减少铁水降温。

（2）铁水成分。铁水成分直接影响炉内的温度、化渣和钢水质量，因此要求铁水成分符合技术要求，并保持稳定。我国国家标准规定的炼钢用生铁化学成分见表2-1。

表2-1 炼钢用生铁化学成分

牌 号		炼04	炼08	炼10
代 号		L04	L08	L10
化学成分 *w*/%	C	≥3.5		
	Si	≤0.45	>0.45~0.85	>0.85~1.25

续表 2-1

牌　号			炼 04	炼 08	炼 10
代　号			L04	L08	L10
化学成分 $w/\%$	Mn	一组	≤0.30		
		二组	>0.30~0.50		
		三组	>0.50		
	P	一组	≤0.15		
		二组	>0.15~0.25		
		三组	>0.25~0.40		
	S	特类	≤0.02		
		一组	>0.02~0.03		
		二组	>0.03~0.05		
		三组	>0.05~0.07		

1）硅。硅是重要的发热元素之一，铁水硅含量增高，炉内的化学热增加。1t 铁水中每氧化 1%的硅可放出 278×10^3kJ 热量。在转炉炼钢过程中，硅几乎完全氧化进入炉渣，硅含量高必然增大石灰耗量，使渣量增大，引起渣中铁损增加，并加剧对炉衬的侵蚀。初渣中 SiO_2超过一定数值时，会影响石灰的渣化，从而影响成渣速度，延长冶炼时间，影响磷、硫元素的脱除。转炉规范规定，铁水中硅含量应在 0.3%~0.8%。

2）锰。锰是弱发热元素，铁水中锰氧化后形成的 MnO 能有效地促进石灰溶解，加快成渣，减少助熔剂的用量和炉衬侵蚀。同时，铁水锰含量增高将使吹炼终点钢水残锰量提高，从而减少合金化时所需的锰铁合金，并在降低钢水硫含量和硫的危害方面起有利作用。但是，高炉冶炼锰含量高的铁水时将使焦炭用量增加，生产率降低。因而对铁水增锰的合理性还需要做详细的技术经济对比，故我国技术标准对转炉炼钢铁水锰含量未作规定。

3）磷。磷是强发热元素，对一般钢种来说也是有害元素，因此铁水磷含量越低越好。根据磷含量的多少铁水可以分为三类：$w[P]<0.30\%$为低磷铁水；$w[P]=0.30\%\sim1.00\%$为中磷铁水；$w[P]>1.50\%$为高磷铁水。由于磷在高炉中是不可能去除的，因此要求进入转炉的铁水磷含量尽可能稳定。目前，各种炉外脱磷工艺技术的开发，使得入炉铁水的磷含量大大降低。

4）硫。一般来说，硫是钢中有害元素。在转炉炼钢的氧化气氛下脱硫率只有 30%~60%，因而脱硫是困难的。然而在高炉的高碳和还原气氛条件下，脱硫要容易些，因此转炉炼钢对高炉铁水应提出要求。近年来，为了提高转炉的生产率，铁水炉外脱硫工艺有了很大的发展，这就为低硫铁水入炉提供了条件。

（3）铁水带渣量。高炉渣中 S、SiO_2和 Al_2O_3含量较高，过多的高炉渣进入转炉内会导致转炉钢渣量大，石灰消耗增加，容易造成喷溅，降低炉衬寿命。因此，兑入转炉的铁水要求带渣量不得超过 0.5%。

2.1.2　废钢

转炉和电炉均使用废钢，废钢是电炉炼钢的主要原材料，转炉用废钢量一般占总装入量的10%~30%。废钢还是转炉冷却效果比较稳定的冷却剂，增加转炉废钢用量可以降低转炉炼钢成本、能耗和炼钢辅助材料消耗。

2.1.2.1 废钢的分类

废钢按来源可分类如下：

（1）外购废钢。这类废钢来源较广，成分和规格较复杂，质量差异大。它主要包括加工工业废料（机械、造船、汽车等行业废钢、车屑等）、铁制品报废件（船舶、车辆、机械设备、土建和民用建材等）和生活用品废钢。这类废钢来源很广，一般质量较差，常混有各种有害元素和非金属夹杂，且形状尺寸又极不规则，需要专门加工处理。

（2）返回废钢。这类废钢质量较好，形状较规则，大都能直接入炉冶炼。它主要包括废钢锭、钢坯、轧钢切头和切尾及废铸件等。

2.1.2.2 废钢的要求

为了合理使用废钢并保证冶炼工艺顺行，对废钢有如下要求：

（1）废钢要有明确的化学成分，不同性质的废钢应分类存放。

（2）废钢中有用的合金元素应尽可能在冶炼过程中回收利用，对有害元素要限制在一定范围内，如磷、硫应小于0.06%；不得混有铜、锌、铅、锡、锑、砷等有色金属。

（3）入炉前要仔细检查，严禁混入封闭器皿、爆炸物品和毒品，以保证安全生产。

（4）废钢应清洁、干燥、少锈，应尽量避免带入泥土、砂石、油污、耐火材料和炉渣等杂质。

（5）废钢应具有合适的外形尺寸和单重。轻薄料应打包或压块后使用，重废钢应加工、切割，以便顺利装料并保证熔化期快速熔化。

（6）为缩短冶炼周期，节能降耗，目前已广泛采用废钢预热措施。

2.1.3 废钢代用品

用于电炉炼钢的废钢代用品主要有直接还原铁（Direct Reduction Iron，DRI）和碳化铁（Fe_3C）两类。

2.1.3.1 直接还原铁

直接还原铁是以铁矿石或精矿粉球团为原料，在低于炉料熔点的温度下，以气体（CO和H_2）或固体碳作还原剂，直接还原铁的氧化物而得到的金属铁产品。

世界上生产直接还原铁主要有两大流程：一是气基法，即以天然气或煤气做还原剂，采用竖炉做还原反应器；二是煤基法，即使用煤做还原剂，多用回转窑做还原反应器。不管是气基法还是煤基法，直接还原的铁产品可以有三种形式：

（1）海绵铁。块矿在竖炉或回转窑内直接还原得到海绵状金属铁。

（2）金属化球团。使用铁精矿粉先造球，干燥后在竖炉或回转窑中直接还原得到保持球团外形的直接还原铁。

（3）热压块铁（Hot Bricqueted Iron，HBI）。把刚刚还原出来的海绵铁或金属球团趁热加压成型，使其成为具有一定尺寸的块状铁，一般尺寸多为100mm×50mm×30mm。经还原工艺生产的直接还原铁在高温状态下压缩成为高体积密度的型块，且具有高的电导率和热导率，可促进熔化和减少氧化所造成的铁损。热压块铁的表面积小于海绵铁与金属化球团，在保管或运输过程中不易氧化，在电炉中使用时装炉效率高。目前，全世界所生产的直接还原铁中热压铁块的比例逐年增加。

直接还原铁的特点是含铁高（金属化率为85%~90%），杂质（Pb、Sn、As、Sb、Bi、Cu、Zn、Cr、Ni、MO、V等）通常为痕量，含磷、硫低（硫一般小于0.01%，磷一般为0.01%~0.04%；热压块铁略高些，硫0.01%~0.04%，磷0.07%~0.10%），孔隙度高（其堆密度在1.66~3.51t/m³）。

2.1.3.2　碳化铁（Fe_3C）

碳化铁（Fe_3C）也是电炉炼钢的优质原料。它是以铁精矿粉为原料，用合成煤气（用部分转化的天然气合成）在流态化床中反应生成的产品，反应式为：

$$3Fe_2O_3 + 5H_2 + 2CH_4 \xlongequal{} 2Fe_3C + 9H_2O$$

碳化铁具有不自燃、流动性好的特点，其磷、硫含量低，碳含量高，冶金性能好，成本低于海绵铁和热压铁块，是一种理想的炼钢原料。我国的海南、新疆、四川等地有较大的天然气和铁矿储量，同时还大量进口国外优质铁矿，这些为我国生产碳化铁提供了资源条件。因工艺与设备尚存在一些问题，目前碳化铁生产还没有真正商业化，相信在不久的将来，市场上会有稳定的碳化铁供应。

2.1.4　铁合金

铁合金主要用于调整钢液成分和脱除钢中杂质，主要做炼钢的脱氧剂和合金元素添加剂。铁合金可分为铁基合金、纯金属合金、复合合金、稀土合金、氧化物合金。

常见的铁基合金有锰铁、硅铁、铬铁、钨铁、钼铁、钛铁、钒铁、硼铁、铌铁等。常用的纯金属合金有锰、镍、铝、铬等。常用的复合合金有硅锰、硅钙硅铝、硅铝钡铁合金等。

使用铁合金时有如下要求：

（1）铁合金应根据质量保证书，核对其种类和化学成分，分类标牌存放，颜色断面相似的合金不宜邻近堆放，以免混淆。

（2）铁合金不允许置于露天下，以防生锈和带入非金属夹杂物，堆放场地必须干燥清洁。

（3）合金块度应符合使用要求，块度大小根据合金种类、熔点、密度、加入方法、用量和电炉容积而定。一般说来，熔点高、密度大、用量多和炉子容积小时，宜用块度较小的合金。

（4）合金在还原期入炉前必须进行烘烤，以去除合金中的气体和水分，同时使合金易于熔化，减少吸收钢液的热量，从而缩短冶炼时间，减少电能的消耗。

2.2 造渣材料

2.2.1 石灰

2.2.1.1 石灰的标准和质量

石灰是碱性炼钢方法的造渣料，通常由石灰石在竖窑或回转窑内用煤、焦炭、油、煤气煅烧而成。它具有很强的脱磷、脱硫能力，不损害炉衬。

石灰质量对炼钢过程成渣速度影响很大。特别是转炉冶炼时间短，要在很短的时间内造渣去除磷、硫，保证各种钢的质量，因而对石灰质量要求更高。电炉由于冶炼周期较长，成渣速度可适当慢些，为减少石灰吸水和便于保存，宜采用新烧的活性度中等的普通石灰。

生产中对石灰的要求是：有效 CaO 含量高，SiO_2含量低，硫含量应尽可能低，生过烧率低，活性度高，块度合适。此外，石灰还应保证清洁、干燥。

对石灰的具体要求是：$w(CaO)\geqslant 85\%$，$w(SiO_2)\leqslant 3\%$（电炉小于 2%），$w(MgO)\leqslant 5\%$，$w(Fe_2O_3+Al_2O_3)\leqslant 3\%$，$w(S)\leqslant 0.15\%$，$w(H_2O)\leqslant 0.3\%$；一般非喷粉用石灰块度，转炉为 20~50mm，电炉为 20~60mm。表 2-2 和表 2-3 列出了我国冶金石灰质量标准（YB/T 042—2004）的部分内容。

表 2-2　冶金石灰的理化指标

类别	品级	$w(CaO)/\%$	$w(CaO+MgO)/\%$	$w(MgO)/\%$	$w(SiO_2)/\%$	$w(S)/\%$	灼减/%	活性度（4mol/mL (40±1)℃，10min）
普通冶金石灰	特级	≥92.0		<5.0	≤1.5	≤0.020	≤2	≥360
	一级	≥90.0			≤2.0	≤0.030	≤4	≥320
	二级	≥88.0			≤2.5	≤0.050	≤5	≥280
	三级	≥85.0			≤3.5	≤0.100	≤7	≥250
	四级	≥80.0			≤5.0	≤0.100	≤9	≥180
镁质冶金石灰	特级		≥93.0	≥5.0	≤1.5	≤0.025	≤2	≥360
	一级		≥91.0		≤2.5	≤0.050	≤4	≥280
	二级		≥86.0		≤3.5	≤0.100	≤6	≥230
	三级		≥81.0		≤5.0	≤0.200	≤8	≥200

表 2-3　冶金石灰的粒度要求

用途	粒度范围/mm	上限允许波动范围/%	下限允许波动范围/%	允许最大粒度/mm
电炉	20~100	≤10	≤10	120
转炉	5~50	≤10	≤10	60

石灰极易受潮变成粉末，因此在运输和保管过程中要注意防潮，要尽量使用新焙烧的石灰。电炉氧化期和还原期用的石灰要在 700℃高温下烘烤使用。电炉采用喷粉工艺时可用钝化石灰造渣，超高功率电炉采用泡沫渣冶炼时可用部分小块石灰石造渣。

2.2.1.2　石灰的性质及反应能力

$CaCO_3$的分解温度为880～910℃，$CaCO_3$在窑内分解成CaO与CO_2。分解反应的过程是：

（1）$CaCO_3$微粒被破坏，在$CaCO_3$中生成CaO过饱和溶体；

（2）过饱和溶体分解，生成CaO晶体；

（3）CO_2气体解吸，随后向晶体表面扩散。

影响石灰质量的因素很多，如石灰石的化学成分、晶体结构及物理性质、装入煅烧窑的石灰石块度、煅烧窑类型、煅烧温度及其作用时间、所用燃料的类型和数量等。

煅烧温度和时间对$CaCO_3$分解速度及石灰质量有重要影响。煅烧温度高于分解温度越多，$CaCO_3$分解越快，生产率越高，但石灰质量明显变差。煅烧温度较低时，烧成的CaO密度小，晶粒细，孔隙度大，晶体结构中存在大量缺陷。若煅烧温度达900～1200℃时，石灰结构逐渐密结，强度增大，孔隙度减小，晶粒增大。当煅烧温度升至1200～1400℃时，发生晶体重结晶，结构越来越致密，气孔被包围，晶体不断长大，有畸变的晶体逐渐长好。若煅烧温度继续提高，有缺陷的、不完备的、不平衡的晶体将逐渐长好，变为正常的完整晶体，但活性显著下降。实践表明，延长高温区煅烧时间也会导致同样结果。因此，要获得优质石灰，必须选择合适的煅烧温度和缩短高温煅烧期的停留时间。石灰的煅烧温度以控制在1050～1150℃的范围内为宜。图2-1为石灰的比表面积、粒度、气孔率、体积密度与煅烧温度的关系。

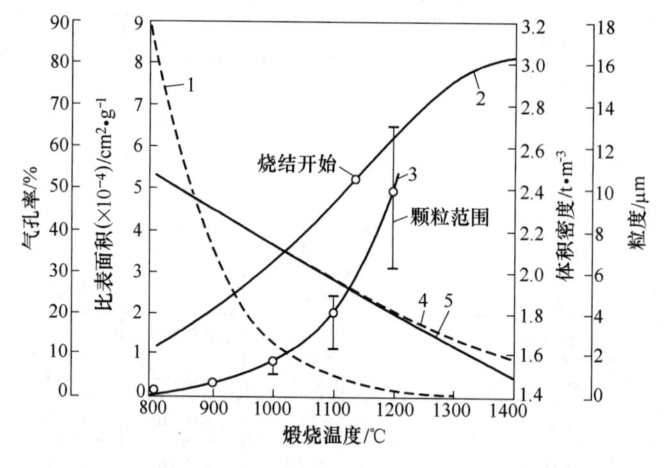

图2-1　石灰的煅烧温度与各物理性质参数的关系

1—比表面积（计算）；2—体积密度；3—平均粒度；4—气孔率（计算）；5—气孔率（实测）

研究表明，在石灰煅烧过程中，CaO的晶粒大小、气孔率、反应速度等各项性质之间有密切的关系。若在窑内的停留时间相同，提高温度可导致CaO晶体长大，而比表面积和气孔率减小。煅烧温度对石灰质量的影响比煅烧持续时间的影响更大，每一个煅烧温度都有一个在窑内的最佳停留时间。

石灰性质包括物理和化学性质，主要有煅烧度、体积密度、气孔率、比表面积、烧减和水活性。

（1）煅烧度。根据生产煅烧程度，石灰可分为软烧、中烧和硬烧石灰，其物理性质差别见表2-4。

表2-4 不同煅烧度石灰的物理性质

物理性质	软烧石灰	中烧石灰	硬烧石灰
体积密度/$kg \cdot m^{-3}$	1500~1800	1800~2200	>2200
总气孔率/%	46~55	34~46	<34
比表面积/$m^2 \cdot g^{-1}$	>1.0	0.3~1.0	<0.3
晶粒直径/μm	1~2	3~6	晶粒连接
活性度/mL	>350	150~350	<150

根据石灰的煅烧条件，一般把煅烧温度过高或煅烧时间过长而获得的晶粒粗大、气孔率低和体积密度大的石灰称为硬烧石灰（过烧石灰）。硬烧石灰大多由致密的CaO聚集体组成，晶体直径远大于10μm，气孔直径有的大于20μm。将在1100℃左右煅烧温度下获得的晶粒细小、气孔率高、体积密度小的石灰称为软烧石灰。软烧石灰绝大部分由最大为1~2μm的小晶体组成，绝大部分气孔直径为0.1~1μm。其溶解速度快，反应能力强，又称活性石灰。介于两者性质之间的称为中烧石灰。中烧石灰晶体强烈聚集，晶体直径为3~6μm，气孔直径为1~10μm。

（2）体积密度。由于水合作用，CaO的密度很难测定，其平均值可认为是3350kg/m^3。石灰的体积密度随煅烧温度的增加而提高，如果石灰石分解时未出现收缩或膨胀，那么软烧石灰的体积密度应为1570kg/m^3、气孔率为52.5%，中烧石灰的体积密度为1800~2200kg/m^3，硬烧石灰的体积密度为2200~2600kg/m^3。

（3）气孔率和比表面积。气孔率分为总气孔率和开口气孔率。总气孔率可由相对密度和体积密度算出，它包括开口和全封闭的气孔。软烧石灰比表面积通常为1.97m^2/g。

（4）烧减。烧减是指石灰在1000℃左右所失去的重量，它是由于石灰未烧透以及在大气中吸收了水分和CO_2所致。

（5）水活性。水活性是指CaO在消化时与水或水蒸气的反应性能，即将一定量石灰放入一定量水中，然后用滴定法或测定放出的热量来评定其反应速度，用以表示石灰的活性。

活性度表征石灰反应能力的大小，是衡量石灰质量的重要参数，用石灰的溶解速度来表示。石灰在高温炉渣中的溶解能力称为热活性，目前在实验室还没有条件测定其热活性。研究表明，用石灰与水的反应，即石灰的水活性可以近似地反映石灰在炉渣中的溶解速度。活性度大，则石灰溶解快，成渣迅速，反应能力强。

石灰活性的检验，世界各国目前均用石灰的水活性来表示。其基本原理是石灰与水化合生成$Ca(OH)_2$时要放出热量和形成碱性溶液，测量此反应的放热量和中和其溶液所消耗的盐酸量，并以此结果来表示石灰的活性。

1）温升法。把石灰放入保温瓶中，然后加入水，并不停地搅拌，同时测定达到最高温度的时间，以达到最高温度的时间或在规定时间达到的升温数作为活性度的计量标准。

如美国材料试验协会（ASTM）规定：把1kg小块石灰压碎，并通过6目（3350μm）筛制成石灰试样。取其中76g石灰试样加入装有24℃、360mL水的保温瓶中，并用搅拌器不停地搅拌，测定并记录达到最高温度的时间。达到最高温度的时间小于8min的才是活性石灰。

2）盐酸滴定法。在石灰与水反应生成的碱性溶液中，加入一定浓度的盐酸使其中和，以一定时间内盐酸溶液的消耗量作为活性度的计量标准。

我国石灰活性度的测定采用盐酸滴定法。标准规定：取1kg石灰块压碎，然后通过10mm标准筛制成石灰试样。取50g石灰试样加入盛有40℃±1℃的2000mL水的烧杯中，并滴加1%酚酞指示剂2~3mL，开动搅拌器不停地搅拌。用4mol/L浓度的盐酸开始滴定，并记录滴定时间。采用10min时间中和碱溶液所消耗的盐酸溶液量作为石灰的活性度。我国标准规定，盐酸溶液消耗量大于300mL才属于活性石灰。但用石灰的水活性来表示石灰的活性只是近似方法，例如，石灰中MgO含量增加，有利于石灰溶解，但在盐酸滴定法测量水活性时，盐酸耗量却随石灰中MgO含量的增加而减少。

2.2.1.3　镁质石灰

镁质石灰是白云石质石灰石或石灰石与白云石混合煅烧而生产的，其石灰成分中含有8%~15%的MgO。通常，镁质石灰的熔点比石灰低，这是因为含有的MgO可与CaO形成CaO-MgO的共晶体，这种共晶体比纯CaO的熔点低280℃，因此在熔渣中具有较好的熔化性能。采用含MgO的造渣材料，可减少熔渣对转炉碱性炉衬的侵蚀。

2.2.2　萤石

萤石（氟石）的主要成分是CaF_2，含有SiO_2、Al_2O_3杂质，密度约为3200kg/m^3，熔化温度约为930℃。炼钢用萤石的成分范围为：$w(CaF_2) \geqslant 85\%$、$w(SiO_2) \leqslant 5\%$、$w(CaO)<3\%$、$w(S)<0.10\%$、$w(P)<0.06\%$。在炼钢生产中，萤石作为助熔剂使用。它在提高炉渣流动性的同时并不降低炉渣碱度。萤石中的CaF_2能与渣中的CaO组成共晶体，其熔点为1362℃；萤石能降低$2CaO \cdot SiO_2$的熔点，使炉渣在高碱度下有较低的熔化温度；萤石中的氟离子能切断渣中硅氧离子团，降低炉渣的黏度。由于萤石具有以上属性，故可显著改善炉渣的流动性。

萤石助熔的特点是作用快，但稀释作用时间不长，随着氟的挥发而逐渐消失。萤石用量过多，会严重侵蚀炉衬。另外，转炉过多地使用萤石，还会造成严重的喷溅，因此应限量使用（转炉规定萤石用量不大于4kg/t）。

萤石的块度，转炉为5~50mm，电炉为10~80mm。使用前应在100~200℃的低温下干燥4h以上，温度不宜过高，否则易使萤石崩裂。萤石须保持清洁干燥，不得混有泥沙等杂物。转炉吹炼高磷铁水回收炉渣做磷肥时，不允许加入萤石。

近年来，由于萤石供应不足，转炉曾试用过其他萤石代用品，如硼酸钠、硼酸钙、氧化钛类（如含不同量TiO_2的钛铁矿）和其他氧化物类（如氧化锰、氧化铁、锰矿、轧钢铁皮、转炉烟尘等）。在替换比为1∶1的条件下，试验表明，萤石仍然是性能最好的熔剂。例如，一些钢厂用氧化铁皮做代用剂，但它们比萤石耗热多，助熔速度慢；个别工厂采用锰矿做代用品，但来源受限制。

2.2.3　白云石

白云石的主要成分为$CaCO_3 \cdot MgCO_3$。转炉炼钢用白云石作造渣料可提高渣中MgO

的含量，减少炉渣对炉衬的侵蚀和炉衬的熔损；同时也可保持渣中 MgO 含量达到饱和或过饱和状态，使终渣达到溅渣操作要求。作为转炉造渣料使用的白云石有生白云石和轻烧白云石（经过 900～1200℃ 焙烧），其中以轻烧白云石效果最好。对白云石的要求见表 2-5。

表 2-5 对白云石的要求

要求指标	$w(CaO)$/%	$w(MgO)$/%	$w(SiO_2)$/%	烧减/%	块度/mm
生白云石	≥20	≥29	≤2.0	≤47	5～30
轻烧白云石	≥35	≥50	≤3.0	≤10	5～40

2.2.4 合成造渣剂

合成造渣剂是将石灰和熔剂预先在炉外制成低熔点造渣材料，然后用于炉内造渣，即把炉内的石灰块造渣过程部分地、甚至全部移到炉外进行。显然，这是一种提高成渣速度、改善冶金效果的有效措施。

作为合成造渣剂中熔剂的物质有氧化铁、氧化锰或其他氧化物以及萤石等。可用一种或几种熔剂与石灰粉一起在低温下预制成型。这种预制料一般熔点较低、碱度高、颗粒小、成分均匀而且在高温下容易碎裂，是效果较好的成渣料。高碱度烧结矿或球团矿也可做合成造渣剂使用，它的化学成分和物理性能稳定，造渣效果良好。

近年来，国内一些钢厂用转炉污泥为基制备复合造渣剂，也取得了较好的使用效果和经济效益。转炉大量排放的除尘污泥，约含 56% 的铁和 12% 的 CaO。在经沉淀、过滤、加石灰和萤石等组分后搅拌、硝化、碾压后制成合成球团，使其 $w(TFe) \leqslant 40\%$、$w(FeO) \geqslant 25\%$、$w(MgO) \geqslant 2.6\%$、$w(CaO) \geqslant 22\%$、$w(S) \leqslant 0.15\%$、$w(CaO)/w(SiO_2) \geqslant 8$，干球强度不小于 24MPa，附着水含量高于 1.3%。这种复合球团用于转炉造渣，脱硫率提高 5%～10%，脱磷率提高 10%～15%，石灰消耗降低 3～5kg/t，转炉钢铁料消耗降低 2～3kg。污泥基复合造渣剂不但为转炉炼钢带来好处，也为转炉污泥利用开辟了新的途径，减轻了环境污染。

2.2.5 菱镁矿

菱镁矿也是天然矿物，主要成分是 $MgCO_3$，焙烧后用作耐火材料，也是目前转炉溅渣护炉的调渣剂。

2.2.6 火砖块

火砖块是浇注系统的废弃品，其主要成分为 SiO_2 和 Al_2O_3，$w(SiO_2) \approx 60\%$、$w(Al_2O_3) \approx 35\%$。它的作用也是用于改善电炉炼钢炉渣的流动性，特别是对含 MgO 高的熔渣，稀释作用比萤石好。火砖块中的 Al_2O_3 可改善炉渣的透气性，使氧化渣形成泡沫而自动流出，促进氧化期操作的顺利进行。在还原期炉渣碱度较高时用一部分火砖块代替萤石是比较经济的，用炭粉还原炉渣时钢液也不易增碳，但因火砖块中的 SiO_2 会降低炉渣碱度，影响去磷、去硫效果，所以用量不能太大。

在碱性电炉中，有时用部分硅石也可代替萤石，用于调整还原期炉渣的流动性。但由于它会降低炉渣的碱度，对碱性炉衬有侵蚀作用，应控制其用量。

硅石的主要成分是 SiO_2，其含量应不低于 90%。硅石的块度为 15~20mm，使用前须在 100~200℃温度下干燥 4h 以上，并要求表面清洁。

2.3 其他材料

2.3.1 氧化剂

（1）氧气。氧气是电炉炼钢最主要的氧化剂。它可使钢液迅速升温，加速杂质的氧化速度和脱碳速度，去除钢中气体和夹杂，强化冶炼过程和降低电耗。电炉炼钢要求氧气纯度高，含氧量不低于 98%；水分少，水分不高于 $3g/m^3$；有一定的氧气压力，一般熔化期吹氧助熔时，应为 0.3~0.7MPa，氧化期吹氧脱碳时有 0.7~1.2MPa。

（2）铁矿石。铁矿石中铁的氧化物存在形式是 Fe_2O_3、Fe_3O_4和 FeO，其氧含量分别为 30.06%、27.64%和 22.28%。在炼钢温度下，Fe_2O_3不稳定。铁矿石是转炉中较少使用的氧化剂。同时它还是冷却剂，氧化铁分解吸热降低熔池温度，分解出来的铁可以增加转炉金属收得率。

电炉用铁矿石的含铁量要高。因为含铁量越高密度越大，入炉后容易穿过渣层直接与钢液接触，加速氧化反应的进行。矿石中有害元素磷、硫、铜和杂质含量要低。要求铁矿石成分为：$w(TFe) \geqslant 56\%$、$w(SiO_2) < 8\%$、$w(S) < 0.10\%$、$w(P) < 0.10\%$、$w(Cu) < 0.2\%$、$w(H_2O) < 0.5\%$，块度为 30~100mm。

铁矿石入库前应用水冲洗表面杂物，使用前须在 500℃以上高温烘烤 2h 以上，以免使钢液降温过大和减少带入水分。

（3）氧化铁皮。氧化铁皮亦称铁鳞，是钢坯（锭）加热、轧制和连铸过程中产生的氧化壳层，含铁量为 70%~75%。氧化铁皮有帮助转炉化渣和冷却的作用。

电炉用氧化铁皮造渣，可以提高炉渣中 FeO 含量，改善炉渣的流动性，稳定渣中脱磷产物，以提高炉渣的去磷能力。要求氧化铁皮的成分为：$w(TFe) \geqslant 70\%$、$w(SiO_2) \leqslant 3\%$、$w(S) \leqslant 0.04\%$、$w(P) \leqslant 0.05\%$、$w(H_2O) \leqslant 0.5\%$。

氧化铁皮的铁含量高，杂质少，但黏附的油污和水分较多，因此使用前须在 500℃以上的高温下烘烤 4h 以上。

除以上三种氧化剂外，电炉有时还使用一些金属的氧化物。如在冶炼某些合金钢时，为了节省合金元素的用量，有时利用它们的矿石或精矿粉来代替部分相应的铁合金，如锰矿、铬矿、钒渣以及镍、钼、钨的氧化物（NiO、MoO_3、WO_3），这些矿石在使钢液合金化的同时，也具有氧化剂的作用。

2.3.2 冷却剂

为了准确命中转炉终点温度，根据热平衡计算可知，转炉必须加入一定量的冷却剂。氧气转炉冷却剂有废钢、氧化铁皮、铁矿石、烧结矿、球团矿、石灰石等，其中主要是废钢、铁矿石、氧化铁皮和石灰石。

废钢是最主要的一种冷却剂。其冷却效果稳定、利用率高、渣量小、不易造成喷溅；

缺点是加入时占用冶炼时间，用于调节温度不方便。

铁矿石和氧化铁皮既是冷却剂，又是化渣剂和氧化剂。带入炉内的铁可以直接炼成钢。转炉技术规范规定：铁矿石 w(TFe) >56%、氧化铁皮 w(TFe) >72%、球团矿 w(TFe)>60%。此外，冷却剂中 SiO_2 和 S 的含量应尽量少，成分和块度力求稳定。球团矿做冷却剂，由于含氧量高和浮在渣面上，容易造成喷溅。与废钢相比，这类冷却剂加入时不占用冶炼时间，但矿石中带有脉石，增加渣量和石灰消耗，同时一次加入量不能过多，否则容易造成喷溅。石灰石做冷却剂是利用 $CaCO_3$ 分解时大量吸热而获得有效冷却效果。石灰石比铁矿石、氧化铁皮做冷却剂引起的喷溅小，在去磷、硫相同情况下渣中 FeO 较低，但它比废钢做冷却剂时造成的金属损失多，不像铁矿石那样能带入铁。在废钢和富铁矿不足的转炉钢厂，可用石灰石做冷却剂。

2.3.3 增碳剂

由于配料或装料不当以及脱碳过量等原因，冶炼过程钢中碳含量达不到预期要求，必须对钢液增碳。常用的增碳剂有电极粉、石油焦粉、焦炭粉、木炭粉和生铁。氧气转炉用增碳法冶炼中、高碳钢时，往往使用含杂质很少的石油焦增碳。转炉所用增碳剂的含碳量要高（w(C) ≥96%），含硫量应尽可能低（w(S) ≤0.5%），粒度应适中（1~5mm）。

2.3.4 炼钢气体

除氧气外，炼钢用气体还有氮气和氩气等。氮气是转炉溅渣护炉和复吹工艺的主要气源。对氮气的要求是满足溅渣和复吹需用的供气流量，气压要稳定。氮气的纯度大于99.95%，氮气在常温下干燥、无油。氩气是转炉炼钢复吹和钢包吹氩精炼工艺的主要气源。要求氩气要满足吹氩和复吹用供气量，气压稳定，氩气纯度大于99.95%，无油、无水。

氮气和氩气是制氧机制取氧气过程中的副产物。由于氮气和氩气的沸点都比氧气低，因此在液态空气加热精馏时，通过不同的分离塔，精确地控制精馏温度和压力，就可以得到工业氮气和氩气。

2.4 铁水预处理

铁水炉外预处理是指铁水进入炼钢炉之前所进行的某种处理，可分为普通铁水的脱硫、脱硅和脱磷预处理（简称铁水的三脱处理）和特殊铁水的提钒、提钛、提铌、提钨预处理，同时提取其他虽不贵重但在经济上综合利用有利的元素。铁水预处理由于在技术上先进和经济上合理，逐渐演变成为当今用于扩大原材料来源、提高钢质量，增加品种和提高技术经济指标的必要手段。铁水预处理技术的日益成熟，已构成现代化钢铁企业生产流程的重要环节。尤其是铁水预脱硫处理已在现代化钢厂得到普遍的应用。

传统的转炉生产钢铁流程“高炉→转炉→连铸”，已逐步被新的工艺流程所代替，即：高炉炼铁→铁水炉外预处理→转炉冶炼→炉外精炼→连铸连轧或连铸→铸坯热送直接轧制。这已成为国内外大型钢铁企业技术改造后的普遍模式。目前，铁水预处理已被公认为降低钢中杂质含量的最佳工艺，改善和提高转炉操作的重要手段之一。

转炉冶炼自始至终是在氧化气氛中进行，故脱硫能力有限，一般单渣法冶炼脱硫率在30%~40%。为了减轻转炉冶炼负担，长期以来人们对铁水预脱硫处理开展了大量研究并取得了快速发展。20世纪70年代后期，由于超低磷、硫钢需求量的增长，人们在喷射法铁水预脱硫基础上成功开发出铁水炉外预脱磷处理技术。因为，脱磷必须先脱硅。这样，铁水的三脱处理技术与旨在分离转炉机能的目标相结合，产生了多种认为是最佳工艺流程的生产模式。

铁水预处理和炉外精炼技术的发展，使炼钢炉的前后工序整合成一个整体，充分发挥各工序的功能，冶炼效益进一步提高，钢质量得到进一步改善，能耗和成本进一步降低，从而将转炉炼钢推进至一个全新的发展时期。

转炉采用低硅、低磷、低硫铁水冶炼有一系列好处：减少造渣材料（石灰等）的消耗；吹炼过程中产生的渣量少，因此，吹炼过程中炉渣外溢和喷溅减少，炉渣对炉衬的侵蚀减少，炉龄显著提高；提高转炉生产率、钢水收得率和钢水余锰量（由炉渣带走的Fe和Mn量减少），转炉的吹炼时间缩短，钢水质量提高。

2.4.1　脱硅

2.4.1.1　脱硅的意义

（1）减少脱磷剂用量，提高脱磷、脱硫效率。在氧化脱磷时，由于SiO_2比P_2O_5更稳定，Si比P优先氧化。因此在对硅含量较高（$w[Si]=0.30\%\sim0.80\%$）的铁水进行炉外预脱磷处理时，加入的含氧化剂的脱磷剂大部分要被硅氧化消耗，从而使脱磷反应滞后，脱磷剂用量增加，同时产生大量的SiO_2，降低熔渣的碱度使脱磷无法进行。因此，在脱磷之前，首先要进行铁水脱硅处理。

（2）减少转炉石灰用量。铁水预脱硅处理可使铁水含硅量由0.6%以上脱除到0.2%以下。通常认为铁水中的硅是转炉炼钢的热源的成渣元素，但是研究表明，为了化渣和保证出钢温度，有0.3%的硅就足够了。多余的硅含量则是有害的，会恶化技术经济指标。

（3）对于含钒和含铌等特殊铁水，预脱硅可为富集V_2O_5和Nb_2O_5等创造条件。

2.4.1.2　脱硅的基本反应

铁水脱硅用的氧化剂有气体（氧气或空气）和固体（铁鳞、烧结矿、铁精矿粉、铁矿石）氧化剂。脱硅的基本反应如下：

$$[Si]+O_2(g)=\!=\!=(SiO_2)(s)$$

$$[Si]+\frac{2}{3}Fe_2O_3(s)=\!=\!=SiO_2(s)+\frac{4}{3}Fe(l)$$

$$[Si]+\frac{1}{2}Fe_3O_4=\!=\!=SiO_2(s)+\frac{3}{2}Fe(l)$$

$$[Si]+2FeO=\!=\!=SiO_2(s)+2Fe(l)$$

因为脱硅反应产物中有SiO_2，所以在固体脱硅剂中加入一定量的CaO等碱性氧化物，可降低渣中a_{SiO_2}值（SiO_2的活度），从而有利于促进脱硅反应的进行。

尽管脱硅反应均为放热过程，但从生产实践和热平衡计算可知，用气体脱硅剂能使熔池温度升高；用固体脱硅剂时，因其熔化吸热，综合效果是使熔池温度下降。

2.4.1.3 脱硅方法

目前铁水炉外脱硅的方法有高炉出铁场的铁水沟内连续脱硅的投入法、向铁水罐或混铁车内喷射脱硅剂脱硅和“两段式”脱硅三种方法。“两段式”脱硅即为前两种方法的结合，先在铁水沟内加脱硅剂脱硅，然后在鱼雷罐车或铁水罐中喷吹脱硅。

（1）高炉出铁沟脱硅。该方法是直接将脱硅剂加入高炉铁水沟中脱硅，脱硅剂一般是铁鳞。其优点是脱硅不占用时间，能大量处理，温降小，时间短，渣铁分离方便；缺点是用于脱硅反应的氧的利用率低和工作条件较差。

高炉铁沟中脱硅剂的加入方式有：

1）投撒给料法。向铁水流表面投入脱硅剂，并利用铁沟内铁水落差进行搅拌。

2）气体搅拌法。在投撒给料法的基础上，向铁水表面吹压缩空气加强搅拌促进脱硅反应进行。该法与投撒给料法相比，脱硅剂利用率高。

3）液面喷吹法。依靠载气将熔剂喷向铁水表面。

4）铁液内喷吹法。通过耐火材料喷枪利用载气向铁水内喷吹脱硅剂。

（2）铁水罐或鱼雷罐车中喷射脱硅剂脱硅。这种方法的特点是工作条件好，处理能力大，脱硅效率高且稳定；缺点是占用时间长，温降较大。

（3）“两段式”脱硅法。当铁水 $w[\mathrm{Si}]<0.4\%$时，可采用简单的铁水沟脱硅法。当$w[\mathrm{Si}]>0.4\%$时，脱硅剂用量增大，泡沫渣严重，适宜采用脱硅效率高的喷吹法或两段法。若炼钢厂扒渣能力不足，应采用两段脱硅法，利用挡渣器分离渣铁。

2.4.2 脱硫

2.4.2.1 脱硫的意义

在铁水中含有的大量的硅、碳和锰等还原性好的元素，能够大大提高硫在铁水中的活度系数，在使用不同类型的脱硫剂，特别是强脱硫剂如钙、镁、稀土等金属及其合金时，不会发生大量的烧损，以致影响脱硫反应的进行，使硫很容易就能脱到很低的水平。对高炉来说，铁水炉外脱硫能减轻高炉负担、降低焦比、减少渣量和提高生产率；对炼钢来说则能减轻炼钢负担、简化操作和提高炼钢生产率，可减少渣量和提高金属收得率，并为转炉冶炼品种钢创造条件。铁水炉外脱硫与炼铁炼钢相结合，可以对铁水实现深度脱硫，从而为转炉冶炼超低硫钢创造条件。

2.4.2.2 脱硫剂

在铁水预处理温度下，硫元素的稳定状态是气态（硫的沸点为445℃），但在有金属液和熔渣的情况下，硫能溶解在金属液和熔渣中。硫在铁液中的溶解度很高，在铁水温度下能同很多金属和非金属元素结合成气、液相化合物。这为开发各种脱硫方法创造了有利条件。各种脱硫方法的实质都是将溶解在金属液中的硫转变为在金属液中不溶解的相，进入熔渣或经熔渣再从气相逸出。

脱硫剂是决定脱硫效率和脱硫成本的因素之一。日本新日铁曾做过计算，脱硫剂的费用约为脱硫成本的80%以上。因此，选择好脱硫剂的种类是降低成本的关键。目前，生产中常用的脱硫剂有石灰（CaO）、碳化钙（CaC_2）、苏打（Na_2CO_3）、金属镁、钙以及由它们组成的各种复合脱硫剂。

典型脱硫剂脱硫反应式见表2-6。1350℃下各反应的平衡常数和各种脱硫反应达到平衡时铁水中的平衡硫含量见表2-7。

表2-6　典型脱硫剂脱硫反应式

反应式	$\Delta G^{\ominus}$/ J · mol^{-1}	反应式编号	备注
Mg(g)+[S]══MgS(s)	−427367+180.67T	2-1	
[Mg]+[S]══MgS(s)	−372648+146.29T	2-2	
Mn(l)+[S]══MnS(s)	−153789+555.52T	2-3	
Ca(l)+[S]══CaS(s)	−416600+80.98T(851～1487℃)	2-4	
Ca(g)+[S]══CaS(s)	−569767+168T(1487～1727℃)	2-5	
CaC_2(s)+[S]══CaS(s)+2[C]	−359245+109.45℃	2-6	
CaO(s)+[S]══CaS(s)+[O]	109070−29.27T(851～1487℃) 108946−30.1T(1487～1727℃)	2-7	
2CaO(s)+[S]+$\frac{1}{2}$[Si] ══CaS(s)+$\frac{1}{2}$(2CaO · SiO_2)(s)	−251930+83.36T	2-8	w[Si]≥0.05%
CaO(s)+[S]+[C]══CaS(s)+CO(g)	−86670−68.96T	2-9	w[Si]<0.05%
MgO(s)+[S]+[C]══MgS(s)+CO(g)	164675−67.54T	2-10	
MnO(s)+[S]+[C]══MnS(s)+CO(g)	115017−75.91T	2-11	
BaO(s)+[S]+[C]══BaS(s)+CO(g)	29686−59.83T	2-12	
Na_2O(l)+[S]+[C]══Na_2S(l)+CO(g)	−34836−68.54T	2-13	

注：表中T为温度，单位为K。

表2-7　各种脱硫剂的相对脱硫能力和平衡硫含量

脱硫剂	Mg	Mn	Ca	CaC_2	CaO	MgO	MnO	BaO	Na_2O
平衡常数	2.06×10^{4}	111.8	1.5×10^{9}	6.94×10^{5}	6.489	0.017	1.833	147.45	5×10^{4}
平衡w[S]	1.6×10^{-5}	3×10^{-3}	2.2×10^{-8}	4.9×10^{-7}	3.7×10^{-3}	1.16	1.1×10^{-2}	1.3×10^{-4}	4.8×10^{-7}
对应公式	2-1	2-3	2-4	2-6	2-9	2-10	2-11	2-12	2-13

从表2-6可看出，用CaC_2、Mg和Na_2O脱硫，平衡时铁水中硫含量较低，脱硫能力均较CaO强很多。实际生产中，Na_2O、Mg、CaC_2等的脱硫能力只比CaO大几倍到几十倍，这主要是受脱硫剂气化损失以及动力学方面因素的影响。目前CaC_2、Mg、CaO、Na_2O被广泛地应用于铁水脱硫中，尤其是近年来金属Mg脱硫在铁水预处理中所占的比例越来越大，已经成为铁水预处理脱硫的主流方法。金属Ca和Ca合金具有很强的脱硫能力，目前被广泛应用于钢水精炼脱硫和钢中非金属夹杂物的变性处理过程中。

2.4.2.3 脱硫方法

正确选择铁水脱硫预处理的工艺方法、脱硫剂种类和预处理容器是铁水预处理的技术核心。目前已经开发的铁水预脱硫方法很多，部分典型处理方法如图 2-2 所示。国内最广泛使用的铁水预处理方法是 KR 法和喷吹法。

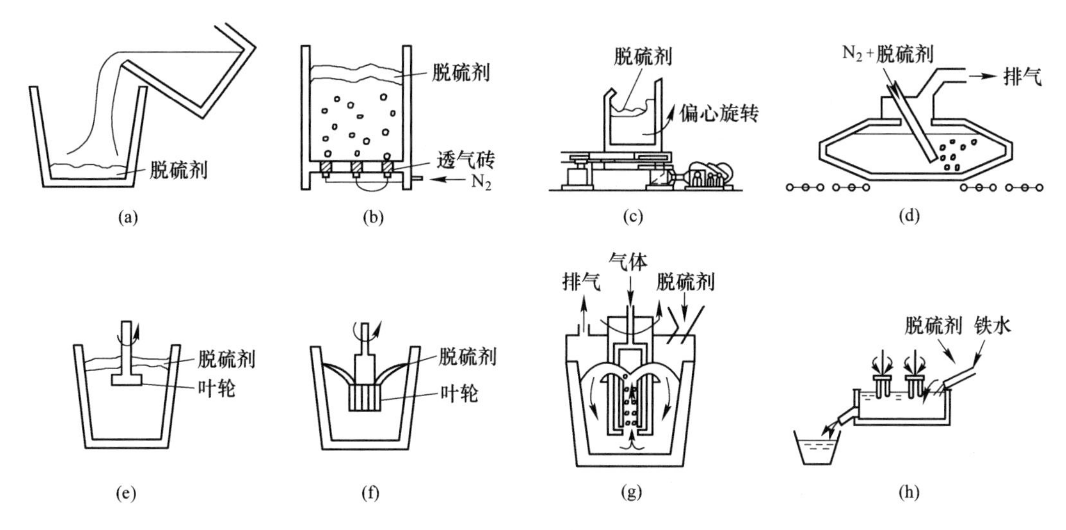

图 2-2 常用脱硫方法

（a）倒包法；（b）PDS 法；（c）摇包法；（d）鱼雷罐车脱硫法（喷吹法）；（e）机械搅拌法（Rhcinstadil 法）；（f）机械搅拌卷入法（KR 法）；（g）吹气环流搅拌法；（h）搅拌式连续脱硫法

KR 法是日本新日铁于 1965 年开发的。KR 法脱硫装置，如图 2-3 所示，它是由搅拌器和脱硫剂输送装置等部分组成，搅拌器头部是一个“十”字形叶轮，内骨架为钢结构，外包砌耐火泥料。这种脱硫方法是将搅拌器浸入铁水罐内旋转搅动铁水，使铁水产生漩涡，同时加入脱硫剂并使其卷入铁水内部进行充分反应，从而达到铁水脱硫的目的。它具有脱硫效率高、脱硫剂耗量少、金属损耗低等特点。

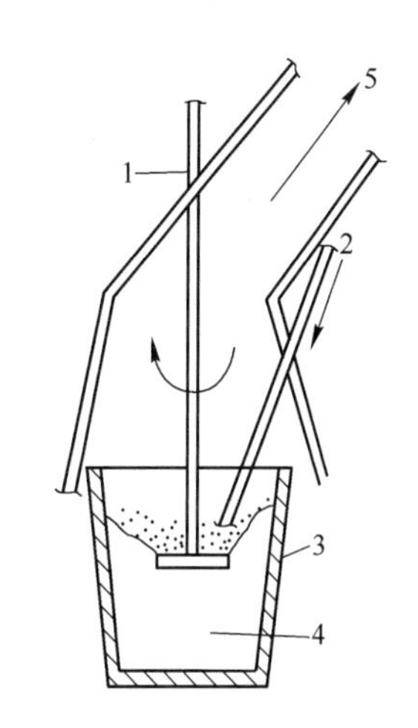

图 2-3 KR 法脱硫装置

1—搅拌器；2—脱硫剂输入；3—铁水罐；4—铁水；5—排烟烟道

喷吹法是将脱硫剂用载气（N_2或惰性气体）经喷枪吹入铁水深部，使粉剂与铁水充分接触，在上浮过程中将硫去除。可以在混铁车或铁水罐内处理。喷枪垂直插入铁水中，由于铁水的搅动，脱硫效果好。喷枪的插入深度和喷吹强度直接关系到脱硫效率。为了完成这一过程，要求从喷粉罐送出的气粉流均匀稳定，喷枪出口不发生堵塞，脱硫剂粉粒有足够的速度进入铁水，在反应过程中不发生喷溅，最终取得高的脱硫率，使处理后的铁水含硫量能满足低硫钢生产的需要。目前国内普遍应用的喷吹法有：单喷颗粒镁、Mg-CaO 复合喷吹、Mg-CaC_2复合喷吹。这几种方法均具有生产 $w[S] \leqslant 0.005\%$铁水的深脱硫能力。

2.4.3　脱磷

近年来，随着用户对高强度、高韧性、高抗应力腐蚀性能钢种需求量的不断增加和质量要求的日益严格，世界各国都在努力降低钢中磷含量。如对于低温用钢、海洋用钢、抗氢致断裂钢和部分厚板用钢，除了要求极低的硫含量以外，还要求钢中的磷含量小于0.01%甚至在0.005%以下。此外，为了降低氧气转炉钢的生产成本和实行少渣炼钢，也要求铁水磷含量小于0.015%。因此，20世纪80年代以来，许多冶金工作者致力于研究铁水的预处理脱磷问题，开发了各种处理方法。

与钢水相比，铁水温度低，这是炉外脱磷的有利条件，此时向铁水加入具有一定碱度和氧化能力的脱磷剂，可把铁水中的磷降低到较低的含量。

2.4.3.1　脱磷剂

铁水脱磷剂主要由氧化剂（氧气、氧化铁等）、固定剂（常用的有CaO、Na_2O）和助熔剂（CaF_2、$CaCl_2$）组成。

工业上使用的氧化铁来源于轧钢皮、铁矿石、烧结返矿、锰矿石等。固定剂有两类：一类为石灰系脱磷剂，它由氧化铁或氧气将磷氧化成P_2O_5，再与石灰结合生成磷酸钙留在渣中；另一类为苏打（即碳酸钠），它既能氧化磷又能生成磷酸钠留在渣中。

各种碱性氧化物的脱磷反应式和$\Delta G^{\ominus}$见表2-7。在标准状态下，为了定量地比较表2-8中各种碱性氧化物脱磷能力的大小，计算得到的1350℃下各反应的平衡常数见表2-9。

表2-8　各种碱性氧化物的脱磷反应式和$\Delta G^{\ominus}$

反应式	$\Delta G^{\ominus}$/J·mol^{-1}	反应式编号
$\frac{6}{5}CaO(s)+\frac{4}{5}[P]+O_2(g)=\!=\!=\frac{2}{5}3CaO\cdot P_2O_5(s)$	$-828342+249.90T$	2-14
$\frac{8}{5}CaO(s)+\frac{4}{5}[P]+O_2(g)=\!=\!=\frac{2}{5}4CaO\cdot P_2O_5(s)$	$-846190+256.58T$	2-15
$\frac{6}{5}MgO(s)+\frac{4}{5}[P]+O_2(g)=\!=\!=\frac{2}{5}3MgO\cdot P_2O_5(s)$	$-744030+256.58T$	2-16
$\frac{6}{5}MnO(s)+\frac{4}{5}[P]+O_2(g)=\!=\!=\frac{2}{5}3MnO\cdot P_2O_5(s)$	$-732725+276.76T$	2-17
$\frac{6}{5}FeO(s)+\frac{4}{5}[P]+O_2(g)=\!=\!=\frac{2}{5}3FeO\cdot P_2O_5(s)$	$-643960+197.20T$	2-18
$\frac{6}{5}Na_2O(s)+\frac{4}{5}[P]+O_2(g)=\!=\!=\frac{2}{5}3Na_2O\cdot P_2O_5(s)$	$-1017734+257.1T$	2-19

表2-9　1350℃下各反应的平衡常数

脱磷剂	FeO	MnO	MgO	CaO	Na_2O
平衡常数	2.6×10^{10}	1.32×10^{9}	3.43×10^{10}	4.15×10^{13}	2.06×10^{19}
反应式编号	2-22	2-21	2-20	2-18	2-19

从表 2-9 可以看出，就脱磷能力来说，Na_2O 的脱磷能力最好，其次是 CaO。但由于目前关于脱磷的热力学数据还不太精确，因此各研究者的计算结果只能作为参考。

2.4.3.2 脱磷方法

根据所用容器的不同，可以分为三类：在高炉出铁沟或出铁槽内进行脱磷、铁水包或鱼雷罐车中进行预脱磷、在专用转炉内进行铁水预脱磷。这三种方法在工业上均得到了实际应用。但由于在鱼雷罐车和铁水罐中脱磷存在一些问题，许多厂家纷纷研究在转炉内进行脱磷的预处理方法，最早应用的是在日本神户制钢神户厂采用的 H 炉脱磷技术，随后新日铁、住友、日本钢管也纷纷采用了这一技术。

与鱼雷罐车内或铁水罐内进行的铁水预处理脱磷相比，在转炉内进行铁水脱磷预处理的优点是转炉的容积大、反应速度快、效率高、可节省造渣剂的用量，吹氧量较大时也不易发生严重的溢渣现象，有利于生产超低磷钢，尤其是中高碳的超低磷钢。另外，在转炉内进行铁水预处理时脱磷剂可以喷粉或块状加入。神户制钢的 H 炉和新日铁的 LD-ORP 炉是用喷粉法加入。其优点是反应速度快，效率高；缺点是需增设喷粉设备，原有设备需要作较大的改动。NKK 福山厂和住友的 SRP 直接将脱磷剂加入炉内，利用较强的底吹搅拌，也能达到较好的脱磷效果，但为了化渣良好，需采取相应措施。韩国浦项公司技术研究所也在 300t 和 100t 的复吹转炉上进行了铁水脱磷预处理实验，研究了该过程中铁水成分的变化，认为在浦项第二炼钢厂采用 TDS（Top De-sulphurization）脱硫预处理的情况下，适于在转炉中进行铁水脱磷预处理。经脱磷后的铁水可用来生产 $w[P]<0.004\%$ 的超低磷钢。

目前国内也面临类似的情况，故在新建或改建预处理脱磷装置的时候应考虑到这一发展趋势，并对此进行研究，结合自身的情况加以利用，从而达到经济且高效地大批量生产低磷钢的目的。

2.4.3.3 铁水同时脱硫脱磷

铁水脱硫和脱磷所要求的热力学条件是相互矛盾的，脱磷要求熔渣（或金属液）高氧化性，而脱硫要求低氧化性。在温度和铁水成分一定时，选择磷容量和硫容量较大的渣系以实现铁水同时脱磷脱硫。在一定渣系条件下，要同时实现脱硫与脱磷，必须根据铁水脱磷和脱硫的要求，控制合适的氧位才行。

用石灰系脱磷剂处理时，若要求 $w[P]\leqslant 0.01\%$，则氧位 $p_{O_2}\geqslant 10^{-8}$ Pa，若要求 $w[S]\leqslant 0.005\%$，则 $p_{O_2}\leqslant 10^{-11}$ Pa。因此，在 $p_{O_2}=10^{-8}\sim 10^{-11}$ Pa 范围内，在同一氧位下石灰系脱磷剂不同时具有不同的脱磷脱硫能力。竹内等在 100t 铁水罐脱磷时测定了不同部位的氧位，如图 2-4 所示。由图可见，不同部位的氧位不同，可分别具有较强的脱磷和脱硫能力。在采用喷吹法时，在喷枪出口处氧位高，有利于脱磷；当粉液流股上升时，其氧位逐渐降低，到包壁回流处氧位低，有利于

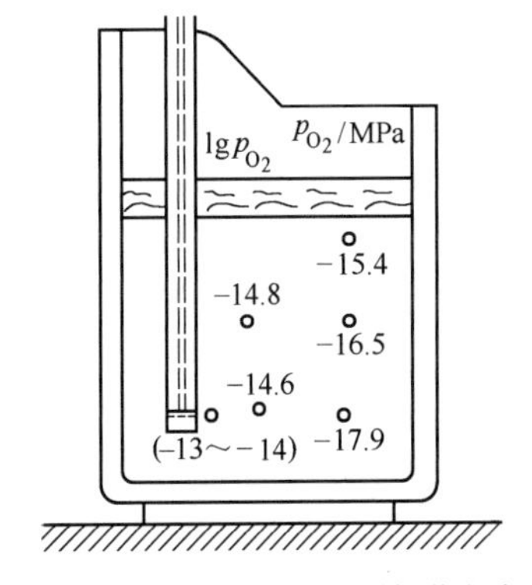

图 2-4 铁水包脱磷时不同部位的氧位

实现脱硫。因此，在同一反应器内，脱磷反应发生在高氧位区，脱硫反应发生在低氧位区，使铁水中的磷与硫得以同时去除，但总体过程无法控制。实际上，处理含磷 0.1%左右的铁水，工业上已达到90%以上的脱磷率，而脱硫率则为50%左右。

另外，以喷吹石灰粉为主的粉料也可实现同时脱磷与脱硫，如日本新日铁公司君津厂的 ORP 法（Optimising the Refining Process）。该法于 1982 年 9 月投产。它是先把铁水脱硅，在 $w[Si]<0.15\%$后，扒出炉渣，然后喷吹石灰基粉料 51kg/t，其结果铁水脱硫率为80%、脱磷率为 88%。喷吹石灰基粉料的工艺特点是：渣量大，渣中铁损多；石灰熔点高，需加助熔剂；铁水中氧位低，需供氧；成本低。

思考题

2-1 转炉炼钢与电炉炼钢所用原材料各有哪些？为什么要用精料？

2-2 转炉炼钢对入炉铁水有何要求？

2-3 废钢的来源有哪些？对废钢的要求是什么？

2-4 什么是活性石灰？使用活性石灰有什么好处？

2-5 为什么说铁水脱硫条件比钢水脱硫优越？

2-6 用金属镁进行铁水脱硫的机理是什么？

2-7 比较说明各脱硫方法的适应性。

2-8 为何铁水脱磷必须先脱硅？

2-9 如何实现铁水同时脱磷脱硫？

3 气体射流及其与熔池的相互作用

炼钢通过向熔池铁水供氧来去除铁水中的杂质元素，通过向熔池供气来强化搅拌，从而实现快速炼钢的目的。因此，气体射流的状态和气体射流与熔池的相互作用对炼钢过程有重要影响。

3.1 顶吹射流的状态与特征

3.1.1 射流的状态

顶吹供氧是转炉炼钢的重要操作之一，在炼钢过程中起主导作用。它是通过氧枪喷头向熔池吹入超声速氧气射流来实现的。采用超声速射流可提高供氧强度，加快氧的传输，提高传质动量，加强熔池搅拌，同时又使氧枪喷头距熔池液面较远，提高氧枪喷头的使用寿命。因此，射流的作用是向熔池输送氧气，促进熔池运动和反应，以加快熔池内部的传质和传热。

研究射流的运动状态，主要是研究射流的中心速度衰减和射流径向扩张变化。从氧枪喷头喷出射流属于超声速湍流射流，湍流射流边界上的质点可沿法向运动到边界以外的周围介质中去，把动量传给周围介质并带动其运动。湍流射流与周围介质之间还会发生传质，即射流质点逸出边界进入周围介质，而周围介质质点则渗进射流。因此，喷头出口处的氧气密度与周围介质气体密度之比对氧气射流的中心速度衰减和径向扩张有强烈的影响。

3.1.1.1 自由流股（单孔喷头）的运动规律

气体从一个喷嘴向无限大的空间喷出后，空间内气体的物理性质与从喷嘴喷出的气流的物理性质相同，这时喷出气体形成的气流称为自由流股或自由射流。

A 超声速射流的结构

超声速射流的结构可以分为三个区段，如图 3-1 所示。从喷嘴出口处到一定长度内，射流各点均保持出口速度不变，这一区段称为超声速等速核心区或势能核心区。从核心区继续向前流动，由于边界上发生动量传递和传质，射流轴线速度衰减，到某一距离处，轴线上的速度降为声速。连接该点与诸断面上的声速点，构成射流的超声速核心区。该区域内各点均大于声速，该区周界上各点等于声速。超声速核心区域之外为亚声速区，此时，流股的横截面不断扩大，同时流速不断降低，此现象称作流股的衰减。习惯上把等速核心区与超声速区合称为射流的首

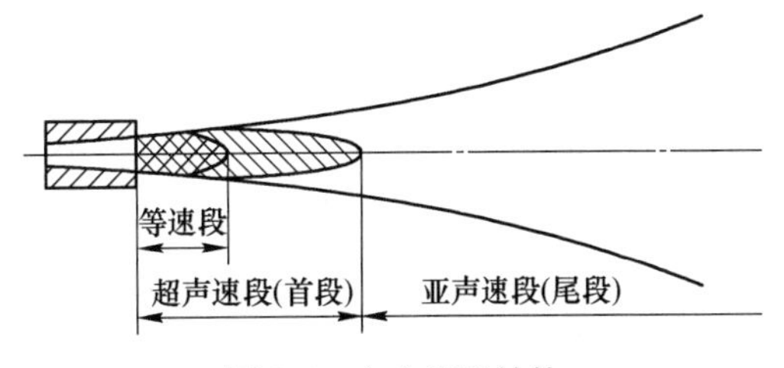

图 3-1 自由流股结构

段，而把亚声速区称为射流的尾段。

在同一横截面上速度的分布特点是流股中心轴线上的速度最大。而随着流股截面的增大，在同一截面上，离中心轴线越远，各点的速度逐渐降低一直到零。在速度等于零的地方，称作流股的界面。流股中心速度的减小速率也称流股的衰减率，流股截面直径增大速率也称流股扩展率，这两个参数是自由流股的基本特征参数。

B　超声速射流的长度

超声速区段的长度，即超声速区段沿射流轴线的长度，标志着射流的衰减速度，是确定氧枪操作高度的依据之一。在生产中希望到达铁水液面的氧气流股具有超声速或声速的射流，以便使其具有一定的冲击动能。

输送到炼钢车间的氧气，在输送管道中的流速一般都小于60m/s，通过氧枪喷头可以达到超声速（达500m/s左右）成为高速氧气射流。一般，用马赫数（Ma）来表示超声速射流的速度。马赫数 Ma 即喷头出口速度 v 与当地声速 c 之比。据中科院蔡志鹏研究员调查，80%以上的喷头射流的马赫数为1.9~2.0。根据气体动力学原理，喷头射流马赫数在2.0左右，既节省能量，又可获得稳定的操作压力。由此可见，氧气顶吹转炉里的氧射流应该是超声速的。

3.1.1.2　多孔喷头氧气流股的运动规律

根据各种转炉容量和工作需要，在生产中使用的氧枪喷头有单孔、多孔和双流道氧枪，其中三孔与四孔喷头目前应用最为广泛。转炉喷头参数选择范围见表3-1。

表3-1　转炉喷头参数选择范围

转炉吨数/t	喷孔数目/个	马 赫 数
<80	3~4	1.85~2.0
90~180	4~5	1.90~2.1
200~300	4~7	1.98~2.2

多孔喷头的设计思想是增大流量，分散射流，增加流股与熔池液面的接触面积，使气体逸出更均匀，吹炼更平稳。然而，多孔喷头与单孔喷头的射流流动状态有重要差别，在总喷出量相同的情况下，多孔喷头射流的速度衰减要快些，射程要短些，几股射流之间还存在相互影响。

多孔喷头中的单孔轴线速度衰减比单孔喷头的速度衰减更快一些，但运动规律是相似的。多孔喷头的速度分布是非对称的，它受喷孔布置的影响。若喷头中心有孔时，其流股速度的最大值在氧枪中心线上；若喷头中心没有孔时，其流股速度的最大值不在中心线上。多孔喷头的流速分布情况如图3-2和图3-3所示。

多孔喷头是从一个喷头流出几股射流，而每一股射流都要从其周围的空间吸入空气。由于各射流围成的中心区域较外围空间小得多，因而中心区域的压力下降，介质流速增大，从而倾向于各射流互相牵引。其结果使各单独射流的特性参数变为非轴对称性，在靠近喷头中心线一侧速度明显偏高，压力明显偏低，如图3-4和图3-5所示。

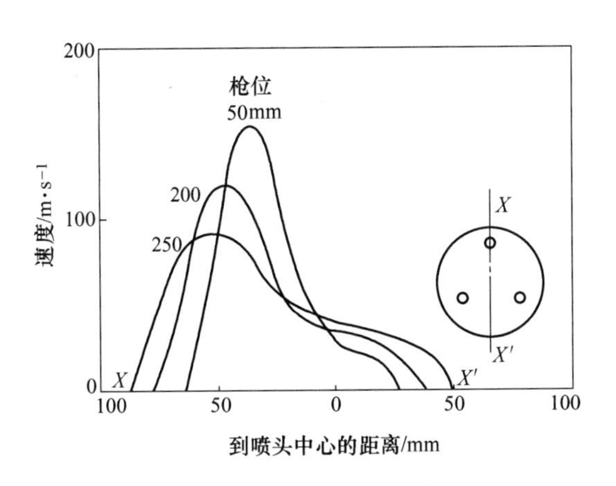

图 3-2 喷头无中心孔的速度分布

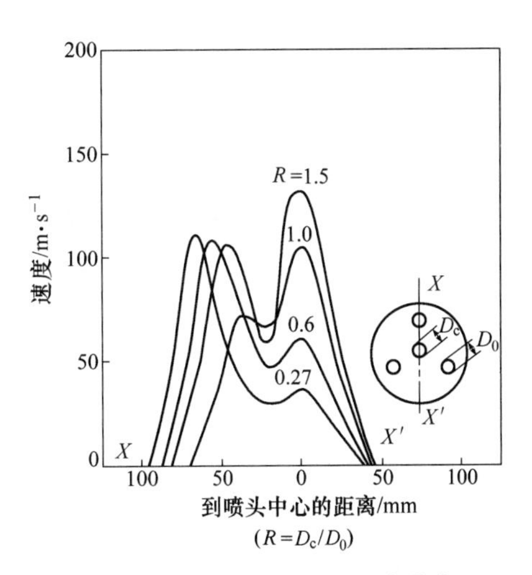

图 3-3 喷头有中心孔的速度分布

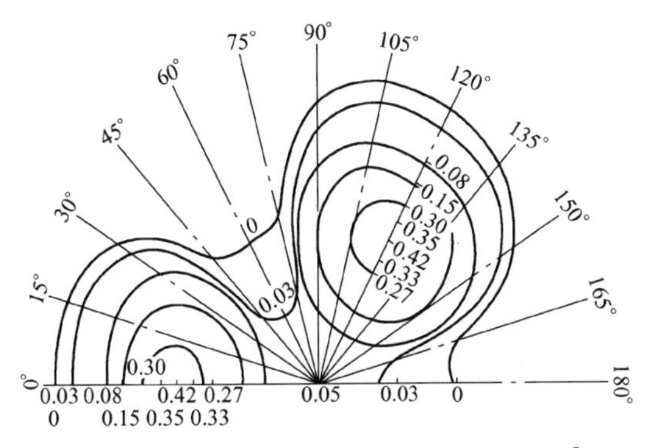

图 3-4 三孔喷头射流的截面压力分布（$\times10^5$Pa）

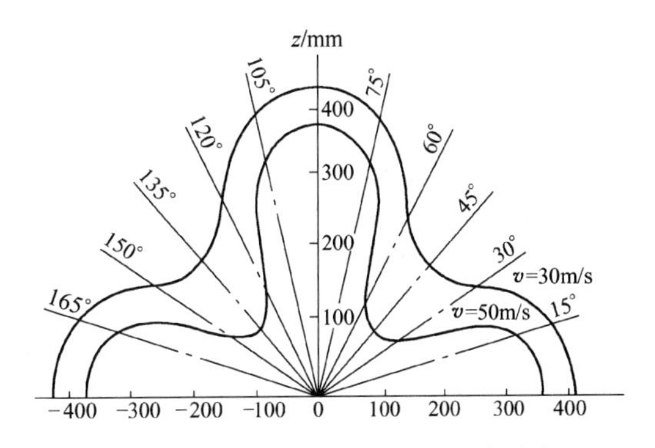

图 3-5 四孔喷头射流的截面速度分布

喷头上各喷孔间的间隔距离或夹角减小，都会造成流股间相互牵引的增加。一股射流从喷孔喷出后，有一段距离保持射流的刚性，但同时也吸入周围介质，中心区域压力的降低，推动各个流股向中心靠拢。喷孔倾角愈小，流股靠拢的趋势愈明显。各个流股在接触时开始混合，这种混合从中心区边缘向各流股中发展，最后形成多流股汇合。为使各个流股分开，国外研究结果表明：各喷孔倾角应在 15°~18°之间，更大的倾角使流股冲击力减小了，也使冲击区接近炉壁。为了提高炉衬寿命，改善冶金效果和减少喷溅，有人提出多孔喷头的流股应有轻度的汇合。众多的研究指出，喷孔倾角与孔数有关，通常采用的是：三孔喷头 9°~12°，四孔喷头 12°~15°，四孔以上喷头 15°~20°。图 3-6 所示为三孔喷头某喷孔流股冷态测试结果，图中 B 线是从喷孔端面中心画的一条直线，δ 为 B 线与 4 线的夹角。由图 3-6 可见，喷孔倾角越小，偏移喷孔几何轴线越严重。

另外，增加各喷孔间的距离同增加喷孔倾角一样，具有使射流分开的作用，而且增大各喷孔间的距离不会降低射流的冲击力。三孔喷头典型的间距为一个喷孔的出口直径（即喷头中心线与各喷孔中心线之间的距离）。

3.1.1.3 双流氧枪

双流氧枪是 20 世纪 80 年代开发应用的新型氧枪，其类型如图 3-7 所示，其中（a）、

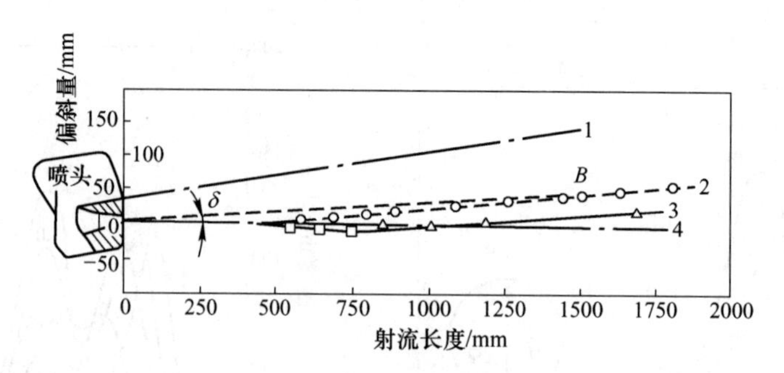

图 3-6　三孔喷头某喷孔流股偏移情况

1—氧枪喷头轴线；2—8°流股轴线；3—9°流股轴线；4—喷孔几何轴线

（b）又称为端部式双流氧枪，（c）、（d）又称为顶端式双流氧枪，它具有主、副两层氧气喷孔。国外设计多倾向于顶端式双流氧枪，其副氧流道喷嘴角通常为20°~60°。副氧流道离主氧流道端面的距离与转炉公称吨位有关，小于100t转炉为500mm，大于100t转炉为1000~1500mm甚至高达2000mm。喷孔可以是直筒孔形，也可以是环缝形。但副氧喷孔或环缝必须穿过进出水套管，加工制造及损坏更换较为复杂。

主流道氧气射流供给熔池完成炼钢任务，副流道喷出的氧气将炉膛内的CO气体进一步燃烧，同时也将渣中的铁粒氧化（见图3-8）。因此，双流道氧枪可促使转炉炉膛内CO燃烧和加速化渣，是一种良好的节能设备。100t以上转炉的二次燃烧率可增加7%，废钢比增加约3%，热效率约为70%。二次燃烧对炉渣中全铁含量和炉衬寿命没有影响。炉气中CO含量降低了6%，最高可降低CO含量为8%。

主氧流中心轴线的射流核心区长度、速度衰减规律符合多孔喷头的特征。由于多流股之间的相互卷吸，且副氧流的出口速度为亚声速，副氧流中各流股的速度也有一定的衰减规律。

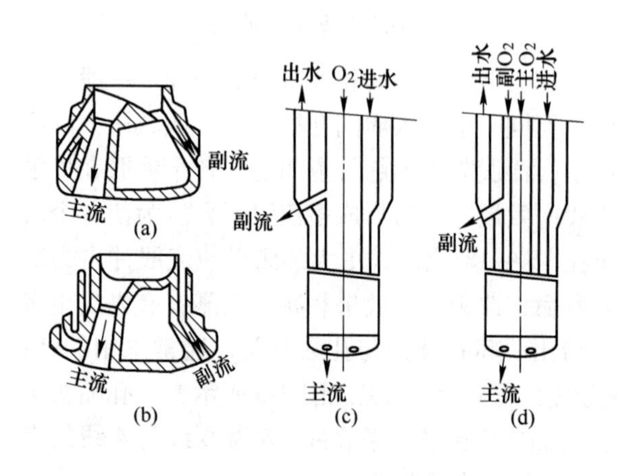

图 3-7　双流道氧枪喷头类型

（a）单流单层双流；（b）双流单层双流；

（c）单流双层双流；（d）双流双层双流

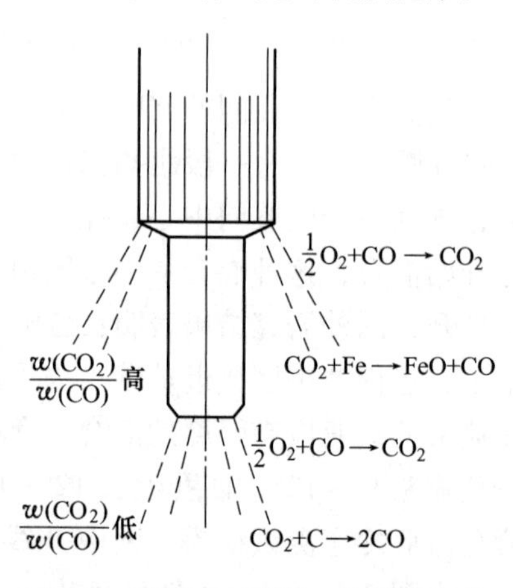

图 3-8　顶端式双流道二次燃烧氧枪

3.1.2　射流的特征

氧气顶吹转炉里从单孔拉瓦尔喷嘴中流出的氧射流是具有反向流（由炉内反应所产

生的 CO 气流产生）的、非等温的、超声速的、轴对称的湍流射流。氧气顶吹转炉里的实际工况使超声速射流的流动规律复杂化，归纳起来有如下几个方面：

（1）转炉里存在着自下而上流动的、以 CO 为主的反向流，它会使氧射流的衰减加快。这种影响在强烈脱碳期最大，而以一次反应区的阻碍作用最强。

（2）在超声速射流的边界层里，除了发生氧与周围介质之间的传质和动量传递之外，还要抽引炉膛里的烟尘、炉渣和金属滴，有时还会受到炉内喷溅的冲击，这将会降低射流的流速并且减小射流的张角。

（3）当采用多孔喷头时，射流截面及射流与介质的接触面积增大，传输过程加剧。另外，每股射流内侧与介质间的传输过程弱于外侧，因而内侧的衰减较慢。这将使射流断面上的速度和动头分布发生变化。

（4）氧射流自喷嘴喷出时温度很低，而周围介质温度则高达 1600℃或更高，在两者发生传质的过程中，射流将被加热。与此同时，反向射流中的 CO 与射流相遇时会部分燃烧放热，而且射流距喷出口越远，所含 CO_2越高，黑度越大，吸热能力也越强。所以可把氧气顶吹转炉里的氧射流看做是一股高温火炬。介质的加热和 CO 燃烧等各种作用的综合效果是使射流膨胀，射流的射程和张角均增大。

综上所述，第一、第二两种因素使射流的衰减加快；第三种因素会使射流的射程增大；最后一个因素将使射流的不均衡性增加，而每一种因素目前都还无法做定量的描述。因此，对氧气顶吹转炉里的氧射流的特点和规律还有待于做进一步的探讨。

3.2　底吹射流的状态与特征

气体从炉底吹入熔池属于浸没式射流运动，当气体通过浸没喷嘴流出时，气体在熔池中既可以形成气泡，也可以形成射流。森一美等实验研究了气体从浸没式喷嘴中流出的情况和形成气泡或射流的特征。他们用氮气从底部吹入水或水银，并用高速摄影机拍摄其流出情况。实验表明，在气体流量小时，气体在喷嘴出口扩大而形成气泡，气泡长大到一定大小后脱离孔口上浮，他们定义这种现象为鼓泡。在流量达到某一临界值以上时，气流在孔口处不扩大，而是在孔口上形成连续的气体射流进入液体中，他们定义这种现象为浸没射流。根据鼓泡和射流所占的时间比例，依据流量计算出表观马赫数 Ma'，得出这三者之间的关系如图 3 -9 所示。

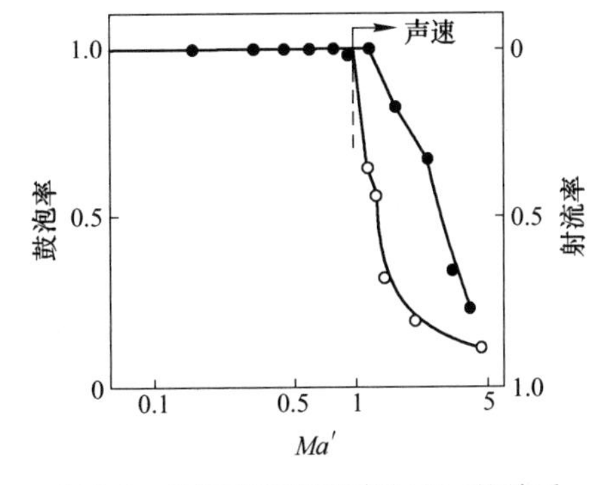

图 3-9　鼓泡率和射流率与 Ma'的关系

表观马赫数 Ma'用下式计算：

$$Ma' = \frac{v}{a} = \frac{Q}{aA} \tag{3-1}$$

式中　v——气体出口速度，m/s；

a——室温声速，m/s；

A——喷嘴截面积，m^2；

Q——喷嘴流出的气体流量，m^3/s。

在 Ma' 为 1 时，由鼓泡到射流达到临界值。喷嘴处气体流出情况在不同流速下是有差异的，气泡频率的转变出现在声速附近。实验发现，在低速流出时，喷出口径达到和超过 $4.4d_0$（d_0为直筒型喷嘴内径）的气泡随供气体流量的增加而增加，在接近声速时达到最大值。当流出速度超过声速后，喷嘴侧壁上溅到的气泡频率迅速减小，这说明部分或大部分气泡在喷嘴前方液相区域中形成，减少了气流与侧壁的接触机会。因此，可以将低于声速流出的状况称为气泡流流出区域（气泡在喷嘴上直接形成或在邻近处形成），高于声速流出的为射流流出区（喷嘴出口处存在连续气流）。

液体金属中气泡形成有两种方法：一是利用冶金反应使过饱和溶液析出气体，如熔池中碳氧反应生成的 CO 气体，二是通过喷吹气体来形成气泡。

3.3　气体射流与熔池之间的相互作用

3.3.1　顶吹氧射流与熔池的相互作用

3.3.1.1　氧气射流冲击下的熔池凹坑

在顶吹氧气转炉中，高压氧流从喷孔流出后，经过高温炉气以很高的速度冲击金属熔池。由于高速氧流与金属熔池间的摩擦作用，氧流的动量传输给金属液，引起金属熔池的循环运动，起到机械搅拌作用，并在熔池中心（即氧射流和熔池冲击处）形成一个凹坑状的氧流作用区。由于凹坑中心被来流占据，因此排出的气体必然由凹坑壁流出。排出的气流层的一边与来流的边界接触，另一边与凹坑壁相接触。排出的气体由于速度大，因此对凹坑壁面有一种牵引作用。其结果使得邻近凹坑的液体层获得一定速度，沿坑底流向四周，随后沿凹坑壁向上和向外运动，往往沿凹坑周界形成一个“凸肩”，然后在熔池上层内继续向四周流动。由于从凹坑内不断地向外流出液体，为了达到平衡，必须由凹坑的周围给予补充。于是就引起了熔池内液体的运动，其总的趋势是朝向凹坑底部运动，这样，熔池内的铁水就形成了以射流滞止点（即凹坑的最低点）为对称中心的环流运动，起到对熔池的搅拌作用。对于熔池半径很大的大吨位炉子，通常采用多孔喷枪，以增加射流流股，增大搅拌作用。其运动规律与单孔相似。使用单孔喷枪时，熔池的运动情况如图 3-10 所示。

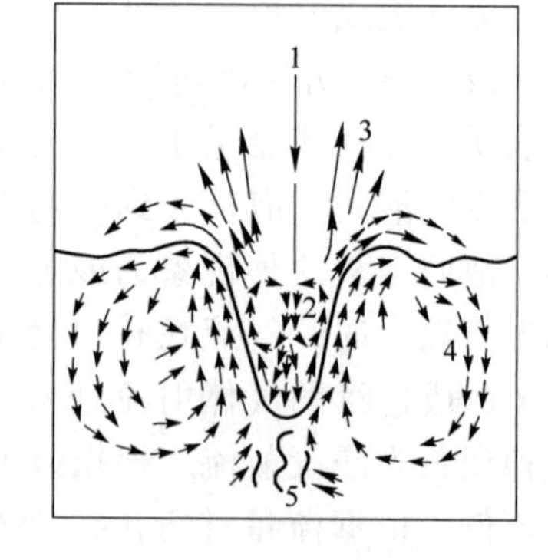

图 3-10　使用单孔喷枪时熔池运动情况
1—氧射流；2—氧流流股；3—喷溅；4—钢水的运动；5—停滞区

当氧气射流冲击在铁水液面时，形成的凹坑的形状和深度取决于氧气射流到达液面时的截面形状和速度分布。与液面相遇的氧气射流参数不仅取决于射流的衰减规律，还与射流的出口直径、氧枪高低等有关。

（1）冲击深度。氧射流到达液面后的冲击深度又称穿透深度，它是指从水平液面到凹坑最低点的距离。冲击深度是凹坑的重要标志，也是确定转炉操作工艺的重要依据。为了进一步在炼钢条件下确定射流的冲击深度，利用 Fllin 公式可以计算单孔氧枪射流对熔池的冲击深度：

$$L = \frac{364.7 \times p_0 \times d_t}{\sqrt{H}} + 3.81 \tag{3-2}$$

式中 L—— 冲击深度，cm；

p_0—— 滞止氧压，MPa；

d_t—— 喷头喉口直径，cm；

H—— 氧枪高度，cm。

对于多孔喷头，所计算的冲击深度应乘以 $\cos\alpha$，其中 α 为喷孔倾角。

在转炉冶炼中，希望氧射流对金属熔池有一定的冲击深度和搅拌强度，这样才能获得平稳快速的冶炼反应，保证良好的氧气利用率和脱碳速度。通常冲击深度 L 与熔池深度 h 之比选取 $L/h \approx 0.4 \sim 0.6$。实践证明，当 $L/h<0.3$ 时，即冲击深度过浅，则氧气利用率和脱碳速度大为降低，还会导致出现终点成分及温度不均匀的现象；当 $L/h>0.7$ 时，即冲击深度过深，有可能冲坏炉底并喷溅严重。在炼钢过程中，不同吹炼阶段，L/h 应有相应的合理比值。各转炉钢厂的炉子吨位、原料条件、冶炼钢种不同，吹炼过程中 L/h 值也不同。

（2）凹坑表面积。在冶炼过程中，一般把氧气射流与静止熔池接触时的流股截面积称为冲击面积。但这个冲击面积并不是氧射流与金属液真正接触的面积，能较好代表氧射流与金属液接触面积的应是凹坑表面积。凹坑在吹炼过程中的变化是无规律的。研究表明，炉气温度对凹坑形状有很大影响，如图 3-11 所示（炉气成分条件：$w(CO) = 85\%$，$w(CO_2) = 10\%$，$w(N_2) = 5\%$；图中 D 为到凹坑中心的距离，L 为冲击深度）。可见随着炉气温度的增加，凹坑表面积和冲击深度都有所增加。

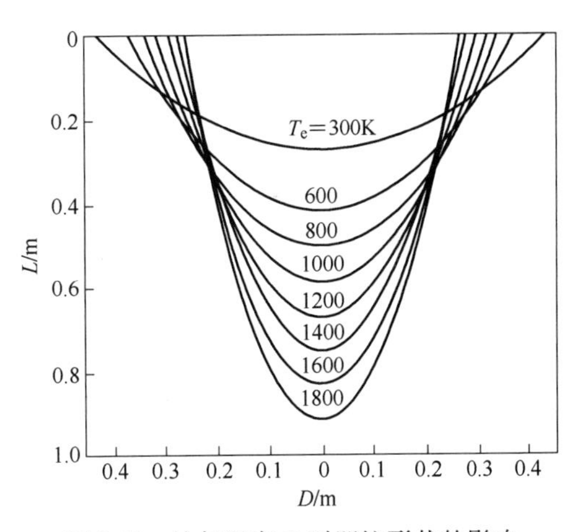

图 3-11 炉气温度 T_e 对凹坑形状的影响

（3）冲击区的温度。氧气射流作用下的熔池冲击区（即凹坑区），是熔池中温度最高区，其温度可达 2200～2600℃，界面处的温度梯度高达 200℃/mm。冲击区的温度取决于氧化反应放出的热量以及因熔池搅动而引起的传热速度。供氧增加，元素氧化放热增多，冲击区温度升高；加速脱碳和增强熔池搅拌，加快热交换过程，冲击区温度降低。冲击区具有很高的温度是解析转炉炼钢具有高的反应速度的重要依据。但是，熔池内的温度分布是不均匀的，特别是在吹炼后期，靠近炉壁及炉底部位钢液温度比熔池中部低 30～100℃。

3.3.1.2 熔池的运动

在氧气射流的作用下，熔池将上涨，产生飞溅、环流和振荡等几种运动，如图 3-10

所示。氧射流和液面相遇时的射流参数不同，熔池的运动状态也不同。

A　熔池的搅拌

在顶吹转炉内，氧射流的直接和间接作用，造成了熔池的强烈运动，使熔池强烈运动的能量一部分是射流的动能直接传输给熔池，另一部分是在氧射流作用下发生碳氧反应生成的CO气泡提供的浮力，另外还有温度差和浓度差引起的少量对流运动。因此，熔池搅拌运动的总功率是这些能量提供的功率之和，即

$$N_{\Sigma} = N_{O_2} + N_{CO} + N_{T\cdot C} \tag{3-3}$$

在熔池搅拌中，CO气泡提供的功率对熔池运动起决定性作用。在顶吹转炉吹炼末期，熔池内的成分与温度不均匀的事实说明，氧气射流的单独搅拌作用是不够的。

B　熔池的运动形式

氧气射流冲击液形成凹坑，而凹坑的形状受冲击力的影响。当氧射流的动能较大时，即在高氧压或低枪位“硬吹”时，射流具有较大的冲击深度，射流边缘部分发生反射和液体飞溅，而射流的主要部分则深深地穿透在熔池之中（见图3-12a）。在这种情况下，射流卷吸周围的液体，并把它破碎成小液滴，随后这些小液滴又被氧射流带动向下运动。射流在穿透熔池的运动中，虽然大部分气体溶于液体，但仍有部分气体被液体反作用力破碎成气泡，这些被氧化的液滴和气泡继续向下运动，参与熔池的循环运动。研究表明，在氧枪下面的射流中心区液体向下运动，射流产生的凹坑周围由于气泡上浮使液体向上运动，而靠近炉壁区液体向下运动，整个熔池处于强烈的搅拌状况。当氧气射流的动能较小，即采用低氧压或高枪位“软吹”时，射流将液面冲击成表面光滑的浅凹坑，氧流股沿着凹坑表面反射并流散（见图3-12b）。在这种情况下，反射流股以摩擦作用引起液体运动，熔池中靠近凹坑的液体向上运动，远离凹坑的液体向下运动，熔池搅拌不强烈。

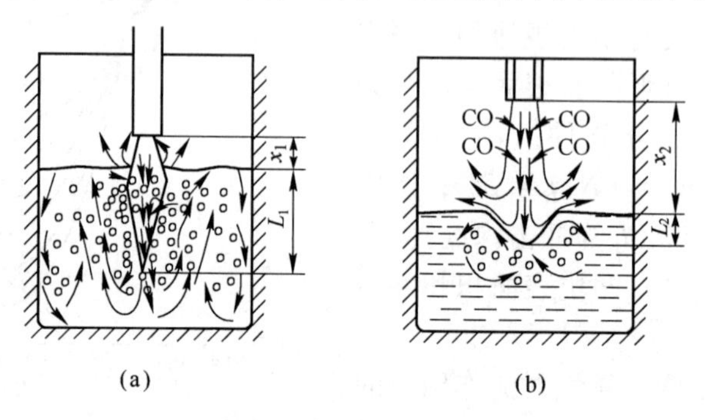

图3-12　熔池的运动形式

（a）硬吹；（b）软吹

在氧射流冲击液面形成凹坑时，由于凹坑形状是不断变化的，因而熔池内的运动形式也有变化。软吹时沿流股中心形成两个环流区，硬吹时形成四个环流区。同时，由于射流和凹坑的不稳定，熔池内还会产生凹坑振荡运动，其运动形式如图3-13所示。

3.3.1.3　熔池与射流间的相互破碎与乳化

在顶吹氧气转炉吹炼过程中，有时炉渣会起泡并从炉口溢出，这就是吹炼过程中发生的典型的乳化和泡沫现象。由于氧射流对熔池的强烈冲击和CO气泡的沸腾作用，熔池上

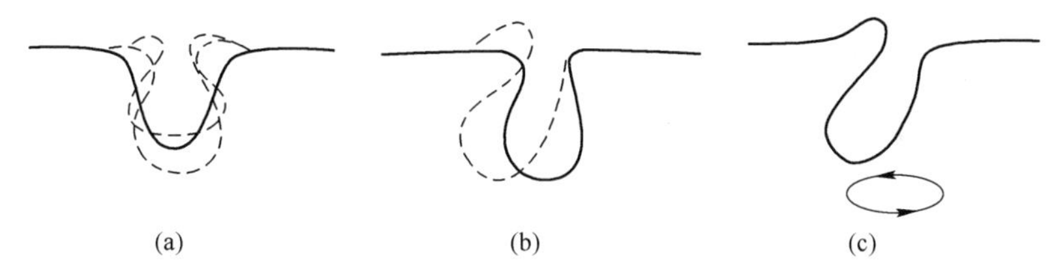

图 3-13 熔池的振荡运动
(a) 伸缩;(b) 弯曲;(c) 旋转

部金属、熔渣和气体三相剧烈混合,形成了转炉内发达的乳化和泡沫状态,如图 3-14 所示。乳化是指金属液滴或气泡弥散在炉渣中,若液滴或气泡数量较少而且在炉渣中自由运动,这种现象称为渣钢乳化或渣气乳化;若炉渣中仅有气泡,而且数量少,气泡无法自由运动,这种现象称为炉渣泡沫化。由于渣滴或气泡也能进入到金属熔体中,因此转炉中还存在金属熔体中的乳化体系。

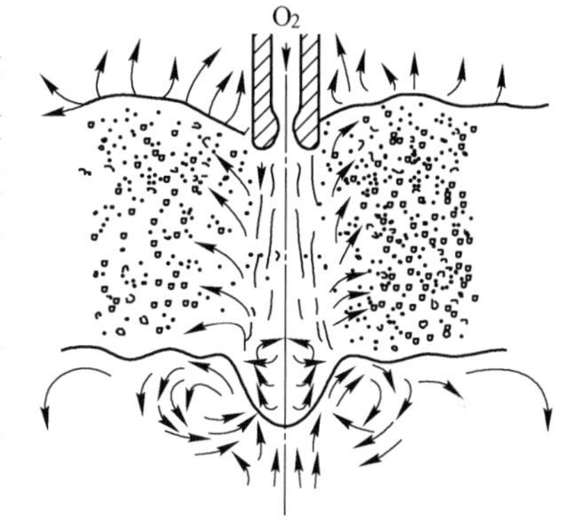

图 3-14 顶吹氧气时熔池的乳化现象

金属与炉渣间的乳化是金属与炉渣互相掺混和弥散的过程。有关研究资料表明,促使金-渣乳化形成和稳定的因素有:适当提高黏度,炉渣中存在稳定的固体质点,降低金-渣间的界面张力和创造稳定的吸附膜。研究结果还表明:增大炉渣黏度,使金属液滴在炉渣中的沉降速度减小,从而使乳化的稳定性提高;固体质点附着在金属液滴和气泡表面时,可以阻碍乳化液的破坏;增加渣中 FeO、SiO_2、P_2O_5 等表面活性物质,可使金-渣间界面张力降低,有利于金属液和炉渣间互相掺混和弥散,实现乳化液的形成和稳定。

乳化的同时,也进行着乳化消除过程,其综合结果决定乳化的程度。金属液滴的聚合和沉淀过程中,因密度上的差别,金属和熔渣又逐渐分离,或是金属液滴的各组分按各自的机理和速度起反应,最后由于完全燃烧而消失。同样,CO 气泡聚合形成大的 CO 气泡,也应在很短时间里由渣内逸出。此外,液滴和气泡间的渣液流失也是乳化液毁灭的重要因素,当然这与渣的黏度、表面张力、搅拌等情况有关。

渣钢乳化是冲击坑上沿流动的钢液被射流撕裂成金属液滴所造成的。230t LD 转炉乳液的取样分析发现,其中金属液滴比例很大:吹氧 6~7min 时占 45%~80%,10~12min 时占 40%~70%,15~17min 时占 30%~60%。可见,吹炼时金属和炉渣密切相混。

在乳化过程中,金属、熔渣和氧气的接触面积剧烈增大,这给参与反应组元的传输和异相反应的进行提供了有利的条件。这是吹氧炼钢的特点,也是转炉反应速度快、生产率高的根本原因。研究表明,金属液滴脱碳、脱磷、脱锰比金属熔池的更有效。金属液滴尺寸愈小,脱除量愈多。而金属液滴的含硫量比金属熔池的含硫量高,金属液滴尺寸愈小,含硫量愈大。生产实践表明,冶炼中期硬吹时,由于渣中富有大量的 CO 气泡以及渣中氧化铁被金属液滴中的碳还原,导致炉渣的液态部分消失而“返干”。软吹时,由于渣中 FeO 含量增加,持续时间过长就会产生大量起泡的乳化液,乳化的金属量非常大,生成大量 CO 气体,容易发生大喷或溢渣。因此,必须正确调整枪位和供氧量,使乳化液中的金属保持在某一比值。

因此，在转炉吹炼中，应使气-渣-钢间发生乳化，以增大反应界面积；而在吹炼快结束阶段，金属应与炉渣分离，以减少渣中铁的损失。

3.3.1.4　氧射流对熔池的传氧机理及炉渣的氧化作用

A　杂质的氧化机理——直接氧化和间接氧化

对于氧气顶吹转炉，氧射流与金属接触并氧化其中杂质既有直接氧化，也有间接氧化，只是随供氧条件不同，各自所占比例不同而已。直接氧化即氧气与杂质直接作用。间接氧化是首先生成 FeO，然后再由 FeO 去氧化金属液中的杂质元素。

目前大多数人认为在顶吹氧气转炉中是以间接氧化方式为主。这是因为氧流是集中于作用区附近，而不是高度分散在熔池中；作用区附近温度高，使硅和锰对氧的亲和力减弱；从反应动力学角度看，熔池中碳向氧气泡表面传质的速度比化学反应速度慢，并且在氧气同熔池接触的表面上大量存在的是铁原子，所以首先应当和铁结合成 FeO。

B　氧气顶吹转炉里氧的传输机理

当高速氧气射流进入熔池后，射流周围凹坑中的金属表面以及卷入射流中的金属液滴表面被氧化成 FeO（从凹坑处取样分析，发现该处金属液主要为铁的氧化物，大部分为 FeO，可达到 85%~98%），一部分 FeO 与射流中的部分氧直接接触可以进一步氧化成 Fe_2O_3。载氧液滴随射流急速前进，参与熔池的循环运动，将氧传给金属成为重要的氧的传递者。与此同时，在金属液和熔渣界面上可以发生 Fe_2O_3 的还原反应，将氧传给金属和进行杂质元素的氧化反应。

此外，射流被熔池的反作用力击碎产生的小氧气泡除参与熔池的循环运动外，有一部分直接被金属所吸收，与熔池中杂质发生反应；射流中的部分氧直接与炉渣接触，也会将氧直接传给炉渣。反应式如下：

$$\{O_2\} = 2O_{吸附} = 2[O]$$

$$[O] + [C] = \{CO\}$$

$$2[O] + [Si] = (SiO_2)$$

$$[O] + [Mn] = (MnO)$$

$$\frac{1}{2}\{O_2\} + 2(FeO) = (Fe_2O_3)$$

射流的动头越小，这种通过熔渣的传氧方式所占的比例越大。

在一次反应区生成、参与熔池环流的氧化铁，由于密度小于金属而缓慢上浮。在上浮过程中，一部分溶于金属并主要用于碳的氧化，其余部分可能因界面反应而改变组成并与环流中的渣滴相聚合然后上浮入渣。与此同时，渣中原有的氧化铁也在不断地溶入金属或消耗于界面反应。渣中氧化铁的含量 $w(\sum FeO)$，可表示熔渣的氧化性。其量值由于射流对熔渣的氧化程度、加入的铁矿量和环流中氧化铁的上浮而增大；由于渣中氧化铁溶入金属和金属熔渣间的界面反应而减小。应该注意的是，决定渣中氧化铁含量的诸因素中，起决定性作用的是转炉中的枪位。

在低枪位或高氧压的“硬吹”情况下，射流对熔池的冲击深度较大而搅拌作用强，此时化学反应快，而且氧化铁上浮入渣所经历的路程远。其结果是氧化铁在熔池中消耗掉的量多而上浮入渣量少，而消耗掉的氧化铁主要用于C-O反应，因而进一步地加强对熔池的搅拌。凡此种种都使渣中的氧化铁含量下降。

与此相反，在高枪位或低氧压的“软吹”条件下，射流对熔池的冲击深度较小而搅拌微弱，氧化铁在熔池中消耗的量少，而且上浮入渣的途程短，加之射流对于熔渣的氧化作用增强，因而使熔渣中的氧化铁含量增高。

C 炉渣的氧化作用

在炼钢炉内，熔渣中的FeO和氧化性气体接触时，被氧化成高价氧化物。除了氧气以外，CO_2也可使低价氧化铁氧化。而在与金属接触时，高价氧化铁又被还原成低价氧化铁。所以气相中的氧可透过熔渣层传递给金属熔池。电炉氧化期和顶吹氧气转炉高枪位操作，都具有这种传氧特征。当这个传氧过程达到平衡时，金属中的氧由熔渣的氧化性所确定。

应该指出，顶吹氧气转炉中氧流下面的高温反应区内，氧流可以直接和金属液相作用，形成一层氧化膜，但很快被高速气流排除。在这种情况下，炉渣不再是传氧的媒介。

综上所述，氧气顶吹转炉的传氧载体有以下几种：金属液滴传氧、乳化液传氧、熔渣传氧、铁矿石传氧。顶吹转炉的传氧主要靠金属液滴和乳化液进行，所以冶炼速度快，周期短。

3.3.2 底吹气体对熔池的作用

从底部喷入炉内的气体，一般属亚声速气流。气体喷入熔池的液相内，除在喷孔处可能存在一段连续流股外，喷入的气体将形成大小不一的气泡，气泡在上浮过程中发生分裂、聚集等现象从而改变气泡体积和数量。特克多根描述了垂直浸没射流的特征，提出图3-15所示的定性图案。他认为：在喷孔上方较低的区域内，由于气流对液滴的分裂作用和不稳定的气-液表面对液体的剪切作用，气流带入的绝大多数动能都消耗掉了。射流中的液滴沿流动方向逐渐聚集，直至形成液体中的气泡区。肖泽强等人在底吹小流量气体的情况下描述了底吹气体的流股特征（见图3-16）。他们认为：气流进入熔池后立即形成气泡群而上浮，在上浮过程中造成湍流扰动，全部气泡的浮力都驱动金属液向上运动，同时也抽引周围液体。液体的运动主要依靠气泡群的浮力，而喷吹的动量几乎可以忽略不计。

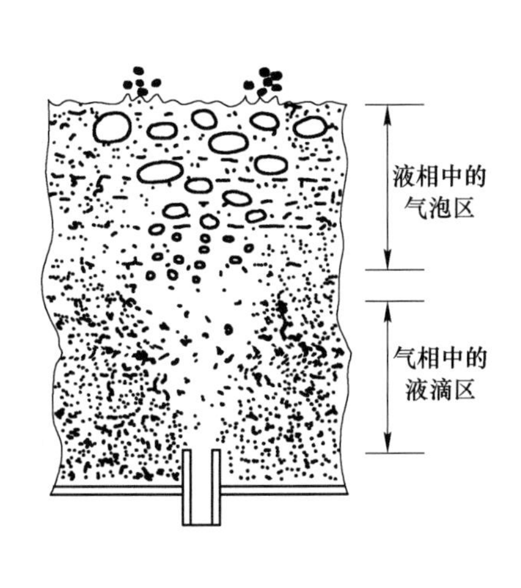

图3-15 浸没射流碎裂特征

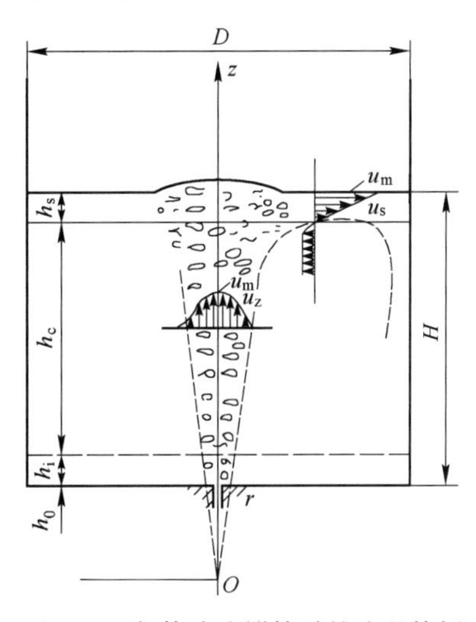

图3-16 气体喷吹搅拌时的流股特征

从底部吹入熔池的气体对熔池产生搅拌作用。气体对熔池所做的功有四种：

（1）膨胀功 W_1，即气体在喷嘴附近由于温度升高引起体积膨胀而做功；

（2）浮力功 W_2，即气泡在上升过程中因浮力和膨胀做功；

（3）动力功 W_3，即喷吹时气体流股的动能做功；

（4）静压力功 W_4，即气体喷出时残余静压力使气体膨胀做功。

由于气体动能很大一部分消耗在喷口，气体流股所具有的动能在喷孔附近急剧衰减，能对液体做功的效率只有 5%左右。同样，气体膨胀功 W_1 和静压力功 W_4 也只在喷孔附近作用，故只对喷孔周围的液体产生搅拌作用。

对熔池搅拌起主要作用的是 W_1 和 W_2，但若考虑膨胀功 W_1 对整个熔池的有效功率，即 ηW_1，则有效功率系数 η 对 W_1 的影响不可忽略。因此可以认为，对熔池搅拌起主要作用的是 W_2。为了使用方便，通常用搅拌能密度 ε 来表示气体的搅拌功率，即

$$\varepsilon = \frac{\sum W}{m} \tag{3-4}$$

式中　m——液态金属的质量，t。

3.3.3　顶底复合吹炼对熔池的作用

转炉复吹供气能有效地把熔池搅拌和炉渣氧化性统一起来。顶吹氧枪主要承担向熔池供氧的任务，而底吹气体则发挥搅拌熔池的功能。在转炉复合吹炼中，熔池的搅拌能由顶吹和底吹气体共同提供。有研究认为，顶吹气体提供的能量一部分消耗于熔池液面变形和喷溅等，而用于搅拌熔池的能量只有顶吹能量的 10%。

思考题

3-1 什么是超声速氧射流？

3-2 转炉炉膛内的氧射流有何特征？

3-3 什么是冲击深度？

3-4 什么是硬吹？什么是软吹？硬吹和软吹对冶炼过程有何影响？

3-5 氧气顶吹转炉的传氧载体有哪些？

3-6 底吹气体对熔池所做的功有哪些？

3-7 氧气转炉生产效率高的原因是什么？

4 氧气转炉炼钢方法及其冶金特点

氧气转炉炼钢是当今世界上最主要的炼钢方法。氧气转炉炼钢法就是使用转炉，以铁水作为主要原料，以纯氧作为氧化剂，依靠铁水中元素的氧化热提高钢水温度，一般在30~40min左右完成一个冶炼周期的快速炼钢方法。

目前世界上主要的氧气转炉炼钢法有：氧气顶吹转炉炼钢法（LD法）、氧气底吹转炉炼钢法（如Q-BOP法）和顶底复合吹炼转炉炼钢法（复合吹炼法），如图4-1所示。我国主要采用LD法（小转炉）与复合吹炼法（大中型转炉）。

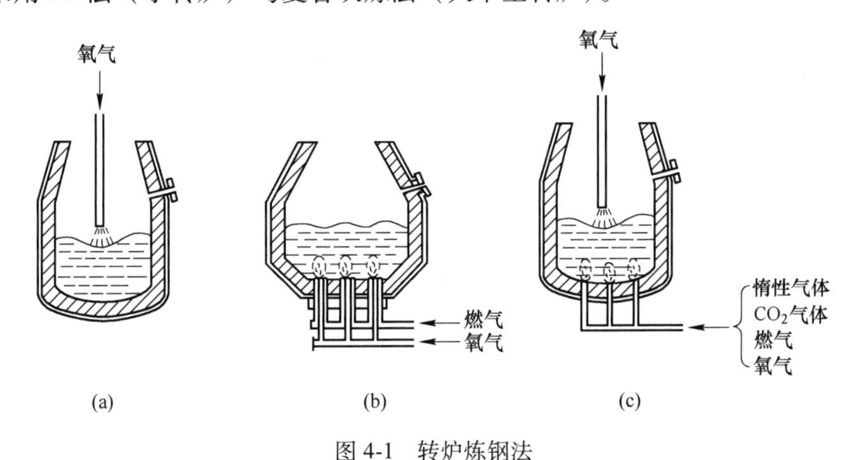

图4-1　转炉炼钢法

（a）顶吹法；（b）底吹法；（c）顶底复吹法

4.1　氧气顶吹转炉炼钢法

4.1.1　转炉炼钢的基本操作

图4-2所示为氧气顶吹转炉吹炼一炉钢的操作过程。

从图4-2可以看出，氧气顶吹转炉吹炼一炉钢的工艺操作过程包括装料、吹炼、脱氧出钢、倒渣、溅渣护炉和倒剩余渣。

（1）准备。上炉钢出完后，倒渣（留足溅渣护炉用渣），根据炉况，加入调渣剂调整熔渣成分，并进行溅渣护炉（必要时补炉），倒完残余炉渣，然后堵好出钢口，开始装料吹炼。

（2）装料。根据配比装入废钢和兑入铁水后，摇正炉体。

（3）吹炼。

1）吹炼初期。降下氧枪供氧开吹，同时由炉口上方的辅助材料溜槽向炉内加入第一批渣料（白云石、石灰、萤石、氧化铁皮）和作冷却剂用的铁矿石，其量为总渣料量的1/2~2/3。当氧枪降至规定枪位时，吹炼过程正式开始。

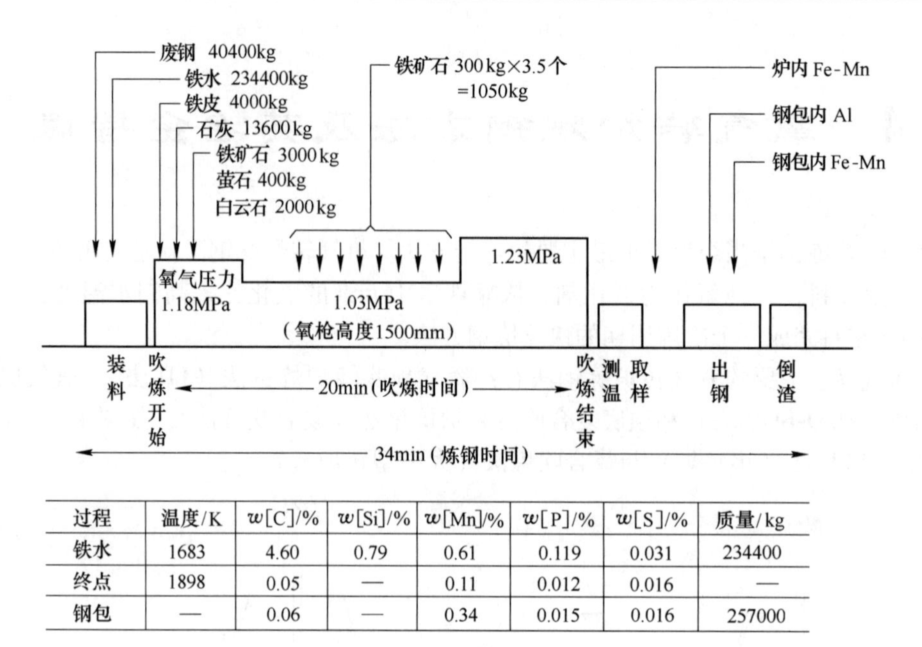

过程	温度/K	w[C]/%	w[Si]/%	w[Mn]/%	w[P]/%	w[S]/%	质量/kg
铁水	1683	4.60	0.79	0.61	0.119	0.031	234400
终点	1898	0.05	—	0.11	0.012	0.016	—
钢包	—	0.06	—	0.34	0.015	0.016	257000

图 4-2　顶吹转炉吹炼操作实例

当氧流与熔池面接触时，硅、锰、碳开始氧化，这称为点火。点火后约几分钟，初渣形成并覆盖于熔池面。随着硅、锰、磷、碳的氧化，熔池温度升高，火焰亮度增加，炉渣起泡，并有小铁粒从炉口喷溅出来，此时应适当降低氧枪高度。

2）吹炼中期。脱碳反应激烈，渣中氧化铁降低，致使炉渣熔点增高和黏度加大，并可能出现稠渣（即“返干”）现象。此时应适当提高枪位，并可分批加入铁矿石和第二批渣料（其余部分），以提高渣中氧化铁含量及调整炉渣性能。如果炉内化渣不好，则加入第三批渣料，一般为萤石，主要调整炉渣的流动性，其加入量视炉内化渣情况决定。

3）吹炼末期。由于熔池金属中含碳量大大降低，脱碳反应减弱，炉内火焰变短而透明。根据炉况调整枪位时，判断拉碳及钢水温度。最后根据火焰状况、供氧数量和吹炼时间等因素，按所炼钢种的成分和温度要求，确定吹炼终点，并提枪停止供氧（称为拉碳）。

（4）取样测温。提出氧枪，摇炉取样，判断碳含量，测温，决定是否出钢。如果碳含量和温度不合适，可再摇炉补吹适当时间。

（5）出钢与脱氧合金化。当钢水成分（主要是碳、硫、磷的含量）和温度合格，打开出钢口，倒炉挡渣出钢。当钢水流出总量的 1/4 时，向钢包内加入脱氧剂及铁合金，进行脱氧和合金化（有时在打开出钢口前向炉内投入部分铁合金），铁合金要在钢水流出 3/4 以前加完。出钢完毕，将炉渣倒入渣罐（留够溅渣护炉用量），继续下一炉炼钢。

通常将相邻两炉钢之间的间隔时间（即从装入钢铁材料到倒渣完毕）称为冶炼周期或冶炼一炉钢的时间，一般为 20~40min。其中吹氧过程的时间称为供氧时间或纯吹炼时间，通常为 12~18min。它与炉子吨位和工艺有关。

4.1.2　金属成分的变化规律

图 4-3 所示为吹炼过程中金属液成分、温度、熔渣成分变化实例。当然，吹炼过程中

炉内变化并不是固定不变的，而是随着吹炼条件的变化会有大幅度地变化，但有一些基本规律。

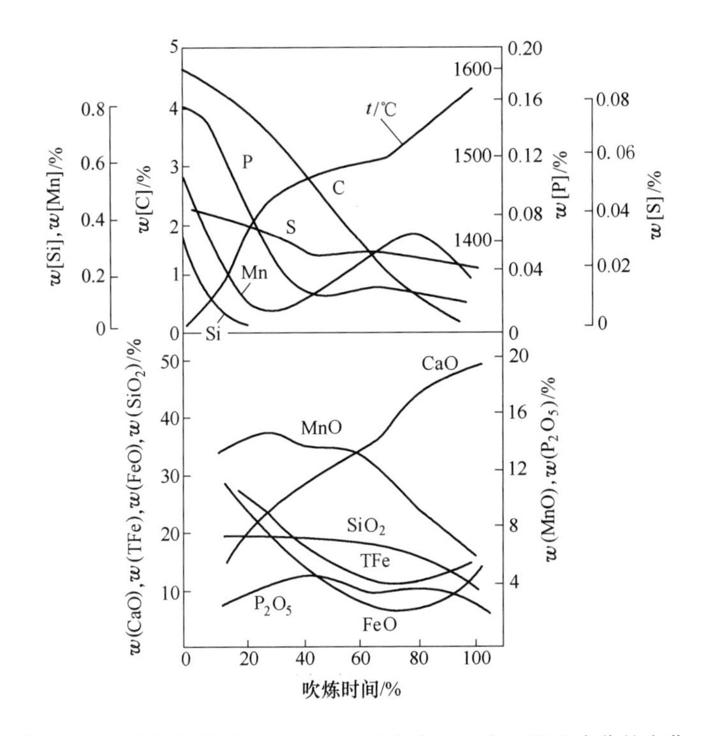

图 4-3 顶吹转炉吹炼过程中金属液成分、温度、炉渣成分的变化

4.1.2.1 [Si] 的氧化

A [Si] 的氧化规律

(1) [Si] 在吹炼初期就大量氧化。在开吹时，铁水中硅含量高，铁水中的硅和氧的亲和力大，而且硅氧化反应为放热反应，低温下有利于此反应的进行，因此，硅在吹炼初期（一般在 3~4min 内）就大量迅速地被氧化掉。

$$[Si] + \{O_2\} == (SiO_2) \quad \text{（氧气直接氧化）}$$

$$[Si] + 2[O] == (SiO_2) \quad \text{（熔池内反应）}$$

$$[Si] + (FeO) == (SiO_2) + 2[Fe] \quad \text{（界面反应）}$$

$$2(FeO) + (SiO_2) == (2FeO \cdot SiO_2) \quad \text{（熔渣）}$$

(2) 一直到吹炼终点，不会发生硅的还原。随着吹炼的进行，石灰逐渐熔解，$2FeO \cdot SiO_2$转变为稳定的化合物 $2CaO \cdot SiO_2$（即 SiO_2与 CaO 牢固地结合为稳定的 $2CaO \cdot SiO_2$化合物），SiO_2活度很低，在碱性渣中 FeO 的活度较高，因此，[Si] 不仅被氧化到很低程度，而且在 [C] 激烈氧化时，也不会被还原。即使温度高于 1530℃，[C] 与 [O] 的亲和力大于 [Si] 与 [O] 亲和力，终因 (CaO) 与 (SiO_2) 结合为稳定的 $2CaO \cdot SiO_2$，[C] 也不能还原 (SiO_2)。

B 硅的氧化对熔池温度、熔渣碱度和其他元素氧化的影响

(1) [Si] 氧化可使熔池温度升高，是吹氧炼钢的主要热源之一。

(2) [Si] 氧化后生成 (SiO_2)，降低熔渣碱度，不利于脱磷、脱硫，侵蚀炉衬耐火材料，降低炉渣氧化性，增加渣料消耗。

(3) [Si] 对 [C] 氧化的影响是：如果铁水 w[Si] 高，即使熔池温度高，[C] 氧化反应也要一直到 w[Si] <0.15%左右时，才能激烈进行；如果铁水 w[Si] 低，而熔池温度高时，不等 [Si] 氧化到很低，[C] 的氧化就较早地发生了。

可见，影响 [Si] 氧化规律的主要因素是：[Si] 与氧的亲和力、熔池温度、熔渣碱度和 FeO 的活度。而 [Si] 的氧化反过来又影响熔池温度、熔渣碱度和 [C] 的氧化迟与早。

4.1.2.2　[Mn] 的氧化

[Mn] 在吹炼初期被迅速氧化到很低，随着吹炼进行而有回锰现象的发生。

(1) 在吹炼初期，[Mn] 也迅速氧化，但不如 [Si] 氧化得快。在开吹时，铁水中 Mn 含量高，同时 [Mn] 和氧的亲和力大，[Mn] 氧化反应为放热反应，低温有利于反应进行，所以 [Mn] 在吹炼初期也迅速地氧化。其反应式可表示为：

$$[Mn] + [O] = (MnO) \qquad \text{(熔池内反应)}$$

$$[Mn] + \{O_2\} = (MnO) \qquad \text{(氧气直接氧化反应)}$$

$$[Mn] + (FeO) = (MnO) + [Fe] \qquad \text{(界面反应)}$$

$$(SiO_2) + (MnO) = MnO \cdot SiO_2 \qquad \text{(熔渣)}$$

(2) 回锰现象。锰的氧化产物是碱性氧化物，在吹炼前期形成 ($MnO \cdot SiO_2$)。但随着吹炼的进行和渣中 CaO 含量的增加，会发生如下反应：

$$(MnO \cdot SiO_2) + 2(CaO) = (2CaO \cdot SiO_2) + (MnO)$$

(MnO) 呈自由状态，吹炼后期，炉温升高后，(MnO) 被还原，即

$$(MnO) + [C] = [Mn] + \{CO\}$$

或

$$(MnO) + [Fe] = (FeO) + [Mn]$$

吹炼终了时，钢中的锰含量也称余锰或残锰。这是 [Mn] 的氧化规律和 [Si] 的氧化规律不同的地方。

影响余锰量的因素有：

1) 炉温高利于 (MnO) 的还原，余锰含量高。

2) 碱度升高，可提高自由 (MnO) 浓度，余锰量增高。

3) 降低熔渣中 FeO 含量，可提高余锰含量。

4) 铁水中锰含量高，单渣操作，钢中余锰也会高些。

锰的氧化也是吹氧炼钢热源之一，但不是主要的。在吹炼初期，锰氧化生成 MnO 可帮助化渣，减轻初期渣中 SiO_2 对耐火内衬的侵蚀。在炼钢过程中，应尽量控制锰的氧化，以提高钢水余锰量。

可见，影响 [Mn] 氧化规律的主要因素是 [Mn] 与氧的亲和力、熔池温度、熔渣碱度和 a_{MnO}，而 [Mn] 的氧化反应反过来又影响熔池温度、熔渣碱度和 [C] 的氧化。

4.1.2.3 [C] 的氧化

A [C] 的氧化规律及主要影响因素

脱碳反应式如下：

熔渣界面钢水：

$[C]+(FeO)=[Fe]+\{CO\}$（乳状液内反应）

$[C]+(FeO)=[Fe]+\{CO\}$

$[C]+[O]=\{CO\}$（熔池粗糙表面上反应，只有 $w[C]<0.05\%$ 时，$[C]+2[O]=\{CO_2\}$ 才反应）

$[C]+\frac{1}{2}\{O_2\}=\{CO\}$ （氧射流冲击区，直接氧化反应）

C-O 反应主要在气泡和金属的界面上发生。[C] 的氧化规律主要表现为吹炼过程中 [C] 的氧化速度。影响碳氧化速度的主要因素有熔池温度、熔池金属成分、熔渣中和炉内搅拌强度。在吹炼的前、中、后期，这些因素随吹炼过程的进行，时刻在发生变化，所以吹炼各期 [C] 的氧化速度的变化规律，也有一定的差别。吹炼各期 [C] 氧化速度的变化规律及其与主要影响因素之间的关系见表 4-1。

表 4-1 [C] 氧化速度的变化规律及其主要影响因素

吹炼时期	碳氧化速度的工艺影响因素				碳氧化速度
	熔池温度	熔池金属成分	熔渣 $w(\sum FeO)$	熔池搅动	
前期（Ⅰ期）	（1）熔池平均温度低于 1400~1500℃；（2）在此温度下 [C] 处于非活性状态，不利于 [C] 氧化	[Si]、[Mn] 含量高，[Si] 与氧的亲和力、[Mn] 与氧的亲和力均大于 [C] 与氧的亲和力，不利于 [C] 氧化	$w(\sum FeO)$ 较高，而化渣、脱碳消耗的 (FeO) 较少	熔池搅动不如中期强烈	初期碳的氧化速度不如中期高；但熔池反应区即火点处的碳氧化速度较高
中期（Ⅱ期）	熔池温度大于 1500℃，[C] 与氧的化合能力增强	（1）[Si]、[Mn] 含量已降低；（2）[P] 与氧的亲和力小于 [C] 与氧的亲和力	（1）[C] 氧化消耗较多的 (FeO)；（2）熔渣中 $w(\sum FeO)$ 有所降低	熔池搅动强烈，反应区乳化得较好	碳氧化速度高
后期（Ⅲ期）	熔池温度很高，大于 1600℃	[C] 含量比较低	碳氧化速度减慢，消耗的 (FeO) 少，所以 $w(\sum FeO)$ 增加	熔池搅动不如中期	碳氧化速度比中期低；碳氧化速度低，有利于按所炼钢种拉碳

B 碳氧反应的作用

炼钢过程中，碳氧反应不仅完成脱碳任务，还有以下作用：加大钢渣界面，加速物理化学反应的进行；搅动熔池，均匀成分和温度；有利于非金属夹杂的上浮和有害气体的排出；有利于熔渣的形成；放热升温；爆发性的碳氧反应会造成喷溅。

C　吹炼过程的脱碳速度

金属熔池中脱碳速度的变化在整个吹炼过程分为三个阶段：吹炼前期，以硅、锰氧化为主，脱碳速度由于温度升高而逐步加快；吹炼中期以碳的氧化为主，脱碳速度达到最大，几乎为常数；吹炼后期，随着金属熔池中碳含量的减少，脱碳速度逐渐降低。由此可见，整个冶炼过程中脱碳速度的变化曲线近似于梯形，如图 4-4 所示。

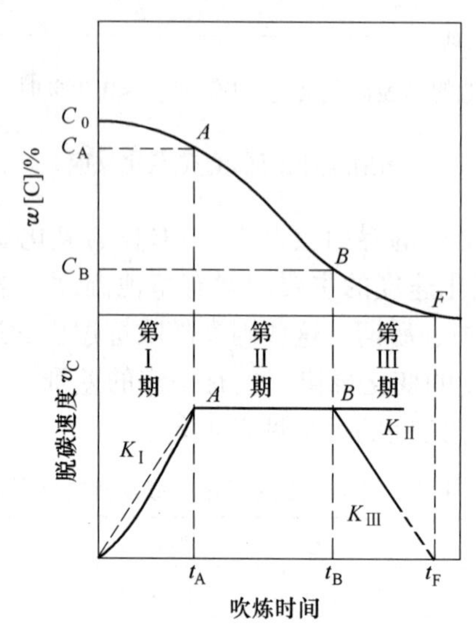

图 4-4　脱碳速度与吹炼时间的关系

4.1.2.4　[P] 的氧化

A　[P] 的氧化规律及主要影响因素

脱磷反应式如下：

熔渣：

$$n(CaO)+(3FeO \cdot P_2O_5)=(nCaO \cdot P_2O_5)+(FeO)$$ （吹炼中、后期）（n 为 3 或 4）

$$3(FeO)+(P_2O_5)=(3FeO \cdot P_2O_5)$$

界面：

$$2[P]+5(FeO)=(P_2O_5)+5[Fe]$$

钢水：

$$2[P]+5[O]=(P_2O_5)$$

$$2[P]+\frac{5}{2}\{O_2\}=(P_2O_5)$$

磷在吹炼前期快速降低，进入吹炼中期略有回升，而到吹炼后期再度降低。脱磷速度的变化规律主要受下列因素影响：熔池温度、熔池金属含磷量、熔渣中 $w(\sum FeO)$、熔渣碱度、熔池的搅拌强度或脱磷速度。

吹炼各期脱磷速度的变化规律及其与主要影响因素之间的关系见表 4-2。

前期不利于脱磷的因素是熔渣碱度比较低，因此，如何及早形成碱度较高的熔渣，是前期脱磷的关键。中期不利于脱磷的因素是 $w(\sum FeO)$ 较低，因此，如何控制渣中 $w(\sum FeO)$ 达 10%～12%，避免炉渣“返干”，是中期脱磷的关键。后期不利于脱磷的热力学因素是熔池温度高，因此，如何防止终点温度过高，是后期脱磷的关键。

总之，脱磷的条件为：适宜的高碱度；高 $w(\sum FeO)$ 含量（高氧化性）；良好的流动性，充分的熔池搅拌；适宜的温度（低温）；大渣量。

表 4-2 脱磷速度的变化规律及其主要影响因素

吹炼时期	脱磷速度的工艺影响因素					脱磷速度
	熔池温度	熔池 w[P]	熔渣 $w(\sum FeO)$	熔渣碱度	熔池搅动	
前期	温度较低，在热力学上有利于脱磷，但不利于形成高碱度流动性好的熔渣	熔池金属含磷量比较高	(1)（FeO）含量较高，可帮助化渣，有利于脱磷；(2)（FeO）作为[P]的氧化剂可促进脱磷反应进行	一般碱度不高，平均 2.0 左右；因为温度不高不易形成高碱度渣，渣中 CaO 消耗于中和 SiO_2，形成 $CaO \cdot SiO_2$	一般搅动强度不如吹炼中期大	[P]几乎与[C]同时氧化；脱磷速度低于中期
中期	[C]大量氧化，熔池温度比前期提高，从热力学上看不利于脱磷，从动力学上看有利于形成高碱度熔渣	熔池金属含磷量比前期低	（FeO）含量比较低，比前期少了，从热力学上看不利于脱磷，从动力学上看不利于化渣	熔渣碱度比前期提高，有利于脱磷，促进不稳定的 $3FeO \cdot P_2O_5$ 转变为 $nCaO \cdot P_2O_5$	[C]大量氧化，脱碳速度高，熔池金属搅拌乳化好，有利于脱磷熔池温度升高，促进化渣	关键因素是熔渣碱度，熔渣碱度高，脱磷具有一定的速度，高于初期
后期	熔池温度高，接近出钢温度，有利于石灰熔解，形成高碱度渣	金属熔池中[P]比中期低	因脱碳速度降低，（FeO）又较快地升高	由于温度高，石灰进一步熔解，熔渣碱度高	脱碳速度降低，搅动不如中期	后期仍具有一定的脱磷能力，但低于中期

B 回磷及其防止措施

磷从熔渣中又重新返回到钢液中的现象称为回磷。

(1) 原因：炉内炉渣返干，渣中（FeO）低；温度过高，（FeO）过高使炉渣碱度降低；在氧化渣下向熔池加入脱氧剂，使金属中［O］量降低；钢水脱氧后在钢包内镇静时，炉渣溶解酸性砖衬而降低碱度。

(2) 防止回磷措施：冶炼中期，要保持渣中 $w(\sum FeO)$ 含量达 10%~12%，防止因炉渣“返干”而产生回磷；尽可能采取钢包脱氧，而不采取炉内脱氧。出钢前向炉内加少量石灰稠化炉渣，防止出钢下渣；出钢时向钢包内加入石灰，提高钢包内渣层的原始碱度；用碱性包衬；挡渣出钢，尽量避免下渣；减少金属在钢包内停留时间；出钢过程中向钢包内加入钢包渣改质剂，一方面抵消因硅铁脱氧后引起炉渣碱度的降低，另一方面可以稀释熔渣中磷的含量，以减弱回磷反应。

4.1.2.5 ［S］的变化

A 脱硫反应及其影响因素

根据熔渣的分子理论，碱性氧化渣与金属间的脱硫反应为：

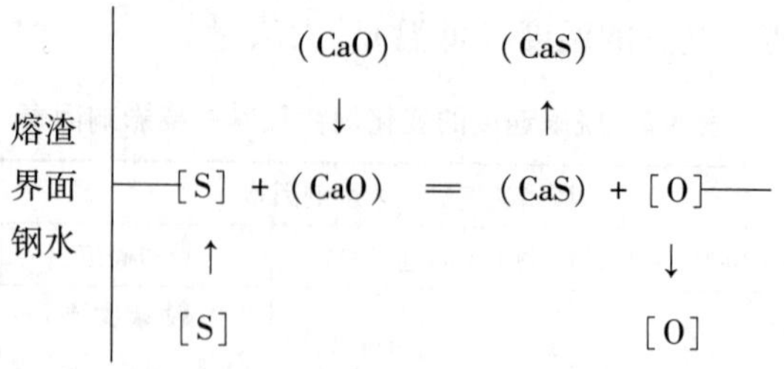

(CaO)　　(CaS)

↓　　↑

熔渣

界面　—[S] + (CaO) ═ (CaS) + [O]—

钢水

↑　　↓

[S]　　[O]

渣中的（MnO）、（MgO）也可发生脱硫反应。根据熔渣的离子理论，脱硫反应可表示为：

$$[S] + (O^{2-}) \xlongequal{} (S^{2-}) + [O]$$

[S] 的变化规律主要表现为吹炼过程中的脱硫速度。吹炼过程中脱硫速度变化规律的主要影响因素有：熔池温度、熔池 [S] 含量、熔渣 $w(\sum FeO)$、熔渣碱度、熔池的搅拌强度或脱碳速度。

在吹炼的前、中、后期，这些影响因素的作用是不同的，所以吹炼各期脱硫速度的变化规律，也有一定的差别。吹炼各期脱硫速度的变化规律及其与主要影响因素之间的关系见表 4-3。

表 4-3　脱硫速度的变化规律及其主要影响因素

吹炼时期	脱硫速度的变化规律及其主要影响因素					脱硫速度
	熔池温度	熔池 [S] 含量	$w(\sum FeO)$	熔渣碱度	脱碳速度 v_C	
前期	温度较低	比中、后期高	较高	碱度较低，流动性差	碳氧化不激烈，熔池搅拌一般	脱硫能力较低，脱硫速度很慢
	如炉子热行，温度较高			早化好渣，有一定的碱度		可提前较好地脱硫
中期	温度逐渐升高	比前期稍低	比前期较低，在热力学上有利于脱硫，不利于化渣	石灰大量熔化，熔渣碱度升高	脱碳速度高，熔池乳化得比较好	脱硫速度比前、后期高，一般是脱硫的最好时期
后期	熔池温度已升高，接近出钢温度	比前、中期都低	（FeO）回升，比中期高	熔渣碱度高，流动性好	v_C 低于中期，搅拌不如中期	脱硫速度低于或稍低于中期

总之，脱硫的有利条件为：高温度、高碱度、低 $w(\sum FeO)$ 含量、大渣量、良好的流动性。

B　气化脱硫

有文献中指出，在氧气顶吹转炉内，直接气化脱硫是不可能实现的；只有在钢液中没有 [Si]、[Mn] 或含 [C] 很少时，在氧化性气流强烈流动并能顺利排出的条件下，才有可能气化脱硫。因此，钢液气化脱硫的最大可能是钢液中 [S] 进入炉渣后，再被气化去除，即

$$(S^{2-}) + \frac{3}{2}O_2 = SO_2\uparrow + (O^{2-})$$

在氧气顶吹转炉熔池的氧流冲击区，由于温度很高，硫以 S、S_2、SO 和 COS 的形态挥发是可能的，即

$$S_2+2CO = 2COS$$

$$SO_2+3CO = 2CO_2+COS$$

从氧气转炉硫的衡算可以得出，氧化渣脱硫占总脱硫量的90%左右，气化脱硫占10%左右。

4.1.3　熔渣成分的变化规律

熔渣成分影响元素的氧化和脱除的规律，而元素的氧化和脱除又影响熔渣成分的变化。

4.1.3.1　熔渣中 FeO 的变化规律

熔渣中 FeO 的变化取决于它的来源和消耗两方面。(FeO) 的来源主要与枪位、加矿量有关；(FeO) 的消耗主要与脱碳速度有关。

(1) 枪位。枪位低时，高压氧气流股冲击熔池，熔池搅动激烈，渣中金属液滴增多，形成渣、金乳浊液，脱碳速度加快，消耗渣中 FeO，(FeO) 降低。枪位高时，脱碳速度低，渣中 FeO 增高。

(2) 矿石。渣料中加的矿石多，则渣中 FeO 增加。

(3) 脱碳速度。脱碳速度高，渣中 FeO 低；脱碳速度低，渣中 FeO 高。

在整个吹炼过程中渣中 $\sum$(FeO) 呈规律性变化，即前后期高、中期低，呈“锅底形”变化。

在氧压一定的条件下，氧气顶吹转炉可改变枪位的高低，达到操作工艺上所要求的化渣或脱碳的目的（见表4-4)，与其他炼钢方法相比，具有操作灵活的特点。

表 4-4　控制枪位的效果

操作工艺要求	控制枪位	控制枪位效果	
		脱碳速度	w(FeO)
化渣	高	降低	增加
脱碳	低	增加	降低

4.1.3.2　熔渣碱度的变化规律

熔渣碱度的变化规律决定于石灰的熔解、渣中 SiO_2 和熔池温度。

吹炼初期，熔池温度不高，渣料中石灰还未大量熔化。而吹炼一开始，[Si] 迅速氧化，渣中 SiO_2 很快提高，有时可高达30%。初期熔渣碱度不高，一般为1.8~2.3，平均为2.0左右。

吹炼中期，熔池温度比初期提高，促进石灰大量熔化。金属熔池中 [Si] 已氧化完了，渣中 SiO_2 来源中断。中期脱碳速度高，熔池搅动比前期强烈。这些因素都有利于形成高碱度熔渣。

吹炼后期，熔池温度比中期进一步提高，接近出钢温度，有利于石灰渣料熔化。在中期熔渣碱度较高的基础上，吹炼后期仍能得到高碱度、流动性良好的熔渣。

4.1.4　熔池温度的变化规律

熔池温度的变化与熔池的热量来源和热量消耗有关。

吹炼初期，兑入炉内的铁水温度一般为1300℃左右，铁水温度越高，带入炉内的热量就越高；[Si]、[Mn]、[C]、[P] 等元素氧化放热。加入废钢可使兑入的铁水温度降低，加入的渣料在吹炼初期大量吸热。综合作用的结果，吹炼前期终了，熔池温度可升高至1500℃左右。

吹炼中期，熔池中 [C] 继续大量氧化放热，[P] 也继续氧化放热，它们均使熔池温度提高，可达1500~1550℃。

吹炼后期，熔池温度接近出钢温度，可达1650~1680℃，具体因钢种、炉子大小而异。

在整个一炉钢的吹炼过程中，熔池温度约提高350℃。

综上所述，顶吹氧气转炉开吹以后，熔池温度、炉渣成分、金属成分相继发生变化，它们各自的变化又彼此相互影响，形成高温下多相、多组元极其复杂的物理化学变化。

4.1.5　冶炼的三阶段

根据一炉钢冶炼炉内成分的变化情况，通常把冶炼过程分为吹炼前期、吹炼中期、吹炼后期三个阶段。

(1) 吹炼前期。因铁水温度不高，硅、锰的氧化速度比碳快，开吹2~4min时，硅、锰已基本上全部被氧化。同时，铁也被氧化形成FeO进入渣中，石灰逐渐熔解，磷也氧化进入炉渣中。硅、锰、磷、铁的氧化放出大量热，使熔池迅速升温。吹炼初期炉口出现黄褐色的烟尘，随后燃烧成火焰，这是由于带出的铁尘和小铁珠在空气中燃烧而形成。开吹时，由于渣料未熔化，氧气射流直接冲击在金属液面上，产生的冲击噪声较刺耳。随着渣料熔化和炉渣乳化形成，噪声变得温和。吹炼前期的任务是化好渣、早化渣，以利磷和硫的去除；同时也要注意造渣，以减少炉渣对炉衬材料的侵蚀。

(2) 吹炼中期。铁水中硅、锰氧化后，熔池温度升高，炉渣也基本化好，碳的氧化速度加快。此时从炉口冒出的浓烟急剧增多，火焰变大，亮度也提高，同时炉渣起泡，炉口有小渣块溅出，这标志着反应进入吹炼中期。吹炼中期是碳氧反应剧烈时期，此间供入熔池中的氧气几乎100%与碳发生反应，使脱碳速度达到最大。由于碳氧剧烈反应，炉温升高，渣中FeO含量降低，磷和锰在渣-金间分配发生变化，产生回磷和回锰现象。但此间由于高温、低FeO、高CaO存在，使脱硫反应得以大量进行。同时，熔池温度升高使废钢大量熔化。吹炼中期的任务是脱碳和去硫，因此应控制好供氧制度，防止炉渣返干和喷溅的发生。

(3) 吹炼后期。在吹炼后期，铁水中碳含量低，脱碳速度减小，从炉口排出的火焰逐渐收缩，透明度增加。这时吹入熔池中的氧气使部分铁氧化，渣中 (FeO) 和钢水中 [O] 含量增加。同时，温度达到出钢要求，钢水中磷、硫得以去除。吹炼后期要做好终点控制，保证温度和碳、磷、硫的含量符合出钢钢种要求。此外还要根据所炼钢种要求，控制好炉渣氧化性，使钢水中氧含量合适，以保证钢的质量。若终点控制失误，则要补加渣料和补吹。

4.1.6 氧气顶吹转炉炼钢法的特点

氧气顶吹转炉炼钢法的主要优点是：冶炼周期短，生产效率高；产品品种多，质量好；热效率高，且不需要外部热源；产品成本低；基建投资省，建设速度快；有利于开展综合利用和实现自动化。

氧气顶吹转炉炼钢法的主要缺点是：吹损大（达10%左右），金属收得率低；渣中含铁高，熔池含氧高；炉气炉尘量大；炉气含 CO_2高；吹炼极低碳钢有困难；相对顶底复吹的氧气转炉，其氧气流股对熔池搅拌强度还不够，熔池具有不均匀性，从而影响氧气顶吹转炉吹炼强度、吹炼稳定性和生产率的提高。

4.2 氧气底吹转炉炼钢法

氧气顶吹转炉炼钢法于1952年出现后，很快发展成为世界上生产规模最大的炼钢方法。为了解决吹炼高磷铁水的问题，世界各国都作了不少努力，如比利时和法国同时发明处理高磷生铁的氧气石灰粉法（LD-AC 法）、瑞典发明的卡尔多法、德国发明的旋转式转炉炼钢法等。虽然这些方法的脱磷效果均高于普通氧气顶吹转炉炼钢法，但因生产率低、设备费用高、操作复杂等缺点而未能取得很大进展。

1967年德国马克希米利安公司与加拿大莱尔奎特公司共同协作试验，成功开发了氧气底吹转炉炼钢法。此法命名为 OBM 法（Oxygen Bottom Blowing Method）。它采用同心套管结构的喷嘴，其内层钢管通氧气，内层钢管与其外层无缝钢管的环缝中通碳氢化合物，利用包围在氧气外面的碳氢化合物的裂解吸热和形成还原性气幕冷却保护氧气喷嘴。与此同时，比利时、法国都研制成功了与 OBM 法相类似的工艺方法。法国命名为 LWS 法（采用液态的燃料油作为氧气喷嘴的冷却介质）。1971年美国合众钢铁公司引进了 OBM 法，成功采用喷石灰粉吹炼含磷铁水，命名为 Q-BOP 法（Quiet-BOP）。此后，氧气底吹转炉在欧洲、美国和日本得到了进一步的发展。

氧气底吹转炉炼钢法与目前占主导地位的氧气顶吹转炉炼钢法相比较，在炉底耐火材料寿命、喷嘴的维护以及由于吹入碳氢气体造成钢中含氢量增加等方面还存在一定问题，但设备投资低，并适宜于吹炼高磷铁水和利于原有车间改造，所以这项冶金技术是有吸引力的。目前国外底吹氧气转炉最大容量为250t（日本川崎钢铁公司千叶厂），供氧强度达 $3.6m^3/(t \cdot min)$。

4.2.1 氧气底吹转炉设备

氧气底吹转炉的炉体结构与氧气顶吹转炉相似，其差别在于前者装有带喷嘴的活动炉底。另外耳轴结构比较复杂，是空心的，并有开口，通过此口将输送氧气、保护介质及粉状熔剂的管路引至炉底与分配器相接。

氧气底吹转炉炉底包括炉底钢板、炉底塞、喷嘴、炉底固定件和管道固定件等，如图4-5所示。喷嘴装在炉底塞上。当炉底塞砌砖或打结耐火材料时，在预定位置埋入钢管。开炉前，将套管式喷嘴插入预埋钢管内，用螺纹活接头与炉底钢板连接。

氧气底吹转炉炉底喷嘴布置有三种形式：一是喷嘴均匀布置于以炉底中心为圆心的圆周

上；二是大致均匀布置于整个炉底上；三是布置在半个炉底上。喷嘴数量因吨位不同而不同，一般为 6~22 个。例如，230t 底吹氧气转炉有 18~22 个喷嘴，150t 底吹转炉有 12~18 个喷嘴。喷嘴的供气截面积以平方厘米表示时，其数值应为转炉公称容量的 1~3 倍；喷嘴的直径为熔池深度的 1/35~1/15。若底吹石灰粉时，喷嘴直径应稍大一些，以防止堵塞。

套管式喷嘴的结构如图 4-6 所示。喷嘴为直筒形，由内外两层金属管构成，材料可用铜管、不锈钢管或碳素钢管。内管吹氧气或氧气加石灰粉的混合物。内外管之间的环缝通入保护介质，保护介质为气体或液体燃料，如丙烷、天然气、柴油、煤油等。为保持内外管之间的环缝固定不变和保护介质均匀分布，套管式喷嘴可采用多种结构方案，如图 4-7 所示。

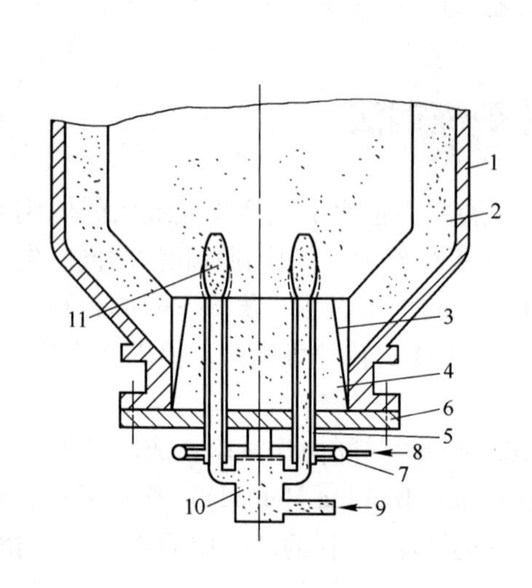

图 4-5　氧气底吹转炉炉底的结构

1—炉壳；2—炉衬；3—环缝；4—炉底塞；5—套管式喷嘴；6—炉底钢板；7—保护介质分配环；8—保护介质；9—氧和石灰粉；10—氧和石灰粉分配箱；11—舌状气袋

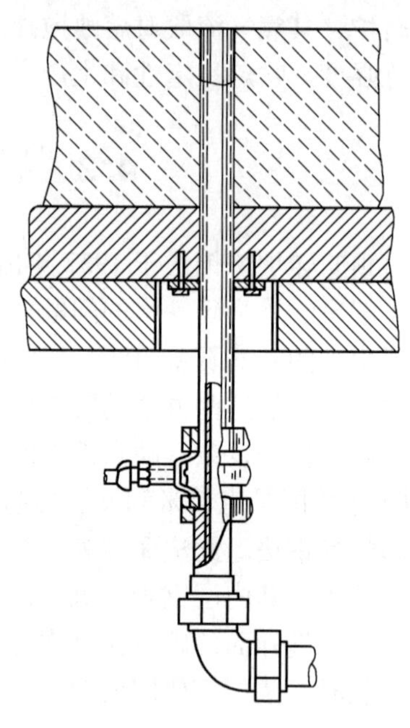

图 4-6　套管式喷嘴的结构

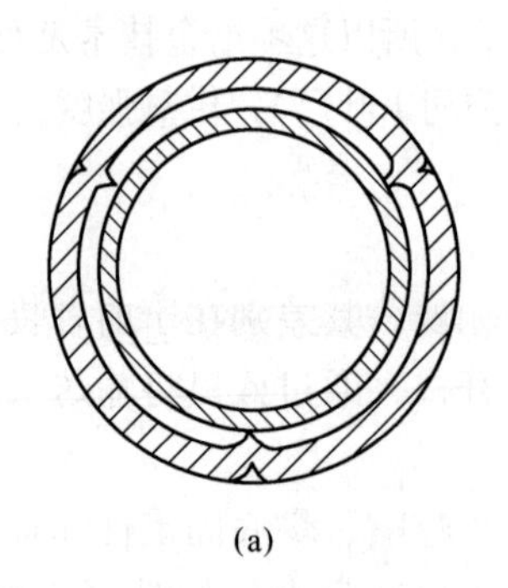

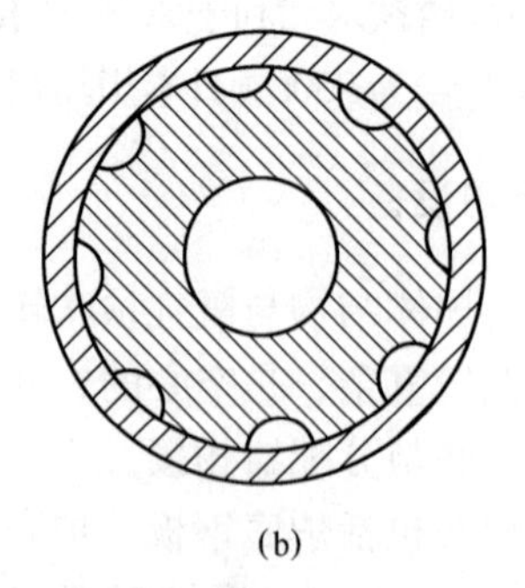

图 4-7　内外套管间隙结构方案

（a）外管内壁设突出点；（b）内管外壁开槽

高压［(6~10) $\times 10^5$Pa］氧气和保护介质喷入熔池后，流股将膨胀成舌状气袋。氧气进入熔池时的速度为声速或接近声速，气袋中心的速度最高，沿四周逐渐降低，至边缘处其速度趋于零。氧气离开舌状气袋时，以气泡形式扩散到熔池内，并与金属液混合参加反应或为熔池吸收。保护介质喷出后，在靠近炉底处包围着氧气袋，并在高温作用下立即吸热裂解成碳和氢。裂解所生成的碳，一部分沉积于炉底，一部分进入熔池；而另一产物氢，其一部分随 CO 气泡上浮排除，这一部分被金属液吸收。保护介质对喷嘴和炉底能起保护作用。这一方面是因为它的裂解吸热而使喷嘴和炉底受到冷却，另一方面是由于它包围着氧气袋，使喷嘴附近氧与金属液的反应速度减慢。在吹炼过程中，喷嘴始终淹没在金属液内，所以喷嘴随炉衬消耗而消耗。

4.2.2 熔池反应的基本特点

4.2.2.1 钢水成分的变化

吹炼过程中钢水和炉渣成分的变化如图 4-8 所示。

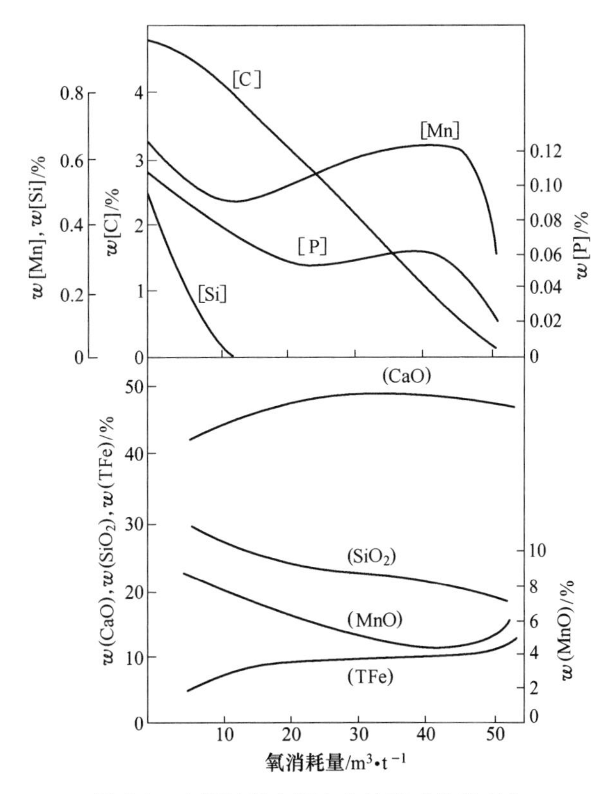

图 4-8 吹炼过程中钢水和炉渣成分的变化

吹炼初期，铁水中硅、锰优先氧化，但［Mn］的氧化只有 30%~40%，这与 LD 转炉吹炼初期有 70%以上锰氧化不同。

吹炼中期，铁水中碳大量氧化，氧的脱碳利用率几乎是 100%，而且铁矿石、铁皮分解出来的氧，也被脱碳反应消耗。这体现了底吹氧气转炉比顶吹氧气转炉具有熔池搅拌良好的特点。由于良好的熔池搅拌贯穿整个吹炼过程，所以渣中的 FeO 被［C］还原，渣中

FeO 含量低于 LD 转炉，铁合金收得率高。

A　[C]-[O] 平衡

底吹氧气转炉和顶吹氧气吹炼终点 w[C] 与 w[O] 的关系如图 4-9 所示。当 w[C]%>0.07 时，底吹氧气转炉和顶吹氧气转炉的 [C]-[O] 关系，都比较接近 p_{CO} 为 0.1MPa、1600℃时的 [C]-[O] 平衡关系，但当 w[C]%<0.07 时，底吹氧气转炉内的 [C]-[O] 关系低于 p_{CO} 为 0.1MPa 时 [C]-[O] 平衡关系。这说明底吹氧气转炉和顶吹氧气转炉在相同的钢水含氧量下，与之相平衡的钢水含碳量，底吹转炉比顶吹转炉的要低。究其原因是底吹转炉中随着钢水含碳量的降低，冷却介质分解产生的气体对 [C]-[O] 反应的影响大，使 [C]-[O] 反应的平衡的 CO 分压低于 0.1MPa。此外，研究发现，底吹转炉与顶吹转炉控制脱碳机理发生改变的临界含碳量不同。底吹转炉中由供氧速率的控制性环节向钢水中的碳扩散成为控制性环节转变的碳量要低，如 230t 底吹转炉为 0.3%~0.6%，而 180t 顶吹转炉为 0.5%~1.0%。因此，底吹转炉具有冶炼低碳钢的优点。

B　锰的变化规律

底吹氧气转炉熔池中 [Mn] 的变化有两个特点：

(1) 吹炼终点钢水残锰比顶吹转炉高，如图 4-10 所示。

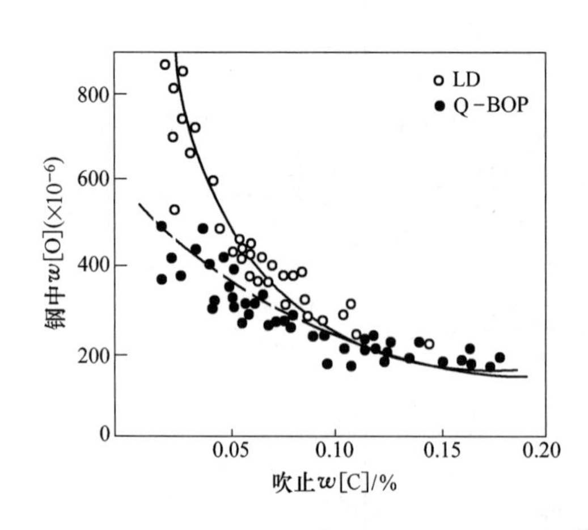

图 4-9　吹炼终点 [C]-[O] 平衡关系

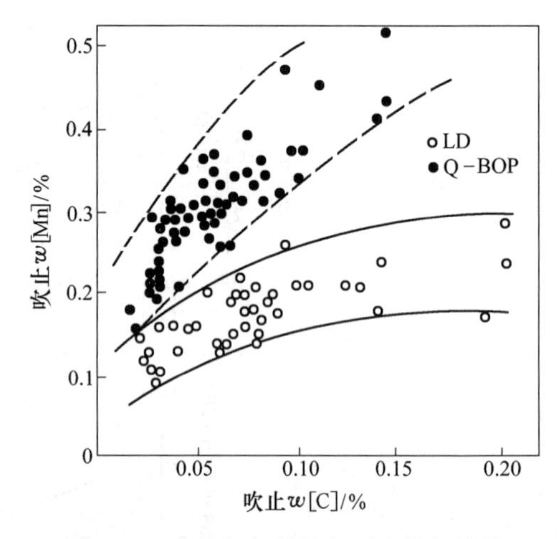

图 4-10　底吹氧气转炉与顶吹氧气转炉吹炼终点钢水残 [Mn] 和 [C] 的关系

(2) [Mn] 的氧化反应几乎达到平衡，如图 4-11 所示。

底吹转炉钢水残锰高于顶吹转炉的原因是底吹氧气转炉渣中 FeO 含量低于顶吹转炉，而且 CO 分压（约 0.04MPa）低于顶吹转炉的 0.1MPa，相当于顶吹转炉中的 [O] 活度高于底吹转炉的 2.5 倍。此外，底吹转炉喷嘴上部的氧压高，易产生强制氧化，Si 氧化为 SiO_2 并被石灰粉中 CaO 所固定，这样 MnO 的活度增大，钢水残锰增加。

底吹转炉钢水中的 Mn 含量取决于炉渣的氧化性，其反应式可写为：

$$(FeO) + [Mn] = (MnO) + [Fe]$$

$$\lg K = \lg \frac{x(MnO)_{(1)}}{w[Mn] \cdot x(FeO)} = \frac{6440}{T} - 2.95 \tag{4-1}$$

按照式（4-1）计算的［Mn］含量与实际［Mn］含量如图4-11所示。从图可以看出两者的变化趋势比较一致。

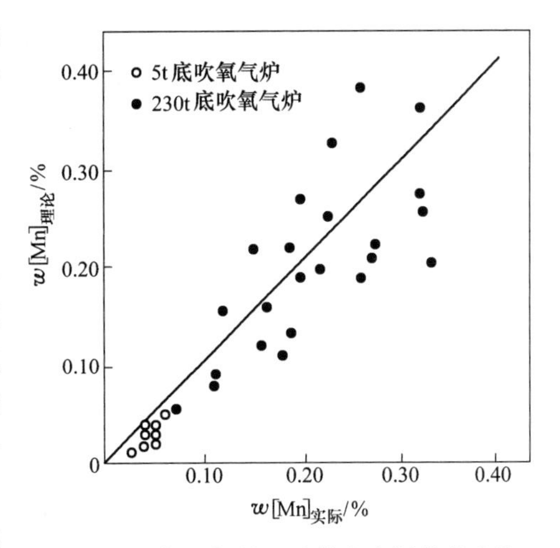

图4-11　w［Mn］的理论值和实际值的比较

C　铁的氧化和脱磷反应

a　低磷铁水条件下，铁的氧化和脱磷反应

［P］的氧化与渣中TFe含量密切相关。如图4-12所示，底吹氧气转炉渣中TFe含量低于顶吹氧气转炉，这样不仅限制了底吹氧气转炉不得不以吹炼低碳钢为主，而且也使脱磷反应比顶吹氧气转炉滞后进行，但渣中TFe含量低，金属的收得率就高。

图4-13所示为Q-BOP炉和LD转炉吹炼过程中［P］的变化。从图可以看出，在低碳范围内，底吹氧气转炉的脱磷并不逊色于LD炉。其原因可归纳为在底吹喷嘴上部气体中氧分压高，产生强制氧化，磷生成P_2O_5（气），并被固体石灰粉迅速化合为$3CaO·P_2O_5$，从而具有LD转炉所没有的比较强的脱磷能力。在LD转炉火点下生成的$Fe_2O_3·P_2O_5$比较稳定，再还原速度缓慢，尤其是在低碳范围时，脱磷明显，也说明了这个问题。为了提高底吹氧转炉高碳区的脱磷能力，通过炉底喷入铁矿石粉或返回渣和石灰粉的混合料，已取得明显的效果。

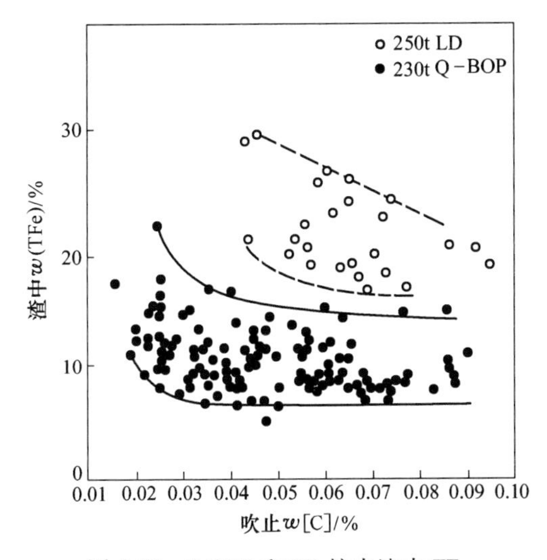

图4-12　Q-BOP和LD炉内渣中TFe

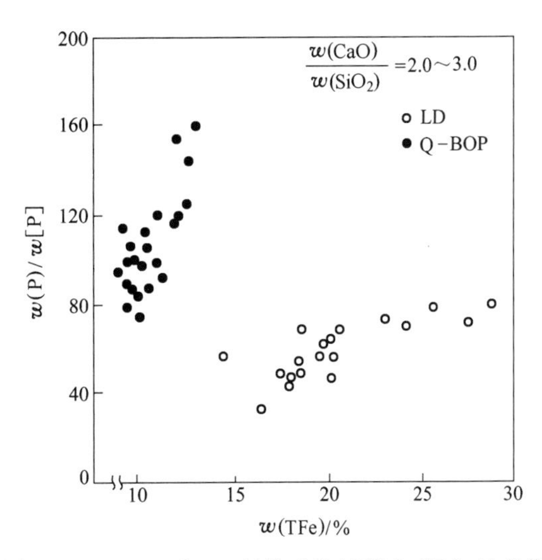

图4-13　Q-BOP和LD转炉吹炼过程中［P］的变化

b　高磷铁水条件下脱磷反应

可采用留渣法吹炼高磷铁水，将一部分前炉炉渣留在炉内，前期吹入石灰总量的35%左右，后期吹入65%左右造渣，中期不吹石灰粉。前期可脱去铁水含磷量的50%，吹炼末期的炉渣为CaO所饱和，供下炉吹炼用。

D　脱硫反应

230t底吹转炉吹炼过程中，当熔池中的碳达到0.8%左右时，w［S］达到最低值，说明吹炼初期固体 CaO 粉末有一定的直接脱硫能力。但随着炉渣氧化性的提高，熔池有一定量的回硫，吹炼后期随着流动性的改善，熔池中［S］又降低。

图 4-14 所示为 230t 底吹氧气转炉内渣钢间硫的分配比与炉渣碱度的关系。与顶吹相比，底吹氧气转炉具有较强的脱硫能力，特别是炉渣碱度在 2.5 以上时表现得更明显。即使在钢水低碳范围内，底吹氧气转炉仍有一定的脱硫能力，原因是其内的 CO 分压比顶吹的低，而且熔池内的搅拌一直持续到吹炼结束。

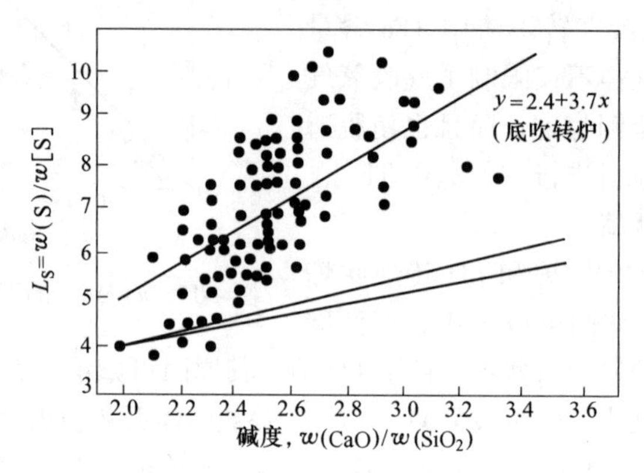

图 4-14　230t 底吹氧气转炉内渣钢间硫分配比与炉渣碱度的关系
（原始硫含量：0.025%～0.031%；温度：1630～1680℃；CaO 含量：45～55kg/t）

E　钢中的氢和氮

底吹氧气转炉钢中的氢比顶吹转炉的高，其原因是底吹转炉用碳氢化合物作为冷却剂，分解出来的氢被钢水吸收。如某厂顶吹氧气转炉钢水中平均含氢量为 2.6×10^{-6}，而底吹氧气转炉平均为 4.5×10^{-6}。

图 4-15 所示为底吹氧转炉内终点［C］与［N］的关系。从图可以看出，底吹转炉钢水的含氮量，尤其是在低碳时，比顶吹转炉的低，原因是底吹转炉的熔池搅拌一直持续到脱碳后期，有利于脱气。

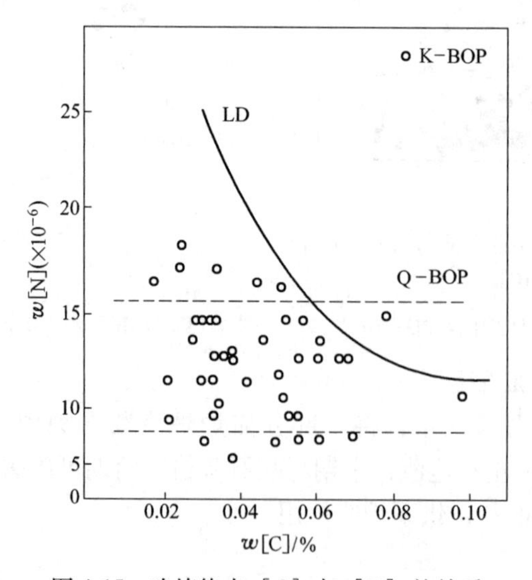

图 4-15　吹炼终点［C］与［N］的关系

4.2.2.2 炉渣成分的变化

在吹炼过程中炉渣成分的变化见图4-8。[SiO_2] 的含量在吹炼前期高，而后随着石灰的熔解而降低。[FeO] 的含量在吹炼前期一直很低，在吹炼后期提高很快。采用喷吹石灰粉操作，可使吹炼过程中保持较高的 [CaO] 含量，有利于稳定脱磷。

若不喷吹石灰粉，将使初期渣中CaO含量大大降低，而P_2O_5的含量也会在后期才稳定，但最终的炉渣脱磷仍然是令人满意的。

4.2.3 顶吹法与底吹法的比较

顶吹法与底吹法的比较见表4-5。

表4-5 顶吹法与底吹法的比较

顶吹法	底吹法
(1) 工艺简单; (2) 生产率高; (3) 废钢熔化率高，适应性强; (4) 成渣易于控制; (5) 吹炼操作灵活; (6) 耐火材料寿命长; (7) 可脱碳加热; (8) 在高含碳量下可较好脱磷; (9) 氧流及其搅拌仅作用于局部，而且不到冶炼结束; (10) 熔池成分、温度不均匀; (11) 反应未达平衡; (12) 临界状态下喷溅; (13) w[C] 不能低于0.01%; (14) 终渣FeO高; (15) 炉渣温度高（不适于脱磷）; (16) 由于没有平衡，过程控制困难	(1) 搅拌力量大; (2) 渣-金属间反应动力学条件改善; (3) 没有渣的过氧化，铁损失较少; (4) 合金回收率较高; (5) 氮含量较低; (6) 喷溅少，烟尘生成少; (7) 较易预热废钢; (8) 高重复性; (9) 废钢熔化能力较低（炉子热效率降低）; (10) 炉底材料寿命低; (11) 吹入气体量大; (12) 喷嘴处保护气体吸热以及吸入氢气; (13) 为前期去磷，只有喷入石灰粉，因而工艺复杂

4.3 氧气顶底复吹转炉炼钢法

氧气转炉顶底复合吹炼是20世纪70年代中后期开发的炼钢工艺。复合吹炼法就是利用底吹气流克服顶吹氧流对熔池搅拌能力不足（特别在碳低时）的弱点，可使炉内反应接近平衡，铁损失减少，同时又保留了顶吹法容易控制造渣过程的优点，因而具有比顶吹和底吹更好的技术经济指标，成为氧气转炉炼钢的发展方向。

由于复吹法在冶金上、操作上以及经济上具有比顶吹法和底吹法都好的一系列优点，加之改造现有转炉容易，仅仅几年就在全世界范围内普及起来。一些国家如日本已经基本淘汰了单纯顶吹法。

我国从 1980 年开始进行复吹技术的试验研究，1983 年用于工业生产。目前我国顶底复合吹炼转炉都是采用惰性、中性气体搅拌熔池的。顶底复吹转炉炼钢技术在我国得到了广泛应用。

4.3.1　顶底复吹转炉炼钢工艺类型

自顶底复吹转炉投产以来，已命名的复吹方法达数十种之多，按照吹炼工艺目的来划分，主要分为四种类型：

（1）顶吹氧、底吹惰性气体的复吹工艺。其代表方法有 LBE、LD-KG、LD-OTB、NK-CB、LD-AB 等。顶部 100%供氧气，并采用二次燃烧技术以补充熔池热源，底部供给惰性气体；吹炼前期供氮气；后期切换为氩气；供气强度在 0.03～0.12m^3/(t · min) 范围内。底部多使用集管式、多孔塞砖或多层环缝管式供气元件。

（2）顶、底复合吹氧工艺。其代表方法有 BSC-BAP、LD-OB、LD-HC、STB、STB-P 等。顶部供氧比为 60%～95%，底部供氧比为 5%～40%，底部的供氧强度在 0.2～2.5m^3/(t · min)，属于强搅拌类型，目的在于改善炉内动力学条件的同时，使氧与杂质元素直接氧化，加速吹炼过程。底部供气元件多使用套管式喷嘴，中心管供氧，环管供天然气或液化石油气或油做冷却剂。

（3）底吹氧喷熔剂工艺。其典型代表有 K-BOP。这种类型是在顶底复合吹氧的基础上，通过底枪，在吹氧的同时喷吹石灰等熔剂，吹氧强度一般为 0.8～1.3m^3/(t · min)，熔剂的喷入量取决于钢水脱磷、脱硫的量。除加强熔池搅拌外，还使氧气、石灰和钢水直接接触，加速反应速度。采用这种复吹工艺可以冶炼合金钢和不锈钢。

（4）喷吹燃料型工艺。这种工艺是在供氧的同时喷入煤粉、燃油或燃气等燃料，燃料的供给既可从顶部加入，也可从底部喷入。通过向炉内喷吹燃料，可提高废钢比，如 KMS 法可使废钢比达 40%以上；而以底部喷煤粉和顶底供氧的 KS 法还可使废钢比达 100%，即转炉全废钢冶炼。

4.3.2　顶底复吹转炉内的冶金反应

复吹转炉内钢水和炉渣成分的变化如图 4-16 所示，虽然基本成分的变化趋势与顶吹转炉差不多，但由于复吹转炉的熔池搅拌加强，使渣-钢间的反应更加趋于平衡，因而具有一定的冶金特点。

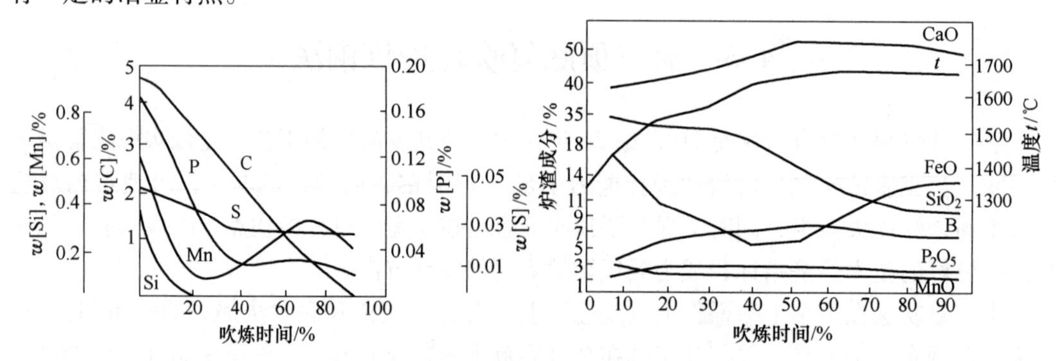

图 4-16　复吹转炉内钢水和炉渣成分的变化

4.3.2.1　成渣速度

顶底复吹转炉与顶吹、底吹两种转炉相比，熔池搅拌范围大而且强烈；从底部喷入石灰粉造渣，成渣速度快；通过调节氧枪枪位化渣，加上底部气体的搅动，形成碱度高、流动性良好和一定氧化性的炉渣，需要的时间比顶吹转炉或底吹转炉的都短。

4.3.2.2　渣中Σ(FeO)

顶底复吹转炉在吹炼过程中，渣中Σ(FeO）的变化规律和Σ(FeO）含量与顶吹转炉、底吹转炉的有所不同，这是炉内反应的特点之一。

复吹转炉渣中Σ(FeO）的变化如图4-17所示。从图可以看出，从吹炼初期开始到中期逐渐降低，中期变化平稳，后期又稍有升高，其变化的曲线与顶吹转炉有某些相似之处。

图4-18为吹炼终点渣中全铁含量与钢中碳的关系，相对于同一w[C］的w(TFe）值，按照“LD>LD-KG>K-BOP>Q-BOP”的顺序变化。由此可知，就渣中Σ(FeO）含量而言，顶吹转炉（LD）>复吹转炉（LD/Q-BOP）>底吹转炉（Q-BOP）。复吹转炉炉渣的Σ(FeO)含量低于顶吹的原因主要为：

(1）从底部吹入的氧，生成的FeO在熔池的上升过程中被消耗掉；

(2）有底吹气体搅拌，渣中Σ(FeO）低，也能化渣，在操作中不需要高的Σ(FeO)；

(3）上部有顶枪吹氧，所以它的Σ(FeO）含量比底吹氧气的还高。

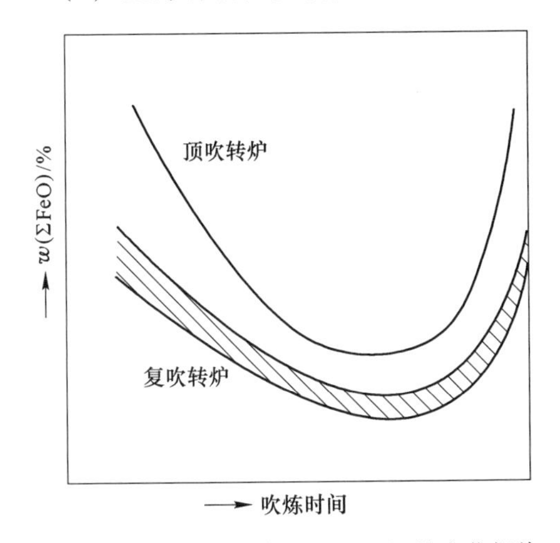

图4-17　复吹转炉渣中w(ΣFeO）的变化规律

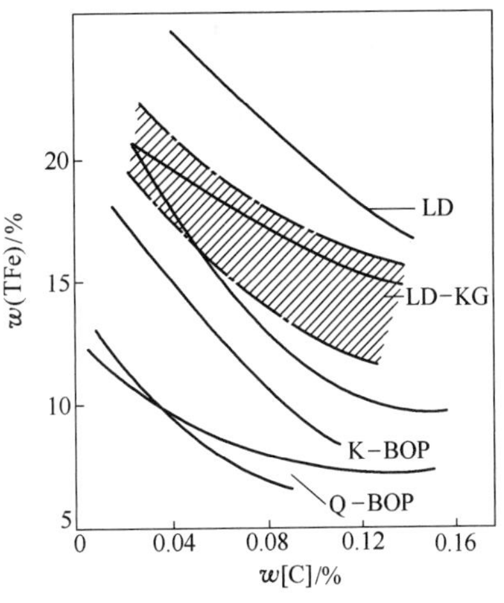

图4-18　吹炼终点渣中w(TFe）与w[C］的关系

4.3.2.3　钢液中的碳

吹炼终点的［C]-[O］关系和脱碳反应不引发喷溅，也反映了复吹转炉的冶金特点。

复吹转炉钢水的脱碳速度高而且比较均匀，原因是从顶部吹入大部分氧，从底部吹入少量的氧，供氧比较均匀，脱碳反应也就比较均匀，使渣中Σ(FeO）含量始终不高。在熔池底部生成的FeO与［C］有更多的机会反应，FeO不易聚集，从而很少产生喷溅。

图4-19所示为复吹转炉、顶吹转炉、底吹转炉吹炼终点的w[C］和w[O]。复吹转

炉的［C］-［O］关系线低于顶吹转炉，比较接近底吹转炉的［C］-［O］关系线。可见氧气底吹转炉搅拌最充分，［C］-［O］反应趋于平衡；其次是顶底复合吹氧型转炉的［C］-［O］反应接近平衡，说明随着搅拌的强化，供给的氧被有效地用于脱碳。在相同含碳量下，复吹转炉金属收得率高于顶吹转炉。

图 4-20 所示为 65t 复吹转炉底部吹入惰性气体前后钢水中［C］-［O］关系的变化。吹入惰性气体后，钢水中［C］-［O］的关系线下移，原因是吹入熔池中的 N_2 或 Ar 小气泡降低了气相中 CO 的分压，同时还为脱碳反应提供场所。因此，在相同含碳量的条件下，复吹转炉钢水中的含氧量低于顶吹，从而使金属中碳氧更接近平衡。特别是在低碳时，降低钢水中的溶解氧有明显的效果，对冶炼低碳钢特别有利。不同复合吹炼法对降低钢中溶解氧的能力是十分相似的。通常认为钢液中的氧含量主要受碳含量和温度影响。而在复吹转炉中，钢液氧含量不仅受碳含量影响，还与底吹供气强度有关。计算和测定结果表明，底吹供气强度越大，［C］-［O］反应的实测曲线与 CO 分压为 0.1MPa 时的平衡值越接近；当底吹供气强度大于 $0.2m^3/(min \cdot t)$ 后，对钢液中氧含量影响不大。

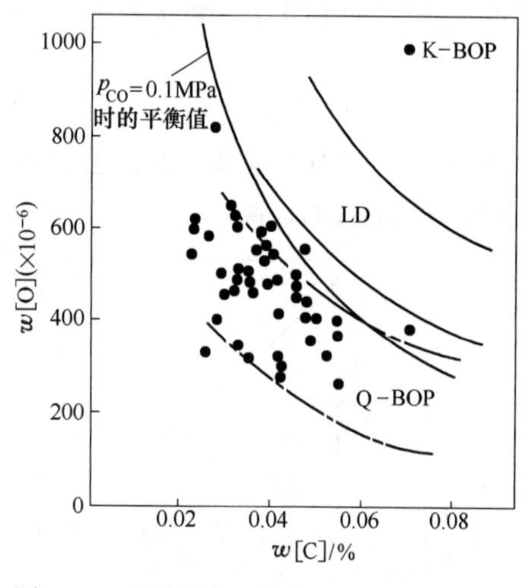

图 4-19　吹炼终点 w［C］和 w［O］的关系

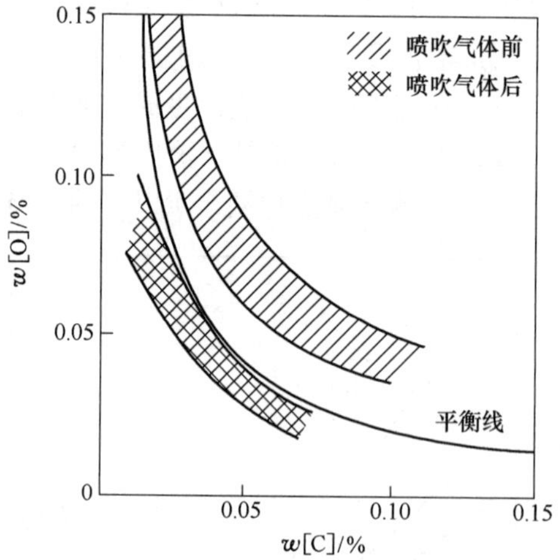

图 4-20　吹惰性气体后对钢水中［C］和［O］的影响

4.3.2.4　钢液中的锰

在复吹转炉中，由于底吹气体的搅拌作用，钢液中［O］含量和渣中 Σ(FeO) 减少。在吹炼初期，钢水中的锰只有 30%~40% 被氧化；待温度升高后，在吹炼中期的后段时间，又开始回锰，所以出钢前钢水中的余锰较顶吹转炉高。不同类型转炉吹炼终点的锰含量如图 4-21 所示。由图可见，随着终点碳含量的增加，钢液中余锰量增多；而复吹转炉的钢水余锰量在钢液含碳相同时高于顶吹转炉，因此，复吹转炉脱氧合金化时锰铁消耗降低。

4.3.2.5　钢液中的磷

脱磷反应是在氧化条件下进行的，虽然由于复吹转炉熔池搅拌加强，钢液中［O］和渣中（FeO）含量有所降低，但熔池搅拌也加大了渣-钢反应界面，促进磷的传质过程，使脱磷反应的动力学条件改善，从而提高了磷的分配比，使磷的去除更有利。

在吹炼初期，脱磷率可达40%~60%，以后保持一段平稳时间；吹炼后期，脱磷又加快。各种转炉冶炼中磷的分配比如图4-22所示，复吹转炉磷的分配系数相当于底吹转炉，而比顶吹高得多。随着底吹供气强度提高，磷的分配比增大；当采用底吹石灰粉工艺时，磷的去除效果更好。

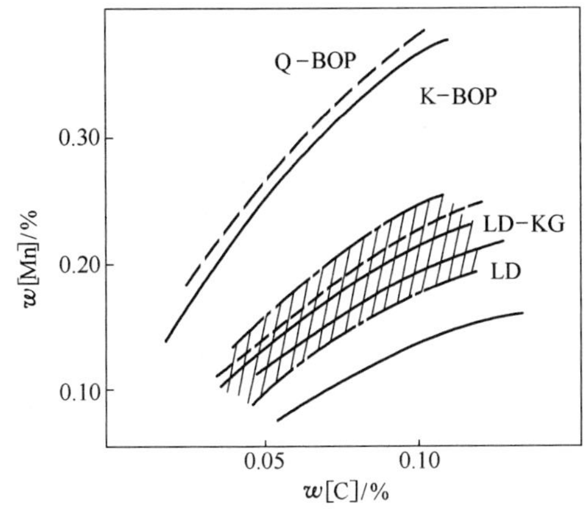

图4-21　吹炼终点的 $w[Mn]$ 与 $w[C]$ 的关系

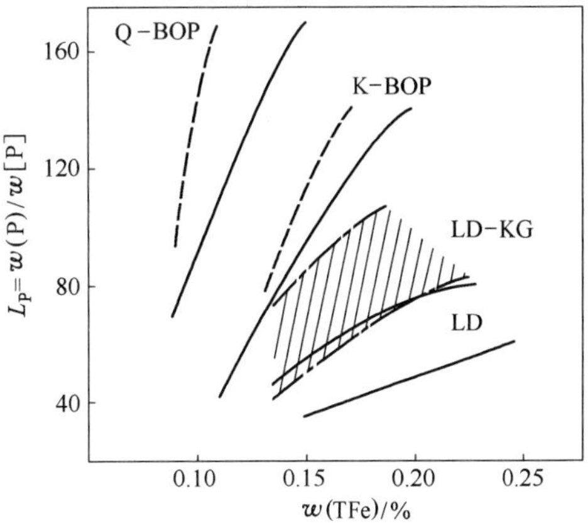

图4-22　磷的分配与 $w(TFe)$ 的关系

4.3.2.6　钢液中的硫

脱硫反应通常表示为 $[S] + (O^{2-}) = (S^{2-}) + [O]$。从脱硫反应可知，渣中 O^{2-} 多或钢水中氧含量低有利于硫的去除。顶底复吹转炉脱硫条件较好，表现在三个方面：

(1) 当底部喷石灰粉、顶吹氧时，有助于石灰熔解，能及早形成较高碱度的炉渣，增加了渣中 O^{2-}，使硫的分配比进一步提高；

(2) 复吹转炉钢水中含氧低，渣中 $\Sigma(FeO)$ 含量比顶吹低；

(3) 熔池搅拌好，反应界面大，也有利于改善脱硫反应动力学条件。

图4-23中示出了不同类型转炉中硫的分配比与炉渣碱度的关系。由图可见，熔池搅拌能力弱的复吹工艺LD-KG与顶吹转炉LD工艺的硫分配比没有差别，而熔池搅拌能力强的复吹工艺LD-OB和底吹石灰粉的K-BOP和Q-BOP工艺的硫分配比较大。

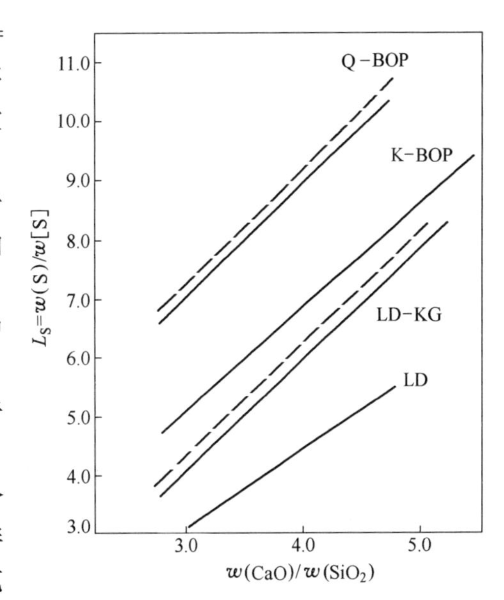

图4-23　硫的分配比与碱度的关系

4.3.2.7　钢液中的氮

在复吹转炉中，若是底吹气体全过程应用氮气，必然引起钢水中 $w[N]$ 增加。底吹供氮气强度越大，钢水中的氮越多。为了防止钢水中氮含量增加，要求在吹炼后期把底吹氮气切换为氩气，并增大供气强度，以去除钢水中的氮，这样才能保证钢水中 $w[N]$ 符合技术要求。在吹炼后期，底吹供氩强度的大小对排氮速度影响较大，因此，较高强度的底吹供氩有可能使终点钢中 $w[N]$ 比较低强度底吹供氩时稍低。若在吹炼中采用其他气体，将有助于降低钢水中氮含量。

4.3.2.8　钢液中的氢

钢液中的氢通常由水分带入。但在复吹转炉中，若是底部吹氧而采用碳氢化合物作冷却剂，则钢液中的氢含量有所增加。同样的原因，若是底吹天然气，也会由于 CH_4 裂变后增加钢液中的氢含量。若是底吹其他气体，将有助于降低钢液氧含量而不会影响钢的质量。

总之，顶底复吹转炉石灰单耗低，渣量少，铁合金单耗相当于底吹转炉，氧耗介于顶吹与底吹之间。顶底复吹转炉能形成高碱度氧化性炉渣，提前脱磷，直接拉碳，生产低碳钢种，对吹炼中、高磷铁水有很大的适应性。

4.3.3　冶金特点

氧气顶吹转炉（LD 法）可通过软吹化渣，有利于快速成渣，提高渣中 $w(FeO)$，促进脱磷反应。这是其突出优点。但其熔池搅拌不充分（尤其是大型炉子），特别是在低碳区 CO 的发生量减少导致搅拌力降低；金属中 $w[O]$ 增大，铁、锰的氧化损失较大。而氧气底吹转炉冶炼过程更加平稳，搅拌能力大，促进了炉内的反应，脱碳能力强，金属收得率也高，脱磷脱硫也更接近平衡；采用喷吹石灰粉操作，使底吹转炉提前脱磷，可适用吹炼高磷铁水，但工艺复杂。复合吹炼法具备顶吹和底吹两者的优点，因此，自 20 世纪 70 年代初开发以来，得到了迅速普及。

根据复吹转炉内的冶金反应，复吹转炉具有以下特点：

（1）显著降低了钢水中氧含量和熔渣中 TFe 含量。由于复吹工艺强化了熔池搅拌，促进钢-渣界面反应，反应更接近于平衡状态，所以显著地降低了钢水和熔渣中的过剩氧含量。

（2）提高吹炼终点钢水余锰含量。渣中 TFe 含量的降低，钢水余锰含量增加，因而也减少了铁合金的消耗。

（3）提高了脱磷、脱硫效率。由于反应接近平衡状态，磷和硫的分配系数较高，渣中 TFe 含量的降低，明显改善了脱硫条件。

（4）吹炼平稳，减少了喷溅。复吹工艺集顶吹工艺成渣速度快和底吹工艺吹炼平稳的双重优点，吹炼平稳，减少了喷溅，改善了吹炼的可控性，可提高供氧强度。

（5）更适宜吹炼低碳钢种。终点碳可控制在不大于 0.03% 的水平，适于吹炼低碳钢种。

（6）熔池富余热量减少。复吹减少了铁、锰、碳等元素氧化放热，许多复合吹炼法吹入的搅拌气体，如氩、氮、二氧化碳等要吸收熔池中的显热，吹入的二氧化碳代替部分工业氧使熔池中的元素氧化，也要减少元素的氧化放出的热量。所有这些因素的作用超过了因少加熔剂和少蒸发铁元素，而使熔池热量消耗减少的作用。因此，将顶吹改为顶底复合吹炼后，如果不采取专门增加熔池热量收入的措施，将导致增加铁水用量、减少废钢装入量或其他冷却剂的用量。

综上所述，复吹工艺不仅提高钢质量，降低消耗和吨钢成本，更适合供给连铸优质钢水。复吹方法集合了顶吹方法和底吹方法之长处，从而获得了较好的技术经济效果，据有关资料，主要有：

（1）渣中含铁降低 2.5%~5.0%；

（2）金属收得率提高 0.5%~1.5%；

（3）石灰消耗减少 3~10kg/t；

（4）终点碳可降至 0.01%~0.03%；

（5）残锰提高 0.02%~0.06%；

（6）磷含量降低约 0.002%；

（7）减少或消除钢液喷溅，故可适当提高炉子装入量；

（8）降低氧耗约 8%，并缩短了吹炼时间。

思考题

4-1 氧气顶吹转炉吹炼各阶段有何特点？操作要点是什么？

4-2 顶底复吹转炉有哪几种工艺类型？其底吹气体有哪些？

4-3 顶底复吹转炉底吹供气元件有哪些类型？

4-4 “炉渣金属蘑菇头”是怎样形成的？如何维护？

4-5 顶吹法、底吹法与复吹法各有何特点？

5 转炉炼钢冶炼工艺

转炉炼钢是世界上最主要的炼钢方法，目前转炉炼钢主要采用顶吹法与顶底复吹法。复吹转炉一般采用弱搅拌工艺（底吹 N_2、Ar 等），在操作上除炉底全程供气和顶吹氧枪适当提高外，冶炼工艺制度基本上与顶吹法相同。本章重点阐述顶吹法冶炼工艺。

5.1 供气制度

5.1.1 供氧制度

供氧是指最合理地向熔池供给氧气，创造炉内良好的物理化学条件，完成吹炼任务。供氧制度，是指根据生产条件确定恰当的供氧强度，选择和确定喷头结构、类型和尺寸，制定合理的氧枪操作方法。当氧枪的结构、类型和尺寸确定后，吹炼过程中能调节的供氧参数是工作氧压和氧枪枪位。

5.1.1.1 供氧参数

A 工作氧压

工作氧压即氧气的压力，供氧制度中规定的工作氧压是指测定点的压力（并非喷头出口压力或喷头前压力），也称为使用压力 $p_{用}$。测定点位于软管前的输氧管上，与喷头前有一定的距离（见图 5-1），所以有一定的压力损失，一般允许 $p_{用}$ 偏离设计氧压±20%。由于各厂的具体情况不同，氧压损失也不相同。在同一座转炉上，由于氧压的变化，这段氧压损失也有区别。氧压损失可以测定。

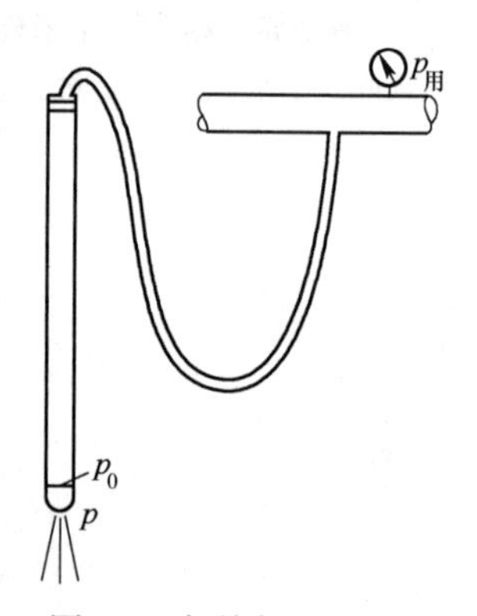

图 5-1 氧枪氧压测定点

设计工况氧压又称理论计算氧压，它是指喷头进口处的氧气压强，近似等于滞止氧压（绝对压力）。喷嘴前的氧压用 p_0 表示，出口氧压用 p 表示。p_0 和 p 都是喷嘴设计的重要参数。出口氧压应稍高于或等于周围炉气的气压。如果出口氧压小于或高出周围气压很多时，出口后的氧气流股就会收缩或膨胀，使得氧流很不稳定，而且能量损失较大，不利于吹炼，所以通常选 $p=0.118\sim0.123$MPa。

喷嘴前氧气压力的选用应考虑以下因素：

（1）氧气流股出口速度要达到超声速（450~530m/s），即 $Ma=1.8\sim2.1$。

（2）出口的氧压应稍高于炉膛内气压。

从图 5-2 可以看出，当 $p_0>0.784$MPa 时，随着氧压的增加，氧流速度显著增加；当 $p_0>1.176$MPa 以后，氧压增加，氧流出口速度增加不多。所以通常氧枪喷嘴前氧压选择为 0.784~1.176MPa。

当氧压过高时，有一部分氧压能量没有转化为速度能而损失掉了。喷嘴的结构是否合理，对压力-速度的能量转换有直接关系。但是即使喷嘴结构是合理的，如果操作上所用氧压超过设计氧压50%以上时，能量损失增加，氧气流股也不稳定，所以不能用过高的氧压操作。

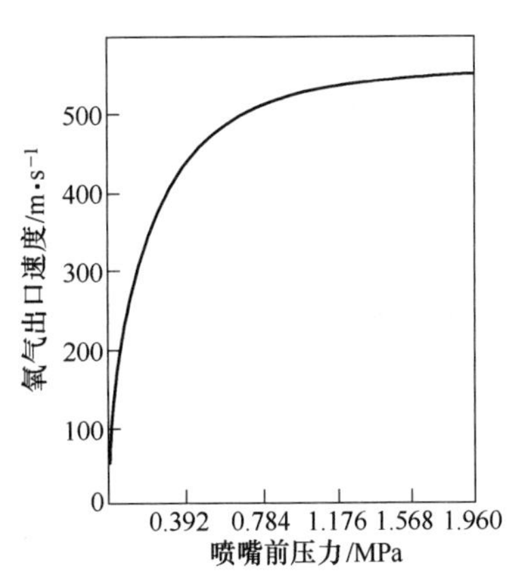

图 5-2 氧压与出口速度的关系

喷嘴前的氧压与流量有一定关系，若已知氧气流量和喷嘴尺寸，p_0是可以根据经验公式计算出来的。当喷嘴结构及氧气流量确定以后，氧压也就确定了。

B 供氧量

供氧量 Q（即氧气流量）是指单位时间内向熔池供氧的数量（常用标准状态下的体积量度），其量纲为 m^3/min 或 m^3/h。它与喷头面积大小直接有关。在喷孔出口马赫数 Ma 选定后，喉口面积就只与氧流量有关了。一旦喉口面积确定，氧流量也就确定了。喉口面积取大了，氧流量过大，就会使化渣、脱碳失去平衡，造成喷溅；喉口面积取小了，氧气流量减小，会延长冶炼时间，降低生产率。对于没有准确计量仪表的钢厂，氧枪喷头设计所需的氧流量可以根据转炉炼钢的物料平衡方法来计算，一般每吨钢耗量为 $50\sim60m^3/t$。据统计，国内大型转炉（公称容量不小于150t），氧耗平均在 56.71 m^3/t；中型转炉（80~150t），氧耗平均在 56.74 m^3/t；小型转炉（<80t），氧耗平均在 58.9 m^3/t。

供氧量根据冶炼中炉内金属料所需要的氧量、金属装入量和吹氧时间等因素来确定。

$$Q = \frac{\text{每吨金属需氧量}(m^3/t)}{\text{吹氧时间}(min)} \times \text{装入量}(t) \tag{5-1}$$

还可按照下述简单公式计算：

$$Q = \frac{\{w[C]_{\text{铁}} \times \text{铁水比} - w[C]_{\text{终点}}\} \times 0.933}{\eta_{O_2} \times \text{供氧时间}} \times \text{装入量} \tag{5-2}$$

式中 $w[C]_{\text{铁}}$——铁水中的碳含量；

铁水比——金属料中铁水所占百分比，一般大于70%；

$w[C]_{\text{终点}}$——吹炼终点钢水中的碳含量；

0.933——$0.933=22.4/(2\times12)$，即每1kg碳氧化时需 $0.933m^3$ 氧气；

η_{O_2}——氧气脱碳效率，$\eta_{O_2} = \dfrac{0.933 \times \text{碳氧化量}}{\text{实际供氧量}} \times 100\%$，考虑到其他元素的氧化，$\eta_{O_2}$ 取 70%~75%。

式（5-1）和式（5-2）表明，所炼钢种、吹氧时间与氧气流量（供氧量）有密切关系，同时这两个式子也说明了为什么根据供氧量能判断吹炼终点。

举例说明如下：设铁水中的碳含量为4.4%，铁水占金属料的比例为91.4%=0.914，终点钢水中的碳含量为0.06%，又取金属料装入量为38t，出钢量为35t，供氧时间为16min，则

$$\text{氧气流量} = \frac{(4.4\% \times 0.914 - 0.06\%) \times 0.933}{70\% \times 16} \times 38000$$

$$= 125.4 m^3/min = 7524 m^3/h$$

C　供氧强度

供氧强度 I 是指单位时间内每吨金属的供氧量，其量纲为 $m^3/(t \cdot min)$。

$$I = \frac{Q(m^3/min)}{装入量(t)} \tag{5-3}$$

在铁水成分与所炼钢种确定后，提高转炉供氧强度几乎可以成比例地缩短每炉钢的供氧时间。几种不同种类铁水每炉钢的供氧时间与供氧强度的关系如图 5-3 所示。

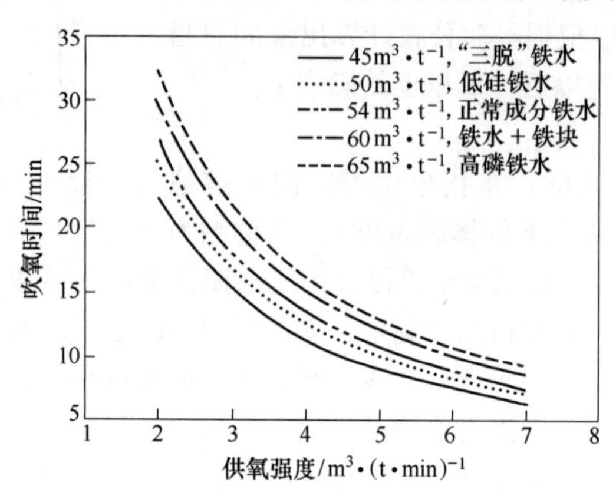

图 5-3　转炉供氧时间与供氧强度的关系

供氧强度的大小主要受炉内喷溅的影响，通常在不影响喷溅的情况下可使用较大的供氧强度。我国中、小型转炉的供氧强度（标态）为 2.5~4.5$m^3/(t \cdot min)$。120t 以上转炉的供氧强度在 2.8~3.6$m^3/(t \cdot min)$。国外转炉供氧强度波动范围为 2.5~4.0 $m^3/(t \cdot min)$。转炉采用高效吹氧时要根据原料状况、冶炼钢种、炉容比、转炉排烟能力等条件来选择合适的供氧强度。

D　枪位

氧枪高度即枪位，是指氧枪喷头与静止熔池表面之间的距离，不考虑吹炼过程实际熔池面的剧烈波动。虽然在 LD 转炉吹炼过程的大部分时间内，氧枪喷头淹没在金属-熔渣乳浊液中，但用枪位这一概念讨论供氧问题，仍不失其对实际操作的指导意义。因为变化枪位是调节熔池冲击深度和冲击面积的有效方法。

a　枪位高低对熔池的影响

根据氧气射流特性可知，枪位越低，氧气射流对熔池的冲击动能越大，熔池搅拌越强，氧气利用率越高，其结果是加速了炉内脱硅、脱碳反应，使渣中 FeO 含量降低。同时，由于脱碳速度快，缩短了反应时间，热损失相对减少，熔温升温迅速。但枪位过低，不利于成渣，也可能冲击炉底。而枪位过高，将使熔池的搅拌能力减弱，造成表面铁的氧化，使渣中 FeO 含量增加，导致炉渣严重泡沫化而引起喷溅。枪位高低对熔池的物理作用和化学作用影响很大。由此可见，只有合适的枪位才能获得良好的吹炼效果。

b　转炉枪位控制

转炉枪位控制有以下几种方法

（1）经验公式计算。转炉枪位与炉子吨位、喷头参数、原料条件、冶炼钢种、炉型以及操作习惯等因素有关。枪位的确定主要考虑两个因素，一是氧射流要有一定的冲击面积；二是氧射流应有一定的冲击深度，但保证不能冲击炉底。枪位 H 可先根据经验公式（5-4）确定，再根据操作效果加以校正。

$$H = (35 \sim 50) d_t \tag{5-4}$$

式中 H——多孔喷头的枪位，mm；

d_t——喷头喉口直径，mm。

利用穿透深度与熔池深度之比的经验值可确定不同吹炼阶段的枪位高度。图 5-4 所示为转炉枪位高度与炉子吨位的关系。

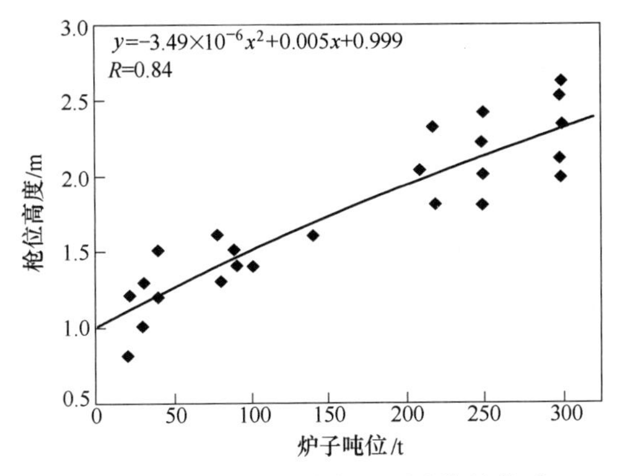

图 5-4 转炉枪位高度与炉子吨位的关系

（2）仪表监控枪位。

1）声纳仪：这种仪器的原理是氧射流的噪声强度与浸入炉渣内的深度有关。氧枪喷头位于渣面之上时，利用声纳仪较为灵敏。当喷头位于渣面之下，声纳仪就失去作用了。

2）氧枪振动仪：其工作原理是随着氧枪浸入渣层的深度增加，枪体受横向推力加大。根据在枪尾的应变片所测出枪体受力的大小可表示炉内渣面高度。

3）用炉气定碳技术控制枪位：根据吹炼过程中所测得的转炉烟气成分及烟气量，可以计算出每一时刻炉渣中所蓄积的氧气量，用以控制渣中氧化铁合理含量。

（3）用自动控制模型控制枪位。用静态模型按所炼钢种的要求，设定吹炼过程的枪位高度。在吹氧量达到总供氧量的约 85%时，根据副枪所测得的熔池碳和温度值进行终点前的动态修正，并把氧枪降到喷头所能承受的最低枪位。国内外多数大型转炉采用这种技术。

（4）由操作人员根据经验控制枪位。由每个氧枪工根据自己的经验控制供氧操作。其结果是吹炼过程的成渣状况和吹炼终点钢水成分、温度波动太大。某钢厂对此方法进行了 1 个月的统计，对于低碳钢吹炼终点，命中率平均为 35%左右（$w(\Delta[C]) = \pm 0.02\%$，$\Delta t = \pm 12℃$）。

c 影响枪位变化的因素

枪位变化受多种因素影响，其基本原则是早化渣、化好渣、减少喷溅、有利于脱碳和控制终点。

（1）铁水成分。铁水中含硅、磷较高时，若采用双渣操作，可采用较低枪位，以利于快速脱硅、脱磷，然后倒掉酸性渣。若采用单渣操作，则可高枪化渣，然后降枪去磷。铁水含硅、磷较低时，为了化好渣，应提高枪位。

（2）铁水温度。铁水温度低时，应低枪提温，待温度升高后再提枪化渣，此时降枪时间不宜太长，一般为2min左右。若铁水温度高，则可直接高枪化渣，然后降枪脱碳。

（3）炉内留渣。炉内留渣时，由于渣中FeO含量高，有利于石灰熔化，吹炼前期应适当降枪，防止渣中FeO过多而产生泡沫渣喷溅。

（4）炉龄。开新炉，炉温低，应适当降低枪位；炉役前期液面高，可适当提高枪位；炉役后期装入量增加，熔池面积增大，不易化渣，可在短时间内采用高低枪位交替操作以加强熔池搅拌，利于化渣；炉役中、后期装入量不变时，熔池液面降低，应适当调整枪位。采用溅渣护炉技术后，有时炉底上涨，因此要在测量炉液面后，确定吹炼枪位。

（5）渣料加入。在吹炼过程中，通常加入二批渣料后应提枪化渣。若渣料配比中氧化铁皮、矿石、萤石加入量较多或石灰活性较高时，炉渣易化好，也可采用较低枪位操作。使用活性石灰成渣较快，整个过程的枪位都可以稍低些。

（6）装入量变化。炉内超装时，熔池液面升高，相应的枪位也应提高，否则不易化渣，而且还可能因枪位过低而烧坏氧枪。

（7）碳氧化期。冶炼中期是碳氧化期，脱碳速度受供氧限制，通常情况下采用低枪位脱碳。若发现炉渣返干现象时，应提枪化渣或加入助熔剂化渣，以防止金属喷溅。

（8）停吹控制。没有实现自动控制的转炉在停吹前，一般都降枪吹炼，其目的是充分搅拌钢液，提高温度，同时也有利于炉前操作工观察火焰，确定合适的停吹时间。

枪位的变化除上述因素外，还受冶炼钢种、炉龄期变化等影响。总之，应根据生产实际情况，灵活调节枪位，以保证冶炼的正常进行。

5.1.1.2 氧枪操作

氧枪操作是指调节氧压或枪位。目前氧枪操作有两种类型：一种是恒压变枪操作，即在一炉钢的吹炼过程中，其供氧压力基本保持不变，通过氧枪枪位高低变化来改变氧气流股与熔池的相互作用，以控制吹炼过程；另一种是恒枪变压，即在一炉钢吹炼过程中，氧枪枪位基本不动，通过调节供氧压力来控制吹炼过程。也有一些转炉采用变压变枪操作，但这种方式要正确进行控制，要求有更高的技术水平。目前，我国广泛采用的是分阶段恒压变枪操作。但随着炉龄增长、熔池体积增大、装入量增多，应适当提高供氧压力，做到分期定压操作，以便使不同装入量时供氧强度大致相同，吹炼时间相差不大，从而使生产管理稳定，并可增加产量。

顶底复吹转炉的熔池搅拌主要依靠底部吹气和CO气体产生的搅拌能来实现，因此其顶吹氧枪的供氧压力有所降低，枪位有所提高。就目前国内大多数顶底复吹转炉来说，属于底吹气体的弱搅拌型复吹转炉，仍然采用恒压变枪操作，在一个炉役期内氧压变化不大。

下面以恒压变枪操作为例进行分析。

A 开吹、过程、终点枪位的确定

（1）开吹枪位的确定。开吹前对以下情况必须了解清楚：

1）喷嘴的结构特点及氧气总管氧压情况；

2）铁水成分，主要是硅、磷、硫的含量；

3）铁水温度，包括铁水罐、混铁炉或混铁车内存铁情况及铁水包的情况等；

4）炉役期为多少、是否补炉、相应的装入量是多少、上炉钢水是否出净、是否有残渣；

5）吹炼的钢种及其对造渣和温度控制的要求；

6）上一班操作情况，并测量熔池液面高度。

开吹枪位的确定原则是早化渣、多去磷。即使经过预处理的铁水，也应早化渣，这不仅为下阶段吹炼奠定基础，而且有利于保护炉衬。一般开吹要根据具体情况，确定一个合适的枪位，在软吹模式的前提下调整枪位，快速成渣。

（2）过程枪位的控制。过程枪位的控制原则是化好渣、不喷溅、快速脱碳、熔池均匀升温。在碳的激烈氧化期间，尤其要控制好枪位。枪位过低，会产生炉渣返干，造成严重的金属喷溅，有时甚至黏枪而损坏喷嘴。枪位过高，渣中TFe含量较高，再加上脱碳速度快，同样会造成大喷或连续喷溅。

（3）吹炼后期的枪位操作。吹炼后期，枪位操作要保证达到出钢温度再拉准碳。有的操作分为两段，即提枪段和降枪段。这主要是根据过程化渣情况、所炼钢种、铁水磷含量高低等具体情况而定。若过程炉渣化得不透，需要提枪，改善熔渣流动性；但枪位不宜过高，时间不宜过长，否则会产生大喷。在吹炼中、高碳钢种时，可以适当地提高枪位，保持渣中有足够TFe含量，以利于脱磷。如果吹炼过程中熔渣流动性良好，可不必提枪，避免渣中TFe过高，不利于吹炼。

吹炼末期的降枪段，主要目的是使熔池钢水成分和温度均匀，稳定火焰，便于判断终点，同时可以降低渣中TFe含量，减少吹损，提高钢水收得率，达到溅渣的要求。

B 几种典型氧枪枪位操作

由于各厂的转炉吨位、喷嘴结构、原材料条件及所炼钢种等情况不同，氧枪操作也不完全一样。下面介绍几种氧枪操作方式。

（1）恒枪位操作。在铁水中P、S含量较低时，吹炼过程中枪位基本保持不动，这种操作主要是依靠多次加入炉内的渣料和助熔剂来控制化渣和预防喷溅，保证冶炼正常进行。

（2）低-高-低枪位操作。铁水入炉温度较低或铁水中$w[Si]$、$w[P]>1.2\%$时，吹炼前期加入渣料较多，可采用前期低枪提温，然后高枪化渣，最后降枪脱碳去硫。这种操作是用低枪点火，使铁水中Si、P快速氧化升温，然后提枪增加渣中FeO来熔化炉渣，待炉渣化好后再降枪脱碳。必要时还可以待炉渣化好后倒掉酸性渣，然后重新加入渣料，高枪化渣，最后降枪脱碳去硫，在碳剧烈氧化期，加入部分助熔剂防止炉渣返干。

（3）高-低-高-低枪位操作。在铁水温度较高或渣料集中在吹炼前期加入时可采用这种枪位操作。开吹时采用高枪位化渣，使渣中$w(FeO)$达25%~30%，促进石灰熔化，尽快形成具有一定碱度的炉渣，增大前期脱磷和脱硫效率，同时也避免酸性渣对炉衬的侵蚀。在炉渣化好后降枪脱碳，为避免在碳氧化剧烈反应期出现返干现象，适时提高枪位，使渣中$w(FeO)$保持在10%~15%，以利于继续去除磷、硫。在接近终点时再降枪加强熔池搅拌，继续脱碳和均匀熔池成分和温度，降低终渣FeO含量。

（4）高-低-高的六段式操作。开吹枪位较高，及早形成初期渣；二批料加入后适时降枪，吹炼中期炉渣返干时又提枪化渣；吹炼后期先提枪化渣后降枪；终点拉碳出钢，如图5-5所示。

（5）高-低-高的五段式操作。五段式操作的前期与六段式操作基本一致，熔渣返干时，可加入适量助熔剂调整熔渣流动性，以缩短吹炼时间，如图 5-6 所示。

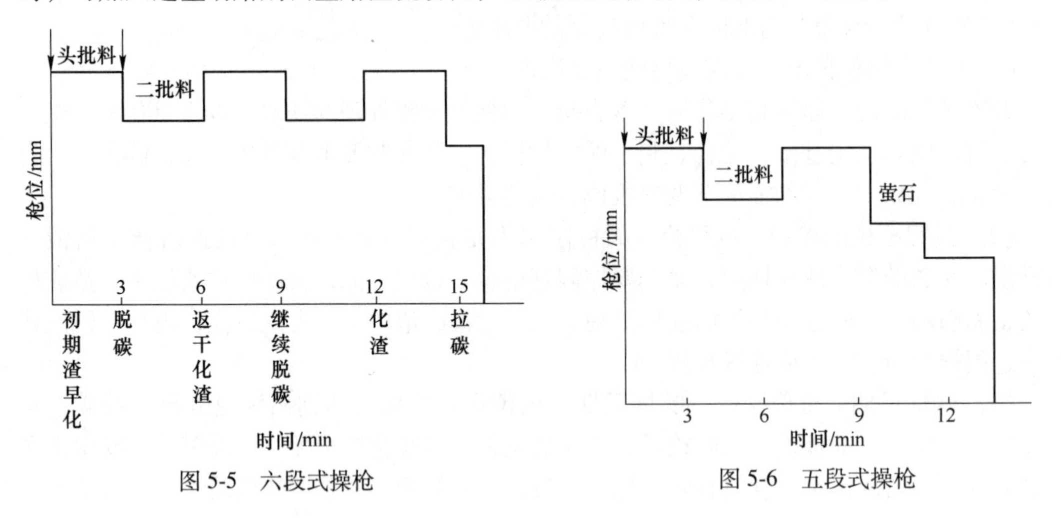

图 5-5　六段式操枪　　图 5-6　五段式操枪

以上介绍了几种典型的氧枪操作模式，在实际生产中，应根据原材料条件和炉内反应，灵活调节枪位。

【例 5-1】　铁水条件 w[Si]0.7%、w[P] 0.5%、w[S] 0.04%，温度 1280℃。冶炼低碳镇静钢，其操作枪位如何确定?

分析：根据铁水成分，冶炼中的主要问题是去磷；并且铁水温度低，应先提温后化渣。若采用双渣法操作，可用低-高-低氧枪操作模式。若采用单渣法，要防止炉渣返干造成回磷。综合考虑，采用低-高-低-高-低的多段式氧枪操作。其枪位变化如图 5-7 所示。

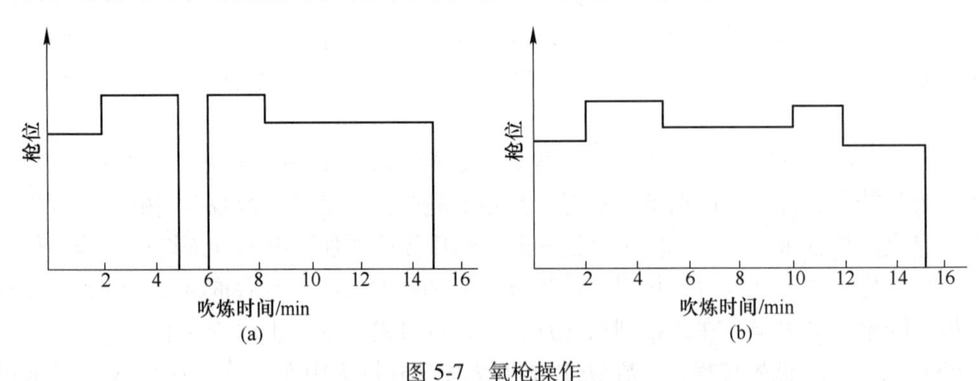

图 5-7　氧枪操作

（a）双渣法低-高-低式；（b）单渣法多段式

C　复吹转炉枪位变化

在吹炼过程中，复吹转炉的氧枪枪位比顶吹转炉提高 100~800mm。例如，鞍钢 150t 复吹转炉氧枪枪位变化在 1.4~1.8m，武钢 50t 复吹转炉枪位变化在 1.2~1.6m。冶炼过程中复吹转炉氧枪枪位变化实例如图 5-8 所示。

5.1.2　底部供气制度

复吹转炉的底部供气，首先应保证底部供气元件畅通无阻。因此，无论采用哪种供气元件，都必须使底吹供气压力大于炉底喷孔所受到的钢水静压和喷孔阻力损失的最低压力。就目前国内使用的各种供气元件来说，在冶炼中，底气管路的工作压力达 0.5MPa 以上。

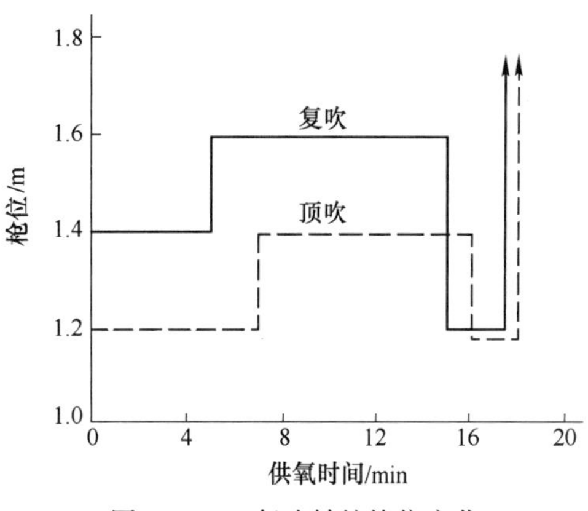

图 5-8 50t 复吹转炉枪位变化

5.1.2.1 底吹气体比例

在复吹转炉中，底吹气体量的多少决定熔池内搅拌的强弱程度。以相当于顶吹氧量约 5%的少量气体从炉底吹入时，熔池搅拌不强，但可使泡沫渣大为减少，因而喷溅也减少。如此少量的底吹气体不能保证熔池强烈搅拌，也不能保证终点碳很低和渣-钢间完全达到平衡。因此，在冶炼超低碳钢种时，即使用底吹氧，其底吹供气量也要达 20%左右；对一些具有特殊功能的复吹工艺（如喷石灰粉、煤粉等），其底吹供气量可达 40%。就一般复吹转炉而言，为了保证脱硫、脱气和渣-钢间反应趋于平衡，在吹炼结束前，也要采用较大的底吹供气来搅拌熔池。

采用顶底吹氧时，关键是调节顶吹和底吹氧气的流量比以调节渣中氧化铁的含量。由于底部吹入氧气，因而在炉内生成两个火点区，即下部区和上部区。下部火点区可使吹入气体在反应区高温作用下，体积剧烈膨胀，并形成过热金属对流，从而增加熔池搅拌力，又可促进熔池脱碳。上部火点区主要促进钢渣形成和进行脱碳反应。研究表明，当底吹氧量为 10%时，基本上能达到氧气底吹转炉的主要效果。如底吹氧量为总氧量的 20%～30%，则几乎能达到氧气底吹转炉的全部混合效果，即渣-金属乳化液完全消失，和底吹法的情况很近似。

5.1.2.2 底吹供气强度

底吹供气量的多少与气体种类、炉容大小和冶炼钢种等因素有关，波动范围较大，而底吹供气强度则反映了单位条件下的供气量。在确定底吹供气强度时，要考虑以下因素：

（1）获得最佳搅拌强度，使熔池混合最均匀。大量的实验研究表明，熔池的混匀程度与搅拌强度有关，而搅拌强度受供气量和底吹元件布置的影响。这里给出中西等人提出的模型式，由顶吹及底吹带入转炉内钢液的搅拌能的供给速率（也称比搅拌功率）ε(W/t)可由式（5-5）、式（5-6）给出：

底吹
$$\varepsilon_B = \frac{28.5Q_B T}{W}\lg\left(1+\frac{h}{1.48}\right) \tag{5-5}$$

顶吹
$$\varepsilon_T = \frac{0.0453Q_T d}{WH}u^2\cos^2\theta \tag{5-6}$$

式中 Q_B——底吹气体量，L/min；

Q_T——顶吹气体量，L/min；

T——绝对温度，K；

W——钢水质量，t；

d——顶吹喷枪喷孔直径，m；

H——钢液距顶吹喷枪前端的距离，m；

h——钢液深度，m；

θ——顶吹喷枪喷孔夹角，(°)；

u——顶吹喷枪喷孔出口气体的线速度，m/s。

关于均匀混合时间 τ(s) 与 ε 的关系，中西的研究结果如式（5-7）所示：

$$\tau = 800\varepsilon^{-0.4} \tag{5-7}$$

式（5-7）是采用一支喷嘴的结果，采用多支喷嘴时，根据水模型实验，τ 与 N（喷嘴的数量）的 1/3 次方成正比：

$$\tau = 800\varepsilon^{-0.4}N^{1/3} \tag{5-8}$$

由此可以得到适用于顶底复吹转炉的 τ：

$$\tau = \left[\left(\frac{57Q_{\mathrm{B}}TN_{\mathrm{t}}^{-0.8333}}{W}\right)\lg(1 + h/1.48) + \frac{0.096Q_{\mathrm{T}}du^2\cos^2\theta}{WH}N_{\mathrm{n}}{}^{-0.8333}\right]^{-0.4} \tag{5-9}$$

式中　N_{t}——底吹喷嘴数；

N_{n}——顶吹喷枪喷孔数。

图 5-9 所示为 250t K-BOP 计算得到的顶吹喷枪高度和底吹氧比率对均匀混合时间影响的结果。可知底吹氧的比率为 20%左右时就可以得到充分的搅拌能，顶吹喷枪高度的影响消失。图 5-10 归纳了各种顶底复吹转炉的底吹气体量与均匀混合时的关系。一般来说，顶吹转炉的熔池混匀时间为 100~150s，复吹转炉为 20~70s，底吹转炉为 20s 左右。

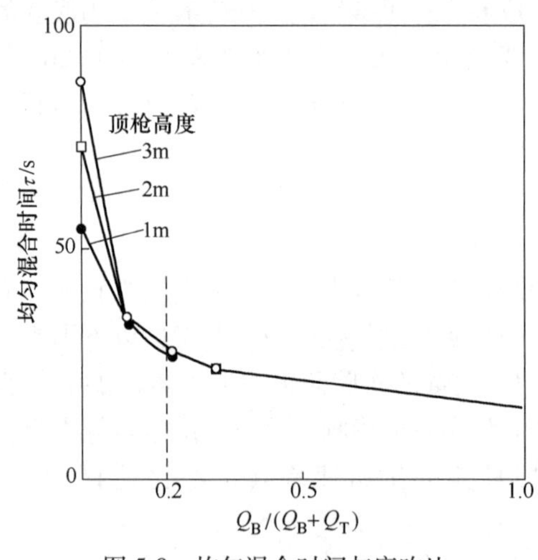

图 5-9　均匀混合时间与底吹比

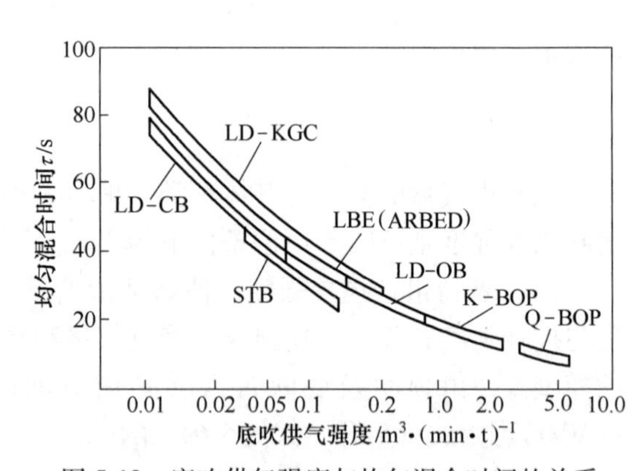

图 5-10　底吹供气强度与均匀混合时间的关系

（2）根据吹炼过程调节供气强度。复吹转炉的特点就是能有效地把熔池搅拌与炉渣氧化性有机地统一起来，而实现这个统一的手段就是控制底吹供气强度。在顶底复吹转炉中，入渣料需要化渣时，底吹采用较小强度供气，以保证渣中有一定量的 FeO 存在；在冶炼后期为了进一步脱碳和脱硫，可增大供气量，以强化熔池搅拌，加速炉内反应和传质；当炉渣发生泡沫喷溅时，可增大底吹供气强度，加快 FeO 的反应消耗，减少渣中活性物质，以抑制喷溅。

(3) 根据原料条件和冶炼钢种，合理使用供气强度。底吹 CO_2气体时，冶炼前期为了保护供气元件，宜采用较大供气强度，而在中期则可减小供气强度。若铁水含磷高，在冶炼前期为了化渣去磷，宜采用较小供气强度。若铁水含磷、硫低，可采用少渣吹炼，宜采用较大底吹供气强度，加快脱碳进行。若铁水含硫高，则前期宜采用较大底吹供气强度，以快速升温和化渣，待炉渣化好后，宜增大底吹供气强度，强化脱硫。

根据所炼钢种不同，对冶炼终点的控制也有差异。若冶炼低碳钢，在吹炼前期采用较小底吹供气强度，以保证化渣去磷；待磷去除后，则加大底吹供气强度，强化脱碳和脱硫，加快冶炼速度。若冶炼高碳钢，则全程采用较小强度底吹供气，以保证化渣和使磷、硫、碳同时满足冶炼要求，使吹炼终点有一定的含碳量。

总的来说，底吹供气强度小，则熔池搅拌强度弱，渣中 $w(FeO)$ 较高，化渣容易；底吹供气强度大，则熔池搅拌强，脱碳速度快，渣中 $w(FeO)$ 低，升温快。

底部供气的供气强度视各类复吹工艺不同而异。搅拌型复吹转炉的底吹供气强度小于 $0.1m^3/(min \cdot t)$，而复合吹氧型复吹转炉的底吹供气强度不小于 $0.20m^3/(min \cdot t)$。目前国内传统复吹转炉一般采用弱搅拌工艺，底吹供气强度在 $0.03 \sim 0.08m^3/(min \cdot t)$ 的范围波动。

5.1.2.3 底部供气模式

以改善熔池混合状态、增强物质传递速度、促进钢-渣反应接近平衡状态为目的的复吹工艺，在底部供气元件、元件数目和位置等底部供气参数确定之后，就要根据原料条件、钢种冶炼的要求，确定达到最佳冶金效果的供气强度与流量，即确定供气模式。

5.2 装入制度

5.2.1 装入量

装入量是指转炉冶炼中每炉次装入的金属料总重量，它主要包括铁水和废钢量。

生产实践表明，每座转炉都有其合适的装入量。因此，对于转炉来说，应确定合理的装入量。在确定装入量时，必须考虑下列因素：

(1) 合适的炉容比。炉容比一般是指转炉新砌砖后炉内自由空间的容积 V 与金属装入量 T 之比，以 V/T 表示，量纲为 m^3/t。转炉的冶炼操作和生产效率都与炉容比密切相关。若装入量过大，则炉容比相对较小，在吹炼过程中可能导致喷溅增加、金属损耗增加、易烧枪黏钢；若装入量过小，则熔池变浅，炉底会因氧气射流对金属液的强烈冲击而过早损坏，甚至造成漏钢，并会降低转炉的生产能力。合适的炉容比是从生产实际中总结出来的。它与铁水成分、装入的金属料种类等因素有关。顶吹转炉炉容比一般在 $0.85 \sim 1m^3/t$。通常在转炉容量小、铁水含磷高、供氧强度大、喷孔数少、用铁矿石或氧化铁皮做冷却剂等情况，炉容比应选取上限；反之则选取下限。由于复吹转炉炉容比比顶吹转炉小（通常为 $0.85 \sim 0.95m^3/t$），其装入量比顶吹转炉较大。

(2) 保证一定的熔池深度。为了保证生产安全和延长炉底寿命，要保证熔池具有一定的深度。熔池深度 h 必须大于氧气射流对熔池的最大穿透深度 L，一般认为 $L/h \leqslant 0.7$

是合理的（通常选取 $L/h \approx 0.4 \sim 0.6$ 左右）。不同公称吨位转炉熔池深度见表 5-1。

表 5-1　熔池深度

公称吨位/t	300	210	100	80	50	30
熔池深度/mm	1949	1650	1250	1190	1050	800

（3）对于模铸车间，装入量应与锭型相配合。装入量在扣除吹炼和浇注过程中必要的金属损失后，其钢水质量应是钢锭质量的整倍数，这对于浇注大型钢锭尤为重要。对于连铸工艺，转炉装入量可根据实际情况在一定范围内波动。

（4）应与钢包容量、行车的起重能力、转炉的倾动力矩相适应。

5.2.2　装入制度类型与装料次序

A　装入制度类型

在冶炼过程中，由于炉渣的侵蚀和炉气、钢水对炉衬的冲刷等原因，炉内各部位炉衬受到损耗。随着炉龄的增加，炉衬逐渐减薄，炉膛不断扩大，因而装入量也应在其合理的范围内发生变化。目前国内外装入制度大体上有三种方式：

（1）定深装入。为了保证比较稳定的熔池深度，在整个炉役期，随着炉膛的不断扩大，装入量逐渐增加。这种装入制度的优点是氧枪操作稳定，有利于保持较大供氧强度和减少喷溅，并可保护炉底和充分发挥转炉的生产能力。这种装入制度对于实现全连铸的转炉车间有其优越性，但当采用模铸生产时，锭型难以配合，给生产组织带来困难。

（2）分阶段定量装入。为了使整个炉役期间有较为合适的熔池深度，又便于生产组织和发挥转炉的生产能力，在整个炉役期间，根据炉膛扩大程度划分几个阶段，每个阶段定量装入铁水废钢。这种装入制度适应性较强，为各厂普遍采用。顶底复吹转炉的装入制度与顶吹转炉相同，常用的是分阶段定量装入制度。

（3）定量装入。在整个炉役期，每炉的装入量保持不变。这种装入制度的优点是生产组织简便，原材料供给稳定，有利于实现过程自动控制。不足之处是炉役后期熔池较浅，转炉的生产能力没有很好发挥。转炉容量越小，则钢水熔池变浅越突出，故大型转炉较适用这种装入制度。对于受浇注条件限制和没有生产管理经验的新开转炉车间，也可以应用这种装入制度。

B　装料次序

生产实际中，装料前一般都根据配料比例把废钢装入料斗，并吊运到转炉操作平台上，而铁水是在出钢时倒入铁水包中吊运到炉前以备入炉。

为了维护炉衬，减少废钢对炉衬的冲击，装料次序一般是先兑铁水，后装废钢。溅渣护炉时，先装废钢，后兑铁水。若采用炉渣预热废钢，则先加废钢，再倒渣，然后兑铁水。如果采用炉内留渣操作，则先加部分石灰，再装废钢，最后兑铁水。开新炉时，前三炉一般不加废钢，全铁炼钢。

在兑铁水入炉时，应先慢后快，以防兑铁水过快时引起剧烈的碳氧反应，造成铁水大量飞溅，酿成事故。

5.3 造渣制度

对氧气顶吹转炉造渣的基本要求可概括为："在尽量减少萤石使用量的条件下，迅速地形成一定碱度（过程及终点）、一定成分（如合适的 TFe 和 MgO 含量等）、一定数量、流动性适当（过程化得好、化得透，终了时黏）、正常泡沫化（既不大喷又不出现返干性的金属喷溅）的熔渣，以保证炼出合格的优质钢水，并减少对炉衬的侵蚀"。其中核心问题是快速成渣。成渣速度主要是指石灰熔化速度。所谓快速成渣，主要是指石灰快速熔解于渣中。相对于顶吹转炉来说，复吹转炉化渣快，有利于磷、硫的去除。

造渣制度就是要确定合适的造渣方法、渣料的加入数量和时间以及如何加速成渣。转炉炼钢造渣的目的是：去除磷硫、减少喷溅、保护炉衬、减少终点氧。

5.3.1 炉渣的形成

炉渣一般是由铁水中的 Si、P、Mn、Fe 的氧化以及加入的石灰熔解而生成，另外还有少量的其他渣料（白云石、萤石等）、带入转炉内的高炉渣、侵蚀的炉衬等。炉渣的氧化性和化学成分在很大程度上控制了吹炼过程中的反应速度。如果吹炼要在脱碳时同时脱磷，则必须控制（FeO）在一定范围内，以保证石灰不断熔解，形成一定碱度、一定数量的泡沫化炉渣。

开吹后，铁水中 Si、Mn、Fe 等元素氧化生成 FeO、SiO_2、MnO 等氧化物进入渣中。这些氧化物相互作用生成许多矿物质，吹炼初期渣中主要矿物组成为各类橄榄石（Fe、Mn、Mg、Ca）SiO_4和玻璃体 SiO_2。随着炉渣中石灰熔解，由于 CaO 与 SiO_2的亲和力比其他氧化物大，CaO 逐渐取代橄榄石中的其他氧化物，形成硅酸钙。随碱度增加而形成 CaO · SiO_2 · 3CaO · 2SiO_2，2CaO · SiO_2 · 3CaO · SiO_2，其中最稳定的是 2CaO · SiO_2。到吹炼后期，碳-氧反应减弱，（FeO）有所提高，石灰进一步熔解，渣中可能产生铁酸钙。

5.3.1.1 *石灰的熔解机理*

A *石灰的熔解机理*

氧气顶吹转炉吹炼时从炉内取出尚未化透的块状石灰，将其切开，观察其断面外观可知，这种石灰具有带状组织。通过分析从外至内各层的化学成分可知，石灰块最外层的 SiO_2和 $\sum$FeO 含量高，越向内层含量越低。由岩相分析结果得知，在石灰块内部，主要是 CaO 和铁酸钙（CaO · Fe_2O_3）；而在石灰块外层，主要是正硅酸钙 2CaO · SiO_2（Ca_2S）。

由此推断石灰的熔解过程大致如下：在炼钢过程开始时，金属料中的硅、锰元素首先氧化。虽然第一批石灰已经加入，但生成的初渣除含有 SiO_2、MnO 外，还含有铁液氧化生成的 FeO 以及加入矿石或铁皮熔化后的 Fe_2O_3，CaO 的含量则极少，所以初渣基本上是高 FeO、低 SiO_2的酸性渣。必须指出，加入炉内的石灰必须经过一段滞止期，才开始与液态炉渣反应并逐渐转移到熔渣中去。这是由于未预热的石灰块大量加入，使最初形成的液态炉渣冷却，在石灰表面立即形成一层炉渣的冷凝外壳，而这层渣壳的加热并熔化是需要一定时间的。据文献介绍，滞止期的时间不长，对于 4cm 块度的石灰，在通常转炉熔池的热流下，不超过 50s。为了缩短这段时间，可采用所允许的最小石灰块度（10~30mm）

和实行石灰预热的办法。初渣是通过扩散进入石灰块内部的。由于初渣内 Fe^{2+}、O^{2-} 半径小，扩散速度快，而半径大的硅氧负离子 SiO_4^{4-} 扩散速度小，所以在初渣沿着石灰毛细裂缝及孔隙向内部渗入时，渣中 FeO 渗入速度快，并且很快熔解到 CaO 晶格之内，生成低 FeO 的 CaO 固溶体及高 FeO 低 CaO 的溶液。这种溶液如果和初渣会合，初渣中的 CaO 含量便提高了。这就是通常所说的部分石灰熔化了。与此同时，初渣中的 SiO_2 与石灰块外围 CaO 晶粒或者刚刚溶入初渣中的 CaO 起反应，生成高熔点的固态化合物硅酸二钙 C_2S，沉淀在石灰块的周围，经过一段时间后，析出的 C_2S 就积聚成一定厚度的致密的壳层。它阻止 FeO 往石灰内部渗透，因而石灰熔解速度大大降低。通常这层 C_2S 外壳在渣中熔解是比较困难的。

因此，欲使石灰快速熔于初渣中，就应尽力避免过早地生成 C_2S 壳层，设法改变 C_2S 在渣中的熔解度或设法改变 C_2S 壳层的结构和分布，使它重熔于渣中。方法之一是加入能够降低 C_2S 熔点的组元（见图 5-11），如 CaF_2、Al_2O_3、Fe_2O_3、FeO（即萤石、铝矾土、矿石、氧化铁皮熔剂），使 C_2S 的形态发生改变，形成分散的聚集体状态直至解体。

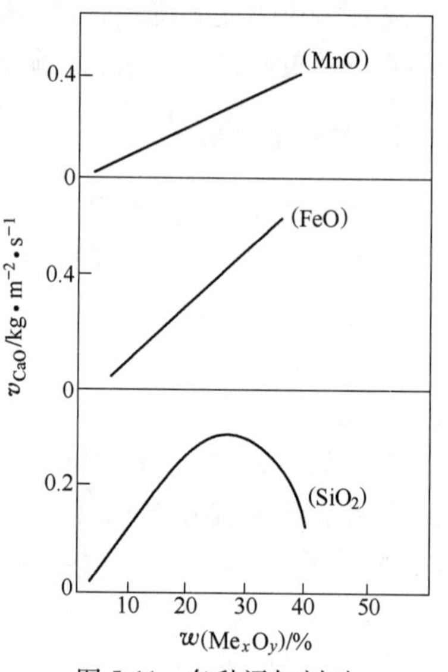

图 5-11　各种添加剂对 $2CaO \cdot SiO_2$ 熔点的影响

石灰在渣中的熔化是复杂的多相反应，反应过程伴随有传热、传质及其他物理化学过程。根据多相反应动力学的概念，石灰在熔渣中的熔解过程至少包括三个环节：

（1）液态熔渣经过石灰块外部扩散边界层向反应区扩散，并沿着石灰块的孔隙向石灰块内部渗透。

（2）在石灰块外表面和石灰块的孔隙的表面上液态熔渣与石灰进行化学反应，并形成新相。大致有 $CaO \cdot FeO \cdot SiO_2$（熔点 1208℃）、$2FeO \cdot SiO_2$（熔点 1205℃）、$CaO \cdot MgO \cdot SiO_2$（熔点 1485℃）、$CaO \cdot MnO \cdot SiO_2$（熔点 1355℃）、$2MnO \cdot SiO_2$（熔点 1285℃）、$2CaO \cdot SiO_2$（熔点 2130℃，是石灰进一步熔化的障碍）等。

（3）反应产物离开反应区通过扩散边界层向渣层中扩散。

B　影响石灰熔解速度的因素

欲使石灰在吹炼过程中快速熔解，必须知道石灰熔解速度的影响因素，并在操作中正确掌握和控制。其影响因素主要有：

（1）熔渣成分。熔渣成分对石灰的熔解速度有很大的影响。吹炼前期（FeO）对石灰的熔解速度的影响比（MnO）大；但当 $w(SiO_2)$ 超过 25%时，石灰熔解速度下降，这可能是生成 C_2S 硬壳所致。

有资料报道，在转炉冶炼条件下，石灰的熔解速度与熔渣成分之间的统计关系为：

$$J_{CaO} \approx k[w(CaO) + 1.35w(MgO) - 1.09w(SiO_2) + 2.75w(FeO) + 1.9w(MnO) - 39.1] \tag{5-10}$$

式中　J_{CaO}——石灰在渣中的熔解速度，$kg/(m^2 \cdot s)$；

w——渣中相应氧化物的质量分数，%；

k——比例系数。

由式（5-10）可见，（FeO）对石灰熔解速度影响最大，它是石灰熔解的基本溶剂。其原因是：

1）它能显著降低熔渣黏度，加速石灰熔解过程的传质；

2）它能改善熔渣对石灰的润湿和向石灰孔隙中的渗透；

3）FeO 和 CaO 同属立方晶系，而且 Fe^{2+}、Fe^{3+}、O^{2-} 半径不大，分别为 0.083nm、0.067nm、0.132nm，有利于氧化铁向石灰晶格中迁移并与 CaO 生成低熔点的化合物，促进石灰的熔化；

4）它能减少石灰块表面 $2CaO \cdot SiO_2$ 的生成，同时（研究证实），FeO、Fe_2O_3 有穿透 C_2S 的作用，使 C_2S 壳层松动，有利于 C_2S 壳层的熔解。

在实际生产中，渣中氧化铁的含量主要是通过调节喷枪高度进行控制的，可见供氧操作对成渣速度的重要作用。此外，在吹炼过程中加氧化铁皮、铁矿石等，对保持渣中合理的氧化铁含量，以加速石灰的熔解也有较好的效果。

（MnO）对石灰熔解速度的影响仅次于（FeO），故在生产中可在渣料中配加锰矿；而使熔渣中加入 6%左右的 MgO 也对石灰熔解有利，因为 $CaO\text{-}MgO\text{-}SiO_2$ 系化合物的熔点都比 $2CaO \cdot SiO_2$ 低。

（2）温度。熔池温度高，高于熔渣熔点以上，可以使熔渣黏度降低，加速熔渣向石灰块内的渗透，使生成的石灰块外壳化合物迅速熔融而脱落成渣。转炉冶炼的实践已经证明，在熔池反应区，由于温度高而且（FeO）多，石灰的熔解加速进行。

（3）熔池的搅拌。加快熔池的搅拌，可以显著改善石灰熔解的传质过程，增加反应界面，提高石灰熔解速度。

（4）石灰质量。表面疏松、气孔率高、反应能力强的活性石灰，有利于熔渣向石灰块内渗透，也扩大了反应界面，加速了石灰熔解。目前世界各国转炉炼钢中都提倡使用活性石灰，以利快成渣、成好渣。

（5）铁水成分。铁水中锰高（为 0.6%~1.0%）时，初期渣形成快，中期渣返干现象减轻。铁水中硅过低，不利于石灰熔解。

（6）助熔剂。

1）萤石（CaF_2）：CaF_2 与 CaO 形成 1362℃的低熔点共晶体，能加速石灰熔解，反应快，既不降低熔渣碱度，又能改善熔渣流动性（只是萤石的化渣作用维持时间不长）。但萤石加得过多，会降低炉衬寿命，原因是 CaF_2（通过 H_2O）与炉衬中 SiO_2 作用会生成 SiF_4。反应式为：

$$2CaF_2+2H_2O = 4HF+2CaO \tag{5-11}$$

$$4HF+SiO_2 = SiF_4\uparrow +2H_2O \tag{5-12}$$

综合式（5-11）、式（5-12）得：

$$2CaF_2+SiO_2 \xrightarrow{H_2O} SiF_4\uparrow +2CaO \tag{5-13}$$

2）铁矾土（Al_2O_3）：在炼钢熔渣的一般含量下，能加速石灰熔解。

3）铁矿或铁皮：能增加渣中 FeO 和 Fe_2O_3 含量，加速石灰熔解。

无论上述何种助熔剂，其用量必须合适。

（7）渣料的加入方法。应根据炉内温度和化渣情况，正确地确定渣料的批量和加入时间。渣料加得过早或批量过大，都影响炉温，不利于化渣。在采取单渣操作时，渣料一般分成两批加入。第一批渣料占总量的一半以上，在开吹时加入；其余第二批渣料在硅、锰氧化基本结束，头批渣料已经化完，炉内温度已经有所提高，碳焰已趋稳定时加入。二批渣料可以一次加入，也可以分成小批多次加入。小量多批加入对于石灰的熔化有利，但是必须在终点前的一定时间内加完。

5.3.1.2　成渣途径

A　主要成渣途径

在转炉吹炼过程中，由于熔池温度和金属成分不断改变以及加入石灰等多种造渣材料的影响，炉渣成分和性质不断变化。为了尽快得到具有一定性能的炉渣，需要选择合理的成渣路线。在转炉冶炼的条件下，可以用 $CaO\text{-}FeO_n\text{-}SiO_2$三元相图来研究冶炼过程中的成渣路线，其他次要组分可按性质归入这 3 个组分中。如图 5-12 所示（单渣操作时），转炉吹炼初期，炉渣成分大致位于图中的 A 区。A 区为酸性初渣区，其形成的主要原因是：在开吹的头几分钟内熔池温度比较低（约为 1400℃），加入的第一批炉料中只有铁皮已熔化，石灰仅刚刚开始熔解，铁、硅、锰等元素优先氧化，生成 FeO_n、SiO_2和 MnO，形成了高氧化性的酸性初渣区。吹炼中期主要是脱碳，此时炉渣的氧化性有所下降。而吹炼后期为了脱磷、脱硫和保持炉渣的流动性，要求终渣具有一定的碱度和氧化性（以渣中 FeO 含量为标志）。通常终渣碱度为 3~5，渣中 FeO 含量为 15%~25%，其位置大致在 C 区。

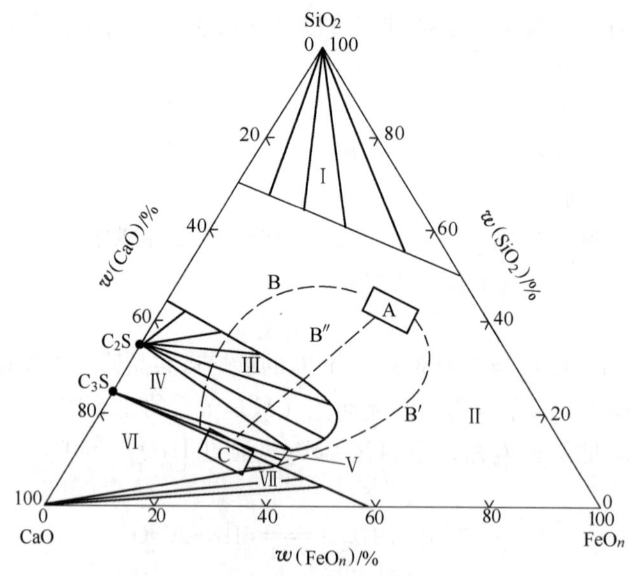

Ⅰ—L+SiO_2；Ⅱ—L；Ⅲ—L+C_2S；Ⅳ—L+C_2S+C_3S；
Ⅴ—L+C_3S；Ⅵ—L+C_3S+CaO；Ⅶ—L+CaO

图 5-12　转炉冶炼过程中炉渣成分的变化

由初渣到终渣可以有 3 条路线，即 ABC、AB′C 和 AB″C。按成渣时渣中 FeO 含量区分，可将 AB′C 称为铁质成渣途径（也称高氧化铁成渣途径），将 ABC 称为钙质成渣途径（也称低氧化铁成渣途径）。介于两者间的 AB″C 成渣途径最短，要求冶炼过程迅速升温，容易导致剧烈的化学反应和化渣不协调，一般很少采用。

（1）钙质成渣途径（ABC）。通常采用低枪位操作。由于脱碳速度大，渣中 FeO 含量降低很快，炉渣成分进入多相区较早，石灰块周围易生成致密的 C_2S 外壳层，炉渣处于返干阶段较久。直到吹炼后期碳氧化缓慢时，渣中 FeO 含量才开始回升，炉渣成分走出多相区，最后达到终点成分 C。这种操作的优点是炉渣对炉衬侵蚀较小，但前期去磷、硫的效果较差，适用于低磷（$w[P]<0.07\%$）、硫原料吹炼低碳钢。太钢、本钢以及其他几个用低磷铁水炼钢的转炉厂，均采用钙质成渣路线。

吹炼初期，渣中 $w(TFe)=4\%\sim10\%$、$w(MnO)=1.5\%\sim3.0\%$，炉渣碱度 1.5~1.7。炉渣中的矿相以镁硅钙石为主，占总量的50%，玻璃相（钙镁橄榄石）占 40%~50%，并有少量未熔石灰。吹炼中期，炉渣碱度 2.0~2.7，$w(TFe)=5\%\sim10\%$，炉渣矿相组成以硅酸二钙为主，占总矿相的 60%~65%，其余为钙镁橄榄石和少量游离 MgO。

“钙质成渣路线”吹炼过程中，化学反应较为平稳，喷溅较少，但炉渣易返干；炉渣对炉衬的化学侵蚀较轻，但容易产生炉底上涨。

（2）铁质成渣途径（AB′C）。通常采用高枪位操作。炉渣中 FeO 含量在较长时间内一直比较高，所以石灰熔解比较快，炉渣成分一般不进入多相区，直至吹炼后期渣中 FeO 量才下降，最后到达终点成分 C。由于高 FeO，炉渣泡沫化严重，容易产生喷溅，同时炉渣对炉衬侵蚀较严重，但是在吹炼初、中期，去 P、S 效果较好，因而这种操作适用于较高 P、S 原料吹炼中碳钢或高碳钢。

吹炼初期，渣中 $w(TFe)=20\%\sim25\%$、$w(MnO)=8\%\sim12\%$，炉渣碱度 1.2~1.6。渣中的矿相以铁锰橄榄石为主。这种炉渣在熔池温度较低的情况下，脱磷率可达 70%。吹炼中期，炉渣碱度升高，炉渣中 $w(FeO)=10\%\sim18\%$、$w(MnO)=6\%\sim10\%$。炉渣的矿相组成主要是 40%~50%的镁硅钙石（$3CaO\cdot MgO\cdot 2SiO_2$）和约 30%的橄榄石，还出现 8%~10%的硅酸二钙（$2CaO\cdot SiO_2$）和 RO 相。吹炼终点渣中 $w(TFe)=18\%\sim22\%$，终渣矿相以硅酸三钙、硅酸二钙为主，各占 35%~40%（质量分数），尚有 10%左右的铁酸钙、RO 相和少量未熔 MgO。炉渣碱度 3.0~3.5。

宝钢转炉属于“铁质成渣路线”，其特点是：炉渣活性度高，未熔石灰少，石灰消耗低，有较高的脱磷能力。在铁水中 $w[P]=0.07\%\sim0.10\%$时，终点钢中 $w[P]$ 可降低到 0.012%以下。日本、欧洲的大型转炉多数采用“铁质成渣路线”，在转炉内生产优质深冲钢。采用“半钢”炼钢、低硅铁水炼钢的转炉，通常也采用“铁质成渣路线”。

改善造渣过程的措施很多，如使用成分合适的铁水、合理地控制炉渣中氧化铁的含量和碳的氧化速度之间的比例关系、提高渣中 MgO 含量达 6%左右、采用活性石灰或石灰粉、合成渣材料的应用等。

B 复吹转炉最佳成渣途径

复吹转炉克服了氧气顶吹转炉在冶炼中成渣速度慢、熔池搅拌力弱等缺点。但对于冶炼磷含量较高的铁水来说，复吹转炉仍存在着渣量大、冶炼操作不稳定、喷溅严重、炉衬寿命短和终点命中率低的缺点。从复吹转炉冶炼的经验可知，影响复吹转炉成渣路线的因素主要有：铁水中的硅、锰含量，带入铁水中的高炉渣，喷枪的位置，喷头的侵蚀，供氧强度和石灰活性。为了稳定吹炼，必须采用合适的供氧制度，使冶炼按最佳路线进行。图 5-13 所示为最佳成渣路线的炉渣成分控制区。可见在硅酸二钙控制区，氧化铁含量不能太高或太低。氧化铁含量太高，碳发生激烈反应而产生大量 CO 气体，从而导致喷溅；氧化铁含量太低，炉渣发干不活跃，对脱碳不利。一旦炉渣进入理想区域，脱碳速度加快，供氧制度应调整为能生成必需的氧化物以熔解石灰。石灰的熔解速度应与最大的脱碳速度一致。

值得注意的是，由于各厂的冶炼原料、冶炼条件和操作水平不同，成渣路线也不可能完全一致。因此，各厂应按照自己的实际情况制定出最佳成渣路线。

梅钢 150t 复吹转炉冶炼中磷铁水，整个成渣过程基本上是铁质成渣路线，即在整个吹炼过程中 $w(FeO)$ 保持在 20%以上，这样就能保证炉渣具有良好的流动性和促进石灰快速熔解。因此这是较为理想的成渣路线。从试验炉次的 $w(FeO)$ 和炉渣碱度看，要想得到较好的成渣路线，应保持在吹炼过程中炉渣 $w(FeO)$ 和炉渣碱度具有一定的值，即在吹炼前期 $w(FeO)$ 在 35%~40%，炉渣碱度在 2.0 左右，而在吹炼终点 $w(FeO)$ 在 20%~25%，炉渣碱度在 3.5~4.0。

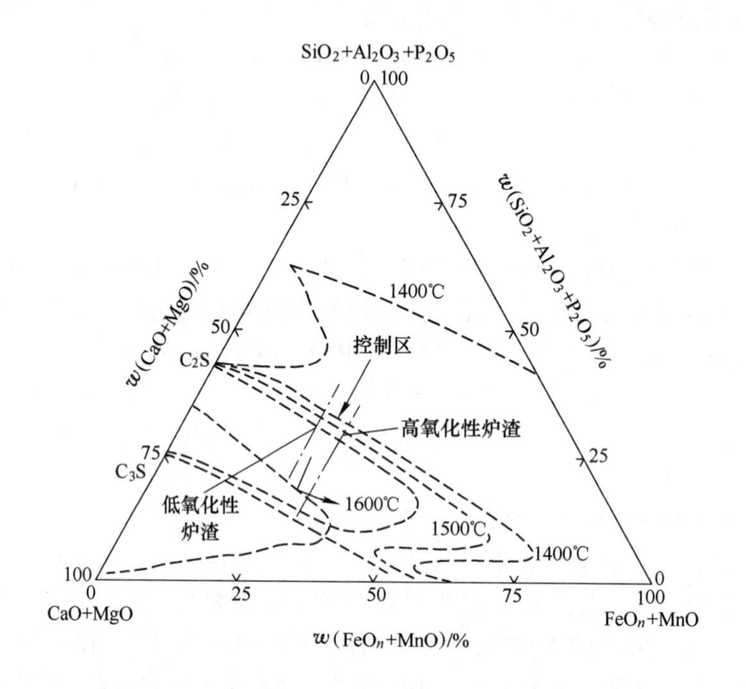

图 5-13　转炉吹炼最佳成渣路线的炉渣成分控制区

5.3.1.3　泡沫渣的形成

转炉吹炼过程中，氧气射流的冲击和熔池搅拌，使金属液-熔渣-炉气间乳化导致泡沫渣形成。应该指出，顶吹转炉内泡沫化和乳化虽然从本质上均属于分散系，但泡沫化必须是气-液两相系统，其中液体体积比气相总体积要小得多，各个气泡被极薄液膜分开而不能自由移动；乳化液则可由两个液相或一个液相、一个气相组成，两者的体积（气-液、液-液）是相近的。由此可见，乳化需要液态渣，泡沫化需要气泡。存在于氧气顶吹转炉中的泡沫渣，是一个金属液滴、气泡和固相颗粒分散地存在于熔渣中的多相分散体系。

泡沫渣是由弥散在熔渣中的气泡和气泡之间的液体渣膜构成的发泡熔体。其最主要的特点是熔渣中停留有许多小气泡，渣膜将小气泡紧紧包围住。小气泡只在熔渣中浮动而不能排出到熔渣外面，看上去很像熔渣发泡。泡沫渣中的气泡总体积大于熔渣总体积，可使熔渣体积增大，高出液面 1～2m，造成炉口溢渣，悬浮于泡沫渣中的金属液滴多达 30%～70%。

在泡沫渣中生成气泡，产生一个新的气泡表面，需要对它做功。这个功的供给者是：

(1) 脱碳反应放出的 CO 气体上浮到熔渣中；

(2) 氧气流股冲击渣面和熔池被击碎的小气泡存在于熔渣中；

(3) 熔渣中铁滴中的 [C] 和 (FeO) 反应，生成 CO，即

$$[C]_{铁滴} + (FeO) = [Fe] + \{CO\} \tag{5-14}$$

生成的气泡的压力（泡沫渣中的气泡压力）和外界介质的作用力平衡时，气泡可稳定地存在于泡沫渣中。气泡少而小，熔渣表面张力低，熔渣黏度大，温度低，泡沫容易形成并稳定地存在于渣中，生成泡沫渣。

渣的生成条件、影响因素，结合炉内的实际情况，分析吹炼过程泡沫渣的形成情况，概括于表 5-2 中。由表可见，前期生成泡沫渣的可能性较大。

在泡沫化程度适中的泡沫渣下吹炼，较厚的渣层能将氧气流冲击起来的铁滴留在渣中。分散在熔渣中的铁滴与熔渣、炉气之间，有很大的反应面积，加快了炉内反应速度，特别有利于脱磷。

氧气顶吹转炉的泡沫化程度应控制在合适范围内，以达到喷溅少、拉碳准、温度合适、碳达到终点时磷硫含量也符合要求的最佳吹炼效果。

表 5-2 吹炼过程中泡沫渣的形成情况

吹炼时期	脱碳速度	熔渣			泡沫渣
		碱度	$w(\sum FeO)$	表面活性物质	
前期	小，气泡小而无力，易停留在渣中	小	较高，有利于渣中铁滴生产 CO 气泡	有 SiO_2、P_2O_5 和 Fe_2O_3	易起泡沫
中期	高，CO 气泡能冲破渣层而排出	有提高	较低	SiO_2、P_2O_5 物质的活度降低	易起泡沫条件不如初期
后期	脱碳速度降低，产生的 CO 减少	进一步提高	较高，但 $w[C]$ 较低，产生 CO 少	表面活性物质比中期活度进一步降低	使泡沫稳定的因素大为减弱，泡沫渣趋于消除

5.3.2 造渣方法

5.3.2.1 常用的造渣方法

应根据铁水成分和所炼钢种来确定造渣方法。常用的造渣方法大致有单渣法、双渣法、双渣留渣法。

(1) 单渣法。单渣法是指一炉钢的吹炼过程中，从开吹到终点，中间不倒渣的操作。这种造渣方法适用于铁水含硅、磷、硫较低或对磷硫含量要求不高的钢种。单渣法操作工

艺简单，冶炼时间短，操作条件较好，其脱磷率在90%左右，脱硫率约35%。

湘钢、武钢采用单渣方式：普通终渣碱度2.8~3.3，活性石灰和轻烧白云石开吹时加入，铁皮、萤石、生烧白云石等在吹炼过程中用于调整炉况和温度，吹炼终点一次倒渣，或出完钢后用轻烧白云石稠化渣，进行溅渣护炉。

（2）双渣法。双渣法就是换渣操作，即在吹炼过程中需要倒出或扒出部分炉渣（1/2~2/3），然后重加渣料造渣。此法适用于铁水含硅量大于1.0%或含磷量大于0.5%，或原料含磷量小于0.5%，但要求生产低磷的中、高碳钢以及需在炉内加入大量易氧化元素（如铬）的合金钢时采用。此法优点是去除磷、硫效率较高，脱磷率可达92%~95%，脱硫率约为50%；可消除渣量大引起的喷溅；可减轻对炉衬的侵蚀，减少石灰消耗。

双渣法操作的关键是确定合适的倒渣时间。双渣法倒渣时间安排如下：

1）吹氧开始后3~5min，初期渣形成之后即倒渣。此时炉渣碱度较低（1~1.5），渣中$w(TFe)$ = 6%~10%，倒渣量为40%~50%。熔池中$w[C]$ =2.8%~3.2%。熔池脱磷率40%~45%。由于炉渣碱度低，此时倒渣的去磷效果并不很高。

2）吹炼到$w[C]$ =1%~1.2%时进行倒渣。此时炉渣$w(TFe)$ >10%，碱度2.0~2.5，熔池温度1580~1600℃。脱磷率可以达到70%~80%。倒渣前要控制好枪位，使炉渣有较高的泡沫状态，倒渣量应达到50%~60%。倒渣后加入石灰，调整枪位，形成新的炉渣。

（3）双渣留渣法。双渣留渣法是将上一炉冶炼的终渣在出钢后留一部分在转炉内，供下一炉冶炼做部分初期渣使用，然后在吹炼前期结束时倒出，重新造渣。由于终渣碱度高，渣温高，（FeO）含量较高，流动性好，因此有助于下炉吹炼前期石灰熔化，加速初期渣的形成，提高前期脱磷、脱硫率和炉子热效率，同时还可以减少石灰的消耗、降低铁损和氧耗。

采用本法时应该特别注意安全，防止兑铁水时产生剧烈喷溅事故。尤其是前一炉吹炼低碳钢，终渣氧化性很强时，更应注意。不仅兑铁水时要非常缓慢，而且事先应加一批石灰稠化熔渣，或加一些还原剂（如炭质材料等）降低熔渣氧化性，然后再兑铁水。

如果是前一炉的终渣在溅渣之后留在炉内，由于转炉采用溅渣护炉技术之后，留在炉内的炉渣活性很低，因此基本消除了留渣操作的不安全因素。

开吹时要用较高枪位，化渣后应该适当降枪。渣料要小量多批加入炉内，以避免石灰成团，并减轻喷溅，到距终点3~4min全部加完。

双渣留渣法适用于吹炼中、高磷（$w[P]$>1%）铁水。其脱磷率可达95%左右，脱硫率也可达60%~70%。

应当指出，氧气顶吹转炉虽然能将高磷铁水炼成合格的钢，但技术经济指标较差。我国有丰富的高磷铁矿资源，研究表明，经过适当选矿，完全可以把铁水中的磷含量降低到1.2%以下。因此从长远着眼考虑，经过选矿来降低铁水的磷含量在经济上还是合理的。而采取铁水预处理技术去硫、磷，是行之有效的办法。

5.3.2.2 复吹转炉造渣

复吹转炉化渣快，有利于磷、硫去除，通常在吹炼中采用单渣法冶炼，终渣碱度控制在2.5~3.5。当铁水$w[Si+P]$>1.4%或$w[S]$较高，单渣法不能满足脱磷、脱硫要求时，可采用双渣或双渣留渣操作。如柳钢铁水成分为：$w[Si]=1.1\%$，$w[P]=0.42\%$，$w[S]=0.04\%$，在复吹转炉生产中采用双渣操作，前期渣碱度3.0~3.5，终渣碱度3.5~4.0。由于铁水中$w[Si]$和$w[P]$较高，为了减少炉渣对炉衬侵蚀和喷溅，在吹炼前期炉渣化好后需及时倒渣。而攀钢入炉铁水因提钒处理后$w[Si]$和$w[P]$低，但$w[S]$达0.075%左右，前期渣碱度控制在2.5~3.5，终渣碱度达4~5。由于铁水中$w[Si]$和$w[P]$低，炉渣对炉衬侵蚀和脱硫影响不大，因而在生产中采用后期倒渣或不倒渣操作。

采用生白云石或轻烧白云石代替部分石灰造渣，提高渣中MgO含量，减少炉渣对炉衬的侵蚀，具有明显效果。白云石造渣的作用是：

(1) 增加渣中MgO含量，减少炉渣对炉衬的侵蚀，提高炉衬寿命。MgO在低碱度渣中有较高的熔解度，采用白云石造渣，由于初期渣中MgO浓度提高，就会抑制炉渣熔解炉衬中的MgO，减轻初期低碱度渣对炉衬的侵蚀。同时，随着炉渣碱度的提高，前期过饱和的MgO从炉渣中逐渐析出，使后期渣变黏，当条件适当时，可以使终渣挂在炉衬表面上，形成炉渣保护层，有利于提高炉龄。

(2) 在保证渣中有足够的$w(\sum FeO)$、渣中$w(MgO)$不超过6%的条件下，增加初期渣中MgO含量，有利于早化渣并推迟石灰块表面形成高熔点致密的$2CaO \cdot SiO_2$壳层。在$CaO\text{-}FeO\text{-}SiO_2$三元系炉渣中增加MgO，有可能生成一些含镁的矿物，如镁黄长石（$2CaO \cdot MgO \cdot 2SiO_2$，熔点1450℃）、镁橄榄石（$2MgO \cdot SiO_2$，熔点1890℃）、透辉石（$CaO \cdot MgO \cdot 2SiO_2$，熔点1370℃）和镁硅钙石（$3CaO \cdot MgO \cdot 2SiO_2$，熔点1550℃）。它们的熔点均比$2CaO \cdot SiO_2$熔点低很多，因此，有利于吹炼初期石灰的熔化。但是这种作用是在渣中有足够的$w(\sum FeO)$和$w(MgO)$不超过6%的条件下发生的否则炉渣黏度增大，影响石灰的熔解速度。

采用白云石造渣，应注意白云石的加入量和加入时间，防止产生炉底上涨和黏枪现象。

5.3.3 渣料加入量的确定

加入炉内的渣料，主要指石灰和白云石，还有少量助熔剂。

5.3.3.1 *石灰加入量的确定*

石灰加入量主要根据铁水中Si、P含量和炉渣碱度来确定，对于含Si、P量较低的铁水和半钢，可根据含S量来确定。

(1) 炉渣碱度确定。碱度高低主要根据铁水成分而定。一般来说，铁水含P、S量低，炉渣碱度控制在2.8~3.2；中等P、S含量的铁水，炉渣碱度控制在3.2~3.5；P、S含量较高的铁水，炉渣碱度控制在3.5~4.0。

(2) 石灰加入量计算。

1) 铁水$w[P]<0.30\%$，石灰加入量W(kg/t)为：

$$W=\frac{2.14w(\Delta[Si])}{w(CaO)_{有效}}\times R\times 1000 \tag{5-15}$$

式中 $w(\Delta[Si])$——炉料中硅的氧化量；

R——所要求的熔渣碱度，$w(CaO)/w(SiO_2)$；

$w(CaO)_{有效}$——石灰中有效 CaO 含量，$w(CaO)_{有效}=w(CaO)_{石灰}-R\cdot w(SiO_2)_{石灰}$；

2.14——SiO_2的相对分子质量与 Si 的相对原子质量之比，表示 1kg 硅氧化后，生成 2.14kg 的 SiO_2。

2）铁水 $w[P]>0.30\%$时，$R=w(CaO)/w(SiO_2+P_2O_5)$，石灰加入量 W(kg/t)为：

$$W=\frac{2.2\{w(\Delta[Si])+w(\Delta[P])\}}{w(CaO)_{有效}}\times R\times 1000 \tag{5-16}$$

式中　2.2——$\frac{1}{2}[(SiO_2/Si)+(P_2O_5/2P)]$，即相对分子质量之比的平均值。

3）加入铁矿石等辅助材料、铁水带渣，都应该补加石灰。若采用部分铁矿石为冷却剂时，每千克矿石需补加石灰量 $W_{补}$（kg）为：

$$W_{补}=\frac{w(SiO_2)_{矿石}\times R}{w(SiO_2)_{有效}} \tag{5-17}$$

石灰加入总量是铁水所需石灰加入量与各种原料所需补加石灰的总和除以石灰熔化率。

（3）半钢吹炼。某厂铁水经过提钒预处理后，其半钢中 Si、P 含量很低，因此石灰的加入量 W(kg/t)按铁水中含 S 量来确定。

$$W=a\cdot w[S]\times 1000 \tag{5-18}$$

式中　a——造渣系数，变化在 0.9~1.1 之间。

5.3.3.2　白云石加入量的确定

白云石加入量根据炉渣中所要求的 MgO 含量来确定，一般炉渣中 MgO 含量控制在 6%~8%。炉渣中的 MgO 含量由石灰、白云石和炉衬侵蚀的 MgO 带入，故在确定白云石加入量时要考虑它们的相互影响。

（1）白云石应加入量 $W_{白}$(kg/t)。

$$W_{=}\frac{渣量\times w(MgO)}{w(MgO)_{白}}\times 1000 \tag{5-19}$$

式中　$w(MgO)_{白}$——白云石中 MgO 含量；

渣量——炼钢中产生的渣量和钢水量的比值,%。

（2）白云石实际加入量 $W'_{白}$。白云石实际加入量中，应减去石灰中带入的 MgO 量折算的白云石数量 $W_{灰}$和炉衬侵蚀进入渣中的 MgO 量折算的白云石数量 $W_{衬}$。

$$W'_{白}=W_{白}-W_{灰}-W_{衬} \tag{5-20}$$

在生产实际中，由于石灰质量不同，白云石入炉量与石灰之比可达 0.20~0.30。

5.3.3.3　助熔剂加入量的确定

转炉造渣中常用的助熔剂是氧化铁皮和萤石。萤石化渣快，效果明显，但对炉衬有侵蚀作用，而且价格也较高，所以应尽量少用或不用。规定萤石用量应小于 4kg/t。氧化铁皮或铁矿石也能调节渣中 FeO 含量，起到化渣作用，但对熔池有较大的冷却效应，应视炉内温度高低确定加入量。一般铁矿或氧化铁皮加入量为装入量的 2%~5%。

5.3.4 渣料加入时间

通常情况下，顶吹转炉渣料分两批或三批加入。第一批渣料在兑铁水前或开吹时加入，加入量为总渣量的1/2~2/3，并将白云石全部加入炉内。第二批渣料加入时间是在第一批渣料化好后，铁水中硅、锰氧化基本结束后分小批加入，其加入量为总渣量的1/3~1/2。若是双渣操作，则是倒渣后加入第二批渣料。第二批渣料通常是分小批多次加入，多次加入对石灰熔解有利，也可用小批渣料来控制炉内泡沫渣的溢出。第三批渣料视炉内磷、硫去除情况而决定是否加入，其加入数量和时间均应根据吹炼实际情况而定。无论加几批渣，最后一小批渣料必须在拉碳倒炉前3min加完，否则来不及化渣。

复吹转炉渣料的加入通常可根据铁水条件和石灰质量而定：当铁水温度高和石灰质量好时，渣料可在兑铁水前一次性加入炉内，以早化渣、化好渣。若石灰质量达不到要求，渣料通常分两批加入，第一批渣料要求在开吹后3min内加完，渣料量为总渣量的2/3~3/4,第一批渣料化好后加入第二批渣料，且分小批量多次加入炉内。

5.3.5 吹损与喷溅

5.3.5.1 吹损

在转炉吹炼过程中，出钢量总是比装入量少，这些在吹炼过程中损失的金属量称为吹损。吹损一般用装入量的百分数来表示：

$$吹损 = \frac{装入量 - 出钢量}{装入量} \times 100\% \tag{5-21}$$

吹损由化学损失、烟尘损失、渣中铁珠和氧化铁损失、喷溅损失等几部分组成。

（1）化学损失。将铁水和废钢吹炼成钢水，需去除碳、磷、硫，而硅和锰也会发生氧化。

（2）烟尘损失。吹炼过程中氧枪中心区的铁被氧化，生成红棕色烟尘随炉气排出而损失，烟尘损失一般为金属装入量的0.8%~1.3%。

（3）渣中氧化铁损失。炉渣中含有氧化铁，除渣时倒出造成铁损失。

（4）渣中铁珠损失。转炉渣中，有一部分金属液滴悬浮于炉渣中形成铁珠，倒渣时随渣倒出造成铁损。

（5）喷溅损失。转炉吹炼中，若操作控制不当将会产生喷溅，有可能使部分金属随炉渣一起喷出炉外，造成金属损失。喷溅量随原料条件和操作水平高低改变，一般占装入量的0.5%~2.5%。

吹损的主要部分是化学损失，其次是炉渣铁损和喷溅损失。化学损失是不可避免的，而渣中铁损和喷溅损失则可以设法减少。

5.3.5.2 喷溅

喷溅是顶吹转炉操作过程中经常见到的一种现象。喷溅的类型有爆发性喷溅、泡沫性喷溅和金属喷溅。统计数字表明，大喷时金属损失约3.6%，小喷时金属损失也有1.2%左右。还有研究者认为喷溅造成金属损失在0.5%~5%。避免喷溅就等于增加钢产量。由于操作不当而产生的喷溅会严重地冲刷炉衬，造成氧枪黏钢等事故。由于喷出大量的熔渣，还会影响P、S的脱除，损失热量，并影响操作的稳定性，限制了供氧强度的进一步提高。因此转炉操作过程中，防止喷溅是十分重要的。

A　爆发性喷溅

a　产生的原因

熔池内碳氧反应不均衡发展，瞬时产生大量的CO气体。这是发生爆发性喷溅的根本原因。

顶吹转炉脱碳速度快，瞬时CO气体排出量大，并且具有较大的能量，推动熔池钢液运动。当每分钟脱碳0.4%~0.6%时，每秒钟从熔池排出CO气体的体积是钢水体积的3~4.5倍；其搅拌能量则是氧流搅拌能量的7~9倍。这么多CO气体又具有这么大的能量，瞬间从熔池中排出，必然将钢水、熔渣带出炉口之外。

在正常情况下，碳均匀氧化，生成的CO气体均匀排出，不致产生猛烈的喷溅。

碳在激烈氧化时，对于温度的变化非常敏感，如果由于操作上的原因使熔池骤然冷却，温度下降，抑制了正在迅速进行的碳氧反应，供入的氧气生成大量FeO，并开始积聚。一旦熔池温度升高到一定程度（一般在1470℃以下），w(TFe) 积聚到20%以上时，碳氧反应重新以更猛烈的速度进行，瞬时间排出大量具有巨大能量的CO气体，从炉口夺路而出，同时还挟带着大量的钢水和熔渣，造成较大的喷溅。例如二批渣料加得不合适，在加入二批料之后不久，随之而来的大喷溅，就是由于这种原因造成的。

可以认为，在熔渣氧化性过高、熔池温度突然冷却的情况下，就有可能发生爆发性喷溅。

b　预防和处理原则

（1）控制好熔池温度。前期温度不过低，中后期温度不过高，均匀升温，严禁突然冷却熔池，碳氧反应得以均衡地进行，消除爆发性的碳氧反应。

（2）控制好熔渣中TFe含量，保证TFe不出现积聚现象，以避免造成炉渣过分发泡或引起爆发性的碳氧反应。具体讲应注意以下情况：

片面强调前期快化渣，采用了过高的枪位操作，使前期温度上升缓慢，TFe积聚过多，一旦碳开始激烈氧化时，往往会引起大喷。因此，凡是前期炉渣化得早，就应及时降枪以控制渣中TFe，同时促进熔池升温，使碳得以均匀地氧化，避免碳焰上来后的大喷。

采用小批量多次加入的方式，有利于消除因二批渣料加入冷却熔池而引起的大喷。

在吹炼过程中，因氧压高，枪位过低，尤其是在碳氧化剧烈的中期，w(TFe) 低，导致熔渣高熔点 $2CaO \cdot SiO_2$、MgO等矿物的析出，造成熔渣黏度增加，不能覆盖金属液面的现象，称为炉渣“返干”。在处理炉渣“返干”或加速终点渣形成时，加入过量的萤石，或者采用过高的枪位操作，使终点渣化得过早或TFe积聚，此时碳的氧化还很激烈，也会造成大喷。

终点炉渣基本化好，降枪过早、过低时，由于熔池内碳含量还较高，碳的氧化速度猛增，也会产生大喷，所以应控制好终点的降枪时机。

炉役前期炉膛小，前期温度低，渣中TFe偏高，要注意及时降枪，不使TFe过高，以免喷溅。

补炉后，炉衬温度偏低，前期吹炼温度随之降低，造成氧化性强，要及时降枪，控制渣中 TFe 含量，以免喷溅。对此现场总结为：前期喷渣，炉温过低；中期喷渣，炉温过高。

若采用留渣操作，所留熔渣 TFe 较高，兑铁前如果没有采取冷凝熔渣的措施，也可能产生爆发性喷溅。

吹炼过程一旦发生喷溅就不要轻易降枪，因为降枪以后，碳的氧化反应更加激烈，反而会加剧喷溅。此时可适当地提枪，这样一方面可以降低碳的氧化反应速度和熔池升温速度，另一方面也可以借助于氧气流股的冲击作用吹开熔渣，促进气体的排出。在炉温很高时，可以在提枪的同时适当加一些石灰冷却熔池，稠化熔渣，有时对抑制喷溅也有些作用，但不能过分冷却熔池。在喷溅时加入废绝热板、小木块等密度较小的防喷剂，也能降低熔渣中 TFe 含量，达到减少喷溅的目的。此外，适当降低氧气流量也可以减轻喷溅强度。

B 泡沫性喷溅

a 产生原因

在铁水 Si、P 含量高，渣中 SiO_2、P_2O_5含量较高，渣量大时，再加上熔渣内 TFe 较高，熔渣表面张力降低，熔渣泡沫太多，阻碍着 CO 气体通畅排出，使渣层厚度增加，严重时能够上涨到炉口。虽然碳氧反应冲击力不大也可能推动熔渣从炉口喷出。

当熔渣起泡沫时，渣面上涨到接近炉口。此时，只要有一个不大的冲击力，就能把熔渣从炉口推出，熔渣所夹带的金属液也随之而出，造成较大的喷溅。同时泡沫渣对熔池液面覆盖良好，对气体的排出有阻碍作用。因此严重的泡沫渣就是造成泡沫性喷溅的原因。

显然，渣量大比较容易产生泡沫性喷溅；炉容比大的转炉，气体排出通畅，发生较大泡沫性喷溅的可能性小些。

泡沫性喷溅由于渣中 TFe 含量较高，往往伴随着爆发性喷溅。

b 预防措施

(1) 控制好铁水中的 Si、P 含量，最好是采用铁水预处理进行“三脱”，如果没有铁水预处理设施，可在吹炼过程倒出部分酸性泡沫渣，采用二次造渣技术可避免中期泡沫性喷溅。

(2) 控制好熔渣中 TFe 含量，不出现 TFe 积聚现象，以免熔渣过分发泡。

C 金属喷溅

a 产生原因

渣中 TFe 过低，熔渣流动性不好，氧气流直接接触金属液面，由于碳氧反应生成的 CO 气体排出时，带动金属液滴飞出炉外，形成金属喷溅。飞溅的金属液滴黏附于氧枪喷嘴上，严重恶化了氧枪喷嘴的冷却条件，导致喷嘴损坏。金属喷溅又称为返干性喷溅。可见，金属喷溅产生的原因与爆发性喷溅正好相反。当长时间低枪位操作、二批料加入过早、炉渣未化透就急于降枪脱碳时，都有可能产生金属喷溅。

b 预防措施

分阶段定量装入制度应合理增加装入量，避免超装，防止熔池过深。溅渣护炉引起的炉底上涨应及时处理；经常测量炉液面，以防枪位控制不当。

控制好枪位，化好渣，避免枪位过低和 TFe 含量过低，均有利于预防金属喷溅。

5.4 温度制度

由于转炉吹炼时间短，升温速度快，平均每分钟升温20~30℃，因此温度的控制是比较困难的。温度控制包括吹炼过程熔池温度和终点钢水温度的控制。过程温度控制的目的是使吹炼过程升温均衡，保证操作顺利进行，控制好过程温度是达到要求终点温度的关键。终点温度控制的目的是保证合适的出钢温度。吹炼任何钢种对终点温度范围均有一定的要求。

5.4.1　出钢温度

出钢温度的高低受钢种、锭型和浇注方法的影响，其确定原则是：

（1）保证浇注温度高于所炼钢种凝固温度60~100℃（小炉子偏上限，大炉子偏下限）。

（2）应考虑出钢过程和钢水运输、镇静时间、钢液吹氩时的降温，一般为40~80℃。

（3）应考虑浇注方法和浇注锭型大小。若浇小钢锭，出钢温度要偏高些。若是连铸，出钢温度要适当高些（比模铸钢水高出20~50℃）。

此外，开新炉第一炉要求提高20~30℃；连铸第一炉提高20~30℃。一般钢种出钢温度为1660~1680℃；高碳钢为1590~1620℃。

出钢温度可用式（5-22）计算：

$$t = t_f + \Delta t_1 + \Delta t_2 \tag{5-22}$$

式中　Δt_1——钢水过热度，℃；模铸钢水过热度一般取50~100℃，小型转炉偏上限，大型转炉偏下限；连铸中间包钢水过热度与钢种、坯型有关，如低合金钢方坯取20~25℃，板坯取15~20℃；

Δt_2——出钢、精炼、运输（出钢完毕至精炼开始之前、精炼完毕至开浇之前）过程温降，以及钢水从钢包至中间包的温降，℃；出钢温降包括钢流温降和加入合金温降；

t_f——钢水凝固温度，℃，与钢水成分有关，可用式（5-23）计算。

$$t_f = 1538 - \Sigma(w[i] \cdot \Delta t_i) \tag{5-23}$$

式中　1538——纯铁的凝固点；

$w[i]$——钢中某元素的质量分数，%；

Δt_i——1%的 i 元素使纯铁凝固温度的降低值，其数据见相关手册。

对特殊钢种，也可用经验公式（5-24）。

$$\begin{aligned} t_f = 1536 - \{&100.3w[C] - 22.4(w[C])^2 - 0.61 + 13.55w[Si] - 0.64(w[Si])^2 + \\ &5.82w[Mn] + 0.3(w[Mn])^2 + 0.2w[Cu] + 4.18w[Ni] + \\ &0.01(w[Ni])^2 + 1.59w[Cr] - 0.007(w[Cr])\}^2 \end{aligned} \tag{5-24}$$

5.4.2　热平衡

5.4.2.1　热量来源

氧气转炉炼钢的热量来源主要是铁水的物理热和化学热。物理热是指铁水带入的热量，与铁水温度有直接关系；化学热是铁水中各元素氧化后放出的热量，与铁水化学成分直接相关。

在炼钢温度下，各元素氧化放出的热量各异，可以通过各元素氧化放出的热效应来计算确定。

在转炉吹炼中，一般铁水温度为1200～1400℃，而出钢温度通常为1650℃左右，因此在整个吹炼过程中，熔池要升温几百度。而元素氧化放出的热量，不仅用于加热熔池的金属液和熔渣，同时也由于散热被炉衬吸收了一部分。炼钢温度下，每氧化1kg元素，熔池吸收的热量及氧化1%元素使熔池的升温数据见手册。

（1）氧气吹炼，碳与其他元素的发热能力较大。这是氧气顶吹转炉热效率高、热量有富余的原因。

（2）碳的发热能力随其燃烧的完全程度而异，完全燃烧时的发热能力比硅、磷大。顶吹氧气转炉内一般只有15%左右的碳完全燃烧成CO_2，而大部分的碳没有完全燃烧。但因铁水中碳含量高，因此，碳仍然是主要热源。

（3）发热能力大的元素是Si和P，它们是转炉炼钢的主要发热元素。而Mn和Fe的发热能力不大，不是主要热源。

必须指出：铁水中究竟哪些元素是主要发热元素，不仅要看元素氧化反应的热效应的大小，而且与元素的氧化总量有关。吹炼低磷铁水时，供热最多的是碳，其次是硅，其余元素不是主要的。吹炼高磷铁水时，供热最多的则是碳和磷。

5.4.2.2 热量消耗

转炉的热量消耗习惯上可分为两部分：一部分直接用于炼钢的热量，即用于加热钢水和熔渣的热量；另一部分未直接用于炼钢的热量，包括废气、烟尘带走的热量，冷却水带走的热量，炉口炉壳的散热损失和冷却剂的吸热等。

一般来说，转炉有富余热量，即：富余热量=收入热量-支出热量。如何利用富余热量，涉及废钢配比临界点；如何衡量转炉有效利用热量的情况，则涉及炉子热效率。

转炉的富余热量，无疑应该很好地加以利用，一般采用配加废钢的方法来建立热平衡，以利用转炉的富余热量。如还有富余热量，则加冷却剂（铁皮、矿石等）进行调节。当废钢配比增加到一定数量后，将出现富余热量为零的情况，这时的废配比称为配比临界点。废钢配比的临界点一般为25%～30%。我国多使用废钢作冷却剂，尤其是使用轻废钢，可大幅度降低炼钢成本。

转炉的热效率是指加热钢水的物理热、炉渣的物理热和矿石分解吸热占总热量的百分比。LD转炉热效率比较高，一般在75%以上。这是因为LD转炉的热量利用集中，吹炼时间短，冷却水、炉气热损失低。电炉提高热效率的直接目的是降低每吨钢的能耗。LD转炉提高热效率有它特殊的意义：

（1）使用冷却剂的范围可扩大，冷却效果大的或小的，都能使用。

（2）可增加作为FeO来源的铁矿石的使用量，从而扩大了在造渣过程中起重要作用的FeO的来源。另外，铁矿石被还原，出钢量增加。

5.4.3　冷却剂及冷却效应

5.4.3.1　冷却剂的种类和比较

通常使用的冷却剂有三种：废钢、铁矿和氧化铁皮。它们可以单独使用，也可以相互搭配使用。有时也可用石灰或石灰石作冷却剂。如果加白云石造渣，白云石也起冷却剂的作用。

采用废钢做冷却剂的优点是：杂质少，减少成渣量，对冶炼过程影响小，操作比较稳定，而且喷溅少，冷却效果稳定，便于控制熔池温度，可以适当放宽对铁水含硅量的限制。但用废钢作为冷却剂时，需增加装料时间，如无专门装料设备，不便在吹炼过程中用以调整温度。

用铁矿作为冷却剂的优点是：加料时不占用吹炼时间，有利于快速成渣和脱磷，并能降低耗氧量和钢铁料消耗，吹炼过程中调节温度也较方便。全部使用铁矿冷却也是可行的，但是必须注意铁矿不可加得过晚，最好连续加入。另外，铁矿成分波动会导致冷却效果不稳定。

氧化铁皮是轧钢时产生的钢屑，与铁矿相比冷却效果比较稳定，含杂质量少，但应在烘烤后使用，否则会因带入炉内很多水分，影响钢的质量。

根据以上分析可知，为了准确地控制过程及终点温度，用废钢做冷却剂效果好。但是为了促进早化渣，提高去磷效率，也可以搭配使用一部分铁矿或氧化铁皮。但铁矿用量不宜过多，否则会造成喷溅和大渣量操作的缺点。在吹炼中、高碳钢时，为了促进化渣，可以少加或不加废钢，大部分或全部用铁矿作冷却剂。目前主要采用定废钢调矿石（大部分转炉采用）或定矿石调废钢等冷却方式。

5.4.3.2　冷却剂的冷却效应

氧气顶吹转炉有富余的热量，温度控制的办法就是加入一定数量的冷却剂。

冷却剂的冷却效应是指为加热冷却剂到一定的熔池温度所消耗的物理热和冷却剂发生化学反应所消耗的化学热之和。

（1）铁矿的冷却效应。铁矿的冷却作用包括物理作用和化学作用两个方面。物理作用是指冷铁矿加热到熔池温度所吸收的热量。化学作用是指铁矿石中的氧化铁分解时所消耗的热量。计算其冷却效应的方法如下：

例如，铁矿成分 Fe_2O_3 为 70%，FeO 为 10%，其他氧化物（SiO_2、Al_2O_3、MnO 等）为 20%，可通过式（5-25）计算铁矿的冷却效应 $Q_{矿}$（kJ）。

$$Q_{矿} = m_{矿} \times C_{矿} \times \Delta t + \lambda_{矿} + m_{矿} \times \left[w(Fe_2O_3) \times \frac{112}{160} \times 6456 + w(FeO) \times \frac{56}{72} \times 4247 \right] \tag{5-25}$$

式中　$m_{矿}$——铁矿量，kg；

$\lambda_{矿}$——铁矿的熔化潜热，209kJ/kg；

$C_{矿}$——铁矿比热容，一般取 1.02kJ/(kg · ℃)；

Δt——铁矿加入熔池后的温升，℃；

160 ——Fe_2O_3相对分子质量；

112 ——两个铁原子的相对原子质量；

6456，4247 ——Fe_2O_3和 FeO 分解成 1kg 的铁时吸收的热量，kJ/kg。

1kg 铁矿的冷却效应是：

$$Q_{矿} = 1 \times 1.02 \times 1610 + 209 + 1 \times \left[70\% \times \frac{112}{160} \times 6456 + 10\% \times \frac{56}{72} \times 4247\right] = 5345\text{kJ}$$

从上面的计算可以看出，铁矿的冷却作用主要靠Fe_2O_3的分解。因此，铁矿的冷却效应随铁矿中氧化铁含量的变化而变化。

（2）废钢的冷却效应。废钢的冷却效应 $Q_{废}$(kJ) 按式（5-26）计算。

$$Q_{废} = m_{废}[C_{固} \times t_{熔} + \lambda + C_{液}(t_{出} - t_{熔})] \tag{5-26}$$

式中 $m_{废}$——废钢重量，kg；

$C_{固}$——从常温到熔化温度的平均比热容，0.70kJ/(kg·℃)；

$t_{熔}$——废钢熔化温度（对低碳废钢可按 1500℃考虑）；

λ——熔化潜热，272kJ/kg；

$C_{液}$——液体钢的比热容，0.837kJ/(kg·℃)；

$t_{出}$——出钢温度，℃。

对于 1kg 废钢，当出钢温度为 1640℃时，有：

$$Q_{废} = 1 \times [0.70 \times 1500 + 272 + 0.837 \times (1640 - 1500)] = 1439\text{kJ}$$

（3）铁皮的冷却效应。假定铁皮成分为 FeO50%，$Fe_2O_3$40%，其他氧化物 10%，计算方法与铁矿相同，即

$$Q_{铁} = 1 \times 1.02 \times 1610 + 209 + 1 \times \left[40\% \times \frac{112}{160} \times 6456 + 50\% \times \frac{56}{72} \times 4247\right] = 5311\text{kJ}$$

可见氧化铁皮的冷却效应和铁矿相近。从上面计算的结果来看，如果以废钢的冷却效应为 1 时，则铁矿为 5345/1439 = 3.7，铁皮为 5311/1439 = 3.69。由于各种冷却剂成分有波动，因此它们之间的比例关系也有一定的波动范围，各种冷却剂的冷却效应的换算值分别为：废钢 1.0，铁矿 3.0~4.0，氧化铁皮 3.0~4.0，烧结矿 3.0，石灰石 3.0，石灰 1.0，生铁块 0.7，菱镁矿 1.5，生白云石 2.0。

5.4.4 温度控制

5.4.4.1 影响熔池温度的因素

（1）铁水含硅量。硅是转炉炼钢的主要热源之一，在其他条件不变时，随着铁水含硅量的增加，冷却剂的用量也应相应地增加。生产实际数据表明，铁水中硅含量每增加 0.1%，终点钢水温度提高 8~15℃。

（2）铁水装入量。铁水带有物理热和化学热，故当铁水装入量增加时，应该相应地增加冷却剂的用量。按照理论计算，太钢 50t 转炉铁水量每波动 1t，终点钢水温度应波动 6℃；生产实际数据为 5~6℃。

（3）铁水温度。按照理论计算，对太钢 50t 转炉，铁水温度每波动 10℃，终点钢水温度之波动值应为 7.5℃左右；生产经验值为 6℃左右。

（4）终点碳含量。对首钢 30t 转炉，当终点碳在 0.2%以下时，每降低 0.01%的碳，则出钢温度提高 2~3℃。

（5）相邻炉次间隔时间。间隔时间越长，炉衬的热损失越大，所以应该合理地组织生产，尽量缩短间隔时间。在一般情况下，炉次间隔时间在 4~10min 范围内，因此，如果间隔时间小于 10min，可以不考虑调节冷却剂用量。超过 10min，则应相应减少冷却剂的加入量。首钢 30t 转炉的生产经验是，间隔时间每增加 5min，废钢加入量应该减少约 10kg/t。

（6）空炉时间。由于补炉或其他原因，炉子停吹时间较长者称为空炉。生产经验是，不同炉龄期和不同空炉时间对温度的影响不同，应该根据具体情况减少冷却剂的用量。

除了上述诸因素外，还有其他因素如出钢温度、造渣情况、喷溅情况以及铁水其他元素的含量变化等，也对熔池温度有影响。

5.4.4.2　吹炼过程的温度控制

在吹炼过程中，不是忽高忽低地升温，而是均衡地升温，同时满足各期的温度要求。

开吹前，对铁水装入量，铁水温度，铁水中硅、磷、硫含量，一定要做到心中有数，这样才能正确地控制吹炼过程温度。

开吹以后，应根据各个吹炼时期工艺特点进行温度控制，见表 5-3。

表 5-3　各吹炼期温度控制

吹炼时期	前　期	中　期	后　期
一般控制的温度范围	前期结束温度为 1450~1550℃，大炉子、低碳钢取下线，小炉子、高碳钢取上线	1550~1600℃，中、高碳钢取上线，因后期挽回温度时间少	1600~1680℃，决定于所炼钢种
根据操作工艺特点进行调节的原则	为了前期脱磷，温度可以适当低些；为了脱硫，温度可以适当高些，少加冷却剂	为了前期脱磷，温度可以低些，为了脱硫，温度可以高些；但温度过低不利于脱硫，温度过高，不利于脱磷	应均匀升温，达到出钢温度；温度过高，钢水中气体含量增加，炉子寿命变短；温度过低，不能形成高碱度流动性良好的熔渣

在吹炼过程中，可以根据对炉况的判断来调整温度。吹炼前期，如果碳焰上来得早，表明熔池的温度较高，可以通过适当提前加入二批渣料加以控制；反之，如果碳焰上来得晚，表明前期温度低，应该降枪加强各元素的氧化，提高熔池温度。吹炼中期，可以根据炉口火焰并参照氧枪进出水温差来判断熔池温度，如果熔池温度高，应加入铁矿或氧化铁皮进行调整；若温度低，可以降枪提温，这样可以挽回 10~12℃。吹炼后期，如果发现熔池温度高，可以加铁矿、氧化铁皮、石灰或白云石降温；相反，如果发现温度低，应该加入提温剂如 Fe-Si 或 Fe-Al，但在加入 Fe-Si 时，必须补加石灰。若发现碳低温度高，可以采取兑入铁水的措施。但在兑铁水前必须倒渣并加 Fe-Si，以防造成大喷事故。

各转炉炼钢厂都总结有一些根据炉况控制温度的经验数据。一般冷却剂的降温效果（加入 1%冷却剂，熔池降温值）为：废钢 8~120℃，铁矿石 30~40℃，铁皮 35~45℃，石灰 15~20℃，白云石 20~25℃，石灰石 28~38℃。

温度控制的办法主要是适时加入需要数量的冷却剂，以控制好过程温度，并为直接命中终点温度提供保证。冷却剂的加入时间因条件不同而异。由于废钢在吹炼时不方便加入，通常是在开吹前加入。利用矿石或铁皮作冷却剂时，由于它们同时又是化渣剂，加入时间往往与造渣同时考虑，多采用分批加入方式。

为了确定一炉钢冷却剂的加入量，应综合考虑铁水用量、成分和温度，吹炼终点钢水的成分和温度，熔剂的用量以及炉子的热损失等因素，用制定物料平衡和热平衡的方法计算确定。

物料平衡是计算炼钢过程中加入炉内和参与炼钢过程的全部物料（包括铁水、废钢、氧气、冷却剂、渣料和被侵蚀的炉衬等）与炼钢过程的产物（包括钢水、熔渣、炉气、烟尘等）之间的平衡关系，如图5-14所示。热平衡是计算炼钢过程的热量收入（包括铁水的物理热、化学热）与热量支出（包括钢水、熔渣、炉气的物理热，冷却剂熔化和分解热等）之间的平衡关系。

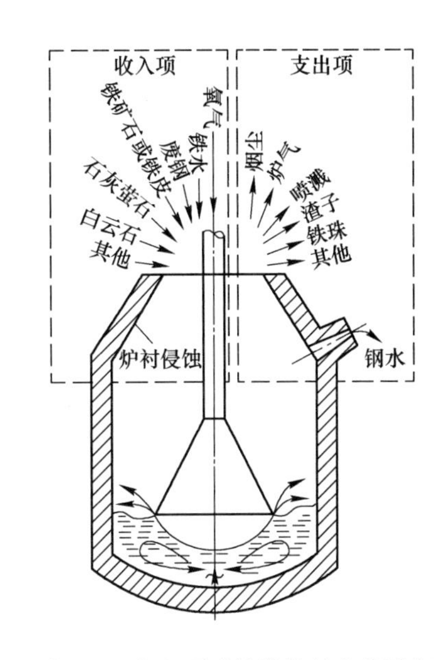

图5-14 氧气顶吹转炉物料和热平衡

通过氧气顶吹转炉物料平衡和热平衡的计算，结合炼钢生产的实践，可以确定许多重要的工艺参数。对于指导生产，分析、研究、改造冶炼工艺，设计炼钢车间，选用炼钢设备以及实现炼钢过程的自动控制，都具有重要意义。

以冶炼Q235B钢种为例，以100kg金属料为基础，选定废钢量为金属料装入量的10%，生白云石加入量为金属料装入量的2%，铁水的入炉温度为1350℃，废钢及其他原料的温度为25℃，炉气（炉气处理采用未燃法）和烟尘的温度为1450℃，出钢温度1680℃，进行物料平衡与热平衡初算。由初算结果求出富余热量，从而确定调温所需矿石加入量（0.535kg）。最后对物料平衡、热平衡结果进行修正，求得用白云石造渣并采用定废钢调矿石冷却制度的物料平衡和热平衡。

5.5 终点控制和出钢

5.5.1 终点的标志

终点控制主要是指终点温度和成分的控制。

转炉兑入铁水后，通过供氧、造渣操作，经过一系列物理化学反应，钢水达到了所炼钢种成分和温度要求的时刻，称为“终点”。到达终点的具体标志是：

（1）钢中碳含量达到所炼钢种的控制范围。

（2）钢中磷、硫含量低于规格下限以下的一定范围。

（3）出钢温度能保证顺利进行精炼、浇注。

（4）对于沸腾钢，钢水应有一定氧化性。

由于脱磷、脱硫操作比脱碳操作复杂，因此总是尽可能提前让磷、硫去除到终点要求的范围。这样，终点控制便简化为脱碳和钢水温度控制。从广义上讲，终点控制应包括所有影响钢质量的终点操作和工艺因素控制。出钢时机的主要根据是钢水碳含量和温度，所以终点也称作“拉碳”。终点控制不准确，会造成一系列的危害。例如，若拉碳偏高，需要补吹（也称后吹），渣中 TFe 高，金属消耗增加，会降低炉衬寿命。若拉碳偏低，不得不改变钢种牌号（或增碳），这样既延长了吹炼时间，也打乱了车间的正常生产秩序，并影响钢的质量。若终点温度偏低时，也需要补吹，这样会造成碳偏低，必须增碳，渣中 TFe 高，对炉衬不利；终点温度偏高，会使钢水气体含量增高、浪费能源、侵蚀耐火材料、增加夹杂物含量和回磷量，造成钢质量降低。所以准确拉碳是终点控制的一项基本操作。

5.5.2　终点经验控制与判断

5.5.2.1　经验控制方法

终点碳控制的方法有拉碳法和增碳法，其中拉碳法分一次拉碳法（生产中力求采用）和高拉补吹法（必要时采用）。

（1）一次拉碳法。按出钢要求的终点碳和终点温度进行吹炼，当达到要求时提枪。

这种方法要求终点碳和温度同时达到目标值，否则需补吹或增碳。一次拉碳法要求操作技术水平高，其优点颇多：

1）终点渣 TFe 含量低，钢水收得率高，对炉衬侵蚀量小。

2）钢水中有害气体少，不加增碳剂，钢水洁净。

3）余锰高，合金消耗少。

4）氧耗量小，节约增碳剂。

（2）高拉补吹法。当冶炼中、高碳钢钢种时，终点按钢种规格稍高些进行拉碳，待测温、取样后，按分析结果与规格的差值决定补吹时间。

由于在中、高碳（$w[C]>0.40\%$）钢种的碳含量范围内，脱碳速度较快，火焰没有明显变化，从火花上也不易判断，人工一次拉碳很难准确判断终点，此时可以采用高拉补吹的办法。用高拉补吹法冶炼中、高碳钢时，根据火焰和火花的特征，参考供氧时间及氧耗量，按所炼钢种碳规格要求稍高一些来拉碳，使用结晶定碳和钢样化学分析，再按这一碳含量范围内的脱碳速度补吹一段时间，以达到要求。高拉补吹方法只适用于中、高碳钢的吹炼。根据 30t 转炉的经验数据，补吹时的脱碳速度一般为 0.005%/s。当生产条件变化时，其数据也有变化。

（3）增碳法。除超低碳钢种外的所有钢种，均是吹炼到 $w[C]=0.05\%\sim0.06\%$时提枪，按钢种规范要求加入增碳剂。增碳法所用碳粉要求纯度高，硫和灰分要很低，否则会污染钢水。

采用这种方法的优点有：

1）操作简单，生产率高。

2）操作稳定，易于实现自动控制。

3）废钢比高。

5.5.2.2 人工判断方法

A 碳的判断

a 看火焰

转炉开吹后，熔池中碳不断被氧化，金属液中的碳含量不断降低。碳氧化时，生成大量的CO气体，高温的CO气体从炉口排出时，与周围的空气相遇，立即氧化燃烧，形成了火焰。

炉口火焰的颜色、亮度、形状、长度是熔池温度及单位时间内CO排出量的标志，也是熔池中脱碳速度的量度。在一炉钢的吹炼过程中，脱碳速度的变化是有规律的，所以能够从火焰的外观来判断炉内的碳含量。

在吹炼前期熔池温度较低，碳氧化得少，所以炉口火焰短，颜色呈暗红色。吹炼中期，碳开始激烈氧化，生成CO量大，火焰白亮，长度增加，也显得有力。这时对碳含量进行准确的估计是困难的。当碳进一步降低到0.20%左右时，由于脱碳速度明显减慢，CO气体显著减少。这时火焰要收缩、发软、打晃，看起来火焰也稀薄些。炼钢工根据自己的具体体会就可以掌握住拉碳时机。

生产中有许多因素影响人们观察火焰和做出正确的判断，主要有如下几方面：

(1) 温度。温度高时，碳氧化速度较快，火焰明亮有力，看起来好像碳还很高，实际上已经不太高了，要防止拉碳偏低。温度低时，碳氧化速度缓慢，火焰收缩较早，另外由于温度低，钢水流动性不够好，熔池成分不易均匀，看上去碳好像不太高了，但实际上还较高，要防止拉碳偏高。

(2) 炉龄。炉役前期炉膛小，氧气流股对熔池的搅拌力强，化学反应速度快，并且炉口小，火焰显得有力，要防止拉碳偏低。炉役后期炉膛大，搅拌力减弱，同时炉口变大，火焰显得软，要防止拉碳偏高。

(3) 枪位和氧压。枪位低或氧压高，碳的氧化速度快，炉口火焰有力，此时要防止拉碳偏低；反之，枪位高或氧压低，火焰相对软些，此时要防止拉碳偏高。

(4) 炉渣情况。若炉渣化得好，能均匀覆盖在钢水面上，气体排出有阻力，因此火焰发软；若炉渣没化好，或者有结团，不能很好地覆盖钢水液面，气体排出时阻力小，火焰有力。渣量大时气体排出时阻力也大，火焰发软。

(5) 炉口黏钢量。炉口黏钢时，炉口变小，火焰显得硬，要防止拉碳偏低；反之，要防止拉碳偏高。

(6) 氧枪情况。喷嘴蚀损后，氧流速度降低，脱碳速度减慢，要防止拉碳偏高。

总之，根据火焰判断时，要综合考虑各种影响因素，这样才能准确判断终点碳含量。

b 看火花

从炉口被炉气带出的金属小粒，遇到空气后被氧化，其中碳氧化生成CO气体，由于体积膨胀，把金属粒爆裂成若干碎片。碳含量越高（$w[C]>1.0\%$），爆裂程度越大，表现为火球状和羽毛状，弹跳有力。随碳含量的不断降低，依次爆裂成多叉、三叉、二叉的火花，弹跳力逐渐减弱。当碳含量很低（$w[C]<0.10\%$）时，火花几乎消失，跳出来的均是小火星和流线。只有当稍有喷溅带出金属时，才能观察到火花，否则无法判断。炼钢

工判断终点时，在观察火焰的同时，可以结合炉口喷出的火花情况综合判断。

c　取钢样

取样操作注意事项如下：

（1）将转炉摇至合适的角度，停稳后方可开始取样。

（2）取样要做到深（熔池深度1/2~1/3处）、满、盖（盖渣）、稳，并缓慢准确地倒入样模。

（3）转炉取出的钢样，要插入铝线脱氧。钢样不得带渣和毛刺，在样票上规范填写日期、班别、熔炼号及钢种后，把钢样（装进送样炮弹内，通过气动送样装置）及时送到化验室。

在正常吹炼条件下，吹炼终点拉碳后取钢样，将样勺表面的覆盖渣拨开，根据钢水沸腾情况也可判断终点碳含量。

$w[C]=0.3\%\sim0.4\%$：钢水沸腾，火花分叉较多且碳花密集，弹跳有力，射程较远。

$w[C]=0.18\%\sim0.25\%$：火花分叉较清晰，一般分4~5叉，弹跳有力，弧度较大。

$w[C]=0.12\%\sim0.16\%$：碳花较稀，分叉明晰可辨，分3~4叉，落地呈“鸡爪”状，跳出的碳花弧度较小，多呈直线状。

$w[C]<0.10\%$：碳花弹跳无力，基本不分叉，呈球状颗粒。

$w[C]$再低，火花呈麦芒状，短而无力，随风飘摇。

同样，由于钢水的凝固和在这过程中的碳氧反应，造成凝固后钢样表面出现毛刺，根据毛刺的多少可以凭经验判断碳含量。

以火花判断碳含量时，必须与钢水温度结合起来。如果钢水温度高，在同样碳含量条件下，火花分叉比温度低时多。因此在炉温较高时，估计的碳含量可能高于实际碳含量。情况相反时，判断碳含量会比实际值偏低些。

人工判断终点取样时应注意：样勺要烘烤，黏渣均匀（样勺先黏渣保护），钢水必须有渣覆盖，取样部位要有代表性，以便准确判碳。

d　结晶定碳

终点钢水中的主要元素是Fe与C，碳含量高低影响钢水的凝固温度，反之，根据凝固温度不同也可以判断碳含量。如果在钢水凝固的过程中连续地测定钢水温度，可以发现，当到达凝固点时，由于凝固潜热补充了钢水降温散发的热量，所以温度随时间变化的曲线出现了一个水平段。这个水平段所处的温度就是钢水的凝固温度，根据凝固温度可以反推出钢水的碳含量。因此，吹炼中、高碳钢时，终点控制采用高拉补吹，可使用结晶定碳来确定碳含量。

e　其他判断方法

当喷嘴结构尺寸一定时，采用恒压变枪操作，单位时间内的供氧量是一定的。在装入量、冷却剂加入量和吹炼钢种等条件都没变化时，吹炼1t金属所需要的氧气量也是一定的，因此吹炼一炉钢的供氧时间和氧耗量变化也不大。这样就可以将上几炉的供氧时间和氧耗量，作为本炉拉碳的参考。当然，每炉钢的情况不可能完全相同，如果生产条件有变化，其参考价值就要降低。即使是生产条件完全相同的相邻炉次，也要与看火焰、火花等办法结合起来综合判断。随着科学技术的进步，应用红外、光谱等成分快速测定手段，可以验证经验判断碳的准确性。

B　温度的判断

a　热电偶测定温度

（1）浸入式热电偶。浸入式热电偶是各国普遍采用的热电偶。把热电偶装在一根长管中，热电偶用瓷柱或刚玉管绝缘，为耐钢水和炉渣浸蚀，钢管前端套有石墨管。热电偶一般选用S型（铂铑10-铂热电偶，0~1450℃，误差可达±0.25%）、B型（铂铑30-铂铑6热电偶，0~1700℃，误差可达±0.25%）、WRe3-WRe25型（钨铼热电偶，400~2300℃，误差±1%）、WRe5-WRe26型（钨铼热电偶，400~2300℃，误差±1%），热电偶丝一般为0.3~0.8mm。

（2）消耗式热电偶。消耗式热电偶首先是由美国Leeds and Northrup公司开发的，它由于具有准确度高（在±5℃以内）、响应快（4s）、复现性好、经济方便而得到广泛应用，是目前标准的钢（铁）水温度测量方法和传感器。与消耗式热电偶测量头配套的还有专门的钢水温度测量仪，内装微型计算机，精度高，有大型数字显示装置，读数醒目，并能自动保存；能把测量结果和时间打印出来；操作方便；有通信接口，可和过程计算机相连。

由于我国缺乏铂铑资源，而且国际市场铂铑贵金属价格不断上涨，供应日趋紧张，目前我国和国外都使用资源较丰富和价格较低的钨铼丝来代替铂铑丝制造消耗式热电偶。这种钨铼的消耗式热电偶也已被用于炉外精炼和铁水预处理中。

（3）测温操作。

1）转炉吹炼结束后，在提枪倒炉的同时，操作者须确认测温仪表、测温枪及热电偶是否处于正常工作状态。

2）测温时，测温枪必须从炉口中心线插入钢液中心深处部位，插入深度为400~500mm，严禁插在钢液或渣层表面以及靠近炉衬部位，防止测量出假温度；测温时间保持在5s左右，以防烧坏测温枪。

3）终点拉碳后，凡经补吹和调料者，必须测温后方可出钢。

4）保持测温枪插接件干燥、干净，并且线路安全可靠。

5）测温枪的保护纸管应及时更换，避免测温枪烧坏。

6）测温头和保护纸管应保持干燥。

b　火焰判断

熔池温度高时，炉口的火焰白亮而且浓厚有力，火焰周围有白烟；温度低时，火焰透明淡薄、略带蓝色，白烟少，火焰形状有刺无力，喷出的炉渣发红，常伴有未化的石灰粒；温度再低时，火焰发暗，呈灰色。

c　取样判断

取出钢样后，样勺内覆盖渣很容易拨开，样勺周围有青烟，钢水白亮，倒入样模内，钢水活跃，结膜时间长，说明钢水温度高。如果覆盖渣不容易拨开，钢水暗红色，混浊发黏，倒入模内钢水不活跃，结膜时间也短，说明钢水温度低。

另外，也可以通过秒表计算样勺内钢水结膜时间来判断钢水温度的高低。但是取样时样勺需要烘烤合适，黏渣均匀，样勺中钢水要有熔渣覆盖，同时取样的位置应有代表性。

d　通过氧枪冷却水温度差判断

在吹炼过程中可以根据氧枪冷却水出口与进口的温度差来判断炉内温度的高低。如果相邻的炉次枪位相仿，冷却水流量一定时，氧枪冷却水的出口与进口的温度差和熔池温度有一定的对应关系。若温差大，反映熔池温度较高；若温差小，则反映熔池温度低。在首钢 30t 转炉的生产条件下，冷却水温度差为 8～10℃时，出钢温度在 1640～1680℃。这对于 Q235B 钢是比较合适的。若温差低于 8℃，出钢温度偏低；温度差高于 10℃，出钢温度偏高。

e　根据炉膛情况判断

倒炉时可以观察炉膛情况帮助判断炉温。温度高时，炉膛发亮，往往还有泡沫渣涌出。如果炉内没有泡沫渣涌出，熔渣不活跃，同时炉膛不那么白亮，说明炉温低了。

根据以上几方面温度判断的经验及热电偶的测温数值，可确定终点温度。

5.5.3　出钢

5.5.3.1　出钢持续时间

在转炉出钢过程中，为了减少钢水吸气和有利于合金加入钢包后搅拌均匀，需要适当的出钢持续时间。我国转炉操作规范规定，小于 50t 的转炉出钢持续时间为 1～4min，50～100t 转炉为 3～6min，大于 100t 转炉为 4～8min。出钢持续时间的长短受出钢口内径尺寸影响很大，同时出钢口内径尺寸变化也影响挡渣出钢效果。为了保证出钢口尺寸的稳定，减少更换和修补出钢口的时间，当前广泛采用了镁碳质的出钢口套砖或整体出钢口。镁碳质出钢口砖的应用，减少了出钢口的冲刷侵蚀；使出钢口内径变化减小，稳定了出钢持续时间，也减少了出钢时的钢流发散和吸气；同时也提高了出钢口的使用寿命，减轻了工人修补和更换出钢口时的劳动强度。

5.5.3.2　红包出钢

出钢过程中，钢流受到冷空气的强烈冷却，钢流向空气中散热，钢包耐火材料吸热，加入铁合金熔化时耗热等诸因素，使得钢水在出钢过程中总是降温的。

红包出钢，就是在出钢前对钢包进行有效的烘烤，使钢包内衬温度达到 800～1000℃，以减少钢包内衬的吸热，从而达到降低出钢温度的目的。我国某厂使用的 70t 钢包，经过煤气烘烤使包衬温度达 800℃左右，取得了显著的效果：

（1）采用红包出钢，可降低出钢温度 15～20℃，因而可增加废钢 15kg/t。

（2）出钢温度的降低，有利于提高炉龄。实践表明，出钢温度降低 10℃，可提高炉龄 100 炉次左右。

（3）红包出钢，可使钢包中钢水温度波动小，从而稳定浇注操作，提高钢坯（锭）质量。

5.5.3.3　挡渣出钢

转炉炼钢中，钢水的合金化大都在钢包中进行。而转炉内的高氧化性熔渣流入钢包会导致钢液与熔渣发生氧化反应，造成合金元素收得率降低，并使钢水产生回磷和夹杂物增多，同时，熔渣也对钢包内衬产生侵蚀。特别在对钢水进行吹氩等精炼处理时，要求钢包中熔渣 $w(FeO)$ 含量低于 2%时，才有利于提高精炼效果。

A 挡渣出钢方法

为了限制熔渣进入钢包，目前国内外广泛采用挡渣出钢技术。挡渣出钢方法有：用挡渣帽法阻挡一次下渣；阻挡二次下渣可采用挡渣球法、挡渣塞法、气动挡渣器法、气动吹渣法等。图 5-15 所示为其中几种。

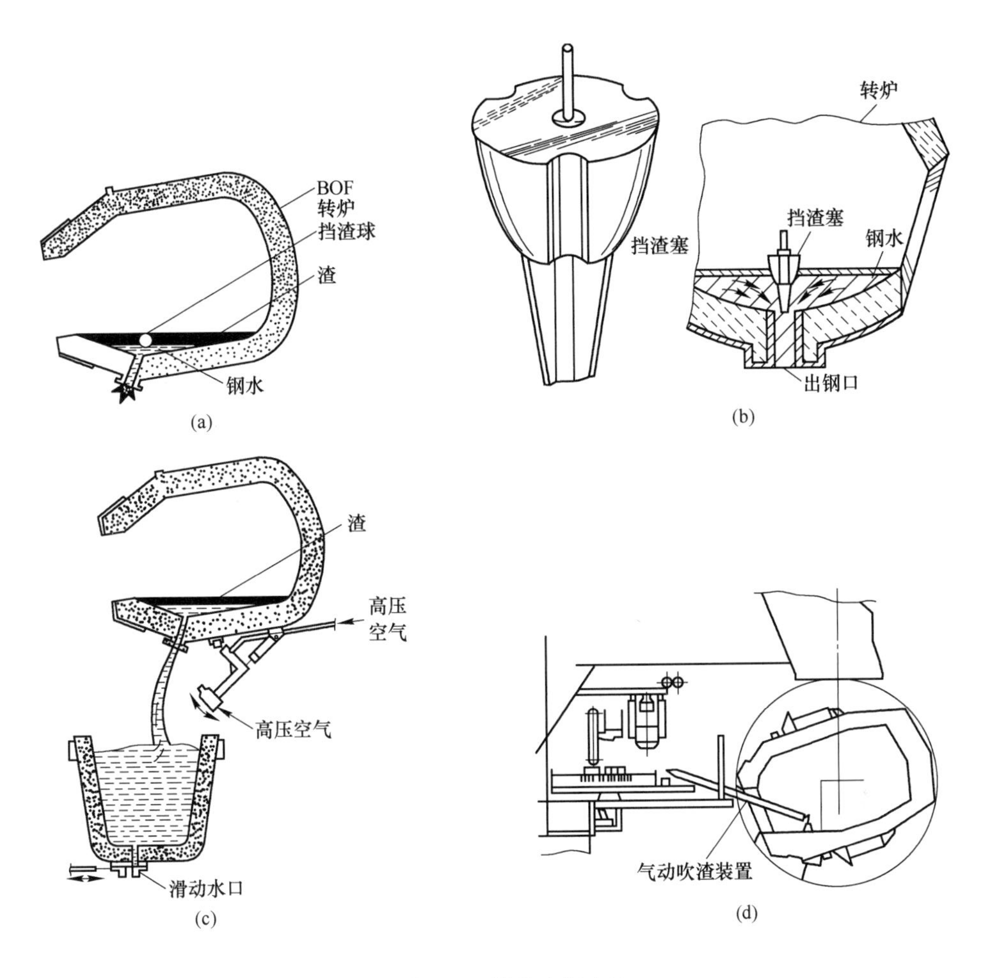

图 5-15 挡渣出钢方法
(a) 挡渣球法；(b) 挡渣塞法；(c) 气动挡渣器法；(d) 气动吹渣法

(1) 挡渣帽。转炉出钢倾炉时，浮在钢液面上的熔渣首先流经出钢口，为了防止熔渣流入钢包，在出钢口内使用挡渣帽，挡住液面浮渣，随后钢水流出时又能将挡渣帽冲掉或熔化，使钢水流入钢包中。挡渣帽在出钢前放置于出钢口内。

挡渣帽呈圆锥体，其尺寸根据转炉出钢口尺寸而确定。目前国内使用的挡渣帽多由铁皮或轻质耐火材料制成。铁皮挡渣帽加工容易，但表面硬而光滑，放在出钢口内不易固定，且熔点低，有时还没等到出钢就熔化了。轻质耐火材料挡渣帽具有一定韧性，放在出钢口内容易固定，且耐火度较高，挡渣可靠，但加工工序多，成本比铁皮挡渣帽高。

(2) 挡渣球。挡渣球是一个密度介于钢水和炉渣之间的圆球，由耐火材料和铁块制成，其结构如图 5-16 所示。为了使炉内钢水流尽，又能有效挡住炉渣，挡渣球的体积密度选择是一个重要因素。挡渣球挡渣时沉浮在钢水与炉渣之间，其工作状态如图 5-17 所示。通常，挡渣球的密度选择在 4200~5000kg/m^{3}之间，浸入钢水的深度为球直径的 1/3 左右。

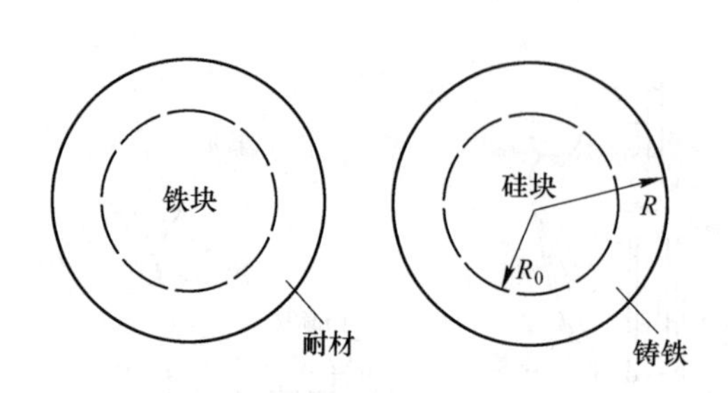

图 5-16　挡渣球的结构

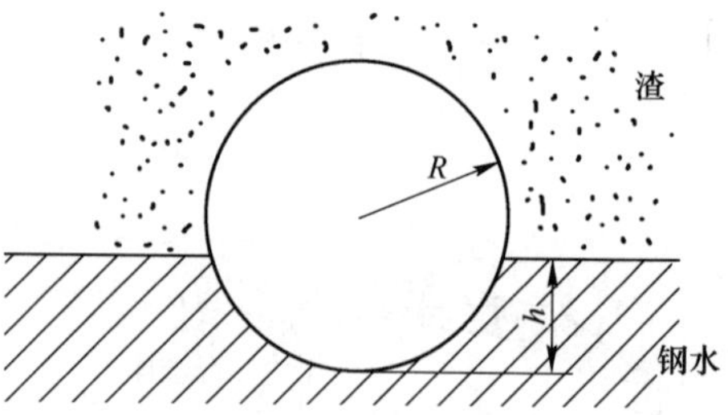

图 5-17　挡渣球的工作状态

挡渣球是在出钢过程中加入转炉内的，应在出钢结束前 1min 左右加入（一般在出钢量达 2/3~3/4 时投入）到出钢口上方的炉渣中。挡渣球到达出钢口位置一般约需 30s 的时间，加入时间晚了，挡渣球来不及到达挡渣位置钢水就出完了；加入时间过早，会使挡渣球在炉内停留时间过长而损坏，或使挡渣球表面变形而降低挡渣效果。

（3）挡渣塞。挡渣塞（也称挡渣锥、挡渣棒）能有效地阻止熔渣进入钢流。挡渣塞的结构由塞杆和塞头组成，其材质与挡渣球相同，其密度可与挡渣球相同或稍低。塞杆上部用来夹持定位的钢棒，下部包裹耐火材料。出钢即将结束时，按照转炉出钢角度，严格对位，用机械装置将塞杆插入出钢口。出钢结束时，塞头就封住出钢口。塞头上有沟槽，炉内剩余钢水可通过沟槽流出，钢渣则被挡在炉内。挡渣塞由于挡渣效果比挡渣球好，目前得到普遍应用。

（4）气动挡渣器。炉子出钢使用常规方法，出钢流中一出现渣子时，空气喷嘴就绕轴转动，对准出钢口，同时向出钢口喷射空气流，从而截断出钢流。

（5）气动吹渣法。挡住出钢后期的涡流下渣最难，涡流一旦产生，容易出现渣钢混出。因此，为防止出钢后期产生涡流，或者即便有涡流产生，在涡流钢液表面能够挡住熔渣的方法就是气动吹渣法，这也是最为有效的方法。它是采用高压气体将出钢口上部钢液面上的钢渣吹开挡住，达到除渣的目的。该法能使钢包渣层厚度控制在 15~55mm。

B　挡渣出钢的效果

转炉采用挡渣出钢工艺后，取得了良好的效果：

（1）减少了钢包中的炉渣量和钢水回磷量。国内外生产厂家的使用结果表明，挡渣出钢后，进入钢包的炉渣量减少，钢水回磷量降低。不挡渣出钢时，炉渣进入钢包的渣层厚度一般为 100~150mm，钢水回磷量 0.004%~0.006%；采用挡渣出钢后，进入钢包的渣层厚度减少为 40~60mm，钢水回磷量 0.002%~0.0035%。

（2）提高了合金收得率。挡渣出钢，使高氧化性炉渣进入钢包的数量减少，从而使加入的合金在钢包中的氧化损失降低，特别是对于中、低碳钢种，合金收得率将大大提高。不挡渣出钢时，锰的收得率为 80%~85%，硅的收得率为 70%~80%；采用挡渣出钢后，锰的收得率提高到 85%~90%，硅的收得率提高到 80%~90%。

(3) 降低了钢水中的夹杂物含量。钢水中的夹杂物大多来自脱氧产物，特别是对于转炉炼钢在钢包中进行合金化操作时更是如此。攀钢对钢包渣中 w(TFe) 与夹杂废品情况进行了调查，其结果是：不挡渣出钢时，钢包渣中 w(TFe) = 14.50%，经吹氩处理后渣中 w(TFe) = 2.60%，这说明渣中11.90% (TFe) 的氧将合金元素氧化生成大量氧化物夹杂，使废品率达2.3%。采用挡渣出钢后，钢包中加入覆盖渣的 w(TFe) = 3.61%，吹氩处理后渣中 w(TFe) = 4.01%，基本无多大变化，其废品率仅为0.059%。由此可见，防止高氧化性炉渣进入包内，可有效地减少钢水中的合金元素氧化，降低钢水中的夹杂物含量。

(4) 提高钢包使用寿命。目前我国的钢包内衬多采用黏土砖和铝镁材料，由于转炉终渣的高碱度和高氧化性，钢包内衬受到侵蚀，钢包使用寿命降低。采用挡渣出钢后，减少了炉渣进入钢包的数量，同时还加入了低氧化性、低碱度的覆盖渣，这样便减少了炉渣对钢包的侵蚀，提高了钢包的使用寿命。

C 钢包渣改质方法

出钢时虽然采取挡渣措施，但要彻底挡住高氧化性的终渣是很困难的，为此在提高挡渣效率的同时，应开发和使用钢包渣改质剂。其目的一是降低熔渣的氧化性，减少其污染；二是形成合适的脱硫、吸收上浮夹杂物的精炼渣。

在出钢过程中加入预熔合成渣，经钢水混冲，完成炉渣改质和钢水脱硫的冶金反应，此种炉渣改质方法称为渣稀释法。改质剂由石灰、萤石或铝矾土等材料组成。

还有一种炉渣改质方法是渣还原处理法，即出钢结束后，添加如 CaO+Al 粉或 $Al+Al_2O_3+SiO_2$ 等改质剂。

钢包渣改质后的成分是：碱度 $R \geqslant 2.5$；w(FeO+MnO) $\leqslant 3.0\%$；$w(SiO_2) \leqslant 10\%$；$w(CaO)/w(Al_2O_3) = 1.2 \sim 1.5$；脱硫效率为30%~40%。

钢包渣中 w(FeO+MnO) 降低，形成的还原性熔渣是具有良好吸附夹杂的精炼渣，为最终达到精炼效果创造了条件。

D 覆盖渣

挡渣出钢后（以及精炼后），为了钢水保温和有效处理钢水，应根据需要配制钢包覆盖渣，在出完钢后加入钢包中。钢包覆盖渣应具有保温性能良好、含磷和硫量低的特点，如首钢使用的覆盖渣由铝渣粉30%~35%，处理木屑15%~20%，膨胀石墨、珍珠岩、萤石粉10%~20%组成，使用量为1kg/t左右。这种渣在浇完钢后仍呈液体状态，易于倒入渣罐。在生产中广泛使用碳化稻壳作为覆盖渣，碳化稻壳保温性能好，密度小，浇完钢后不黏挂在钢包上，因而在使用中受到欢迎。

5.5.3.4 出钢操作

出钢前将钢包对好位，出钢15s内插入挡渣帽，快、慢速马达同时启动，至出钢口流出钢水时立即关闭快速马达，用慢速马达随着炉内钢液下降往下摇炉。此时切不可炉口下渣。注意钢流要对正钢包中心，出钢1/4时开始加入铁合金至出钢3/4时加完。出钢末期按要求加入挡渣球（或挡渣塞）。当钢水出尽，出钢口流出钢渣时，立即快速将转炉摇起来。出钢完毕，尽快将钢水运送到吹氩站或精炼站（LF、RH等）。

转炉出钢过程中可采用预熔合成渣对钢水进行渣洗，这也是比较有效的简易脱硫方法

（脱硫率可以达到30%~50%）。脱硫剂提前加在烘烤后的钢包底部或在出钢过程中加入。在出钢过程中用固体预熔合成渣对钢水渣洗，能提前把固体合成渣熔化或使其处于半熔融状态，为钢水渣洗脱硫、夹杂物改性、渣洗产物吸附钢水中的脱氧（包括脱硫）产物和后续精炼（如LF）创造比较好的条件。

5.6　脱氧及合金化制度

5.6.1　钢水的氧化性及脱氧程度

5.6.1.1　影响钢水氧化性的因素

吹炼终点钢水氧含量也称为钢水的氧化性。影响钢水氧含量的因素主要有：

（1）钢中氧含量主要受碳含量控制。碳含量高，氧含量就低；碳含量低时，氧含量相应就高；它们服从碳氧平衡规律。

（2）钢水中的余锰含量也影响钢中氧含量。在 $w[C]<0.1\%$ 时，锰对氧化性的影响比较明显，余锰含量高，钢中氧含量会降低。

（3）钢水温度高，增加钢水的氧含量。

（4）操作工艺对钢水的氧含量也有影响。例如，高枪位或低氧压，熔池搅拌减弱，将增加钢水的氧含量，当 $w[C]<0.15\%$ 时，进行补吹会增加钢水氧含量；拉碳前，加铁矿石或氧化铁皮等调温剂，也会增加钢水氧含量。因此，钢水要获得正常的氧含量，首先应该稳定吹炼操作。

5.6.1.2　脱氧的目的

向钢中加入一种或几种与氧的亲和力比铁大的元素，夺取钢中过剩氧的操作称为脱氧。

炼钢是氧化精炼过程，冶炼终点钢中氧含量较高（0.02%~0.08%），为了保证钢的质量和顺利浇注，冶炼终点钢必须脱氧。通常，镇静钢允许氧含量不大于0.002%~0.007%，沸腾钢为0.01%~0.045%，半镇静钢为0.005%~0.02%。脱氧的目的是把氧含量脱除到钢种要求范围，排除脱氧产物和减少钢中非金属夹杂数量，以及改善钢中非金属夹杂的分布和形态；此外，还要考虑细化钢的晶粒。

在吹炼过程中，由于钢中同时存在着碳氧平衡和铁氧平衡，在一定温度下，钢中实际氧含量大于碳氧平衡计算值（其差值 $w(\Delta[O])=w[O]_{实际}-w[O]_{平衡}$，称为钢水的氧化性），小于铁氧平衡计算值。当终点碳含量小于0.1%时，钢中氧含量为0.035%~0.069%；当碳含量为0.14%~0.30%时，钢中氧含量为0.017%~0.054%。常炼的钢种Q235B和16Mn的终点氧含量一般为0.02%~0.03%。

氧含量超过限度，会影响铸坯（锭）质量，降低钢的力学、电磁和抗腐蚀等性能，加剧钢的热脆。生产实践证明，氧含量过高的钢水，不进行脱氧就不能得到合格的铸坯（锭）。为了浇成合格的铸坯（锭），轧成性能良好的钢材，到达终点后钢水必须脱氧，并且还要根据钢种规格要求调整成分，同时进行脱氧和合金化。脱氧合金化是钢冶炼过程的最后一项操作，也是炼好一炉钢的成败关键之一，如果操作不当造成废品，则前功尽弃。

5.6.1.3　不同钢种的脱氧

钢按其脱氧程度不同可分为镇静钢、沸腾钢和半镇静钢三大类，如图 5-18 所示。

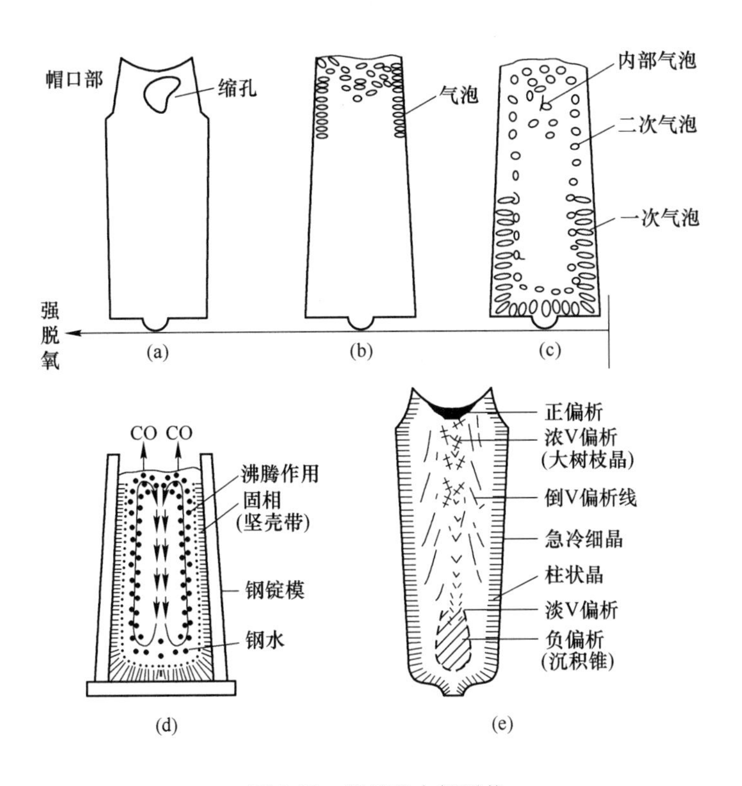

图 5-18　钢锭的内部形状

(a) 镇静钢；(b) 半镇静钢；(c) 沸腾钢；(d) 沸腾作用；(e) 镇静钢钢锭的宏观组织

镇静钢主要采用 Fe-Mn、Fe-Si、Si-Al 合金等脱氧，全部脱氧剂加入钢包内（也可采用炉内预脱氧、钢包内补充脱氧的方法）。沸腾钢主要采用 Fe-Mn 脱氧，脱氧剂全部加入钢包内，出钢时加少量铝调整钢水氧化性。

镇静钢脱氧比较完全，一般脱氧后的钢液含氧量小于 0.002%。在冷凝过程中，钢水比较平静，没有明显的气体排出。凝固组织致密，化学成分及力学性能比较均匀。对于同一牌号的钢种，镇静钢的强度比沸腾钢要高一些，但生产镇静钢的铁合金消耗多，而且钢锭头部有集中的缩孔。镇静钢钢锭的切头率一般为 15%左右，而沸腾钢钢锭只有 3%～5%。对力学性能要求高的钢种（如无缝钢管、重轨钢、工具钢），各种含有合金元素的特殊性能钢（如硅钢、滚珠钢、弹簧钢等合金钢）都是镇静钢。目前冶炼和连铸的钢种主要为镇静钢。

沸腾钢是脱氧不完全的钢，只能用模铸。钢中含有一定数量的氧（0.03%～0.045%），因此钢水在凝固过程中有碳氧反应发生，产生相当数量的 CO 气体，CO 排出时产生沸腾现象。沸腾钢钢锭正常凝固结构是：气体有规律地分布，形成上涨不多，具有一定厚度坚壳带，钢锭没有集中的缩孔，所以沸腾钢钢锭较镇静钢切头率低，生产成本低，简化了整模和脱模工序。基于上述原因，在模铸条件下，若性能可以满足工业需要，应以沸腾钢代替镇静钢。一般低碳结构钢可炼成沸腾钢。

沸腾钢由于碳含量低，有很好的耐冲压性能，是轧制各种工业用薄板及日常生活用薄板的好材料。例如各种搪瓷用具等，都是用沸腾钢种制作的。

沸腾钢的碳含量在 0.05%~0.27%范围内，锰含量为 0.25%~0.70%。沸腾钢一般都用高碳锰铁作主要脱氧剂，合金全部加在钢包内，并用适量的铝调节钢水的氧化性。

有的厂家认为，在吹炼 Q235A · F 时，当碳含量为 0.16%~0.22%时，钢中氧含量在 0.035%左右比较合适。为此，成品锰含量应控制在 0.45%左右。

半镇静钢的脱氧程度介于镇静钢和沸腾钢之间（含氧量 0.015%~0.020%），脱氧剂用量比镇静钢少得多，结晶过程中有气体排出，比沸腾钢微弱，因此缩孔比镇静钢大为减少，切头率比镇静钢低。它的力学性能与化学成分比较均匀，接近于镇静钢。

半镇静钢目前尚没有比较理想的脱氧方法，一般是用少量的 Fe-Si 或 Mn-Si 合金在钢包内脱去一部分氧，然后根据情况在锭模内再按经验加铝粒补充脱氧。

由于半镇静钢的脱氧程度很难控制，所以其质量不够稳定。如脱氧过度，将出现镇静钢的某些缺陷（如缩孔较深）；脱氧不足时，又会产生沸腾钢脱氧过度的缺陷（如蜂窝气泡接近表面），这就给大规模生产带来困难。目前国内外的半镇静钢产量都很少。

5.6.2 脱氧方法

脱氧方法有三种：沉淀脱氧、扩散脱氧和真空脱氧。

沉淀脱氧是把块状脱氧剂直接加入到钢水中，脱除钢水中氧的一种脱氧方法。这种脱氧方法的脱氧效率比较高，耗时短，合金消耗较少，但脱氧产物容易残留在钢中造成内生夹杂物。出钢过程的预脱氧、钢水喂线（如铝线、Ca-Si 线等）终脱氧都属沉淀脱氧。

扩散脱氧是把脱氧剂加到熔渣中，通过降低熔渣中的 FeO 含量，使钢水中氧向熔渣中转移扩散，达到降低钢水中氧含量的目的。钢水平静状态下扩散脱氧的时间较长，脱氧剂消耗较多，但钢中残留的有害夹杂物较少。合成渣洗、LF 白渣精炼均属扩散脱氧，其脱氧效率较高，但必须有足够时间使夹杂物上浮。配有吹氩搅拌装置，效果非常好。

真空脱氧的原理是将钢包内钢液置于真空条件下（如 RH 精炼），通过抽真空打破原有的碳氧平衡，促使碳与氧的反应，达到通过钢中碳去除氧的目的。这种方法不消耗合金，脱氧比较彻底，脱氧产物为 CO 气体，不污染钢液，而且在排出 CO 气体的同时，还具有脱氢、脱氮的作用。

转炉炼钢普遍采用沉淀脱氧法。随着炉外精炼技术的应用，根据钢种的需要，钢水（转炉或电炉钢水）也可采用真空脱氧。

5.6.3 脱氧剂与合金化剂的加入

5.6.3.1 脱氧剂的选择与加入

脱氧剂的选择应满足下列原则：

（1）脱氧元素与氧的亲和力比铁和碳大。

（2）脱氧剂熔点比钢水温度低，以保证合金熔化，均匀分布，均匀脱氧。

（3）脱氧产物易于从钢水中排出。要求脱氧产物熔点低于钢水温度、密度要小、在钢水中溶解度小、与钢水界面张力大等。

（4）残留于钢中的脱氧元素对钢的性能无害。

（5）脱氧剂要来源广，价格便宜。

沉淀脱氧可以采用元素单独脱氧法和复合脱氧法。元素单独脱氧是指脱氧过程中只向钢水加单一脱氧元素，常用脱氧剂主要为锰、硅、铝等，而且多以铁合金形式使用。利用两种或两种以上的脱氧元素组成的脱氧剂使钢液脱氧，称为复合脱氧。复合脱氧剂会使脱氧常数下降，因而脱氧能力提高，同时脱氧产物的熔点比单一氧化物低。常使用的复合脱氧剂有 Si-Mn、Si-Ca、Si-Al、Si-Mn-Al、Al-Si-Ca、Si-Al-Ba 等。若各种脱氧元素用量比例适当，可以生成低熔点脱氧产物，易于从钢水中排出，能提高易挥发性钙、镁等元素在钢水中的溶解度。生产现场没有现成的复合脱氧剂时，则应按一定比例加入几种脱氧剂。

在常压下脱氧剂加入的顺序有两种：

（1）先加脱氧能力弱的，后加脱氧能力强的脱氧剂。这样既能保证钢水的脱氧程度达到钢种的要求，又使脱氧产物易于上浮，保证质量符合钢种的要求。因此，冶炼一般钢种时，脱氧剂加入的顺序是锰铁、硅铁、铝。

这种工艺存在两点不足：一是在高氧位下使用了相对较贵的 Fe-Mn、Fe-Si 合金；二是由于铝的密度小、氧化性强，加入过程中在钢液表面燃烧，造成钢中的 $w[O]$、$w[Al]$ 不稳定以及铝的浪费，影响铸坯质量，且当 $w[Al]$ 大于 0.003%时，可能因生成 Al_2O_3 夹杂物而堵塞水口。

（2）先强后弱，即按铝、硅铁、锰铁的顺序加入。实践证明，这种方式可以大大提高并稳定 Si 和 Mn 元素的吸收率，相应减少合金用量，好处很多，可是脱氧产物上浮比较困难。如果同时采用钢水吹氩或其他精炼措施，钢的质量不仅能达到要求，而且还有提高。

实际过程中可根据具体钢种的要求，制定具体的脱氧方法。

5.6.3.2 合金化剂加入次序

脱氧和合金化操作不能截然分开，它们是紧密相连。含 V、Ti、Cr、Ni、B、Zr 等元素的合金都是用于钢水合金化的。向钢中加入一种或几种合金元素，使其达到成品钢成分要求的操作称为合金化。合金化操作的重要问题是合金化元素的加入次序，一般是：

（1）脱氧元素先加，合金化元素后加。

（2）易氧化的贵重合金应在钢水脱氧良好的情况下加入。如 Fe-V、Fe-Nb、Fe-B 等合金应在 Fe-Mn、Fe-Si、铝等脱氧剂全部加完以后再加，以减少其烧损。为了成分均匀，合金元素加入的时间也不能过晚。微量元素还可以在精炼时加入。

（3）难熔的、不易氧化的合金如 Fe-Cr、Fe-W、Fe-Mo、Fe-Ni 等应加热后加在炉内。若 Fe-Mn 用量大，也可以加入炉内，其他合金均加在钢包内。

5.6.4 脱氧操作

在脱氧操作中，按照脱氧能力由弱到强的顺序添加脱氧剂，添加后充分搅拌，使脱氧剂迅速且均匀地混合。其后，静置数分钟，再进行浇注操作。如果脱氧生成物分离不好，则将作为非金属夹杂物残留在钢材中，使钢材性能降低。

采用炉外精炼技术，能控制精炼气氛和进行有效的搅拌，可以有效控制脱氧反应。因此，多设置 LF 或 RH 等炉外精炼装置，在炉外精炼过程中进行最终的精脱氧，由此也可以控制夹杂物的形态。所谓夹杂物的形态控制，是指有效利用复合脱氧中平衡析出相的关系，使其析出所希望的化学组成或者所希望形态的夹杂物的方法。

5.6.4.1　钢包内脱氧合金化

目前大多数钢种都是采用钢包内脱氧，即在出钢过程中将全部合金加到钢包内。这种方法简便，大大缩短冶炼时间，而且能提高合金元素的收得率。冶炼一般钢种，包括低合金钢，采用钢包内脱氧完全可以达到质量要求。如果配有必要的精炼设施，还可以提高钢的质量。

合金一般在钢水流出总量的 1/4 时开始加入，到流出 3/4 时加完。为保证合金熔化和搅拌均匀，合金应加在钢流冲击的部位或同时吹氩搅拌。出钢过程中应避免下渣，还可在钢包内加一些干净的石灰粉，以避免回磷。

生产质量高的钢类时，脱氧合金化是出钢时在钢包中进行预脱氧及预合金化，在精炼炉内（包括喂线）进行终脱氧与成分精确调整。为使精炼过程中成分调整顺利进行，要求预合金化时被调成分不超过规格中限。

如后续精炼采用 LF 法，一般工艺流程为：转炉挡渣出钢→同时预吹氩、加脱氧剂、增碳剂、造渣材料、合金料→钢包进准备位→测温→进加热位→测温、定氧、取样→加热、造渣→加合金调成分→取样、测温、定氧→进等待位→喂线、软吹氩→加保温剂→连铸。

5.6.4.2　真空精炼炉内脱氧合金化

冶炼特殊质量钢种，为了控制气体含量，钢水须经过真空精炼。一般在进行初步脱氧后，于精炼炉内合金化。

对于加入量大的和难熔的 W、Mn、Ni、Cr、Mo 等合金可在真空处理开始时加入，对于贵重的 B、Ti、V、Nb、RE 等合金元素在真空处理后期或真空处理完毕再加，这一方面能极大地提高合金元素吸收率，降低合金的消耗，另一方面也可以减少钢中氢的含量。

5.6.5　脱氧剂与合金化剂加入量

5.6.5.1　脱氧剂加入量

脱氧时，脱氧剂加入量为加入的脱氧剂元素 M 使钢液中的初始氧 $w[\mathrm{O}]_0$降低到规定的氧 $w[\mathrm{O}]$ 所需的量 m_1，及与钢液中规定的 $w[\mathrm{O}]$ 平衡所需的量 m_2（或满足于钢种规定的 $w[\mathrm{M}]$ 所需的量 m_2）之和。可用式（5-27）计算脱氧剂加入量。

$$\text{脱氧剂加入量(kg)} = \text{脱氧所耗脱氧剂量(kg)} + \frac{w[\mathrm{M}]_{\text{规格中限}} - w[\mathrm{M}]_{\text{终点残余}}}{w[\mathrm{M}]_{\text{脱氧剂}} \times \eta} \times \text{出钢量(kg)} \tag{5-27}$$

加入钢液中的脱氧元素，一部分与溶解在金属中和熔渣中的氧（甚至于空气中的氧）

发生脱氧反应，变成脱氧产物而消耗掉（通称烧损），剩余部分被钢液所吸收，满足成品钢规格对该元素的要求。因而脱氧元素或其脱氧剂的实际加入量应计入烧损值。脱氧元素被钢液吸收的部分与加入总量的比，称为脱氧元素的收得率（η）。

生产实践表明，准确判断和控制脱氧元素收得率，是达到脱氧目的和提高成品钢成分命中率的关键。然而，脱氧元素收得率受许多因素影响。脱氧剂的收得率受钢水和炉渣氧化性，钢水温度，出钢的下渣状况，脱氧剂块度、密度、加入时间和地点、加入次序等多方面因素影响，需要具体情况具体分析。脱氧前钢液含氧量越高，终渣的氧化性越强，元素的脱氧能力越强，则该元素的烧损量越大，收得率越低。在生产中，还必须结合具体情况综合分析。例如，用拉碳法吹炼中、高碳钢时，终点钢液氧化性低，脱氧元素烧损少，收得率高。如果钢液温度偏高，则收得率更高。反之，吹炼低碳钢时，收得率就低，如果温度偏低，则收得率更低。在一般情况下，顶吹转炉炼钢的脱氧合金加入钢包中，其收得率硅铁为70%~80%、锰铁为80%~90%。复吹转炉冶炼中，由于钢水含氧低，使合金收得率有所提高，通常合金的收得率Mn为85%~95%、Si为75%~85%，视钢水含碳量和合金加入量多少而变化。钢水含碳量高和加入合金数量较多时取上限，钢水含碳量低时取下限。合金加入量的计算和加入方法与顶吹转炉操作相同。

5.6.5.2 合金化剂加入量的计算

冶炼一般合金钢和低合金钢时，由于加入的合金种类繁多，因而合金加入量的计算必须考虑其他各种合金所带入的合金元素的量，即

$$\text{合金加入量(kg)} = \frac{w[\text{M}]_{\text{规格中限}} - (w[\text{M}]_{\text{残余}} + w[\text{M}]_{\text{其他合金带入}})}{w[\text{M}]_{\text{合金}} \times \eta_{\text{M}}} \times \text{出钢量(kg)} \tag{5-28}$$

若使用Mn-Si合金、Fe-Si合金化时，先按钢中Mn含量中限计算Mn-Si加入量，再计算各合金增硅量；最后把增硅量作残余成分，计算硅铁补加数量。当钢中 $\dfrac{w[\text{Mn}]_{\text{中限}} - w[\text{Mn}]_{\text{残余}}}{w[\text{Si}]_{\text{中限}}}$ 低于硅锰合金中 $\dfrac{w[\text{Mn}]}{w[\text{Si}]}$ 时，根据硅含量计算Mn-Si合金加入量及补加Fe-Mn量。

$$\text{Mn-Si 合金加入量(kg)} = \frac{w[\text{Mn}]_{\text{成分中限}} - w[\text{Mn}]_{\text{残余}}}{w[\text{Mn}]_{\text{硅锰合金}} \times \eta_{\text{Mn}}} \times \text{出钢量(kg)}$$

$$\text{Mn-Si 合金加入 } w[\text{Si}] = \frac{\text{硅锰合金加入量(kg)} \times w[\text{Si}]_{\text{硅锰合金}} \times \eta_{\text{Si}}}{\text{出钢量(kg)}} \times 100\%$$

$$\text{Fe-Si 补加量(kg)} = \frac{w[\text{Si}]_{\text{成分中限}} - w[\text{Si}]_{\text{硅锰合金带入}}}{w[\text{Si}]_{\text{硅铁}} \times \eta_{\text{Si}}} \times \text{出钢量(kg)}$$

$$\text{合金收得率 } \eta_{\text{M}} = \frac{\text{合金元素进入钢中质量}}{\text{合金元素加入总量}} \times 100\% \tag{5-29}$$

$$\text{合金增碳量} = \frac{\text{合金加入量(kg)} \times \text{合金碳含量(\%)} \times \text{碳收得率(\%)}}{\text{出钢量(kg)}} \times 100\% \tag{5-30}$$

由于Fe-Mn的加入，增加钢水的碳含量，为此终点拉碳应考虑增碳量或者用中碳Fe-Mn代替部分高碳Fe-Mn脱氧合金化。

冶炼高合金钢时，合金加入量很大，因此，加入的合金量对于钢液重量和终点成分的影响就不可忽略。其详细计算方法可参阅电炉炼钢的有关部分。

各种合金元素应该根据它们与氧的亲和力的大小、熔点的高低以及其他物理特性，决定其合理的加入时间、地点和必须采用的助熔或防氧化措施。

5.7　溅渣护炉

提高转炉炉龄是炼钢生产中一项十分重要的工作。1970 年以来，国内外即开始研究提高转炉炉龄，但均未在生产中大量应用。1991 年美国 LTV 钢铁公司印第安纳港钢厂率先在两座 250 t 顶底复吹转炉上正式采用溅渣护炉技术，在提高炉龄、转炉利用系数，降低成本和有利于均衡组织生产等方面取得十分明显的效果。LTV 钢铁公司的转炉炉龄迅速提高，1994 年炉龄达到 15658 炉，1996 年炉龄达到 19126 炉。此后，其他钢厂更创造了 36000 炉甚至更高的转炉炉龄长寿纪录。采用溅渣护炉技术后，吨钢耐火材料消耗降至 0.195~0.277 kg 的水平，转炉耐火材料消耗相应降低 25%~50%。

1995 年以后，我国转炉钢厂迅速推广采用了溅渣护炉技术，在提高转炉炉龄上取得显著的效果。1998 年，宝钢 1 号转炉（300t）炉龄达到 14000 炉，鞍钢三炼钢 3 号转炉（180t）炉龄达 8348 炉，其他企业如首钢、太钢等厂的中小型转炉（100t 以下）炉龄在该年均突破 10000 炉。推广溅渣护炉技术后，我国大中型转炉炉龄平均提高 3~4 倍，转炉利用系数提高 2%~3%，炉衬砖消耗吨钢降低 0.2~1.0kg，渣中含铁量降低 2.5%~5.0%，石灰消耗吨钢降低 3~10kg，金属收得率提高 0.5%~1.5%，氧气消耗减少 4~6 m^3/t，残锰提高 0.02%~0.06%。

溅渣护炉是生产中的常规操作，是维护炉衬的主要手段。它基本原理是吹炼终点钢水出净后，留部分 MgO 含量达到饱和或过饱和的终点熔渣，通过喷枪在熔池理论液面以上约 0.8~2.0m 处，吹入高压氮气（0.8~0.9MPa），用高速氮气射流把熔渣溅起来，在炉衬表面形成一层高熔点的溅渣层并与炉衬很好地黏结，达到保护炉衬和提高炉龄的目的。通过喷枪上下移动，可以调整溅渣的部位，溅渣时间一般在 3~4min。通过溅渣形成的溅渣层其耐蚀性较好，同时可抑制炉砖表面的氧化脱碳，又能减轻高温熔渣对炉衬砖的侵蚀冲刷，从而保护炉衬，提高炉衬使用寿命。溅渣层对炉衬的保护作用具体体现在以下几个方面：

（1）对镁碳砖表面脱碳层起固化作用。镁碳砖的侵蚀主要由于表层碳氧化使 MgO 颗粒丧失了结合能力，使镁碳砖表层大颗粒 MgO 松动脱落，在炉渣的冲刷下流失。采用溅渣技术后，炉渣渗入砖表面脱碳层，充填在 MgO 颗粒间脱碳形成的孔隙内，或与周围 MgO 颗粒反应，或以镶嵌固溶的方式生成较致密的烧结层。由于烧结层作用，砖表面大颗粒 MgO 不再会松动、脱落和流失，防止了炉衬砖的进一步侵蚀。

（2）减轻了高温炉渣对镁碳砖表面的直接冲刷侵蚀。溅渣可在镁碳砖残砖表面生成一层以高熔点化合物为主体的致密的炉衬-炉渣结合层。该层主要以高熔点化合物 MgO 结晶成 C_2S、C_3S 为主体，熔点明显高于转炉终渣，在炼钢后期的高温条件下不易软熔，而以烧结或机械镶嵌的形式与炉衬砖紧密结合，不易剥落，因而可以有效地抵抗高温炉渣的冲刷，大为减轻炉渣对镁碳砖表面的侵蚀。

（3）抑制了镁碳砖表面层的氧化，保证炉衬砖机体不会受到严重侵蚀。由于镁碳砖表面生成的烧结层和结合层都比原先炉衬砖表面脱碳层致密，而且熔点较高，这就有效地抑制了高温氧化渣（或炉气）向砖内扩散渗透，避免了镁碳砖机体内的碳被进一步氧化。衬砖表面存在的沉积带，不仅说明了衬砖原先被侵蚀的深度，也说明形成致密溅渣层后，镁碳砖基本不再被侵蚀而遗留下来的痕迹。

（4）表面新溅渣层有效地保护了炉衬-溅渣层的结合界面。尽管在溅渣层中结合层表面喷溅上的新溅渣层每炉都会被不同程度地熔化掉，但下一炉溅渣中又会重新喷补起来。而表面新溅渣层又起到新的作用：有效地抵抗转炉初期渣侵蚀，特别是低碱度高 FeO 渣的化学侵蚀；在冶炼后期高温条件下该溅渣层熔化，发生“分熔”现象，分熔使低熔点氧化物流失，有利于形成高熔点的溅渣结合层；保护溅渣结合层不会被严重侵蚀。

溅渣护炉操作要点如下：

（1）调整好熔渣成分。控制终点渣合适的 MgO 和 TFe 含量，MgO 含量应控制在 8%~10%，TFe 含量高时，MgO 含量应高一点。

（2）留渣量要合适。在确保炉衬内表面形成足够厚度的溅渣层后，还要留有满点对装料侧和出钢侧进行倒炉挂渣的需要量。

（3）控制溅渣枪位。最好使用溅渣专用枪，控制在喷枪最低枪位溅渣。

（4）控制氮气的压力与流量。要根据转炉吨位的大小选择氮气的压力与流量。

（5）保证溅渣时间。溅渣时间一般在 3min 左右。

5.8 转炉强化冶炼技术

5.8.1 转炉少渣冶炼

少渣冶炼工艺是把炼钢过程分成几个阶段。首先进行铁水预处理，把铁水中的硅、磷、硫去除掉，然后在转炉内脱碳升温。经“三脱”处理后铁水中硅含量降至痕迹，磷含量也大幅度下降，大大减轻了转炉冶炼的负荷，转炉的渣量因此可以大为降低。由于脱磷负荷很小，前期化渣脱磷的时间可以缩短，尽快进入脱碳升温阶段，转炉的产能因此提高。主要的问题在于“三脱”铁水中硅含量为痕迹，对转炉吹炼化渣作业而言，开吹后势必前期碱度过高导致起渣慢、成渣难，转炉必须增加额外硅源和助熔剂化渣。转炉少渣吹炼与常规吹炼相比，渣量、铁损和氧气单耗均有不同程度的降低。

转炉少渣冶炼过程中炉内铁水成分变化如图 5-19 所示。由于铁水中硅含量很低，一开吹就进入脱碳期，因此铁水中碳含量呈直线降低，而铁水中 P、S 含量变化很小。由于渣量少，复吹转炉中 $w(\sum FeO)$ 低，底部吹 N_2 或 Ar 搅拌熔池，使熔池中渣、钢的氧分压都降低，而具有一定程度的还原性功能。铁水中有大量的碳存在，使锰的氧化也减少，钢水余锰量增加。通常的少渣精炼铁水锰回收率为 60%左右，若采用锰矿造渣，则使铁水锰的回收率高达 80%以上。如吹入锰矿粉，可利用渣量少、$w(\sum FeO)$ 低、熔池温度高的特点，使 MnO 直接还原，回收锰矿中的 Mn，从而提高钢液中锰含量。

少渣冶炼中，由于加入炉内的渣料（如石灰）减少，伴随渣料带入炉内的水分也减少，从而使钢水中的氢含量也降低，可以稳定地得到终点 $w[H] < 2.0\times10^{-6}$。

在少渣冶炼时，由于渣量大幅度减少，使炉渣中铁损降低。但是，由于覆盖金属液面的渣量少，使排入炉气中的金属微粒和蒸发的铁尘量增加。为了减少炉气中的铁损，少渣冶炼时可提高顶吹枪位，以减少在射流冲击区内飞溅的金属微粒和铁的蒸发损失。少渣吹炼时顶吹氧枪枪位较高，在吹炼前期和中期为了快速脱碳而采用了高强度供氧；同时为均衡 C-O 反应和 CO 气体排出，底吹供气强度低。而冶炼后期，为了减少铁水中 Mn、Fe 元素氧化，采用氧枪低强度供氧；为了促进铁水脱碳，底吹采用高强度供气，以充分搅拌熔池，加快碳的传质。

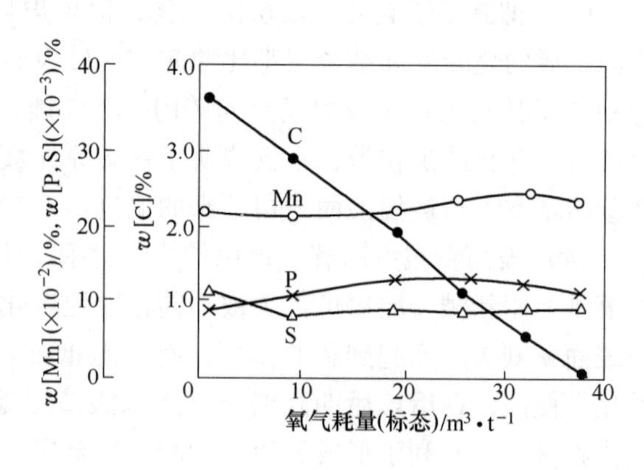

图 5-19　少渣吹炼时铁水成分变化

5.8.2　高效供氧技术

高效供氧技术的核心是根据钢厂实际情况，合理设计氧枪和供氧制度。常考虑的因素有：

（1）确定供氧强度：根据实际生产中各工序的生产节奏，估计提高产能的潜力，合理确定供氧强度。

（2）核算外部条件：对确定的供氧强度，核算除尘和供氧管道的能力是否能够满足要求。

（3）确定出口马赫数：喷枪出口马赫数一般波动在 1.9~2.3 之间，为保证出口射流的稳定性，要求出口马赫数不小于 1.8。

（4）提高熔池冲击深度：通常，为保证炉底，熔池最大冲击深度应小于熔池深度的 60%。采用溅渣护炉技术后，若炉底上涨严重，可适当增加冲击深度。由于冲击深度与熔池脱碳速度成正比，提高熔池冲击深度，有利于提高脱碳速度。

（5）增加冲击面积：为保证炉衬，要求最大冲击半径小于熔池半径的 50%。冲击面积越大，对化渣和抑制返干越有利。合理扩大喷孔夹角和增加喷孔数，有利于增大冲击面积。

（6）确定吹炼枪位和化渣枪位，通常平均吹炼枪位取 1.5~1.6m，枪位变化幅度为±(30%~40%)。

5.8.3　强搅拌复合吹炼工艺技术

控制转炉吹炼的困难主要是反应速度太快，脱碳高峰期产生大量 CO 气泡，剧烈搅动熔池，渣钢充分乳化，使渣中 FeO 迅速降低，基本不具备成渣和脱除硫、磷的条件。因此，吹炼前期迅速形成流动性良好的高碱度炉渣和吹炼后期保证渣钢反应接近平衡，是提高转炉冶炼强度的限制性环节。

采用复吹工艺，在吹炼前期，加强熔池搅拌，促进石灰熔解，提高成渣速度；在吹炼末期，提高熔池搅拌强度，促进渣钢反应平衡，可以解决上述技术困难。

强搅拌复合吹炼工艺的主要内容包括：

（1）提高底吹搅拌强度。目前，国内传统复吹转炉一般采用弱搅拌工艺，底吹供气强度波动在 0.03～0.08m^3/(t · min) 的范围。为了提高前期成渣速度，实现前期脱磷，抑制喷溅和保证终点渣钢反应平衡，应将底吹供气强度提高到 0.03～0.20m^3/(t · min) 的范围。

（2）改变底吹供气模式。传统复吹转炉一般采用“前期低—中期最低—后期高”的供气模式，为了提高初渣成渣速度，可采用“前期高—中期低—后期逐步升高”的供气模式，提高复吹的冶金效果。

（3）实现平衡精炼。提高供气强度和改变复吹供气模式，有利于转炉吹炼过程中实现平衡吹炼。转炉炼钢过程中存在着熔池反应（如CO反应等）和钢渣反应（如脱硫、脱磷反应）两种反应过程。实现熔池反应平衡，一般要求底吹搅拌强度应达到 0.08～0.12m^3/(t · min)；实现渣钢反应趋于平衡，底吹搅拌强度应达到 0.15～0.3m^3/(t · min) 的水平。

5.8.4 快速成渣工艺技术

采用以下措施，可以提高转炉成渣速度：

（1）适当降低初渣碱度，提高底吹强度和熔池冲击深度，加速 Si、Mn 氧化升温。

（2）吹炼前期，随熔池温度升高，提高枪位增加渣中 FeO 含量，迅速形成高碱度炉渣。

（3）吹炼中期采用化渣枪位吹炼和弱底吹搅拌工艺，避免炉渣返干。

（4）吹炼末期加大熔池搅拌强度，促进钢渣反应平衡。

本钢炼钢厂 150t 转炉，炉容比仅 0.67m^3/t。将供氧强度提高到 3.7m^3/(t · min) 进行强化冶炼，使供氧时间平均缩短 7min，解决了快速成渣与平稳吹炼的技术问题。每百炉处理黏枪次数由平均 12.5 次降至 4 次；每百炉喷溅次数由 6 次下降到 2.5 次。

对转炉成渣过程的岩相分析证明，采用上述技术措施后，初期（≤5min）渣碱度由 1.77 降至 1.39，渣中 FeO 由 11.3%下降到 5.25%，形成与 CaO 相结合的低熔点橄榄石（CMS）主相，炉渣熔化均匀。至吹炼前期（9min），适当提高枪位使渣中 FeO 升高至 10.16%，碱度达到 1.6，促使渣中 CMS 相转变为 C_2S 含量约 40%与 C_2MS_2 共存，并出现 RO 相。中期渣，碱度升高到最高点 4.23，渣中 FeO 降至 7.14%，炉渣已基本熔化，以 C_2S 为主相。终渣 FeO 回升至 16.45%，碱度达到 3.38，物相以 C_3S 为主，平均可达到 60%。此时，炉渣具备良好的脱磷、脱硫热力学条件。

5.8.5 转炉终点控制技术

目前，国内大多数转炉尚未采用计算机终点动态控制技术，仍然采用凭人工经验，看“火”炼钢的传统方法。这种吹炼模式不仅增加了转炉倒炉取样的时间（3～5min），而且影响钢水质量，增加钢中 [O]、[N]、[H] 等气体含量，已不能满足今后转炉扩大品种、提高质量和进一步提高冶炼强度的发展要求，成为目前国内转炉生产中亟待解决的技术问题。

思考题

5-1 什么是转炉的炉容比？确定装入量的原则是什么？
5-2 供氧参数如何确定？氧枪操作有几种类型？
5-3 复吹转炉如何确定吹炼各期底吹供气强度？
5-4 石灰渣化的机理是怎样的？加速成渣有何途径？
5-5 造渣方法有哪些？各有何特点？
5-6 转炉炼钢喷溅有哪几种类型？其产生的基本原因是什么？
5-7 吹炼过程中熔池热量的来源与支出各有哪些方面？出钢温度如何确定？
5-8 终点的标志是什么？终点碳控制有哪些方法？
5-9 为什么要挡渣出钢？有哪几种挡渣方法？
5-10 脱氧方法有哪些？合金的加入原则是什么？
5-11 微合金元素铌、钒、钛，在对钢强、韧的影响上，各有何特点？
5-12 试述复吹转炉少渣冶炼的冶金特性。

6 转炉炼钢设备

转炉炼钢车间的工艺流程如图 6-1 所示。由图可见转炉炼钢工艺主要由以下几个设备系统构成：

（1）供料系统，即铁水、废钢、铁合金及各种辅助原料的储备和运输系统。

（2）转炉系统，由转炉炉体、炉体支承装置及倾动机构等组成。

（3）供气系统，包括供氧系统及底吹系统。

（4）烟气净化与煤气回收系统。

（5）辅助设备系统，如副枪等。

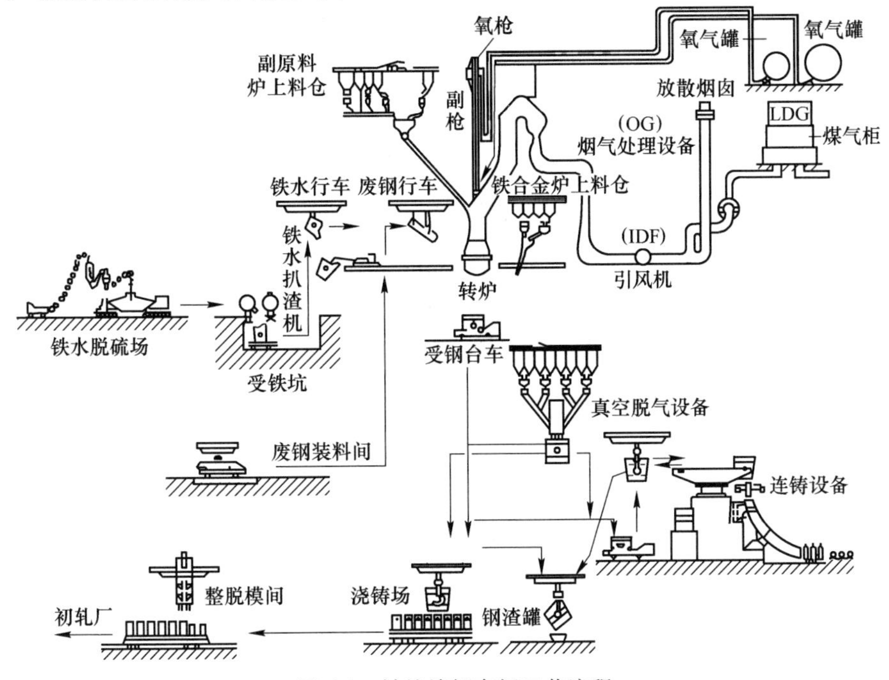

图 6-1　转炉炼钢车间工艺流程

6.1 转 炉 系 统

转炉系统设备（见图 6-2）由转炉炉体（包括炉壳和炉衬）、炉体支承系统（包括托圈、耳轴、耳轴轴承及支座）、倾动机构所组成。

6.1.1　转炉炉衬及炉型

6.1.1.1　炉衬

炉壳内砌筑的耐火材料即为炉衬，由外至内转炉炉衬由绝热层、永久层、填充层和工作层组成。

绝热层为石棉板，厚度为 10~12mm，该层的作用是减少热量损失。

永久层紧贴着炉壳，其作用是保护炉壳。修炉时一般不拆除永久层，可用烧结镁砖、焦油结合镁砖等砌筑。

工作层直接接触金属液、炉气和炉渣，不断受到物理的、机械的和化学的冲刷、撞击与侵蚀作用，其质量直接关系炉龄的高低。国内外小型转炉，大多采用镁碳砖，少数采用焦油白云石质或焦油镁砂质砖砌筑炉衬。为了延长整个炉衬的寿命，可根据炉子各部位的工作条件和破损性质的不同，采用不同材质和厚度的砖组合砌筑。对侵蚀严重的部位，如装料侧、渣线区、炉底等部位，使用具有耐火度高、高温强度大、抗炉渣侵蚀能力强等性能的优质耐火材料。我国大中型转炉采用镁碳砖。对侵蚀程度较小的部位，如出钢侧、炉帽等部位，则尽量减薄衬砖厚度，并使用普通镁质白云石砖。工作层厚度为 400~800mm。

在工作层和永久层之间为填充层，厚度为 60~100mm。填充层一般用焦油镁砂散状料捣打而成。其作用是减轻炉衬受热膨胀对炉壳的挤压，而且便于排除工作层的残砖。

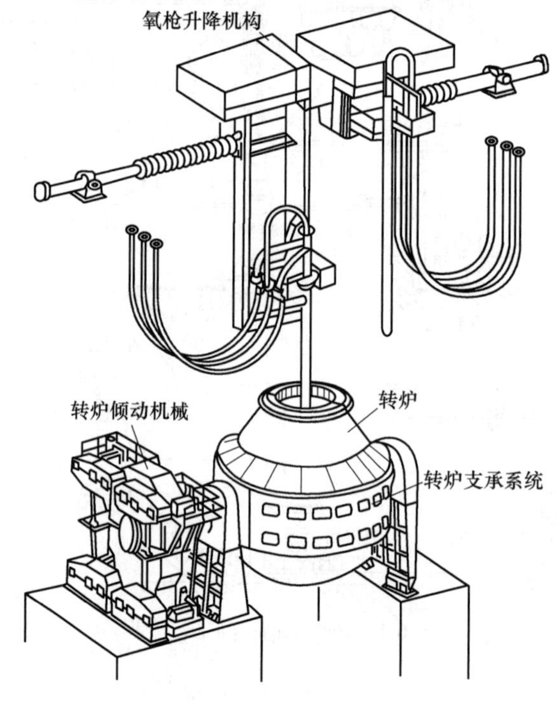

图 6-2　氧气顶吹转炉总图

6.1.1.2　转炉炉型

转炉炉型是指用耐火材料砌成的转炉内部自由空间的几何形状。转炉的炉型是否合理直接影响工艺操作、炉衬寿命、钢的产量与质量以及转炉的生产率。

合理的炉型应满足以下要求：

（1）满足炼钢的物理化学反应和流体力学的要求，使熔池有强烈而均匀的搅拌。

（2）符合炉衬被侵蚀的形状以利于提高炉龄。

（3）能减轻喷溅和炉口结渣，改善劳动条件。

（4）炉壳易于制造，炉衬的砌筑和维修方便。

最早的氧气顶吹转炉炉型，基本上是从底吹转炉发展而来的。炉子容量小，炉型高瘦，炉口为偏口。以后随着炉容量的增大，炉型向矮胖发展而趋近球形。

按金属熔池形状的不同，转炉炉型可分为筒球形、锥球形和截锥形三种，如图 6-3 所示。

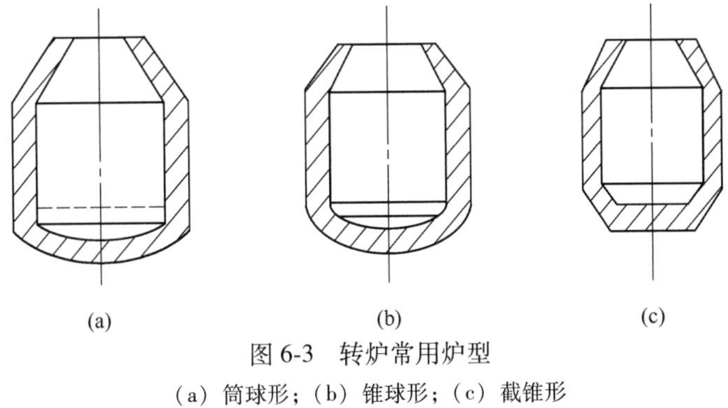

图 6-3 转炉常用炉型

（a）筒球形；（b）锥球形；（c）截锥形

（1）筒球形。熔池由球缺体和圆筒体两部分组成，这种炉型的形状简单，砌砖方便，炉壳容易制造。

（2）锥球形。熔池由球缺体和截圆锥体组成。其形状比较符合钢渣环流轨迹，有利于保护炉底。

（3）截锥形。熔池下部形状为倒圆台体。这种炉型构造简单。

6.1.2 炉壳

转炉炉壳的作用是承受耐火材料、钢液、渣液的全部重量，保持炉子有固定的形状，倾动时承受扭转力矩。

大型转炉炉壳如图 6-4 所示。由图可知，炉壳本身主要由锥形炉帽、圆柱形炉身和炉

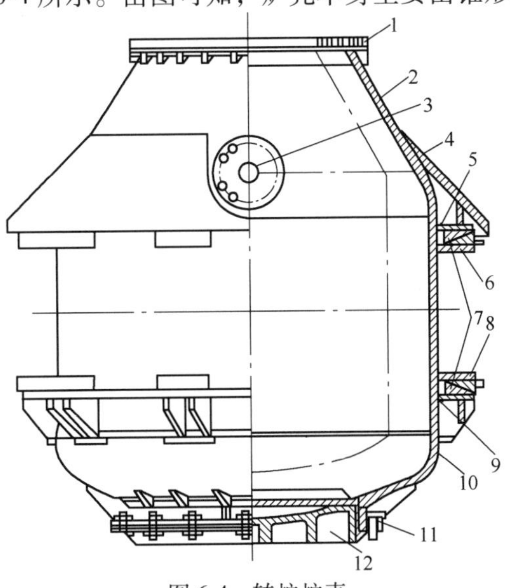

图 6-4 转炉炉壳

1—水冷炉口；2—锥形炉帽；3—出钢口；4—护板；5，9—上、下卡板；6，8—上、下卡板槽；7—斜块；10—圆柱形炉身；11—销钉和斜楔；12—可拆卸活动炉底

底三部分组成。各部分用普通锅炉钢板或低合金钢板成型后，再焊成整体。在炉帽与炉身的连接处安置一个出钢口。

炉底有截锥形和球冠形两种。球冠形炉底强度高，常为大型转炉所采用。

炉帽常作成截锥形，以减少吹炼时的喷溅和热量损失。在高温下，炉口易产生变形。为保护炉口，目前采用通入循环水强制冷却，这样可减少炉口变形，又利于炉口结渣的清除。

炉身是整个炉子承载部分，皆采用圆柱形。

6.1.3　炉体支承系统

炉体支承系统包括支承炉体的托圈、炉体和托圈的连接装置以及支承托圈的耳轴、耳轴轴承和轴承座等。托圈与耳轴连接，并通过耳轴坐落在轴承座上，转炉则坐落在托圈上。转炉炉体的全部重量通过支承系统传递到基础上，而托圈又把倾动机构传来的倾动力矩传给炉体，并使其倾动。托圈的结构如图 6-5 所示。

6.1.4　转炉倾动机构

在转炉设备中，倾动机构是实现转炉炼钢生产的关键设备之一。倾动机构一般由电动机、制动器、一级减速器和末级减速器组成。就其传动设备安装位置，倾动机构可分为落地式（见图 6-6）、半悬挂式（见图 6-7）和全悬挂式（见图 6-8）等。

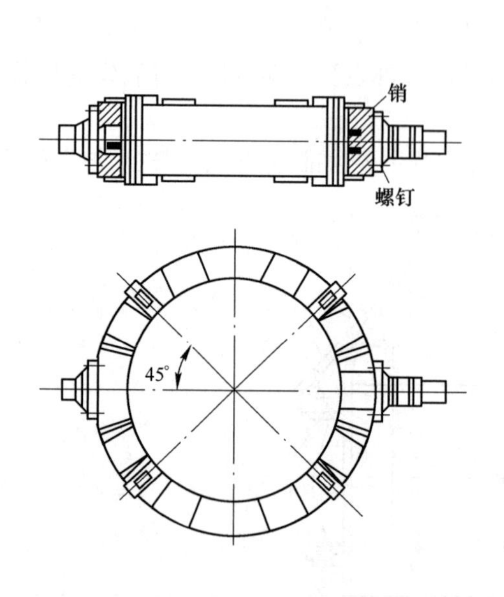

图 6-5　剖分式托圈

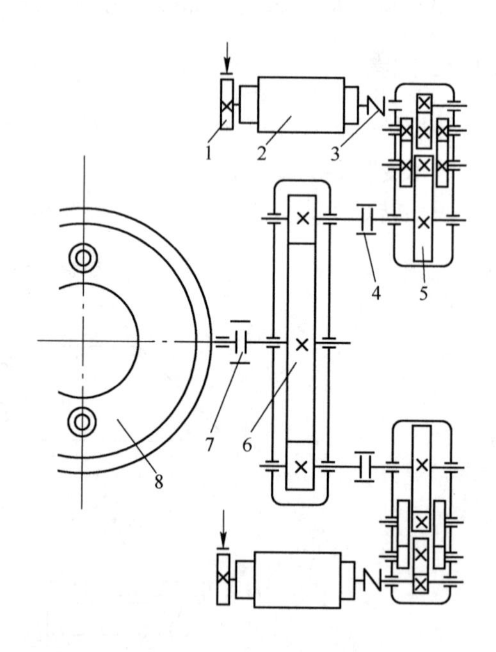

图 6-6　落地式倾动机构

1—制动器；2—电动机；3—弹性联轴器；
4，7—齿形联轴器；5—分减速器；
6—主减速器；8—转炉

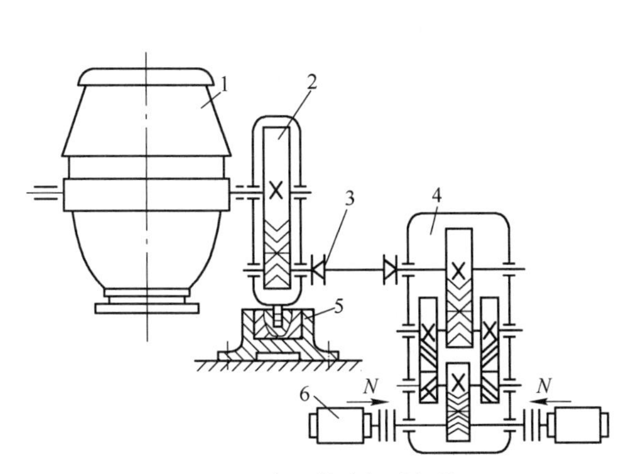

图 6-7 半悬挂式倾动机构
1—转炉；2—悬挂减速器；3—万向联轴器；
4—减速器；5—制动装置；6—电动机

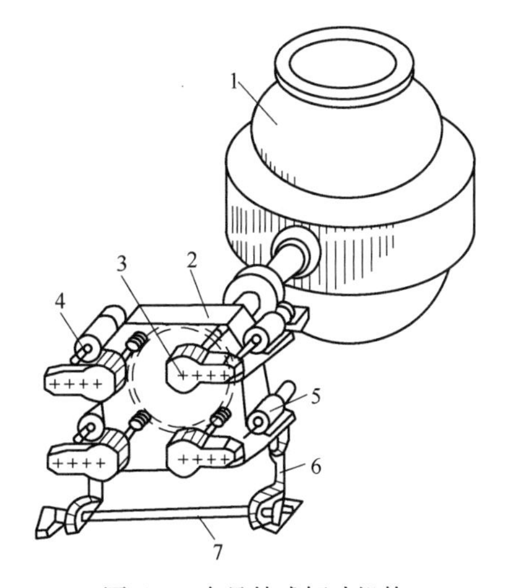

图 6-8 全悬挂式倾动机构
1—转炉；2—齿轮箱；3—三级减速器；4—联轴器；
5—电动机；6—连杆；7—缓振抗扭轴

6.2 供 料 系 统

氧气转炉炼钢的原材料包括铁水、废钢、散状材料及铁合金等。

6.2.1 铁水供应

（1）铁水罐车供应铁水。其工艺流程为：高炉→铁水罐车→前翻支柱→铁水包→称量→转炉。

（2）混铁炉供应铁水。混铁炉由炉体、炉盖开闭机构和炉体倾动机构三部分组成，如图 6-9 所示。其工艺流程为：高炉→铁水罐车→混铁炉→铁水包→称量→兑入转炉。

（3）混铁车供应铁水。混铁车又称混铁炉型铁水罐车或鱼雷罐车，由铁路机车牵引，兼有运送和储存铁水的两种作用。混铁车由罐体、罐体支承及倾翻机构和车体等部分组成，如图 6-10 所示。其工艺流程为：高炉→混铁车→铁水包→称量→转炉。

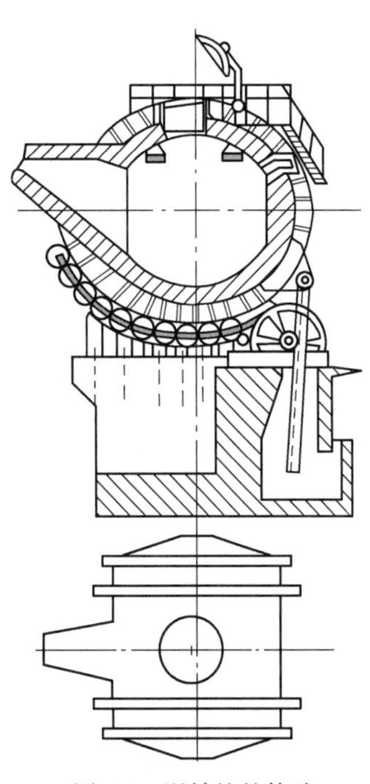
图 6-9 混铁炉的构造

6.2.2 废钢供应

目前在氧气顶吹转炉车间，向转炉加入废钢的方式有两种：直接用桥式吊车吊运废钢槽倒入转炉、用废钢加料车装入废钢。

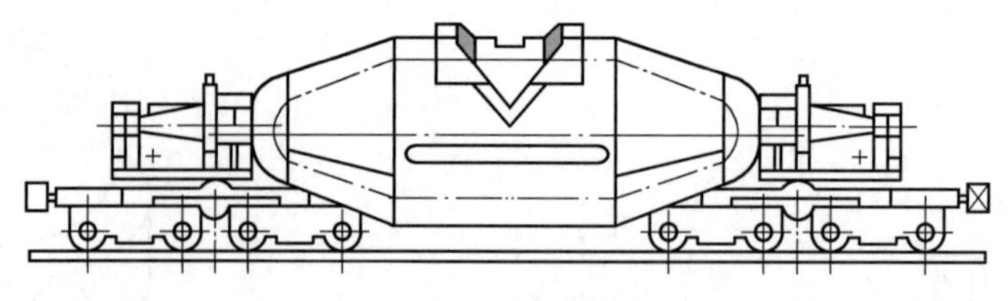

图 6-10　混铁车

6.2.3　散状材料供应

散状材料是指炼钢过程中使用的造渣材料、补炉材料和冷却剂等，如石灰、萤石、白云石、铁矿石、氧化铁皮、焦炭等。氧气转炉所用散状材料供应的特点是种类多、批量小、批数多。供料要求迅速、准确、连续、及时，设备可靠。

（1）全胶带上料系统。图 6-11 所示为全胶带上料系统，其作业流程为：地下（或地面）料仓→固定胶带运输机→转运漏斗→可逆式胶带运输机→高位料仓→分散称量漏斗→电磁振动给料器→汇集胶带运输机→汇集料斗→转炉。

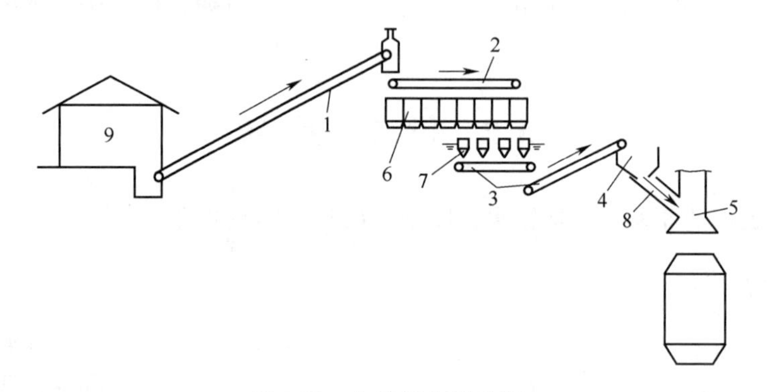

图 6-11　全胶带上料系统

1—固定胶带运输机；2—可逆式胶带运输机；3—汇集胶带运输机；4—汇集料斗；
5—烟罩；6—高位料仓；7—称量料斗；8—加料溜槽；9—散状材料间

（2）固定胶带和管式振动输送机上料系统。这种上料方式如图 6-12 所示。它与全胶带上料方式基本相同，不同的是以管式振动输送机代替可逆胶带运输机，配料时灰尘外逸情况大大改善，车间劳动条件好。它适用于大、中型氧气转炉车间。

（3）斗式提升机配合胶带或管式振动输送机上料系统。这种上料方式是将垂直提升与胶带运输结合起来，用翻斗车将散状材料运输到主厂房外侧，通过斗式提升机（有单斗和多斗两种）将料从地面提升到高位料仓以上，再用胶带运输、布料小车、可逆胶带或管式振动输送机把料卸入高位料仓。

（4）散状材料供应系统的设备。这包括地下料仓、高位料仓（共用、单独使用和部分共用三种）。

1）共用料仓：两座转炉共用一组料仓，如图 6-13 所示。

2）单独用料仓：每个转炉各有自己的专用料仓，如图 6-14 所示。

3）部分共用料仓：某些散料的料仓两座转炉共用，某些散料的料仓则单独使用，如图 6-15 所示。

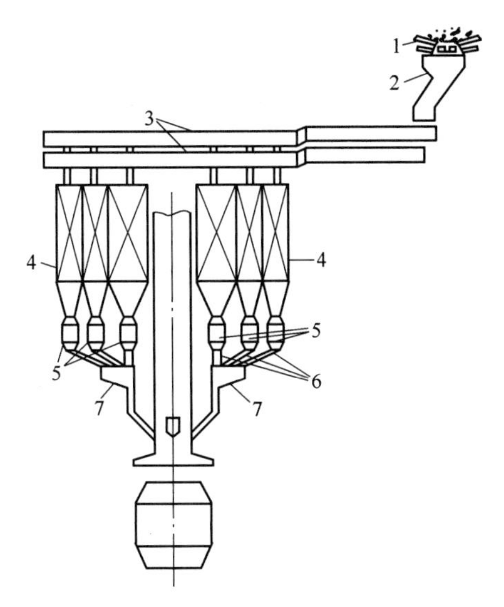

图 6-12 固定胶带和管式振动输送机上料系统

1—固定胶带运输机；2—转运漏斗；3—管式振动输送机；
4—高位料仓；5—称量漏斗；6—电磁振动给料器；7—汇集料斗

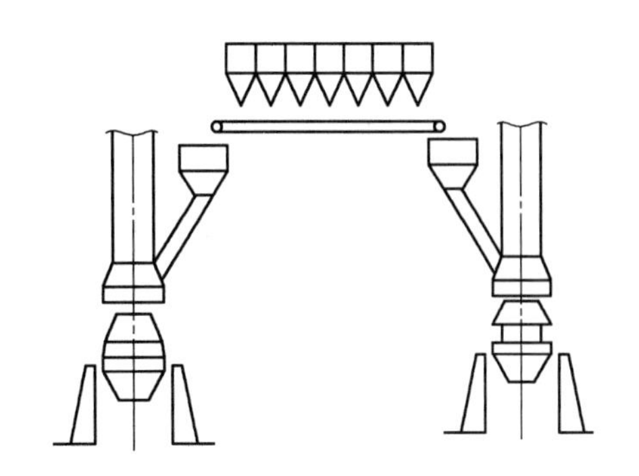

图 6-13 共用高位料仓

图 6-14 单独用高位料仓

图 6-15 部分共用高位料仓

6.2.4 铁合金供应

铁合金加料系统有两种形式：

第一种是铁合金与散状料共用一套上料系统，然后从炉预料仓下料，经旋转溜槽加入钢包。这种方式不另增设铁合金上料设备，而且操作可靠，但稍增加了散状材料上料胶带运输机的运输量。

第二种方式是铁合金自成系统用胶带运输机上料。这种方式有较大的运输能力，使铁合金上料不受散状原料的干扰，还可使车间内铁合金料仓的储量适当减少。对于规模很大的转炉车间，这种流程更可确保铁合金的供应，但增加了一套胶带运输机上料系统，设备重量与投资有所增加。

6.3　供气系统

供气系统包括顶部供 O_2 和底部供 Ar 和 N_2 的系统。

6.3.1　供氧系统及设备

6.3.1.1　氧气转炉炼钢车间供氧系统

氧气转炉炼钢车间的供氧系统一般是由制氧机、加压机、中间储气罐、输氧管、控制闸阀、测量仪表及氧枪等主要设备组成，如图 6-16 所示。

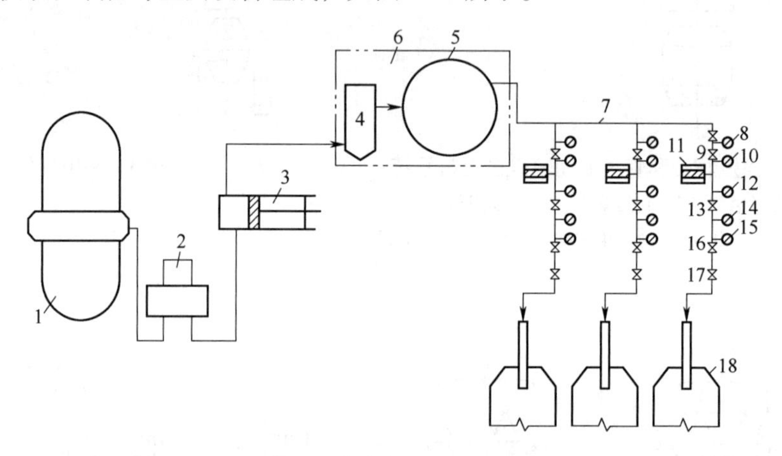

图 6-16　供氧系统工艺流程

1—制氧机；2—低压储气柜；3—压氧机；4—桶形罐；5—中压储气罐；6—氧气站；7—输氧总管；8—总管氧压测定点；9—减压阀；10—减压阀后氧压测定点；11—氧气流量测定点；12—氧气温度测定点；13—氧气流量调节阀；14—工作氧压测定点；15—低压信号连锁；16—快速切断阀；17—手动切断阀；18—转炉

6.3.1.2　氧枪

氧枪又称喷枪或吹氧管，是转炉吹氧设备中的关键部件，它由喷头（枪头）、枪身（枪体）和枪尾所组成，其结构如图 6-17 所示。氧枪的基本结构是由三层同心圆管将带有供氧、供水和排水通路的枪尾与决定喷出氧流特征的喷头连接而成的一个管状空心体。

喷头类型很多，按喷孔形状可分为拉瓦尔形、直筒形、螺旋形等；按喷头孔数可分为单孔喷头、多孔喷头和介于二者之间的所谓单三式的或直筒形三孔喷头；按吹入物质可分为氧气喷头、氧-燃喷头和喷粉料的喷头。由于拉瓦尔形喷嘴能有效地把氧气的压力能转变为动能，并能获得比较稳定的超声速射流，而且在相同射流穿透深度的情况下，它的枪位可以高些，有利于改善氧枪的工作条件和炼钢的技术经济指标，因此拉瓦尔形喷嘴喷头使用得最广。

6.3.1.3　氧枪升降装置

当前，国内外氧枪升降装置的基本形式都相同，即采用起重卷扬机来升降氧枪。它有两种类型。一种是垂直布置的氧枪升降装置，适用于大、中型转炉，是把所有的传动及更

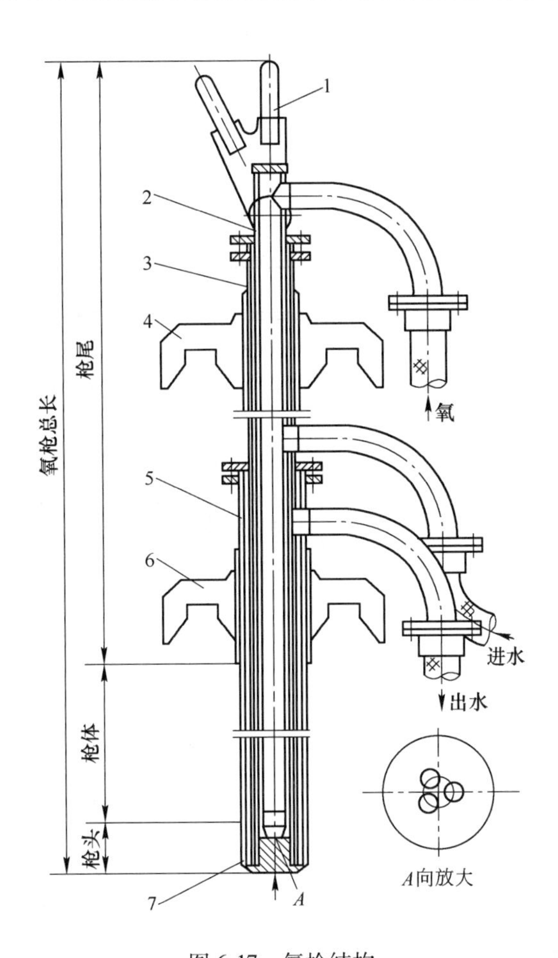

图 6-17 氧枪结构

1—吊环；2—内层管；3—中层管；4—上卡板；5—外层管；6—下卡板；7—喷头

换装置都布置在转炉的上方，如图 6-18 所示。垂直布置的升降装置有单卷扬型氧枪升降机构和双卷扬型氧枪升降机构（见图 6-19）两种类型。另一种是旁立柱式（旋转塔型）升降装置，它的传动机构布置在转炉旁的旋转台上，采用旁立柱固定、升降氧枪，旋转立柱可移开氧枪至专门的平台进行检修和更换氧枪。此类型只适用于小型转炉。

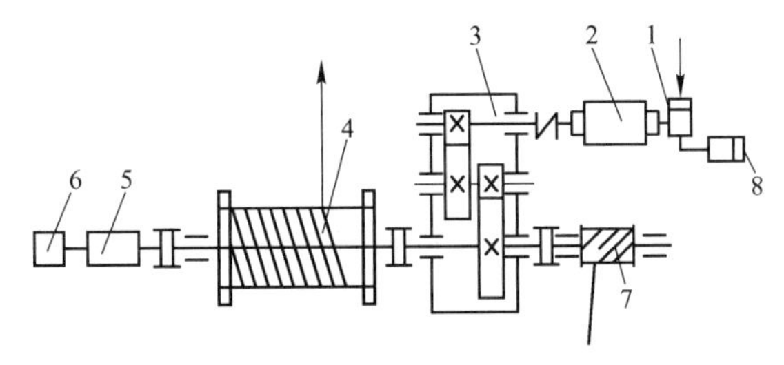

图 6-18 氧枪升降卷扬机

1—制动器；2—电动机；3—减速器；4—卷筒；5—主令控制器；6—自正角发送机；7—行程指示卷筒；8—气缸

6.3.1.4 氧枪更换装置

换枪装置的作用是在氧枪损坏时，能在最短的时间里将备用氧枪换上投入工作。

换枪装置基本上都是由横移换枪小车、小车座架和小车驱动机构三部分组成。但由于采用的升降装置形式不同，小车座架的结构和功用也明显不同，氧枪升降装置相对于横移小车的位置也截然不同。单卷扬型氧枪升降机构的提升卷扬与换枪装置的横移小车是分离配置的（见图6-20）；而双卷扬型氧枪升降机构的提升卷扬则装设在横移小车上，随横移小车同时移动。

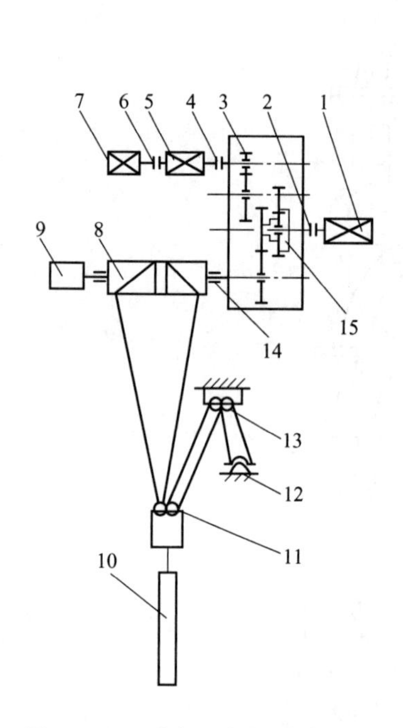

图6-19　双卷扬型氧枪升降机构

1—快速提升电动机；2，4—带联轴节的液压制动器；3—圆柱齿轮减速器；5—慢速提升电动机；6—摩擦片离合器；7—风动马达；8—卷扬装置；9—自整角机；10—氧枪；11—滑轮组；12—钢绳断裂报警；13—主滑轮组；14—齿形联轴节；15—行星减速器

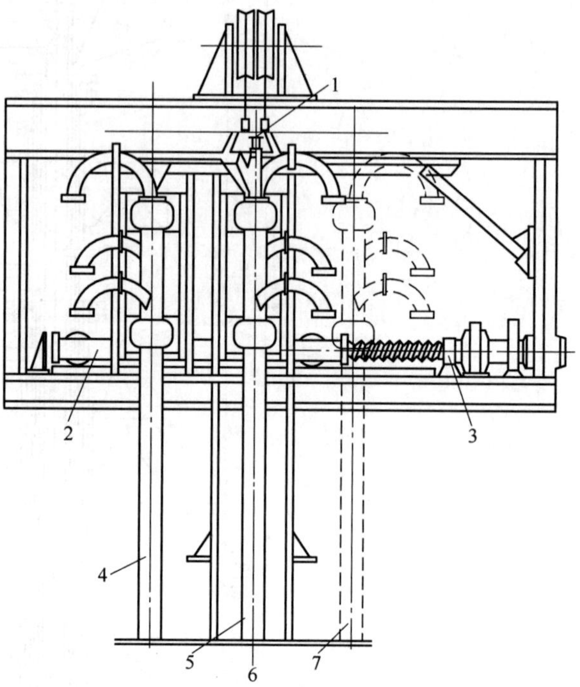

图6-20　60t转炉单卷扬型换枪装置

1—氧枪升降装置（T形块）；2—横移小车；3—横移小车传动装置；4—备用氧枪；5—主氧枪；6—转炉中心线；7—备用氧枪工作时主氧枪位置

双卷扬型氧枪升降机构的两套提升卷扬都装设在横移小车上。如我国300t转炉，每座有两台升降装置，分别装设在两台横移换枪小车上。一台横移小车携带氧枪升降装置处于转炉中心的操作位置时，另一台处于等待备用位置，每台横移小车都有各自独立的驱动装置。当需要换枪时，损坏的氧枪与其升降装置脱离工作位置，备用氧枪与其升降装置进入工作位置。换枪所需时间为4min。

6.3.1.5　氧枪各操作点的控制位置

转炉生产过程中，为了能及时、安全和经济地向熔池供给氧气，氧枪应根据生产情况处于不同的控制位置。图6-21所示为某厂120t转炉氧枪在行程中各操作点的标高位置。各操作点的标高是指喷头顶面距车间地平轨面的距离。

氧枪各操作点标高的确定原则为：

（1）最低点：最低点是氧枪下降的极限位置，其位置取决于转炉的容量。

（2）吹氧点：此点是氧枪开始进入正常吹炼的位置，又称吹炼点。

（3）变速点：在氧枪上升或下降到此点时就自动变速。

（4）开、闭氧点：氧枪下降至此点应自动开氧，氧枪上升至此点应自动停氧。

（5）等候点：等候点位于炉口以上。此点位置的确定应以氧枪不影响转炉的倾动为准，过高会增加氧枪上升和下降所占用的辅助时间。

（6）最高点：最高点是氧枪在操作时的最高极限位置，它应高于烟罩上氧枪插入孔的上缘。

（7）换枪点：更换氧枪时，需将氧枪提升到换枪点。换枪点高于氧枪操作的最高点。

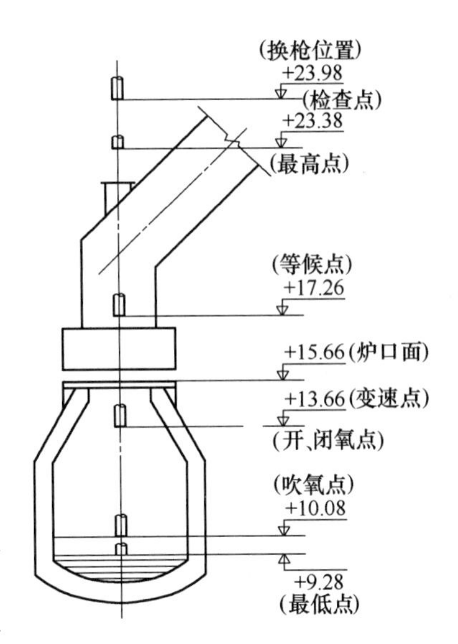

图 6-21　氧枪在行程中各操作点的位置

6.3.1.6　氧枪刮渣设备

刮渣器如图 6-22 所示。

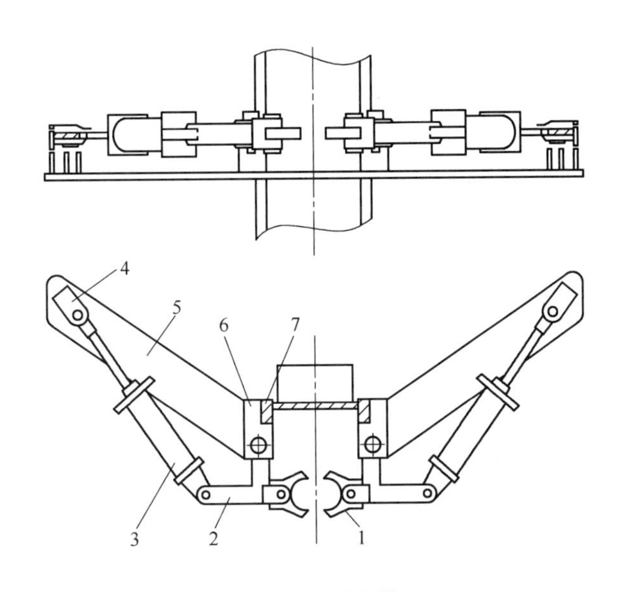

图 6-22　刮渣器

1—刮渣刀；2—转臂；3—汽缸；4—汽缸座；5—底板；6—转臂座；7—氧枪升降小车滑道

转炉溅渣护炉技术是利用顶吹氧枪将高压氮气吹入炉内，将炉内剩余炉渣经过改质以后吹溅到炉衬上，从而起到保护炉衬的作用。在吹溅过程中不可避免地会在氧枪外层钢管上黏附钢渣。如果不能及时将其清除，随着冶炼炉数的增加，每溅一次渣便会使已经黏渣的氧枪上的渣层厚度增加 30~60mm，如同“滚雪球”一样，致使氧枪黏渣愈来愈厚，从而导致氧枪的使用寿命大为降低，有时仅吹炼几炉钢就因为黏渣太厚而不得不更换氧枪，由此直接带来的问题是氧枪消耗成本迅速增加。国内一些钢厂和设计单位推出了早期的刮渣器。早期的刮渣器根据结构形状大致可分为两类，即：固定式氧枪刮渣器和活动式氧枪刮渣器。固定式氧枪刮渣器由于容易将氧枪卡住，存在无法克服的缺点，所以不被采用。活动式氧枪刮渣器虽然也被有些钢厂采用过，但刮渣效果并不理想，因此也没有取得实质性的效果。实际上在氧枪刮渣器领域还是一片空白。新式的氧枪刮渣器以其结构合理，刮渣效果优良，检修维护简便的特点，被多家钢厂所采用，占领了国内氧枪刮渣器领域的一席之地。

6.3.2 复吹转炉的底吹气体和供气元件

6.3.2.1 底吹气体

在复吹转炉中，底吹气体的冶金行为主要表现在三个方面：强化熔池搅拌，均匀钢水成分、温度；加速炉内反应，使渣-钢反应界面增大，元素间化学反应和传质过程更加趋于平衡；冷却保护供气元件，延长供气元件使用寿命。

迄今为止，已用于复吹转炉的底吹气体有 N_2、Ar、CO_2、CO、O_2和天然气等气体。通常各转炉钢厂以 N_2、Ar 作为底吹气体，如武钢、太钢等；但也有部分钢厂采用 CO_2作为底吹气体，如鞍钢、宝钢的某些转炉钢厂。底吹气体种类的选择，应该综合考虑对钢水质量、生产成本、耐火材料寿命的影响以及气体来源等因素。

底吹氧气时，由于氧气供入炉内要与铁水中的元素发生放热反应，故需用冷却剂来保护供气元件。同时，底吹氧气时，将发生 $O_2+2C \rightarrow 2CO$ 反应，产生较大的搅拌力。一般认为，其搅拌力是底吹 N_2或 Ar 时的两倍；当熔池金属液 $w[C]<0.06\%$时，其搅拌力与底吹 N_2或 Ar 时相当。

底吹 CO_2气体，也会与熔池中的碳发生 $CO_2+C \rightarrow 2CO$ 反应，所以 CO_2气体也是搅拌力较强的气体。使用 CO_2气体，由于其氧化性较弱不会影响钢的质量，并且自身具有较强的冷却作用，因此底吹时可不用冷却剂，而且在冶炼过程中对底吹喷嘴轻微堵塞有着疏通的作用。CO_2可通过回收转炉废气获得，来源充分且利于环保，成本也较低，对钢水质量影响不大；但对采用镁碳质供气元件侵蚀较严重，同时回收和提纯 CO_2的设备需要一定的投资。

底吹 N_2、CO 和 Ar 气，一般认为它们属中性或惰性气体，供入铁水中不参与熔池内的反应，只起搅拌作用。Ar 对钢水质量和耐火材料寿命无不良影响，在钢水精炼工艺上被普遍采用，但成本较高。N_2成本低廉，来源广泛，对耐材寿命无不良影响，但易造成钢水增氮，对钢水质量影响较大。以 N_2 和 Ar 作为底吹气体，通过合理的切换综合使用是目前较理想的方式。

吹入炉内的气体，将使底吹供气元件受到两部分热量的影响：气体由吹入的温度加热到熔池温度所吸收的物理热；氧化性气体与熔池内元素反应产生的化学热。这两部分热量的综合效应将影响供气元件的冷却保护作用。气体的物理吸热可由气体比热容来进行估算，CO_2气体的比热容最大，其次为 O_2、CO、N_2，而 Ar 的比热容最小。O_2的化学反应热是很强的，它可使熔池温度升高几百度，因而底吹氧气时必须用冷却剂保护供气元件。底吹 CO_2气体的化学反应热效应计算结果见表 6-1。CO_2与铁水中 Si、Mn 的反应是放热，而与 C、Fe 的反应是吸热。综合而论，在冶炼前期，CO_2的冷却能力较弱，而在冶炼中、后期却大大加强。据转炉热模拟试验证实，在相同底吹流量时，CO_2的综合冷却效应比 Ar、N_2要强一些，因而可以不用冷却剂保护供气元件。

表 6-1 底吹气体在 1600℃时的物理吸热与化学反应热

气体种类	Ar	N_2	CO	CO_2	CO_2+［C］	CO_2+［Fe］	CO_2+［Si］	CO_2+［Mn］
物理吸热与化学反应热 /kJ · mol^{-1}	32.97	61.21	61.66	82.60	139.61	36.63	−390.00	−128.03
熔池温度变化 /℃ · $(m^3 \cdot t)^{-1}$	−0.176	−0.273	−0.276	−0.44	−0.744	−0.196	+2.08	+0.683

6.3.2.2 底部供气元件的类型

底吹供气元件是炉底吹入气体的装置，它既要满足吹炼工艺要求，又要使用安全可靠，并且希望具有与炉衬同步的使用寿命。

A 喷嘴型供气元件

（1）单管式喷嘴。早期使用的供气元件是单管式喷嘴。单管式喷嘴用于喷吹不需要冷却剂保护的气体，如 N_2、Ar、CO_2、天然气等气体。使用单管式喷嘴，当气体出口速度小于声速时，将出现气流脉动引起的非连续性气流中断，造成钢水黏结喷嘴和灌钢，而且气体流股射向液体金属会产生非连续反向脉冲，将加速对元件母体耐火材料的侵蚀。

（2）套管式喷嘴。双层套管式喷嘴由双层无缝钢管组成（见图 6-23），其中心管通氧气和石灰粉，外层套管内通入冷却剂。此时外层套管是引入速度较高的气浪，以防止内管的黏结堵塞。后来的发展是在喷嘴出口处嵌装耐火陶瓷材料，以提高使用寿命。双层套管的工作好坏不仅与环缝和内管间的压力和面积有关，而且与管壁厚度有关。双层套管式喷嘴的主要缺点是气量调节幅度很小，冶炼中、高碳钢时脱磷困难；流股射入熔池后产生的反坐力仍会对炉底耐火材料造成损坏。

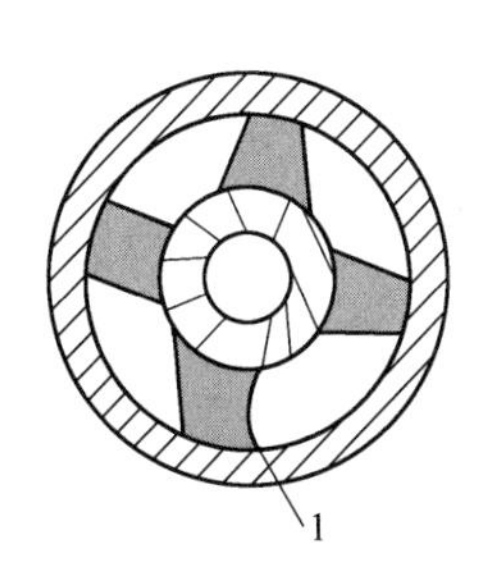

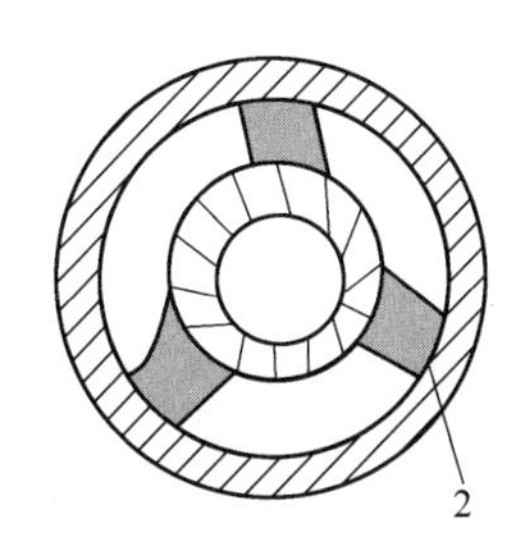

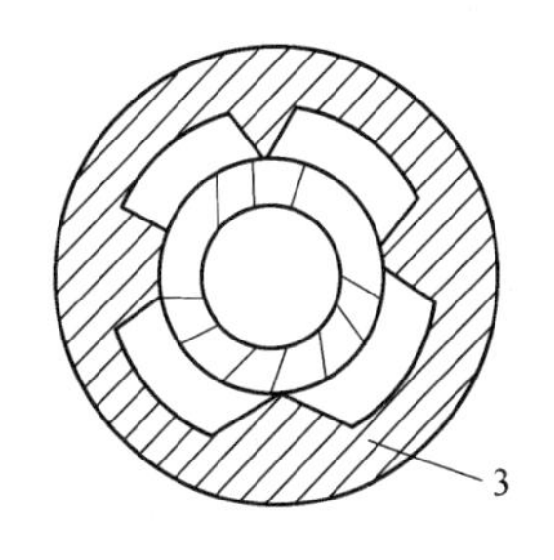

图 6-23 双层套管喷嘴的结构

1—内管外壁拉筋；2—固定块；3—外管内壁拉筋

（3）环缝式喷嘴。环缝式喷嘴也称 SA 型喷嘴，这种喷嘴气量调节范围较大，适用于喷吹具有自冷却能力的气体。此种喷嘴由双层套管式喷嘴将内管用泥料堵塞，只由环缝供气。环缝宽度一般为 0.6~6.0mm。与套管喷嘴相比，环缝式喷嘴最大气量与最小气量比值由 2.0 增加至 10.0，喷嘴蚀损速度由 0.7~1.2mm/炉降为不大于 0.6mm/炉。环缝式喷嘴的主要问题是如何保持双层套管的同心度，以使环缝均匀，保证供气稳定。

B　砖型供气元件

（1）砖缝型透气砖。最初的砖型供气元件是由法国 IRSID 和卢森堡 ARBED 联合研制成功的弥散型透气砖。砖内为许多呈弥散分布的微孔（约 150μm）。因砖的气孔率高，致密度差，气流绕行阻力大，故寿命低。后又研制出砖缝组合型供气元件（也称钢板包壳砖），如图 6-24 所示，它是由多块耐火砖以不同形式拼凑成各种砖缝并外包不锈钢板而成，气体经下部气室通过砖缝进入炉内。由于耐火砖比较致密，因而寿命比弥散型砖高，但存在炉役期内钢壳易开裂漏气以及砖与钢板壳间的缝隙不均造成供气不均匀、供气不稳定的缺点。

（2）直孔型透气砖。在发展砖缝型透气砖的同时，奥钢联及北美相继出现直孔型透气砖（见图 6-25）。此种砖内分布有很多贯通的直孔道。此孔道是在制砖时埋入的许多细的易熔金属丝，在焙烧过程中熔出而形成的。此砖的致密度比弥散型好，同时气流由直孔道进入炉内，比通过砖层的阻力要小。

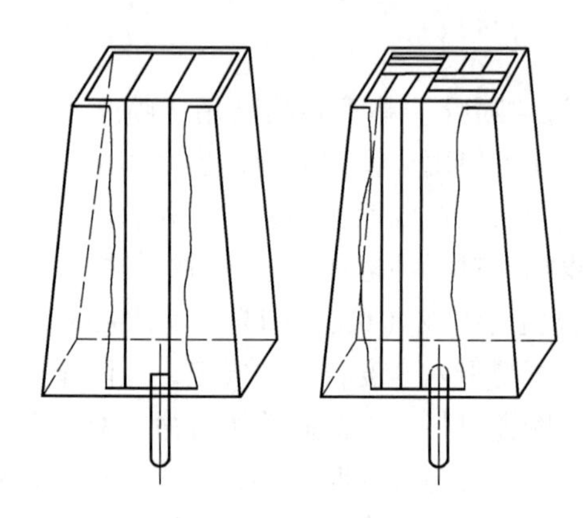

图 6-24　砖缝型透气砖

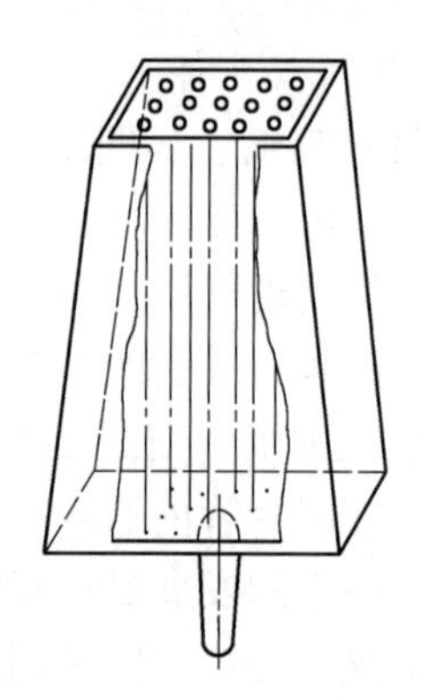

图 6-25　直孔型透气砖

砖型供气元件的最大优点是可调气量范围大，具有能允许气流间断的优点，故对吹炼操作有较大的适应性，在生产中得到应用，但不适用于吹氧及喷粉。

C　细金属管多孔塞式供气元件

最早的多孔塞型供气元件是由日本钢管公司研制成功的。它由埋设在母体耐火材料中的许多细不锈钢管组成（见图 6-26）。所埋设金属管的内径一般为 1~3mm（通常多为 ϕ1.6mm 左右）。每块供气元件中埋设的细金属管数为 10~160 根。各金属管焊装在一个直孔型透气砖集气箱内。此种供气元件不仅调节气量幅度比较大，而且通过适当控制供气压力也可以做到中断供气，在供气的均匀性、稳定性和使用寿命方面都比较好。这种砖由三部分结构组成：耐火砖、气室、供气尾管。其中耐火砖材质为电熔镁砂+鳞片石墨，耐火砖的外形与炉底砖型同锥度、同高度，耐火砖内埋设不锈钢细金属管，内径为 2mm，共6×6 根。尾管是 ϕ16mm 的不锈钢管或无缝钢管。

经过反复生产实践及不断改进，又出现一种新式细金属管砖式供气元件—— MHP-D 型金属管砖（见图 6-27）。此种结构是在砖体外层细金属管处多增设一个专门供气箱，因而把一块元件分别通入两路气体，在用 CO_2 气源供气时，可在外侧通以少量 Ar，以减轻多孔砖与炉底接缝处由于 CO_2 气体造成的腐蚀。

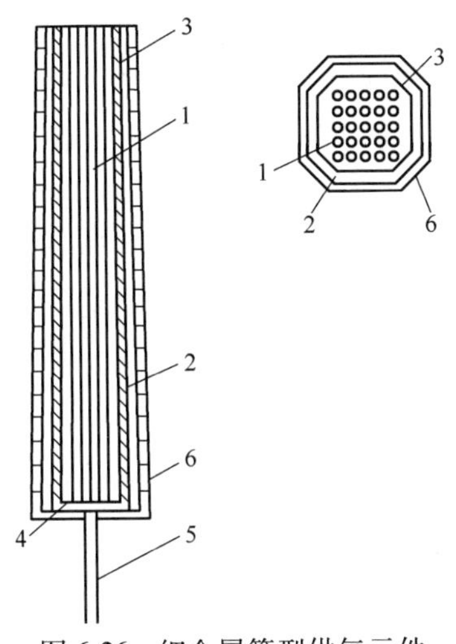

图 6-26 细金属管型供气元件

1—金属管；2—耐火材料；3—芯砖；4—气室；5—供气管；6—钢板外壳

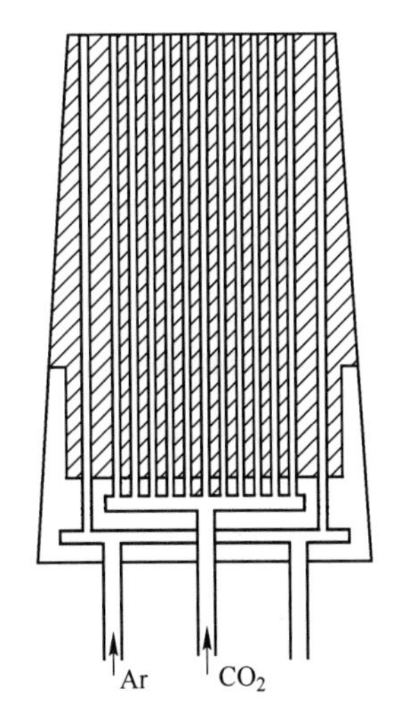

图 6-27 改进后的细金属管供气元件

细金属管多孔砖的出现是喷嘴型和砖型两种基本元件综合发展的结果，它既有管式元件的特点，又有砖式元件的特点。细金属管型供气元件是比较好的供气元件类型。

6.3.2.3 底部供气元件的布置

底部供气元件的分布应根据转炉装入量、炉型、氧枪结构、冶炼钢种及溅渣要求采用不同的方案，主要应获得如下效果：

（1）保证吹炼过程的平稳，获得良好的冶金效果。

（2）底吹气体辅助溅渣以获得较好的溅渣效果，同时保持底部供气元件较高的寿命。

常见较为典型的几种可能分布方式如图 6-28 所示。

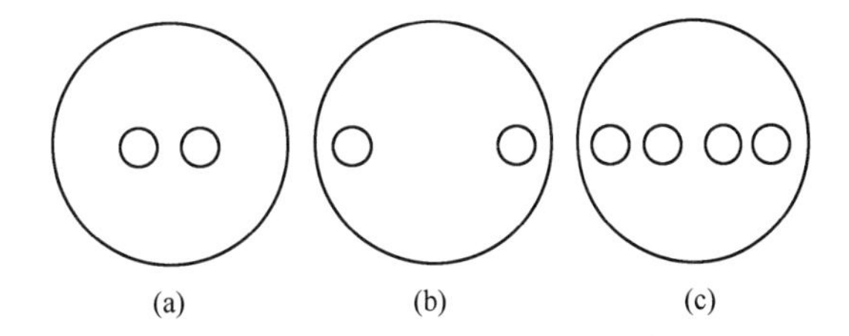

图 6-28 供气元件在底部的分布

（a）底部供气元件所在圆周位于氧气射流火点以内；（b）底部供气元件所在圆周位于氧气射流火点以外；（c）底部供气元件既有位于氧气射流火点以内的，也有位于火点以外的

从吹炼角度考虑，采用图（a）方式，渣和钢水的搅拌特性更好，而且由于火点以内钢水搅拌强化，这部分钢水优先进行脱碳，能够控制［Mn］和［Fe］的氧化，因此能获得较好的冶金效果，且吹炼平稳，不易喷溅，但获得较高的脱磷效率比较困难。采用图（b）方式能获得较高的脱磷效率，但吹炼不够平稳，容易喷溅。采用图（c）方式如果能将内外侧气体吹入适当地组合，能同时获得图（a）、图（b）方式的优点。

从溅渣角度考虑，底部供气元件的分布应该满足底吹 N_2 辅助溅渣工艺的要求。

当底部供气元件位于溅渣 N_2 流股冲击炉渣形成的作用区以内，底部供气元件吹入气体产生的搅拌能被浪费，起不到辅助溅渣的作用，而且导致 N_2 射流流股直接冲击底部供气元件，从而会降低其使用寿命。

当底部供气元件位于溅渣 N_2流股冲击炉渣形成的作用区以外时，如采用低枪位操作，冲击区飞溅起来的渣滴或渣片的水平分力对底部供气元件上方的炉渣几乎不产生影响。底部供气元件上覆盖的炉渣主要依靠底部供气元件提供的搅拌能在垂直方向上处于微动状态。时间一长，微动的炉渣逐渐冷却凝固黏附在炉底部供气元件上，覆盖渣层厚度增加，甚至堵塞底部供气元件。而如果采用高枪位操作，冲击区飞溅起来的渣滴或渣片的水平分力很大，其水平分力给予底部供气元件上方的炉渣很大的水平推力，两者之间的合力指向渣线上下部位，使溅渣量减少，也容易使底部供气元件上覆盖渣层厚度增加，甚至堵塞底部供气元件。

因此，从溅渣效果及底部供气元件寿命考虑，底部供气元件位于合理枪位下 N_2流股冲击炉渣形成的作用区外侧附近。

从上面分析可知，底部供气元件的布置必须兼顾吹炼和溅渣效果。在确定布置方案之前，应结合水模实验进一步加以认定。不同钢厂有不同的布置方案，如图 6-29 所示。

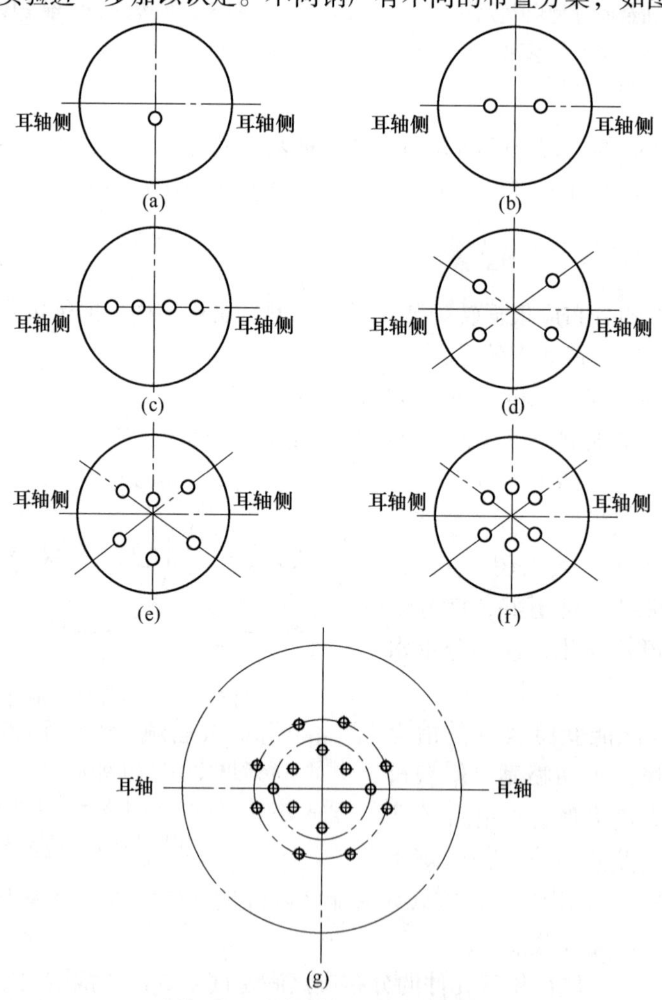

图 6-29　底部供气元件布置图例

（a）本钢 120t 转炉；（b）鞍钢 180t 转炉；（c）日本加古川 250t 转炉；（d）武钢二炼钢 80t 转炉；（e）日本京滨制铁所 250t 转炉；（f）武钢一炼钢 100t 转炉；（g）武钢三炼钢 250t 转炉

6.4 副枪系统

转炉副枪是相对于喷吹氧气的氧枪而言的。它同样是从炉口上部插入炉内的水冷枪，有操作副枪和测试副枪两类。

操作副枪用以向炉内吹石灰粉、附加燃料或精炼用的气体。测试副枪用于在不倒炉的情况下快速检测转炉熔池钢水温度、碳含量和氧含量以及液面高度，它还被用以获取熔池钢样和渣样。目前，测试副枪已被广泛用于转炉吹炼计算机动态控制系统。这里主要介绍测试副枪。测试副枪装置如图6-30所示。

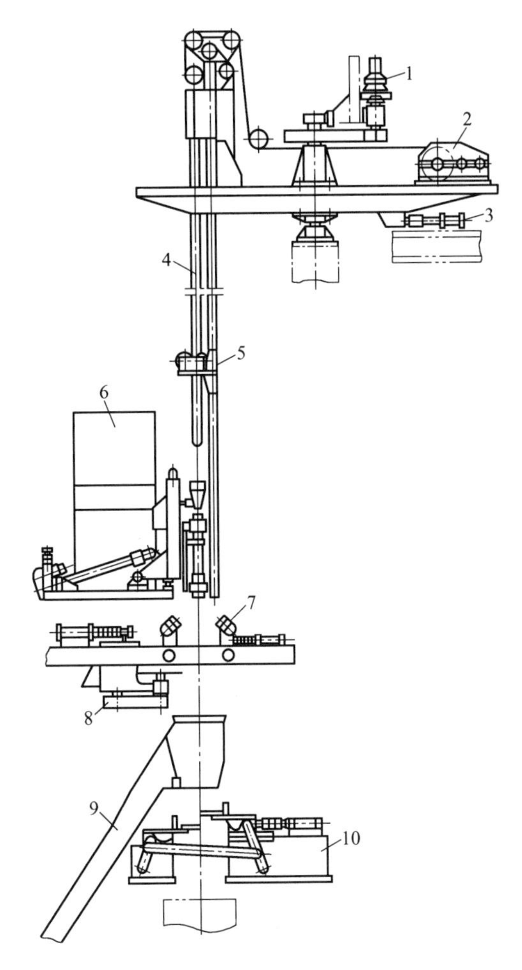

图6-30 下给头副枪装置

1—旋转机构；2—升降机构；3—定位装置；4—副枪；5—活动导向小车；6—转头装置；7—拔头机构；8—锯头机构；9—溜槽；10—清渣装置及枪体矫直装置组成的集合体

副枪系统检测及报警包括钢水温度、钢水定碳、钢水溶氧和钢水液位（在探头端部设有电极，当电极接触钢水时，电极导电，就以此时副枪高度来换算钢水液面高度）检测。副枪也设有冷却水系统，其检测和报警以及控制和氧枪相同。

副枪探头按测定性能分为测温探头、测温+定碳+取样探头、定氧探头和钢水液面测定探头四种类型。

副枪装置主要由副枪枪身、导轨小车、卷扬传动装置、换枪机构（探头进给装置）等部分组成。

副枪按探头的供给方式可分为"上给头"和"下给头"两种。探头从储存装置由枪体的上部压入，经枪膛被推送到枪头的工作位置，这种给头方式称为"上给头"；探头借机械手等装置从下部插在副枪枪头插杆上的给头方式称为"下给头"。由于给头方式的不同，两种副枪结构及其组成也不相同。目前，上给头副枪已很少使用。

下给头副枪是由三层同心钢管组成的水冷枪体。内层管中心装有信号传输导线，并通保护用气体，一般为氮气；内层管与中间管、中间管与外层管之间的环状通路分别为进、出冷却水的通道；在枪体的下顶端装有导电环和探头的固定装置。

副枪装好探头后，插入熔池，所测温度、碳含量等数据反馈给计算机，或在计器仪表中显示。副枪提出炉口以上，锯掉探头样杯部分，钢样通过溜槽，风动送至化验室校验成分。拔头装置拔掉探头废纸管，装头装置再装上新探头，准备下一次的测试工作。

测试头又称探头，分为单功能探头和复合探头，目前应用广泛的是测温与定碳复合探头。

测温定碳复合探头的结构形式，主要取决于钢水进入探头样杯的方式，有上注式、侧注式和下注式，侧注式是普遍采用的形式。

侧注式测温定碳探头结构如图 6-31 所示。

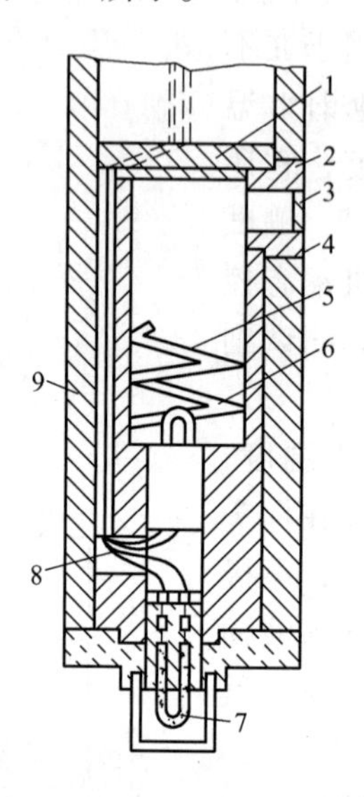

图 6-31　侧注式测温定碳探头

1—压盖环；2—样杯；3—进样口盖；4—进样口保护套；5—脱氧铝；6—定碳热电偶；7—测温热电偶；8—补偿导线；9—保护管

6.5　烟气净化及回收处理设备

6.5.1　转炉烟气的特点

转炉烟气有以下特点：

（1）在吹炼工程中成分和数量是变化的。转炉烟气主要来自碳-氧反应生成的大量 CO、CO_2气体。在吹炼一炉钢的不同时刻，随着脱碳速度的变化，排出的炉气量和炉气成分也不断变化。吹炼中期，炉气量达最大值，其中 CO 含量也达最大值，$w(CO)$ = 86%~90%。

（2）炉温高且波动范围较大。炉温一般在 1460~1800℃之间，平均温度为 1600℃左右。

（3）含有大量微小的氧化铁烟尘。转炉烟尘量约为金属料装入量的 0.8%~1.3%。烟气中平均含尘量为 60~80g/m^3，吹炼中期最高可达 120 g/m^3，其主要成分是铁的氧化物，含铁质量分数高达 60%以上。

6.5.2　转炉烟气的处理方法

转炉烟气处理主要有燃烧法和未燃烧法两种方法。

燃烧法是指炉气离开炉口进入烟罩时，使其与大量空气混合，使炉气中的CO全部燃烧，利用过剩空气和水冷烟道对烟气冷却，然后进入文氏管湿法净化系统进一步冷却，最后排入大气。净化后的废气含尘量约130g/m^3。

未燃烧法是指炉气在离开炉口进入烟罩时，控制炉口压力或用氮气密封，只使吸入少量空气和炉气混合，仅令其中10%~20%的CO燃烧。出口后的烟气仍含有60%~70%的CO，经气化冷却到1000℃左右，然后进入文氏管湿法净化系统，进一步冷却和净化。净化后称为转炉煤气，可供用户使用。每吨钢可回收煤气60~70m^3。由于此法可回收大量煤气和部分热量，故近年来国内外多采用此法。

6.5.3　烟气净化系统主要设备

转炉烟气净化系统可概括为烟气的收集与输导、降温与净化、抽引与放散三部分。

烟气的收集有活动烟罩（图6-32所示为裙式活动单烟罩，图6-33所示为活动烟罩双罩）和固定烟罩。

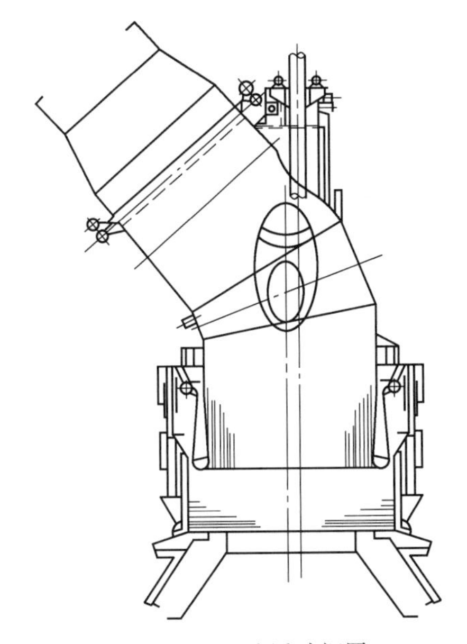

图6-32　OG法活动烟罩

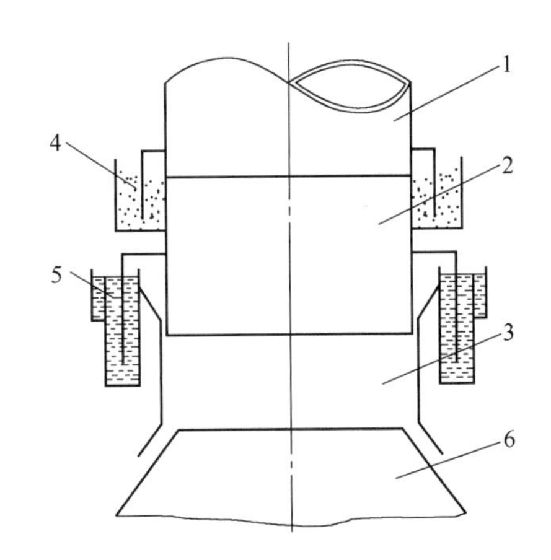

图6-33　活动烟罩的结构

1—上部烟罩（固定烟罩）；2—下部烟罩（活动烟罩固定段）；3—罩裙（活动烟罩升降段）；4—沙封；5—水封；6—转炉

烟气的输导管道称为烟道。烟气的降温装置主要是烟道和溢流文氏管。烟气的净化装置主要有文氏管脱水器以及布袋除尘器和电除尘器等。回收煤气时，系统还必须设置煤气柜和回火防止器等设备。

汽化冷却烟道是用无缝钢管围成的筒形结构，其断面为方形或圆形，如图6-34所示。

文氏管净化器是一种湿法除尘设备，也兼有冷却降温作用。文氏管是当前效率较高的湿法净化设备。文氏管净化器由雾化器（碗形喷嘴）、文氏管本体及脱水器等三部分组成，如图 6-35 所示。

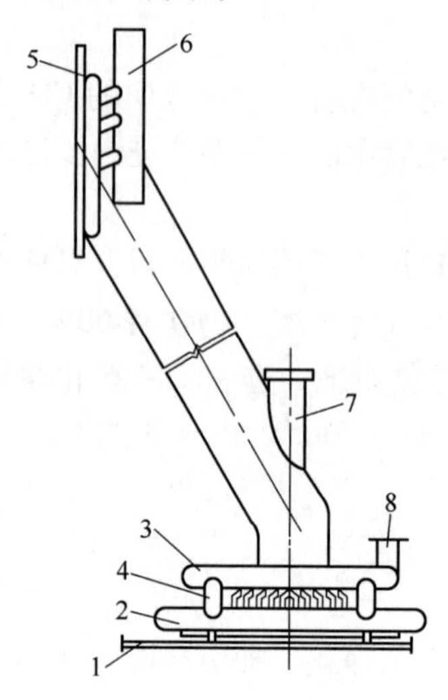

图 6-34　汽化冷却烟道

1—排污集管；2—进水集箱；3—进水总管；4—分水管；5—出口集箱；6—出水（汽）总管；7—氧枪水套；8—进水总管接头

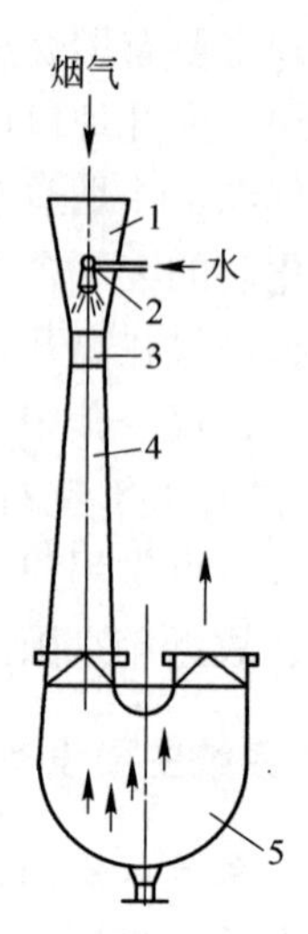

图 6-35　文氏管除尘器的组成

1—文氏管收缩段；2—碗形喷嘴；3—喉口；4—扩张段；5—弯头脱水器

文氏管本体由收缩段、喉口段、扩张段三部分组成。

（1）溢流文氏管。在双文氏管串联的湿法净化系统中，喉口直径一定的溢流文氏管（见图 6-36）主要起降温和粗除尘的作用。

（2）调径文氏管。在喉口部位装有调节机构的文氏管称为调径文氏管（见图 6-37），它主要用于精除尘。

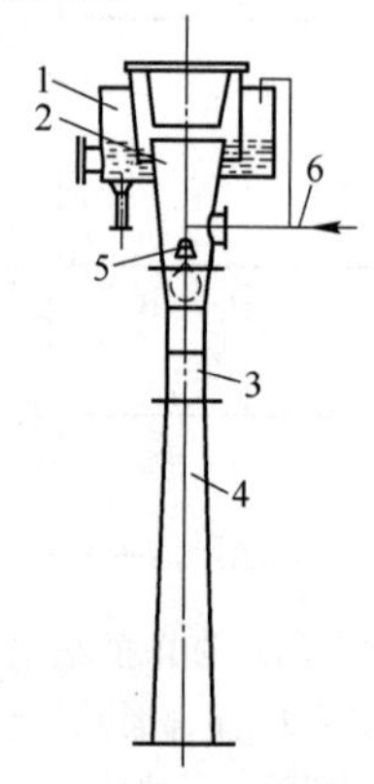

图 6-36　定径溢流文氏管

1—溢流水封；2—收缩段；3—腰鼓形喉口（铸件）；4—扩张段；5—碗形喷嘴；6—溢流供水管

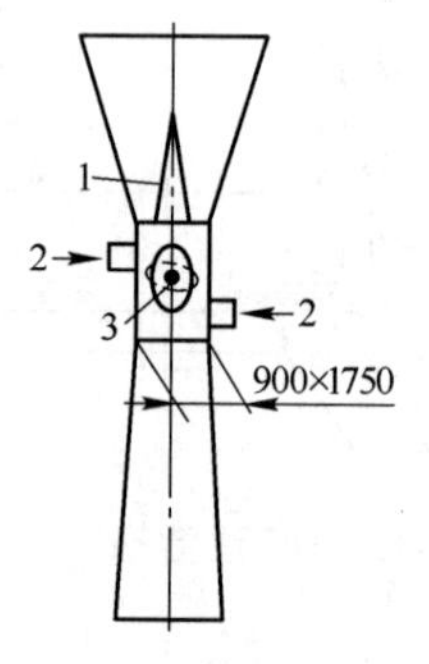

图 6-37　圆弧形-滑板调节（R-D）文氏管

1—导流板；2—供水；3—可调阀板

6.5.4　净化回收系统

图 6-38 所示为 OG 净化回收系统流程。这是当前世界上未燃烧法全湿系统净化效果

较好的一种。其主要特点为：

（1）净化系统设备紧凑。净化系统由繁到简，实现了管道化，系统阻损小，且不存在死角，煤气不易滞留，利于安全生产。

（2）设备装备水平较高。通过炉口微压差来控制二文的开度，以适应各吹炼阶段烟气量的变化和回收放散的转换，实现了自动控制。

（3）节约用水量。烟罩及罩裙采用热水密闭循环冷却系统，烟道用汽化冷却，二文污水返回一文使用，明显地减少用水量。

（4）烟气净化效率高。排放烟气（标态）的含尘浓度可低于 100mg/m^3，净化效率高。

（5）系统安全装置完善。设有 CO 与烟气中 O_2 含量的测定装置，以保证回收与放散系统的安全。

（6）实现了煤气、蒸汽、烟尘的综合利用。

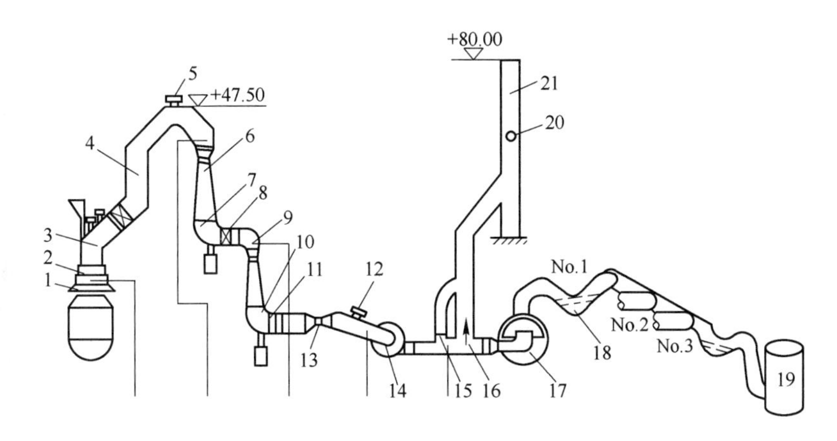

图 6-38 OG 系统流程

1—罩裙；2—下烟罩；3—上烟罩；4—汽化冷却烟道；5—上部安全阀（防爆门）；6—一文；7—一文脱水器；8，11—水雾分离器；9—二文；10—二文脱水器；12—下部安全阀；13—流量计；14—风机；15—旁通阀；16—三通阀；17—水封逆止阀；18—V 形水封；19—煤气柜；20—测定孔；21—放散烟囱

思考题

6-1 转炉炼钢车间由哪些设备系统构成？
6-2 转炉炉衬的结构及材质是怎样的？
6-3 铁水的供应方式有哪些？
6-4 试述转炉炼钢底吹气体的种类及特点。
6-5 顶底复吹转炉底吹供气元件有哪些类型？
6-6 转炉吹炼产生的烟气有何特点？
6-7 转炉烟气的处理方法有哪几种？
6-8 OG 转炉烟气净化法的主要特点有哪些？

7 电弧炉炼钢冶炼工艺

7.1 电弧炉炼钢概述

采用电能作为热源进行炼钢的炉子统称为电炉。常用炼钢电炉可分为电弧炉（EAF, Electric Arc Furnace）、感应熔炼炉、电渣重熔炉、电子束熔炼炉、等离子熔炼炉等。目前世界上95%以上的电炉钢是电弧炉冶炼的，因此通常所说的电炉炼钢主要指电弧炉炼钢，特别是碱性电弧炉炼钢（炉衬用碱性镁质耐火材料等）。

按电流特性，电弧炉分为交流与直流电弧炉。传统交流电弧炉炼钢法是以废钢为主要原料，以三相交流电作电源，利用电流通过石墨电极与金属料之间产生电弧的高温来加热、熔化炉料，是生产特殊钢和高合金钢的主要方法。

电炉的大小通常用额定容量（电炉熔池的额定容钢量）、公称容量或标准容量来表示，也可用炉壳直径表示。一般认为，电炉的公称容量（炉壳直径）40t（4.6m）以下的为小电炉，50t（5.2m）以上的为大电炉。目前世界上最大的电炉是美国西北钢线材公司的415t电炉。日本最大电炉为250t，中国最大电炉为150t。在建造大型现代电炉的同时，一些低效、高能耗的小电炉（30~40t以下）逐渐被淘汰。

电弧炉是继转炉、平炉之后出现的又一种炼钢方法，它是在电发明之后的1898年，由法国的海劳尔特（Heroult）在La Praz发明的。它发展于阿尔卑斯山（Alps）的峡谷中，原因是在距峡谷不远处有一个火力发电厂。电弧炉的出现，开发了煤的替代能源，使得废钢开始了经济回收，最终使得钢铁成为世界上最易于回收的材料。

电弧炉炼钢从诞生以来，其发展速度虽然不如20世纪60年代前的平炉，也比不上20世纪60年代后的转炉的发展，但随着科技的进步，电弧炉钢产量及其比例始终在稳步增长。尤其是自20世纪70年代以来，电力工业的进步，科技对钢的质量和数量的要求提高，大型超高功率电炉技术的发展以及炉外精炼技术的采用，使电炉炼钢技术有了很大的进步。

电炉钢除了在传统的特殊钢和高合金钢领域继续保持其相对优势外，正在普钢领域表现出强劲的竞争态势。在产品结构上，电炉钢几乎覆盖整个长材生产领域，如圆钢、钢筋、线材、小型钢、无缝管甚至部分中型钢材等，并且正在与转炉钢争夺板材（热轧板）市场。

7.1.1 电弧炉炼钢的特点

7.1.1.1 传统电弧炉炼钢的特点

（1）温度高而且容易控制。氧气顶吹转炉熔炼的热源主要是铁水的物理热化学热，它的数值是有限的。而电弧炉，它的弧光区温度高达3000~6000℃，远远高于冶炼一般钢种所需的温度，不但可以熔化各种高熔点的合金，而且升温也比较迅速准确。电炉热效率一般可达65%以上。

（2）可以造成还原性气氛。在氧气顶吹转炉中，吹入大量氧是熔炼赖以进行的必要条件，熔炼自始至终在不同程度的氧化性气氛下进行。对于传统电弧炉，在还原期采取加入还原性材料（炭粉或硅铁粉等）、杜绝空气进入等措施，可以迅速造成强还原性气氛，有利于钢的脱氧和脱硫，并大大减少易氧化合金元素如铝、钛、硼等的烧损，为冶炼某些特殊钢种提供条件。

（3）冶炼设备简单。与其他炼钢方法相比，电弧炉炼钢法的设备简单，因此基建投资较少，投产也较快。

由于碱性电弧炉炼钢法具有上述优点，能够生产多种当前转炉仍然不能生产的高质量合金钢，特别是高合金钢，所以近年来电炉钢在世界全部钢产量中所占的比重逐年稳步上升。

电弧炉炼钢法有一定的缺点。其一是耗电量较大，熔炼1t钢所消耗的电能约为500kW·h，在电力供应紧张的地区，电弧炉的建立比较困难；其二是在电弧作用下，炉中的空气和水汽大量离解，使成品钢中含有较多的氢和氮。电炉钢中含氢为0.005%~0.008%，含氮为0.005%~0.010%。

7.1.1.2 现代电炉炼钢的特点

现代电炉炼钢的特点有：

（1）多种能源，除电能外还有化学能和物理能（超过50%）。

（2）过程连续化，流程紧凑。

（3）多种原料，除废钢外还有铁水/生铁或DRI（30%~40%）。

（4）采用现代生产方法，配合精炼与连铸/连铸连轧。

（5）重视环保。源头治理，力求实现绿色制造，重视生态平衡与循环经济。

现代电弧炉炼钢与传统电弧炉炼钢特点的比较见表7-1。

表7-1 现代电弧炉炼钢与传统电弧炉炼钢特点比较

比较项目	传统电弧炉	现代电弧炉
能源	电能	电能、化学能、物理能
冶金过程	熔化、氧化、还原三期操作，熔毕碳含量高于0.2%	取消电弧炉还原期，采用炉外精炼，高配碳
主要原料	废钢、10%~15%生铁	废钢、30%~40%铁水/生铁、DRI
产品	钢锭	连铸坯
环境	环保意识差	重视环保、绿色制造

7.1.2 电弧炉炼钢的发展

电能具有清洁、高效、方便等多种优越的特性，是工业化发展的优选能源。19世纪中叶后，各种大规模实现电-热转换的冶炼装置陆续出现：1879年William Siemens首先进行了使用电能熔化钢铁炉料的研究，1889年出现了普通感应炼钢炉，1900年法国人海劳尔特设计的第一台炼钢电弧炉投入生产。从此，电弧炉炼钢得到了长足的发展，已成为最重要的炼钢方法之一。

20 世纪以来世界总钢产量、电炉钢产量和电炉钢所占百分比的变化如图 7-1 所示，从图可以看出：

（1）20 世纪 50 年代前，电炉钢占百分比很低，是一类特殊的炼钢方法；

（2）20 世纪 50 年代以后，电炉钢得到迅速发展，1950~1990 年间世界电炉钢总产量增长近 17 倍，电炉钢所占百分比也由 6.5%增至 27.5%；

（3）20 世纪 90 年代以来，世界电炉钢保持高速发展，1990~1998 年间，世界电增加 5123 万吨，电炉钢占百分比增长至 33.9%。

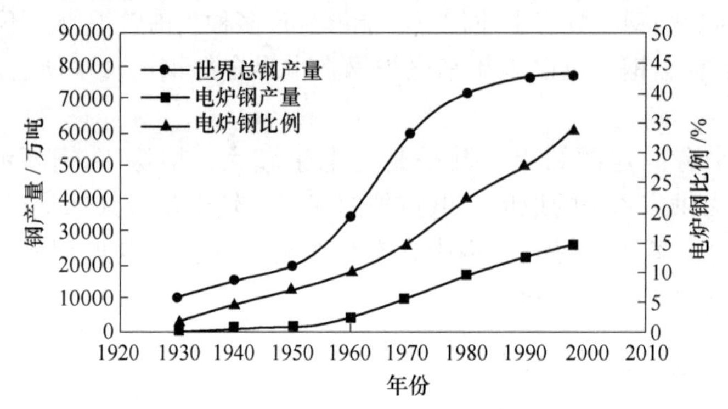

图 7-1　世界年产总钢产量、电炉钢产量和电炉钢比例的变化

电弧炉炼钢经历了“普通功率电弧炉→高功率电弧炉→超高功率电弧炉（交流/直流）”的发展过程。其冶金功能也发生了革命性的变化，由传统的“三期操作”发展为只提供初炼钢水的“二期操作”。

7.1.3　碱性电弧炉的冶炼方法

碱性电弧炉的冶炼工艺是比较灵活的，它可以利用电炉作为熔炼工具冶炼出几乎所有的钢种，也可以采用电炉与炉外精炼设备二次冶炼出具有更高质量、更加经济合理的各种钢种。

电弧炉冶炼方法分为一次冶炼法和二次冶炼法。一次冶炼法可分为氧化法、不氧化法和返回吹氧法三种类型。二次冶炼法将是电弧炉炼钢发展的必然趋势，电炉开始由冶炼设备逐步向熔化型设备转变，它只起熔化和粗炼的作用。目前由于完善的多功能炉外精炼设备较少，故在一次冶炼的电炉上有的已配有简单的炉外精炼手段，以求获得较高的钢的质量水平。

7.1.3.1　氧化法

A　冶炼特点

氧化法在冶炼过程中，需向钢液加入矿石、氧化铁皮等氧化剂，或向钢液中直接吹氧，以保证氧化期的良好沸腾和冶炼的正常进行。这种工艺方法的主要特点是，在冶炼过程中有比较彻底的氧化期。在氧化期中始终以氧化钢中的杂质元素作为主要的精炼手段，以去除钢液中多余的碳和磷。碳在高温氧化时造成熔池强烈沸腾，能充分地去除钢中的气体［H］、［N］和氧化物夹杂。

由于这种方法有较好的纯洁钢液的作用，因而对废钢的要求并不太高，可使用如含油污和铁锈较多的废钢，配入碳含量不必十分准确，废钢中合金元素含量不清楚、硫磷含量较高的废钢也可以采用这种方法，因而有利于各种废钢的利用。

氧化法冶炼工艺也有其缺点，如果炉料中有合金钢返回料，则其中的某些合金元素会被氧化而损失于炉渣中，这便限制了合金返回废钢的使用。对于普通废钢，由于氧化时间较长，炉料的熔损和有益的合金元素氧化损失加大，使钢的成本增高。高温氧化激烈沸腾也影响了炉衬寿命的提高。到目前为止，在国内氧化法冶炼工艺仍是电炉炼钢的主要方法。

B 配料原则

由于氧化法冶炼有较好地去除气体和夹杂物的作用，因此在选用废钢做原料时不作过高要求，但是为获得较好的经济技术指标，对炉料中的碳、硅、锰、磷、硫、铬的含量应有一定的要求。

（1）碳：为了保证氧化期的氧化脱碳沸腾，要求炉料全熔后钢中的碳含量一般应高于成品规格下限的0.3%~0.4%；废钢中的碳含量在熔化期有0.2%~0.3%的烧损（吹氧助熔约0.3%），一般要求配碳量比所炼钢种规格下限高出0.5%~0.7%。

（2）硅：它是由炉料自然带入的。要求炉料全熔后钢液中的硅含量不高于0.15%，硅含量过高会延缓氧化沸腾，使脱碳速度减慢。

（3）锰：锰由炉料带入。要求炉料全熔后钢液中锰含量不应高于0.20%。

（4）磷、硫：$w(P) \leqslant 0.06\%$，$w(S) \leqslant 0.08\%$，磷、硫含量过高需进行多次换渣，延长了冶炼时间，增大了劳动强度。

（5）铬：铬从炉料中带入，在炉料全熔后钢液中铬含量不应高于0.30%。铬含量过高，经氧化生成三氧化二铬产物进入炉渣，使炉渣变黏，阻碍脱磷和脱碳反应的正常进行，并增大矿石、氧气用量的消耗，延长冶炼时间。用铬含量高的炉料冶炼非铬钢种也是一种浪费。

（6）镍、钼、铜：这也是由炉料带入的。由于这些元素不易氧化去除，故对于一般的钢种分别要求低于0.10%。

适应用氧化法冶炼的钢种有：对磷、硫含量要求极低的钢种；容易产生白点及层状断口缺陷的钢种；含有易与氧、氮化合的元素（如Ti、B、Zr等）的钢种等。一般说来，大多数的碳素结构钢、合金结构钢和某些内在质量要求高的钢种如滚珠轴承钢、弹簧钢、不锈钢等，都宜采用此法冶炼。氧化法冶炼炉料的综合收得率为95%~97%。

7.1.3.2 不氧化法

A 冶炼特点

不氧化法冶炼对炉料的质量有严格的要求，如废钢清洁无锈、干燥、磷含量低、配碳量较准时，可采用不氧化法冶炼。不氧化法冶炼的特点是没有氧化期，没有脱磷、脱碳和去除气体的要求，要求配入的成分在熔化终了时［C］和［P］应达到氧化末期的水平。熔化终了时钢液温度不高，故需有15~20min的加热升温时间，然后扒除熔化渣进入还原期。由于没有氧化期，因此此法可缩短冶炼时间15min左右，并可回收废钢中大部分的合金元素，减少电耗、渣料和氧化剂的消耗，对炉衬维护也是有利的，是一种比较经济的冶炼方法。

近年来，对不氧化法工艺可允许在熔化末期加入少量矿石，或采用吹氧助熔及短时间的吹氧提温，去除钢液中部分气体与夹杂，以提高钢的质量，但合金的回收率有所降低。

在采用普通废钢的炉料中，按一定数量配入铁合金，将它们一起装入炉内，称为装入法。

在采用不氧化法冶炼时，为了回收贵重的合金元素，冶炼过程中不扒除熔化渣，一直进入还原期。这种炼钢方法称为单渣法（单渣还原法）。

B　配料原则

不氧化法冶炼不能去除钢中气体和外来夹杂物、不能去磷，没有脱碳量的要求，只能靠纯洁的炉料和准确的配料成分予以保证。

（1）碳：电炉熔化期金属炉料的碳有 0.2%~0.3%的氧化损失，要求炉料全熔后钢液中的含碳量应低于钢种成品规格下限 0.03%~0.06%。目前不氧化法工艺为全熔后再吹氧脱碳大于 0.1%。

（2）磷：炉料中的磷应保证炉料全熔后比钢种的成品规格低 0.02%~0.015%。

（3）其他：配料时要求硫含量不大于 0.06%，硅含量不大于 0.5%，锰含量不超过钢种规格上限 0.2%。冶炼的钢种有残余元素（如 Ni、Cr、Cu）要求者，配料中的残余元素应低于规格的 1/2。

不氧化法的炉料质量好，块度大小合适，可以一次装料入炉，通常炉料的综合收得率可达到 98%左右。此法可以冶炼低合金钢、不锈钢等钢种。

选择冶炼方法的主要依据是钢的化学成分、钢种特性、质量要求、原材料供应情况。冶炼方法选择是否恰当，对钢的质量、成本、电炉的生产率等影响甚大。

7.1.3.3　返回吹氧法

A　冶炼特点

返回吹氧法冶炼是氧气应用于电炉炼钢后出现的一种工艺方法。其特点是冶炼过程中有较短的高温吹氧氧化期，造氧化渣，又造还原渣，能吹氧去碳、去气、去非金属夹杂，但去磷较难，要求原料应由含磷低的返回废钢组成。

在含有易氧化合金元素的钢液中，碳与易氧化元素和氧的亲和力是随温度变化而变化的。在低温下一般是易氧化合金元素优先于碳氧化，在高于某一特定温度时，碳比合金元素优先氧化。

钢液在高温下氧化，既可通过碳氧反应使熔池产生强烈沸腾，达到去气、去夹杂的作用，又可使合金元素不致大量被氧化损失掉。这种冶炼方法通常用在合金钢或高合金钢种上。特别适合冶炼不锈钢、高速钢等含铬、钨高的钢种。

B　配料原则

返回吹氧法的炉料尽量由返回钢组成，不足的再配以一定量的碳素废钢、铁合金等。配料时炉料的化学成分和质量必须准确。

（1）碳：因为这种冶炼方法有吹氧脱碳过程，炉料中的配碳量应保证炉料全熔后能吹氧脱碳 0.20%~0.40%。

（2）铬：中、低合金钢铬的配入量应不大于钢种成品规格的中限。高合金钢铬的配入量应在7%~12%。

（3）磷：由于返回吹氧法不能去磷，炉料中的磷含量应比钢种规格低0.005%~0.010%。

（4）硅：冶炼一般钢种硅量以不超过成品规格上限0.2%为宜。高铬合金钢为防止铬的低温氧化损失，配料中应配入0.8%~1.0%的硅。

（5）锰：一般应以不超过钢种规格上限为宜。

返回吹氧法炉料的综合收得率一般在96%~97%。

7.2　传统碱性电弧炉炼钢冶炼工艺

传统的碱性电弧炉氧化法冶炼是最基本的冶炼方法，它可以用一般废钢做原料冶炼出高质量的碳素结构钢和合金钢。氧化法冶炼工艺操作由补炉、装料、熔化期、氧化期、还原期、出钢等六个阶段组成。其突出的特点是具有完整的氧化精炼与还原精炼时期，可在炉内一次完成冶炼过程的全部任务，其他工艺皆以此为基础。本节就介绍氧化法冶炼工艺。

7.2.1　补炉

电炉炼钢是在长时间的高温状态下进行的，一定厚度的炉衬表面层均处于软化状态；在冶炼过程中炉衬不断受到机械冲击、化学侵蚀、炉内高温和温度剧变的影响；操作不当使炉衬损坏，尤其是在渣线的高温区更为严重。因此在每一炉出钢后，必须对炉衬已损坏的部位进行修补，以维持炉衬的一定形状，保证正常冶炼和延长炉体寿命。

7.2.1.1　电弧炉炉衬损害的原因及解决措施

（1）在冶炼一炉钢的过程中，炉衬寿命受温度的影响主要是在还原期间和出钢至装料完毕送电以前这段时间。前者受电弧直接辐射的影响，后者受温度激冷激热而引起炉衬剥落。氧化末期过高的冶炼温度也是降低炉衬寿命的重要原因之一。为降低温度对炉衬寿命的影响，关键在于应该有一个合理的供电制度。

（2）过低的炉渣碱度或过高的流动性使“渣线”受到严重的侵蚀。随时调整好冶炼各期炉渣的碱度和流动性，保持合适的渣量，可减少对炉衬的侵蚀，保证熔池内物化反应的顺利进行。在调整炉渣碱度的问题上，主要在于提高熔化渣的碱度到2左右，并控制好还原期加入萤石与火砖块的数量以及还原剂硅粉和铝粉的数量。

（3）电炉熔化期的大塌料和氧化期产生的大沸腾，会使炉衬遭到严重破坏，应力求避免。

炉衬最易损坏的部位是渣线、出钢口两侧、炉门两侧、靠2号电极的炉壁处以及炉顶装料的炉口处。因此，一般电炉在出钢后要对渣线、出钢及炉门附近等部位进行修补，无论是进行喷补还是投补，均应重点补好这些部位。

7.2.1.2　补炉材料

碱性电炉人工投补的补炉材料是镁砂、白云石或部分回收的镁砂。所用黏结剂为：湿补时选用卤水（$MgCl_2 \cdot xH_2O$）或水玻璃（$Na_2SiO_4 \cdot yH_2O$）；干补时一般均掺入10%沥青粉，冶炼低碳钢，应不掺或少掺，炉况不良时，可多掺入一些。对于炉衬损坏严重的部位，也可掺入一定量的TiO_2粉作为黏结剂，使之有利于烧结，但价格比较昂贵。机械喷补材料主要采用镁砂、白云石或两者的混合物。此外，还可掺入磷酸盐或硅酸盐等黏结剂。碱性电炉人工投补用的补炉材料，粒度要求：镁砂0.8~3mm，白云石2~5mm，回收镁砂0~8mm，沥青不大于3mm。

7.2.1.3　补炉原则

补炉的原则是：高温、快补、薄补。补炉是将补炉材料喷投到炉衬损坏处，并借助炉内的余热在高温下使新补的耐火材料和原有的炉衬烧结成为一个整体，而这种烧结需要很高的温度才能完成。一般认为，较纯镁砂的烧结温度约为1600℃，白云石的烧结温度约为1540℃。电炉出钢后，炉衬表面温度下降很快，因此应该抓紧时间趁热快补。薄补的目的是为了保证耐火材料良好的烧结。经验表明，新补的厚度一次不应大于30mm，需要补得更厚时，应分层多次进行。

为使补炉材料能和原有的炉衬进行良好的烧结，在补炉前需将补的部位的残钢残渣扒净，否则在下一炉的冶炼过程中，会因残钢残渣的熔化而使补炉材料剥落。

7.2.1.4　补炉操作方法

补炉操作方法可分为人工投补和机械喷补。人工投补仅适合小炉子。目前，在大型电炉上多采用机械喷补。补炉机的种类较多，主要有离心补炉机和喷补机两种。

离心补炉机的效率比较高。这种补炉机用电动机或气动马达作驱动装置。电动机旋转通过立轴传递到撒料盘。落在撒料盘上的镁砂在离心力作用下，被均匀地抛向炉壁，从而达到补炉的目的。补炉机是用吊车垂直升降的。补炉工作可以沿炉衬整个圆周均匀地进行。其缺点是无法局部修补，并且需打开炉盖，使炉膛散热加快，对补炉不利。

喷补机是利用压缩空气将补炉材料喷射到炉衬上。此法是从炉门插入喷枪进行喷补，由于不打开炉盖，炉膛温度高，对局部熔损严重区域可重点修补，并对维护炉坡、炉底也有效。与转炉喷补机一样，电弧炉喷补方法分为湿法和半干法两种。湿法是将喷补料调成泥浆，泥浆含水为25%~30%。半干法喷补的物料较粗，水分一般为5%~10%。半干法和湿法喷补装置与转炉喷补装置相同。喷枪枪口形式如图7-2所示，喷枪枪口包括直管、45°弯管、90°弯管和135°弯管4种形式。喷补料以冶金镁砂为主，黏结剂为硅酸盐和磷酸盐系材料。

7.2.2　装料

电弧炉炼钢的基本炉料是废钢、返回料和增碳剂，有的也配加部分DRI、生铁（或铁水）与合金料。增碳剂主要有电极粉、焦炭粉。电极粉含碳量在95%以上，硫低、灰分低，回收率为60%~80%，是理想的增碳剂。焦炭粉含碳量约80%，回收率为40%~60%，由于价格低廉成为电炉普遍采用的增碳剂。在配料前首先要了解各种原材料的化学成分和计划消耗定额，根据本厂所炼钢种的技术标准及工艺要求进行配料。

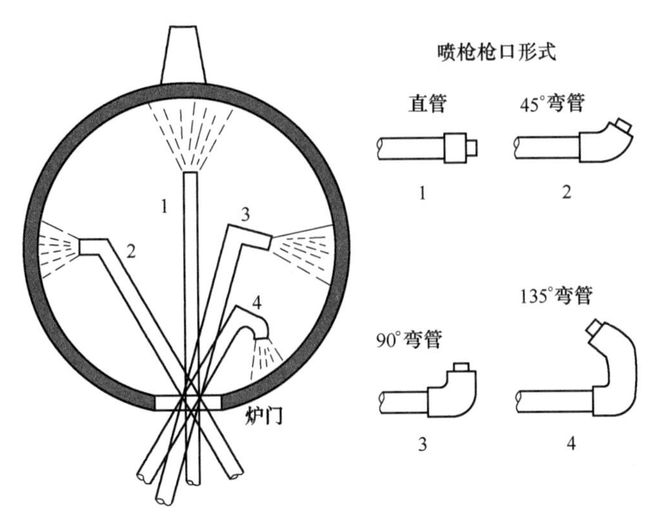

图 7-2　4 种喷枪枪口形式与喷补炉衬部位

7.2.2.1　装料前的炉料计算

装料前首先应确定出钢量，然后算出各种炉料的配入量。准确估算配料量不但可以保证冶炼过程的顺利进行，而且还能减少金属料及原材料消耗，并能合理地利用返回废钢，节约合金元素，缩短冶炼时间。

A　总装入量计算

模铸出钢量＝计划钢锭支数×钢锭单重+汤道及中注管残钢重×盘数（1.5%～3%）+熔损（3%～5%）+注余（100～150kg）　(7-1)

总装入量＝出钢量/炉料综合收得率　(7-2)

本计算未考虑氧化期加入铁矿石的金属带入量和出钢前合金的加入量，而影响废钢的熔损因素也很多，可在下一炉钢适当调整。

炉料综合收得率是根据炉料中杂质和元素烧损的总量来确定的，烧损越大，配比越高，综合收得率越低。

炉料综合收得率＝∑各种钢铁料配料比×各种钢铁料收得率+∑各种合金加入比例×各种合金收得率　(7-3)

钢铁料的收得率一般分为三级：

一级钢铁料的收得率按 98%考虑，主要包括返回废钢、软钢、洗炉钢、锻头、生铁等，这级钢铁料表面无锈或少锈；

二级钢铁料的收得率按 94%考虑，主要包括低质钢、铁路建筑废器材、弹簧钢、车轮等；

三级钢铁料的收得率波动较大，一般按 85%～90%考虑，主要包括轻薄杂铁、链板、渣钢铁等，这级钢铁料表面锈蚀严重，灰尘杂质较多。

对于新炉衬（第 1 炉），因镁质耐火材料吸附铁的能力较强，钢铁料的收得率更低，一般还需多配装入量的 1%左右。

B　配料计算

配料量＝总装入量－还原期补加合金总量－矿石进铁量　(7-4)

$$还原期补加合金总量 = \sum \frac{出钢量 \times (控制成分 - 炉中残余成分)}{合金成分 \times 收得率} \tag{7-5}$$

或

$$还原期补加合金总量 = \sum \frac{出钢量 \times 控制成分 - 配料量 \times 配料成分 \times 熔清收得率}{合金成分 \times 收得率} \tag{7-6}$$

$$矿石进铁量 = 矿石加入量 \times 矿石含铁量 \times 铁的收得率 \tag{7-7}$$

矿石的加入量一般按出钢量的4%计算，如果合金的总补加量较大，需在出钢量中扣除合金的总补加量，然后再计算矿石进铁量。矿石中的铁含量为50%~60%，铁的收得率按80%考虑，非氧化法冶炼因不用矿石，故无此项。

$$各种材料配料量 = 配料量 \times 各种材料配料比 \tag{7-8}$$

【例7-1】　氧化法冶炼45钢，电炉总装入量为10550kg，返回45废钢为2500kg，其余炉料由外来废钢和增碳剂组成。采用焦炭粉作增碳剂，回收率按50%计算。炉料配碳量取1.0%，外来废钢平均含碳量取0.25%，求各种炉料组成。

解：设外来废钢为x(kg)，焦炭粉为y(kg)。

$$\begin{cases} x + y + 2500 = 10550 \\ x \times 0.25\% + y \times 80\% \times 50\% + 2500 \times 0.45\% = 10550 \times 1.0\% \end{cases}$$

解得　$x = 7864, y = 186$

即外来废钢为7864kg，焦炭粉为186kg。

本炉45钢配料组成：返回废钢2500kg、外来废钢7864kg、焦炭粉186kg。

用不氧化法或返回吹氧法生产合金钢（合金元素含量大于4%）时，还应考虑最主要的1~2个合金元素的配入量，可列三元一次或四元一次（合金平衡）方程式求解。由于补加的铁合金料数量较大，装入的钢铁料应比出钢量适当减少。例如，冶炼1Cr13，装入量一般为出钢量的80%~85%；冶炼1Cr18Ni9Ti钢，装入量一般为出钢量的75%~80%。

当装入量确定以后，严格按配料单检料，并核对炉料化学成分、料重和种类。特别是冶炼合金钢时，更应防止错装。

电炉装料的另一重要问题，就是炉料块度的配比。合理的块度配比，可保证炉料装入密实，以减少装料次数，并稳定电弧。一般，小料（<10kg）占整个料重的15%~25%，中料（10~50kg）占40%~45%，大料（>50kg）占35%~45%。按照这样的块度配比装料，可使炉内炉料体积密度达到2500~3500kg/m^3。

7.2.2.2　装料操作

装料操作直接影响到炉料熔化速度、合金元素烧损、电能消耗和炉衬寿命。对装料的要求是速度快、密实、布料合理，尽可能一次装完，或采用先多加后补加的方法装料。

电炉一般采用炉顶装料，炉盖打开后炉膛温度以1500℃左右迅速降到800℃左右，此时散失的热量将在熔化期由电弧热弥补，使电耗增加，冶炼时间延长，因此必须强调快装。

要使炉料装得密实和导电性良好，装料时必须合理分布大、中、小块料。一般先在炉底上均匀地铺一层石灰（留钢操作、导电炉底等除外），为装料量的2%~3%，以保护炉底，同时可提前造渣。如果炉底上涨，可在炉底上加适量矿石或氧化铁皮或萤石洗炉，炉底上涨严重时可直接吹氧去除，石灰则在熔化末期补加。如果炉底正常，在石灰上面铺小块料，约为小块料总量的1/2，以免大块料直接冲击炉底。若用焦炭或碎电极块作增碳剂，可将其放在小块料上，以提高增碳效果。小块料上再装大块料和难熔料，并布置在电弧高温区，以加速熔化。在大块料之间填充中、小块料，以提高装料密度。中块料一般装在大块料的上面及四周，不仅填充大块料周围空隙，也可加速靠炉壁处的炉料熔化。最上面再铺剩余的小块料，为的是使熔化初期电极能很快“穿井”，减少弧光对炉盖的辐射。“穿井”后因有难熔的大块炉料存在，既可使电极缓慢下降，避免电弧烧伤炉底，又可使电弧在炉料中埋弧时间延长，能很好地利用电能。大块炉料装在下部，使下部炉料比上部密实，有助于消除“搭桥”现象。若用生铁块或废铁屑作增碳剂，则应装在大块炉料或难熔炉料上面。若有铁合金随料装入，则应根据各种合金的特点分布在炉内不同位置，以减少合金元素的氧化和蒸发损失。如钨铁、钼铁等不易氧化难熔的合金，可加在电弧高温区，但不应直接加在电极下面。对高温下容易蒸发的合金，如铬铁、金属镍等应加在电弧高温以外靠炉坡附近。

总之布料时应做到：下致密，上疏松；中间高，四周低，炉门口无大料。这样可使送电后穿井快，不搭桥，有利熔化的顺利进行。料罐布料情况如图7-3所示。

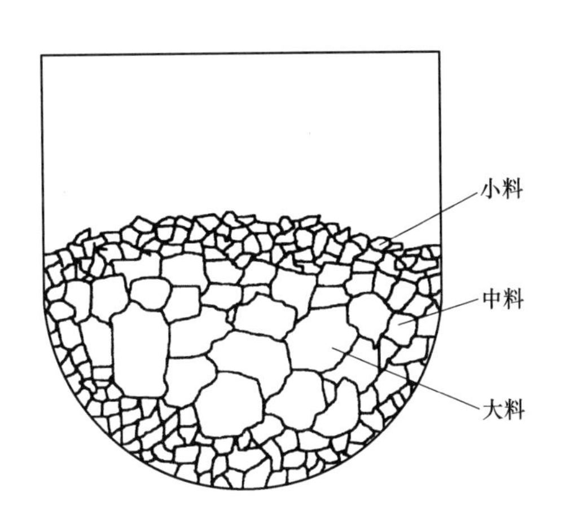

图7-3 料罐布料情况

无论哪种料罐形式，料罐进入炉内桶底不宜距炉底太高，炉料一般应装在靠近2号电极高温区稍偏向炉门处，以便于吹氧和拉料。

7.2.3 熔化期

装料完毕，确认设备可以正常运转，开始通电，称为熔化期开始；至炉料熔化完毕，并将熔化的钢液加热到加矿或吹氧氧化所要求的温度时，称为熔化期结束。在电炉冶炼时熔化期占全炉冶炼时间的50%~70%，熔化过程的电耗，占全炉冶炼总电耗的60%~80%，因此加强熔化期操作，提高炉料熔化速度，是缩短全炉冶炼时间和降低电耗的重要环节。

熔化期的主要任务是：

（1）在保证炉体寿命的前提下，合理供电，尽快使固体炉料迅速熔化成为均匀的钢液，提前造好熔化渣（以稳定电弧，并减少钢液的吸气及金属的挥发和氧化损失）；

（2）造好熔化渣，利用熔化末期炉温不高对去磷的有利条件，可去除钢液中50%~70%的磷，以减轻氧化期的去磷任务；

（3）加热钢液温度，为氧化期创造正常沸腾条件；

（4）正确控制熔化结束时钢液的各种化学成分，尤其应控制好钢液的熔毕碳量。对矿石氧化法使氧化期去碳量为0.3%~0.4%，矿石-吹氧法去碳量为0.3%以上，为以后氧化期创造有利条件。

完成上述任务，就是在熔化期做了部分氧化精炼期的工作，称为熔-氧结合。它不仅减轻了氧化期的操作任务，而且使钢的纯洁度有所提高。

7.2.3.1　炉料的熔化过程

装料完毕即可通电熔化。但在供电前，应调整好电极，保证整个冶炼过程中不切换电极，并对炉子冷却系统及绝缘情况进行必要的检查。炉内炉料熔化过程大致可分为四个阶段，如图 7-4 所示。因为各个阶段情况不同，所以供电制度也应随之变化（见图 7-5，表 7-2），这样才能保证炉料的快速熔化。

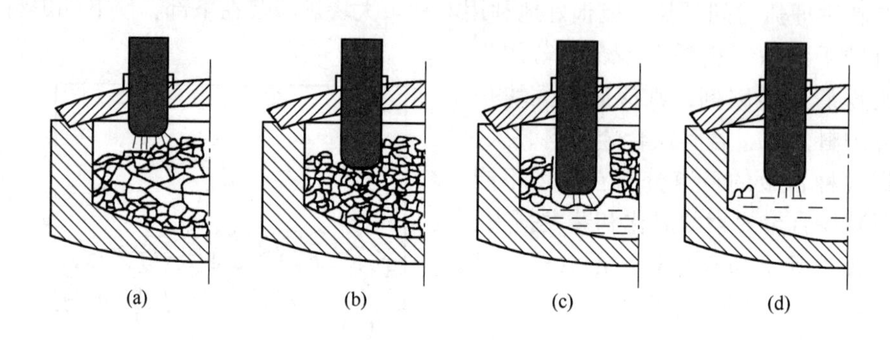

图 7-4　炉料熔化过程

（a）起弧；（b）穿井；（c）电极回升；（d）熔清

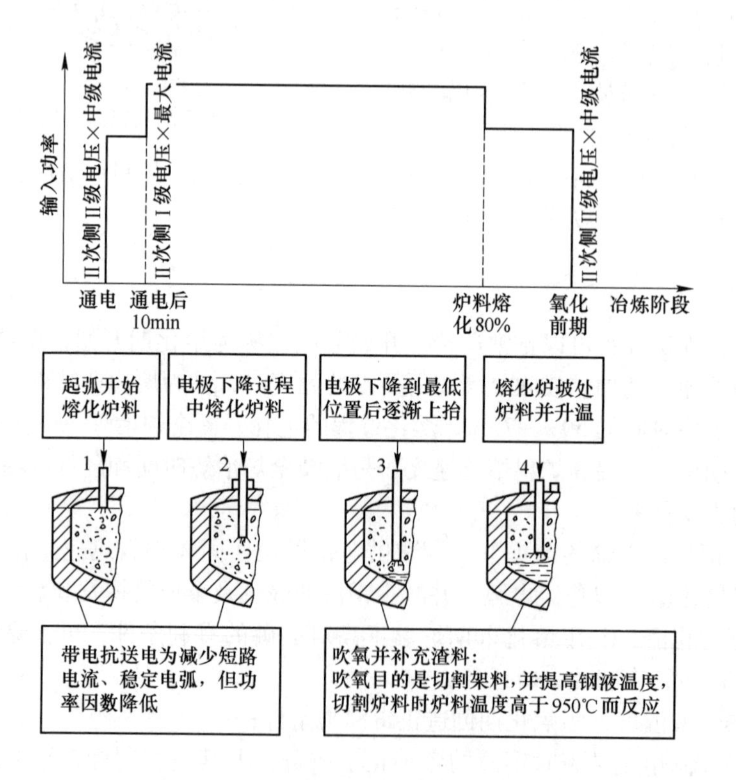

图 7-5　供电制度和炉料熔化过程的关系

表 7-2 炉料熔化过程与操作方法

熔化过程	电极位置	必要条件	操作方法
起弧期	送电→$1.5d_{极}$	保护炉顶	较低电压，顶布轻废料
穿井期	$1.5d_{极}$→炉底	保护炉底	较大电压，石灰垫底
电极回升	炉底→电弧暴露	快速熔化	最大电压
熔清	电弧暴露→全熔	保护炉壁	低电压、大电流，水冷加泡沫渣

(1) 第一阶段：起弧期。放下电极，通电起弧。开始通电时，手动强迫电极下降接触炉料，产生极大的短路电流，电极与炉料之间的空气被电离，当电极与金属炉料分开（手动换自动）时形成电弧。从送电起弧至电极端部下降 $1.5d_{极}$ 深度为起弧期（2~3min）。在电弧的作用下，一小部分元素挥发，并被炉气氧化、生成红棕色的烟雾，从炉中逸出。此期电流不稳定，电弧在炉顶附近燃烧辐射。二次电压越高，电弧越长，对炉顶辐射越厉害，并且热量损失也越多。为了保护炉顶，在炉上部布一些轻薄小料，以便让电极快速插入料中，以减少电弧对炉顶的辐射；供电上采用较低电压、电流。

(2) 第二阶段：穿井期。这个阶段主要是电极穿井和熔化电极下面炉料的过程。由于自动功率调节器的作用，电极始终要与炉料保持一定距离，所以电极随着炉料的熔化而不断下降，在炉料中形成三个比电极直径大 30%~40%的深坑，称为电极穿井。经过 15~25min，电极即可降到最低位置，此时炉底已形成熔池，至此穿井期结束。

此期虽然电弧被炉料所遮蔽，但因为不断出现塌料现象，电弧燃烧不稳定，所以供电上采取较大的二次电压、大电流或采用高电压带电抗操作，以增加穿井的直径与穿井的速度。但应注意保护炉底，办法是：加料前采取石灰垫底，炉中部布大、重废钢以及采用合理的炉型。

(3) 第三阶段：电极回升期。这个阶段主要靠电弧热辐射使得电极周围的炉料被熔化，熔化的金属聚集在炉底，使钢液面不断上升。为了维持一定的电弧长度，电极也相应回升，最后仅剩下远离电弧低温区附近的炉料时，回升阶段即告结束。这一阶段需 20~40min。

在电极回升期，由于电弧埋入炉料中，电弧稳定、热效率高、传热条件好，故应以最大功率供电，即采用最高电压、最大电流供电。主熔化期时间约占整个熔化期的 70%。

(4) 第四阶段：熔清阶段。这个阶段的主要任务是熔化靠近炉坡、出钢口及炉门两侧等低温区的炉料。为了加速这些炉料的熔化速度，应及时将其推拉进入高温区或用氧气切割等办法，促使快速熔化，以缩短熔化时间。一般熔清阶段需 10~15min。

此阶段因炉壁暴露，尤其是炉壁热点区的暴露受到电弧的强烈辐射，故应注意保护。此时供电上可采取低电压、大电流，否则应采取泡沫渣埋弧工艺。

7.2.3.2 熔化过程的主要物理化学变化

在熔化过程中，炉料由固体变为液体，炉中会发生一系列的物理化学反应，如元素的挥发、元素的氧化和钢液吸气等。

A 元素的挥发

电弧是非常集中的热源，电弧柱的温度高达 3000~6000℃，这个温度远远超过金属及其氧化物的沸点，就连最难熔的元素钨的沸点也在 6000℃以下，因此炉料熔化时在电弧区内会发生元素的挥发现象。钢中主要元素的沸点见表 7-3。

表 7-3 元素的沸点（0.1MPa）

元素	Al	Mn	Si	Cu	Cr	Ni	Fe	Mo	W	Co
沸点/℃	2057	2152	2252	2310	2477	2732	2735	4804	5930	3200

除了这种直接挥发外，元素还可能先形成氧化物，然后氧化物在高温下挥发出去。如钼、钨等元素主要是这种间接挥发损失。

在熔化期，从炉门或电极孔逸出的红棕色烟雾，就是某些金属及其氧化物的挥发产物。其主要成分是微小的 Fe_2O_3颗粒，因铁在炉料中所占比例最大，其沸点又较低，所以挥发量也最多。熔化时，金属挥发的总损失在 2%~3%。为了减少金属元素的挥发损失，必须提前造好熔化渣，减少钢液与电弧的直接作用机会；在随炉料装入铁合金时，应避免直接布置在电极下面，防止电弧与铁合金料直接接触。

B 元素的氧化

熔化期元素的氧化是不可避免的。因为炉内存在着氧（炉料表面的铁锈、炉气及吹氧助熔而引入的氧气都是炉内氧的来源）。各种元素的氧化损失取决于元素本身的特性和含量、冶炼方法、炉渣成分、炉料表面质量和吹氧强度等。

常见的元素氧化损失情况大致如下：

（1）Si：一般氧化损失 70%~80%。普通废钢含 Si 0.17%~0.37%，熔清后残余的 [Si] 仅有 0.02%~0.05%。冶炼高合金钢时（如不锈钢），如配 Si 量大于 1.0%，则 Si 的氧化损失为 50%~70%（提温）。

（2）Al、Ti：Al、Ti 等为氧亲和力强的元素，熔清后几乎全部被氧化。

（3）Mn：炉料中 Mn 含量不小于 0.5%时，[Mn] 的氧化损失为 50%~60%；炉料中 Mn 含量不大于 0.5%时，[Mn] 的氧化损失为 30%~50%。

（4）S：在熔化期的变化不明显。

（5）P：与熔化期炉渣成分 Σ(FeO) 大小、碱度有关。[P] 在熔化期的氧化损失为 40%~70%。

（6）C：炉料中 C 含量不大于 0.3%时，[C] 在熔化期的氧化损失很少；炉料中 C 含量大于 0.3%时，[C] 的氧化损失为 20%~40%。

（7）Fe：氧化损失取决于炉料表面质量、吹氧强度、熔化时间等，一般为 3%~5%。如废钢质量差、轻薄料较多，Fe 氧化损失可大大超过 5%。

同挥发损失相比，凡与氧亲和力大的元素，在熔化期的损失以氧化损失为主。凡与氧亲和力小的或不易氧化的元素，熔化期的损失以挥发为主。

C 钢液的吸气

气体的来源有铁锈（$Fe_2O_3 \cdot nH_2O$）或吸潮的炉料以及炉气中的 O_2、H_2O、N_2。

在电弧高温作用下，气体由分子状被分解为 [O]、[H]、[N]，因气体在钢液中的溶解度随温度的升高而增加。当固体炉料逐渐熔化变为液体时，这些被分解为原子状的 [O]、[H]、[N] 会直接或间接地通过渣层而熔解于钢液中。所以在经过熔化期后，钢液中的气体含量总是在逐渐增加的。

在熔化期随着温度的升高，被熔化的金属液滴在自上而下的移动时，与炉气直接接触，不但接触面积大，而且接触时间也长，这就为金属液滴的吸气创造了有利的机会。

为减少钢液的吸气量，最有效的方法是尽早造好熔化渣；其次，及时做好吹氧助熔工作，由于碳氧反应使钢液产生沸腾，有利于降低钢液中的气体含量。

7.2.3.3　熔化期工艺操作要点

A　吹氧助熔

当电极到底后，炉底已经形成部分熔池，炉门附近的炉料已达到红热程度时（在950℃以上），应及时吹氧助熔，以利用元素氧化热加热、熔化炉料。吹氧不宜过早，否则所生成的氧化铁将积聚在温度尚低的熔池中，待温度上升时会发生急剧的氧化反应，引起爆炸式的大沸腾，导致恶性事故。合适的助熔氧压为0.4~0.6MPa。吹氧助熔开始时应以切割法为主，先切割炉门及其两侧炉料（打开吹氧通道），后切割靠近电极“搭桥”的大块炉料，再切割炉坡附近的炉料。对炉坡附近炉料能用铁耙推拉进入熔池的，就不用氧气切割，以防止损坏炉衬。采用切割法有利于消除炉料搭桥现象，避免大塌料事故的发生。当炉料全浸入熔池后，立即在钢渣界面吹氧提温，以尽快熔清废钢。如果配碳量偏低，可在渣面上吹氧助熔，以提高渣温为主，炉料熔化速度也较快；如果配碳量偏高，可浅插钢水吹氧助熔，这样升温降碳均较快，可获得更快的熔化速度。每吹1m^3的氧气，节约电能4~6kW·h；每吨钢吹入约15m^3的氧气，一般可缩短熔化时间20~30min，可节电80~100kW·h。

B　造渣及脱磷

当炉料熔化80%左右，应做好去磷的准备工作，调整好有利去磷的炉渣。它包括合适的碱度、强的氧化性、足够的渣量及良好的流动性。

按脱磷的热力学条件，熔化期钢液温度较低，为1500~1540℃，这是难得的去磷的重要条件。在熔化中后期，由于采用吹氧助熔，钢液温度已在熔点以上，已能保证脱磷动力学条件的需要。如果在这时陆续加入碎矿石或氧化铁皮以及补加石灰（可根据炉料中的含硅量，算出炉渣中SiO_2的含量，再根据熔化期炉渣所需的碱度计算石灰加入量。一般石灰加入量应在2.0%~2.5%以上），加大造渣量，使总渣量在3%~5%，碱度在2.0~2.5，渣中$w(FeO)$在15%~20%，就可以使原料中的磷去除50%~70%。在炉料熔清后，先是自动流渣，而后扒去大部分炉渣重新造渣，可使氧化期时间大为缩短。

熔化期炉渣成分依钢种和操作条件的不同有所变化，大致成分如下：

$w(CaO)=30\%\sim45\%$；$w(SiO_2)=15\%\sim25\%$；$w(MnO)=6\%\sim10\%$；$w(FeO)=15\%\sim25\%$；$w(MgO)=6\%\sim10\%$；$w(P_2O_5)=0.4\%\sim1.0\%$。

在冶炼高碳钢时，氧化期的脱磷工作比较困难，必须在熔化期将磷去除到规格之内，才允许转入氧化期操作。冶炼中、低碳钢时，氧化期去磷不是很困难，即使熔清钢液中磷含量略高于钢的规格，可利用氧化期脱碳沸腾和自动流渣方法顺利完成脱磷任务。

目前很多工厂把氧化期的脱磷任务提前到熔化期来完成，使炉料熔清时钢中磷含量进入规格，这样氧化期就可以吹氧升温脱碳，而无须再去脱磷。

炉料熔化90%时，应经搅拌后取参考试样，分析钢中C、P等主要元素（含残余元素），确定氧化工艺操作，决定所炼钢种。

当炉料全熔后，根据钢中磷含量高低，进行自动流渣（$w[P]\leqslant 0.015\%$、加小矿、倾炉流渣），或扒除部分炉渣（$w[P]\geqslant 0.02\%$、扒渣 50%～80%），为进入氧化期创造条件。

当炉料熔清，碳含量不能满足所冶炼钢种去碳量的要求时，一般应采取先扒渣增碳后造新渣的操作方法，也可采取推渣增碳的方法。

当炉料熔化完毕，一般应有 10～15min 的升温时间，在温度合适及渣况良好的条件下，便可进入氧化期操作。

7.2.3.4　加速炉料熔化的措施

（1）快速补炉和合理装料。快速补炉，目的在于最大限度地利用上一炉出钢后炉衬的余热，在 3～5min 内补好炉子并快速装料，使炉料能够有效地吸收炉衬的余热，为通电平稳起弧和加速熔化创造条件。合理装料，要求炉料有合适的块度搭配和提高装料密度，可减少装料次数，同时炉料在炉内的合理布置为有效吸收电弧热能使炉料得以快速熔化。

（2）提高变压器的输出功率。国内很多电炉普遍采用扩大装入量的办法来增加电炉钢的产量。采用强制循环油冷或双水内冷变压器，对变压器外壳进行风冷或喷雾、喷水冷却，提高变压器油与绕组的绝缘级别，使变压器允许过载 30%～50%。但变压器油面温度不允许高于 85℃，一般应经常保持在 60～70℃以内。另外，在熔化期应尽可能少用电抗器，也可以增加变压器的输入功率。

采用超高功率供电，是用增加单位时间内输入电能的方法，缩短熔化时间和升温时间，可缩短熔化期一半左右，使钢产量提高一倍以上。超高功率电炉具有独特的供电制度，在整个冶炼过程中采用高功率供电，其中熔化期采用高电压、长电弧快速化料，熔化末期采用埋弧泡沫渣操作，促使熔池升温和搅拌，以保证熔体成分和温度均匀以及减轻炉衬的热负荷。

（3）吹氧助熔。吹氧可以使金属中的铁、硅、锰、碳等元素发生直接氧化反应，同时放出大量的热量，提高熔池温度，促使炉料熔化，从而起到助熔作用。此外，吹氧可以切割废钢，使整个炉料趋于均匀熔化，还可搅动钢水，提高传热效率，有一定程度的去除气体和夹杂能力。

（4）烧嘴助熔。在电炉上采用烧嘴助熔，使电炉炼钢增加了外来热源。烧嘴助熔使用的燃料有重油、煤气、天然气、甲烷等，使用的氧化剂有纯氧或富氧空气以及空气。助熔的烧嘴可以从炉门插入，大型电炉则从炉壁的三个冷点区伸入烧嘴。用烧嘴来加速炉料熔化、缩短熔化期的方法，越来越受到人们的重视，并取得了一定的效果。

（5）废钢预热。废钢经过炉外预热，可以缩短熔化时间，降低电耗，还能消除炉料中的水分、油污，通电时可以增加电弧的稳定性和提前吹氧助熔，对减少钢中气体和保证顺利操作都有好处。废钢经过预热，使所需要的能量减少。这意味着，变压器输入功率不变，熔化期按相应比例缩短。

（6）开发、推广二次燃烧技术。二次燃烧技术是电炉取得能量的最经济方法，它的原理是向炉内熔池上部吹氧，使氧化反应生成的 CO 大多数进一步氧化为 CO_2，反应生成的热量传至炉料或熔池。利用炉气化学能，可加快废钢熔化，提高生产率 5%～15%，降低电耗 25～40kW·h/t，但要多消耗约 $10m^3/t$ 的氧气。

（7）执行泡沫渣工艺，提高热能利用系数。泡沫渣工艺是超高功率电炉的配套工艺，它是在不增大渣量的前提下，使炉渣呈很厚的泡沫状，以屏蔽电弧，保护炉衬，提高电弧对熔池的加热效率。熔化末期造泡沫渣，有利于加速熔池残余废钢的熔化和钢液升温工作。常用的造泡沫渣方法有加矿石吹氧结合加焦炭粒、喷吹碳粉加吹氧加矿石等方法。采用泡沫渣后加热效率可达60%以上，节电10~30kW·h/t，缩短冶炼时间14%。

（8）缩短熔化期的其他措施。随着电炉变压器输出电流的增大，改进短网布置，增大短网导体截面积，改用大直径和高导电能力的电极，缩短短网长度，使短网导电能力和电效率均能得到提高。

采用留钢留渣操作，将注余钢水和热渣回炉，可以充分利用剩余钢水和炉渣的物理热，并可提前吹氧助熔，从而缩短熔化时间并降低电耗。

7.2.4 氧化期

要去除钢中的磷、气体和夹杂物，必须采用氧化法冶炼。氧化期是氧化法冶炼的主要过程。传统冶炼工艺，当废钢等炉料完全熔化，并达到氧化温度，磷脱除70%以上时便进入氧化期，这一阶段到扒完氧化渣为止。为保证冶金反应的进行，氧化开始温度应高于钢液熔点50~80℃。

7.2.4.1 氧化期的任务

（1）进一步降低钢液中的磷含量，使其低于成品规格的一半（见表7-4）。考虑到还原期及钢包中可能回磷，一般钢种要求 $w[P]_{氧化} \leq 0.015\% \sim 0.010\%$。炼高锰钢时，由于锰铁中含磷高，应控制得更低些。

表7-4 钢中成品磷含量对氧化末期去磷要求（≤） %

规格磷含量	0.4	0.035	0.03	0.025	0.020
扒渣前磷含量	0.02	0.015	0.012	0.010	0.008

（2）去除钢液中气体和非金属夹杂物。氧化期结束时 $w[N]$ 降到0.004%~0.007%，$w[H]$ 降到 3.5×10^{-6} 以下，夹杂物总量不超过0.01%。

（3）加热和均匀钢水温度，使氧化末期温度高于出钢温度10~20℃，为还原期造渣、加合金创造条件。

（4）控制钢中的含碳量。考虑到还原期脱氧和电极增碳，氧化末期的含碳量一般低于钢种规格下限0.03%~0.08%。对某些密封性较差、炉容量偏小的电炉，在扒除氧化渣过程中降碳较多，氧化末期钢中含碳量应控制在钢种规格中限范围。

氧化期的主要任务是去磷和脱碳，去除钢中气体、夹杂和钢液升温是在脱碳过程中同时进行的。

为了完成上述任务，配料时就必须把碳量配得高出所炼钢种碳规格上限的一定量，使熔清时钢中碳含量超出规格下限0.3%，以供氧化期氧化碳的操作所用。同时还必须向熔池输送氧，制造高氧化性的炉渣，以氧化碳、磷等元素。电弧炉广泛使用的氧化剂是铁矿石和氧气。

7.2.4.2　氧化期的氧化方法

氧化期的氧化方法分为矿石氧化法、吹氧氧化法和综合氧化法。

A　矿石氧化法

矿石氧化法是一种间接氧化法，它是利用铁矿石中的高价氧化铁（Fe_2O_3或Fe_3O_4），加入到熔池中后转变成低价氧化铁（FeO），FeO 小部分留在渣中，大部分用于钢液中碳和磷的氧化。此法可应用于缺乏氧气的地方小厂。矿石氧化法炉内冶炼温度较低，致使氧化时间延长，但脱磷和脱碳反应容易相互配合。

其工艺流程是：熔化→提温→流渣造渣→加矿（分 2~3 批加入，加矿数量占金属料重的 3%~4%）→扒去 1/3~1/2 的氧化渣→w[C] <20.2%，加 w[Mn] ≈0.2%→纯沸腾 10min 扒除氧化渣。

B　吹氧氧化法

吹氧氧化法是一种直接氧化法，即直接向熔池吹入氧气，氧化钢中碳等元素。单独采用氧气进行氧化操作时，在含碳量相同的情况下，渣中 FeO 含量远远低于用矿石氧化时的含量。因此停止吹氧后熔池较用矿石氧化时容易趋向稳定，熔池温度比较高，钢中 W、Cr、Mn 等元素的氧化损失也较少，但不利于脱磷，所以在熔清后含磷量高时不宜采用。

在原料含磷量不高的情况下，应在装料中加入适量石灰及少量矿石提前在熔化期脱磷。对冶炼高碳钢，由于炉料易于熔化，因此要抓紧在金属炉料大半熔化时（钢液占整个料重的 70%~80%）积极调渣，达到早期去磷的效果，否则进入氧化期后去磷就困难了。熔炼低碳钢炉料化得慢，但化好后，钢液温度也迅速升高，所以也要注意早期调渣，以达到早期去磷的效果。

当钢中磷含量基本符合要求后，要迅速加入石灰、萤石调渣，使钢液迅速加热，同时起到防止回磷的作用。

采用吹氧脱碳（与综合氧化法后期吹氧操作工艺相同）可在较低的温度下进行，使熔池中气体的原始含量较低，而脱碳速度却比加矿脱碳速度高，因此可在脱碳量不大（>0.2%）的情况下，仍能保证金属的去气和去除夹杂物，而且不用矿石脱碳，相对减少了钢中气体和非金属夹杂物的带入量，从而提高了钢液的纯洁度。

C　综合氧化法

综合氧化法是指氧化前期加矿石、后期吹氧的氧化工艺，并共同完成氧化期的任务。这是生产中常用的一种方法。

前期加矿，可使熔池保持均匀沸腾，自动流渣，使钢中的磷含量顺利去除到 0.015% 以下。后期吹氧，可提高脱碳速度，缩短氧化时间（特别是炼低碳钢），降低电耗，使熔池温度迅速提高到规定的氧化末期温度，也有利于钢中气体和夹杂物的排除，减少钢中残余过剩氧含量。

当炉料熔清以后，充分搅拌熔池，取样分析钢中 C、Mn、P、S 及 Ni、Cr、Cu 等元素，在 w[P] 高于 0.03%时，可向炉渣加入铁皮或小块矿石，并进行换渣操作。

当钢中磷含量小于 0.03%、脱碳量不小于 0.3%、温度高于规定温度，就可加入矿石进行氧化操作。综合氧化法的加矿和吹氧的比例视钢中磷含量高低而定，钢中磷高时可提高矿石氧化比例。综合氧化法矿石加入量一般占金属料重的 1%~3%。当矿石加入量为

1%时，可一批加入；当矿石加入量为2%~3%时，应分为两批加入。每批矿石间隔时间为5~7min（陆续加入一批矿石不少于5min），在加入每批矿石的同时，应补加占矿石量50%~70%的石灰及少量萤石调渣。在加完矿石5min之后，应经搅拌取样分析钢中C、P及有关元素。炉前工根据炉渣、炉温、加矿的数量与时间以及流渣和换渣等情况，加上对碳火花的识别，凭经验判断出当时炉中钢液的碳、磷含量范围，在 $w[P] \leqslant 0.015\%$ 时即可进入吹氧操作。在 $w[P]>0.015\%$ 时，可换渣后再进入吹氧操作。吹氧压力一般控制在0.5~0.8MPa（不锈钢可达0.8~1.2MPa），吹氧管直径选用19~25mm（外涂约5mm厚的耐火泥），过细的吹氧管烧蚀极快；吹氧去碳的速度一般控制在0.02%~0.04%/min；连续吹氧时间应不少于5min。

在吹氧操作时，控制吹氧管与水平角度成20°~30°（先小后大），吹氧管插入钢液面以下100~200mm深度。为了均匀脱碳，防止钢液和炉衬局部过热，吹氧管应在炉内来回移动，但应注意吹氧管头不能触及炉坡、炉底及炉门两侧。为改善吹氧操作的劳动条件，可采用炉顶水冷升降氧枪及炉门水冷卧式氧枪。炉顶水冷升降氧枪机械化控制水平较高，适用于大中型电弧炉。炉门水冷卧式氧枪喷头（喷头与水冷导管成一定角度，喷头为直管或拉瓦尔管）可安放在电炉熔池中心，脱碳速度（氧压为0.8~1.2MPa）及热效率（停电升高电极进行吹氧操作）较高，氧枪操作及管理较为方便。

吹氧操作氧化终点碳量的控制最为关键。在吹氧后期，炉前工应取样估碳，当确认钢中碳含量已合乎氧化终点碳量的规定时（一般低于钢种规格中限0.03%~0.08%），应立即停止吹氧以防止终点碳量脱得过低，造成后期增碳，或脱碳量不足而造成二次氧化。在氧化结束时，$w[P] \leqslant 0.015\%$，钢液温度高于出钢温度10~20℃，炉渣流动性合适，如果操作中规定需要加入锰铁时，应在扒渣前5min加入，保持5min的清洁沸腾时间，然后立即扒除氧化渣。

当温度、化学成分合适，就应停止加矿或吹氧，继续流渣并调整好炉渣，使其成为流动性良好的薄渣层，让熔池进入微弱的自然沸腾，称为净沸腾。净沸腾时间为5~10min，其目的是使钢液中的残余含氧量降低，并使气体及夹杂物充分上浮，以利于还原期的顺利进行。在冶炼低碳结构钢时，由于钢中过剩氧量多，应按0.2%计算加锰预脱氧，并可使碳不再继续被氧化，称为锰沸腾。有人认为，这时用高碳锰铁可以出现一个二次沸腾，较为有利；也有人认为，加入硅锰合金可使预脱氧的效果更好。这两种观点各有理由，目前尚无定论。在沸腾结束前3min充分搅拌熔池，然后进行测温及取样分析，准备扒除氧化渣。

在熔清后钢液中磷含量不高的条件下，加矿与吹氧可以同时进行（或交替进行），并可提高吹氧氧化脱碳的比例，达到较好的技术经济指标。

7.2.4.3 氧化去磷

脱磷反应是界面反应，由下列反应组成：

$$2[P]+5(FeO)=\!=\!=(P_2O_5)+5[Fe],\Delta H^{\ominus}=-261.24\ kJ/mol \tag{7-9}$$

$$(P_2O_5)+3(FeO)=\!=\!=(3FeO\cdot P_2O_5),\Delta H^{\ominus}=-128.52kJ/mol \tag{7-10}$$

$$(3FeO\cdot P_2O_5)+4(CaO)=\!=\!=(4CaO\cdot P_2O_5)+3(FeO),\Delta H^{\ominus}=-546.4kJ/mol \tag{7-11}$$

$$2[P]+5(FeO)+4(CaO)=\!=\!=(4CaO\cdot P_2O_5)+5[Fe],\Delta H^{\ominus}=-954.24kJ/mol \tag{7-12}$$

其平衡常数为：

$$K_p = \frac{a_{4CaO\cdot P_2O_5}}{(w[P])^2 \cdot a_{FeO}^5 \cdot a_{CaO}^4} \tag{7-13}$$

启普曼认为去磷反应的平衡常数 K_p 和温度之间的关系式为：

$$\lg K_p = \lg \frac{a_{4CaO\cdot P_2O_5}}{(w[P])^2 \cdot a_{FeO}^5 \cdot a_{CaO}^4} = \frac{40067}{T} - 15.06 \tag{7-14}$$

在炼钢条件下，脱磷效果可用熔渣与金属中磷浓度的比值表示，称为磷的分配系数 L_P，又称脱磷指数，即：

$$L_P = \frac{w(P)}{w[P]} \text{ 或 } L_P = \frac{w(P_2O_5)}{(w[P])^2} \text{ 或 } L_P = \frac{w(P_2O_5)}{w[P]} \text{ 或 } L_P = \frac{w(4CaO \cdot P_2O_5)}{(w[P])^2}$$

由以上论述可得出脱磷的热力学条件。去磷的基本条件是提高渣中 FeO 和 CaO 的活度、较低的熔池反应温度。

目前电炉中脱磷总的趋向是把氧化期的脱磷任务大部分提前到熔化期内进行，使进入氧化期时钢中的磷含量已降到规格范围之内，在氧化初期再进一步将磷氧化到规格含量的一半以下。在操作上通过加入石灰和矿石，不断地流渣或扒渣，加强搅拌和控制较低的反应温度，就可以顺利脱磷。

（1）温度的影响。脱磷是一个放热反应，按照热力学观点，低温有利于放热反应进行。脱磷指数与温度的关系如图 7-6 所示。在钢液温度为 1550℃时，为使 $L_P = 100$，需要 $R \approx 2.0 \sim 2.5$，$w(FeO) = 10\%$ 即能达到去磷要求；而在 1650℃ 却需要 $R \approx 2.5 \sim 3.0$，$w(FeO) = 20\%$，才能达到温度在 1550℃时相同的脱磷效果。生产实践证明，熔化后期和氧化初期，熔池温度较低，对脱磷是有利的，应抓紧时间完成脱磷任务。但应指出，温度过低将使炉渣的流动性变差，石灰熔解缓慢，去磷反应也不易进行，熔化后期的吹氧助熔，提高了熔池的温度，改善了钢液和炉渣的流动性，并利用吹氧在钢渣界面产生良好的沸腾，增大了钢渣接触界面，使脱磷反应得以顺利进行。所以，对于去磷，必然存在着一个适当的温度范围，一般认为这一温度范围是 1470～1530℃。

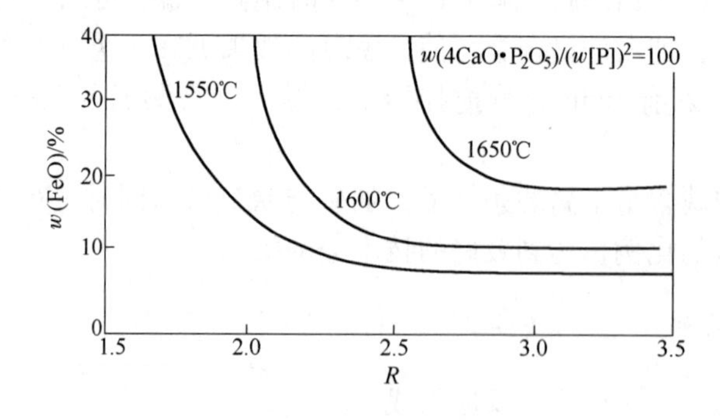

图 7-6　脱磷指数（100）与温度的关系

（2）炉渣氧化性的影响。炉渣必须有一定的氧化性，这是脱磷的首要条件。炉渣的氧化性主要取决于渣中的 $w(FeO)$，渣中的 $w(FeO)$ 高，则其氧化性就强，反之则低。炉渣的脱磷能力随着渣中 $w(FeO)$ 的增加而提高，但并不是 $w(FeO)$ 越高越好，$w(FeO)$

过高的炉渣，碱度很低，其脱磷能力反而下降。实践证明：在 $w(CaO)/w(SiO_2)$ 比值一定时，$w(FeO)=12\%\sim18\%$ 对脱磷最有利（见图 7-7）。

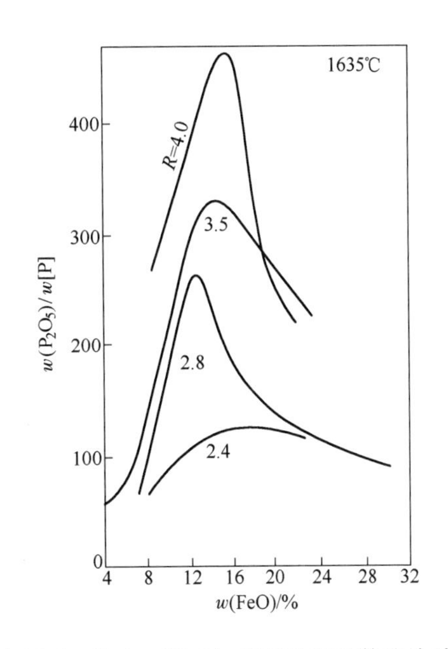

图 7-7 渣中 $w(FeO)$ 和磷分配系数的关系

（3）炉渣碱度的影响。炉渣中的 CaO 是脱磷的充分条件。$w(SiO_2)$ 含量增加，碱度就下降，当 $w(SiO_2)>30\%$ 时，炉渣几乎没有脱磷能力。实践证明：只有当 R 在 2.5 以下时，用 CaO 提高碱度才对去磷反应产生显著作用。如果 $R>3.0$ 以后，继续增加 $w(CaO)$ 含量，会使炉渣变稠，反而不利于磷的氧化反应。这时提高渣中 $w(FeO)$ 含量，则能显著地提高炉渣的脱磷能力（见图 7-8）。

渣中 CaO 与 FeO 含量的比值与脱磷也有一定关系，如图 7-9 所示。当 $w(CaO)/w(FeO)=2.5\sim3.5$ 时。磷的分配比值可以达到最大。因为这个比值在保持磷氧化的同时，又促进了磷氧化物结合成稳定的 $4CaO \cdot P_2O_5$ 化合物。

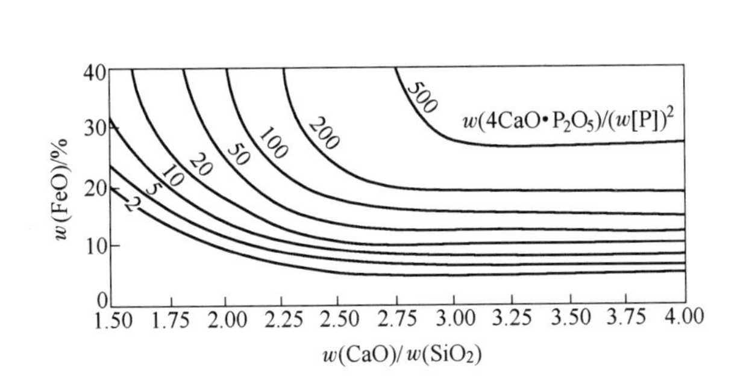

图 7-8 炉渣碱度、$w(FeO)$ 与脱磷指数的关系

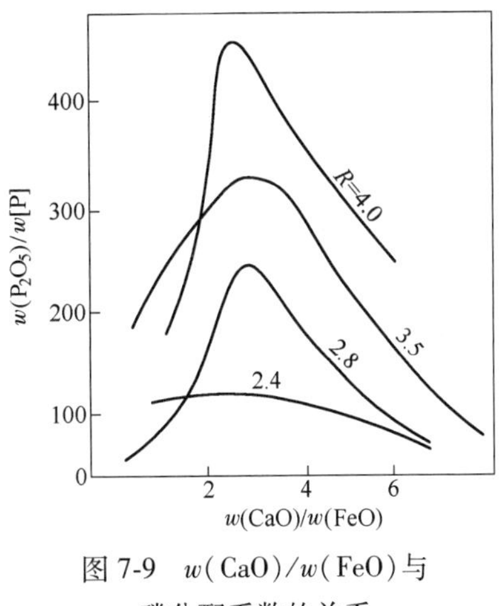

图 7-9 $w(CaO)/w(FeO)$ 与磷分配系数的关系

（4）炉渣中其他成分的影响。渣中 MgO 和 MnO 是碱性氧化物，也能与（P_2O_5）生成（$3MgO \cdot P_2O_5$）和（$3MnO \cdot P_2O_5$），也有脱磷的作用，但不如 $4CaO \cdot P_2O_5$ 稳定，脱磷能力远低于 CaO。特别是 MgO 会显著降低炉渣流动性，当其含量高于 10%时，炉渣的脱磷能力是很低的。在这种情况下，必须采用换渣操作。

渣中加入适量的 CaF_2 能改善炉渣的流动性，有助于石灰的熔化，增加渣中 CaO 的有效浓度，因此有利于脱磷。SiO_2 和 Al_2O_3 在碱性渣中虽能增加流动性，但会降低炉渣的碱度，即降低（CaO）的有效浓度而对去磷不利。在高温下，当（SiO_2）过高时还会发生回磷反应。

（5）渣量的影响。在一定条件下，增大渣量必然降低渣中 P_2O_5 的百分含量，破坏钢渣间磷分配的平衡性，促使去磷反应进行，使钢中磷降得更低。但渣量过大，会使钢液面上渣层过厚，因而减慢去磷速度，同时还影响了钢液的沸腾，使气体及夹杂物的排除受到影响。

实际生产中，当熔清磷大于0.06%才采用换渣操作，熔清磷小于0.04%则采用流渣操作，使炉内保持3%~5%的渣量，即可取得良好的去磷效果。实践证明，以下几点是保证去磷的良好条件：

（1）炉渣 $w(FeO)=12\%\sim20\%$，$R=2.0\sim3.0$，$w(CaO)/w(FeO)=2.5\sim3.5$，流动性良好；

（2）控制适当偏低的温度；

（3）采用大渣量及换渣、流渣操作；

（4）加强钢渣搅拌作用。

此外，钢中硅、锰、铬、碳等元素对磷的氧化也有较大的影响。只有在硅几乎氧化完以及锰、铬氧化到小于0.5%后，磷才能较快地氧化。理论与实践都证明，电炉与转炉相比有着良好的去磷效果，因为转炉使用大量铁水，金属液中的 $w[Si]$、$w[Mn]$、$w[C]$ 含量都偏高，而熔池温度的控制远不如电炉操作方便，因此电炉可将钢中的磷去除到很低的水平。但冶炼高铬钢时，磷无法靠氧化去除，必须严格控制炉料中的含磷量。

碳在低温时与氧的作用比较缓慢，因此炉渣中有足够的 FeO 含量时并不妨碍磷的氧化。但是在较高的温度下，碳的氧化激烈，此时磷的氧化缓慢，甚至停止氧化而产生回磷现象。因此，在实际操作中应该利用熔炼前期温度较低的条件，趁碳氧反应没有充分发展以前，尽快地将磷降下来。钢液中含碳量增加，阻碍磷氧化的趋势相应加大，所以高碳钢比低碳钢脱磷要困难些，在其他条件相似时，更应控制熔池温度，不要升温过快过高。

吹氧氧化时熔池温度上升很快，脱磷的热力学条件变差，不如矿石法氧化对脱磷有利。但只要做好熔化期的脱磷工作，在氧化初期吹氧脱碳，熔池温度升高，可以使高碱度、高氧化性的炉渣具有良好的流动性，同样具备脱磷条件。

7.2.4.4　钢液脱碳

A　加矿石脱碳

加矿石脱碳时，矿石中的高价铁吸热变为低价氧化亚铁，即：

$$Fe_2O_3 = 2(FeO)+1/2(O_2),\Delta H^{\ominus}=340.2\text{kJ/mol} \tag{7-15}$$

氧化亚铁由炉渣向钢液的反应扩散转移，即：

$$(FeO) = [Fe]+[O],\Delta H^{\ominus}=121.38\text{kJ/mol} \tag{7-16}$$

钢液中氧和碳在反应区进行反应，生成一氧化碳，一氧化碳气体分子长大成气泡，从钢液中上浮逸出，进入炉气，即：

$$[O]+[C] = \{CO\},\Delta H^{\ominus}=-35.742\text{kJ/mol} \tag{7-17}$$

总的反应式表示为：

$$(FeO)+[C] = [Fe]+\{CO\},\Delta H^{\ominus}=85.638\text{kJ/mol} \tag{7-18}$$

上述过程包括反应物的转移（扩散）、化学反应、生成物的长大及排除三个步骤。对于矿石法脱碳反应来说，FeO 由炉渣向钢液的扩散以及脱碳的总过程都是吸热反应。在炼钢温度下，碳氧反应本身是能够顺利进行的。CO 气泡能顺利地在炉底及钢液中悬浮的固体质点形成核心，然后长大上浮逸出。所以生成物的排除也是很容易的，FeO 的扩散是决定反应速度的关键因素。

矿石法脱碳操作要点应该是：高温、薄渣、分批加矿、均匀激烈的沸腾。

矿石的加入量必须适当。如果加入矿石过多，氧化末期钢中碳含量会降得过低，钢中剩余氧含量又会过高，给还原期操作带来困难，而且浪费矿石，延长冶炼时间。相反，加入量太少，脱碳量又不够。为此必须对铁矿石的加入量要有一个大致的估算，并与炉前矿石加入量的经验数据结合起来，以做到准确加矿。

铁矿石加入炉内经吸热发生分解反应，以 FeO 形式提供氧使元素氧化。铁矿石加入量主要考虑：各种杂质元素（C、Si、Mn、P）氧化所需的 FeO 量，氧化末期钢中的含氧量（$w[O]_{实} \approx 0.03\%$）所需的 FeO 量以及氧化末期渣中 FeO 达到的含量（15%~20%），由此可用式（7-19）粗略计算所需矿石用量 $Q_{矿}$。

$$Q_{矿} = \frac{1000 \times 渣量百分比 \times w(FeO)}{1.215} + 42.2w(\Delta[Si]) + 10.7w(\Delta[Mn]) + 47.7w(\Delta[P]) + 49.3w(\Delta[C]) + \frac{1000 \times w[O]_{实}}{0.27} \tag{7-19}$$

式中，$Q_{矿}$(kg/t)为氧化 1t 钢水所需要的铁矿石量；分母 1.215 和 0.27 是表示 1kg 赤铁矿（含 Fe_2O_3 为 90%）能提供的 FeO 量和纯氧量；$w(\Delta[Si])$、$w(\Delta[Mn])$、$w(\Delta[P])$、$w(\Delta[C])$是被氧化去除的百分含量（%）；系数 42.2、10.7、47.7、49.3 分别指 1t 钢水氧化去除 1%的 Si、Mn、P、C 所需的铁矿石量（kg）。

上述计算是按平衡条件计算的理论值，实际供氧量要大于平衡值。实际矿石用量还与炉渣碱度、钢液和炉渣的温度及流动性、钢液含碳量等有关。若炉渣碱度大、流动性差、钢液含碳低，则矿石用量就大。根据大量实践的结果，生产中每脱碳 0.01%时，钢中含碳量与矿石用量的关系见表 7-5。

为便于记忆和操作，可认为每脱碳 0.01%，每吨钢大致用矿石 1kg，然后视钢中含碳量及炉温情况酌情增减。

表 7-5 脱碳 0.01%时钢中含碳量与矿石用量关系

$w[C]$/%	> 0.3	0.2	0.10	0.08	0.06	0.04
矿石用量/$kg \cdot t^{-1}$	0.7~0.8	1.0	1.6	1.8	2.7	5.8

B 吹氧脱碳

在氧化期将氧气直接吹入熔池，从根本上改善熔池的供氧条件，大大加速传质、传热和化学反应过程，能显著提高脱碳速度，强化熔池沸腾，提高钢液温度，扩大钢种冶炼范围，改善钢的质量。

当氧气压力足够，吹入钢液中的氧能迅速细化为密集的气泡流。氧气压力愈大则氧气在钢液中愈呈细小的气泡。这些细小的氧气泡在钢液内可与［C］直接氧化反应，也可与［C］进行间接反应。

直接反应为：$[C]+1/2\{O_2\} = \{CO\}, \Delta H^{\ominus} = -115.23kJ/mol$ （7-20）

间接反应为：$[Fe]+1/2\{O_2\} = [FeO], \Delta H^{\ominus} = -238.69kJ/mol$ （7-21）

$[FeO]+[C] = \{CO\}+[Fe], \Delta H^{\ominus} = -46.12kJ/mol$ （7-22）

从以上反应可以看出，不论是直接氧化还是间接氧化，吹氧去碳都是放热反应，不受温度限制；由于细小分散的氧气泡直接与钢液中碳接触，反应在气液界面能进行，不存在受［O］扩散的限制问题，所以加速 C-O 反应速度可以用加大吹氧压力的方法来实现。

在电炉炼钢吹氧脱碳时，脱碳速度一般可达 0.025%～0.050%/min（供氧强度为 $0.5m^3/(t\cdot min)$），但在钢液含碳量低于 0.2%～0.3%时，随着含碳量的降低，脱碳速度急剧下降（见图 7-10）。如果钢液中含碳量低时，氧化单位碳量所消耗的氧量就高，可采用增强供氧速度的办法，保证脱碳速度。

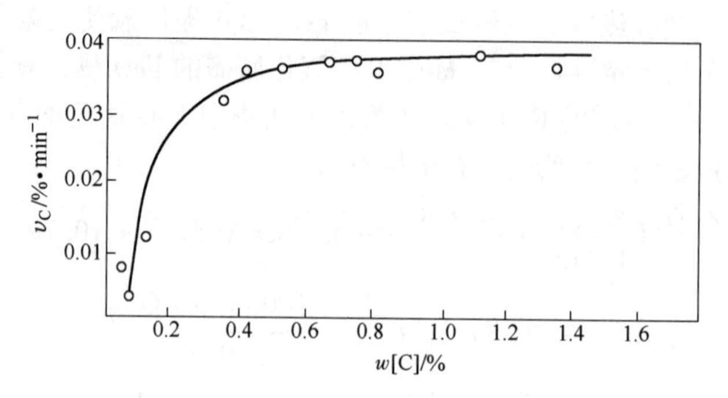

图 7-10　钢液含碳量与脱碳速度间关系

还应注意到，当 $w[C]<0.2\%\sim0.3\%$时，碳向反应地区的扩散速度降低，将小于氧向反应地区的扩散速度。此时采用增加碳扩散速度的措施，如提高熔池温度，有助于低碳范围脱碳速度的提高（见图 7-11）。在钢中碳含量很低且熔池温度也低时，若采用增大供氧量仅会使铁的氧化加剧。

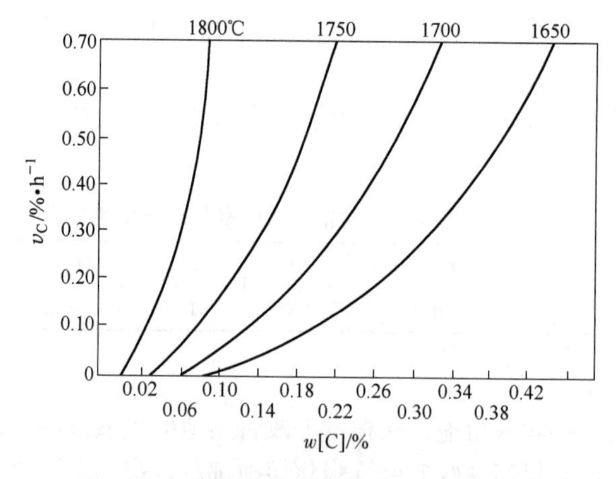

图 7-11　温度对低碳钢液脱碳速度的影响

同矿石法脱碳一样，渣量对吹氧法脱碳速度也是有影响的。要获得高的脱碳速度，不仅需要供给和碳反应的氧量，而且至少还需要供给保持钢液和炉渣与钢中含碳量平衡的氧量。当钢液中与碳量平衡的氧量增加时，炉渣中与碳量平衡的氧量也在增加，因此在其他条件相同时，减少渣量就等于减少进入渣中的氧量，增加与碳反应的氧量，所以在薄渣下吹氧脱碳，可以增大脱碳速度，特别是在冶炼低碳钢时更应如此。

C 吹氧脱碳与矿石脱碳的比较

吹氧脱碳没有矿石分解为FeO吸热、FeO由渣向钢液中扩散这一缓慢过程，所以吹氧脱碳速度要比加矿脱碳速度大得多。一般来说，矿石脱碳速度约为0.01%/min，而吹氧脱碳速度则可达0.025%/min以上。特别是当钢中碳含量降至0.10%以下时，用矿石降碳就十分困难，因为欲继续降碳，必须保证渣中有大量的（FeO），使 $w(O)_{渣}>w[O]_{实}>w[O]_{平}$，就必须向熔池加入大量矿石，这样又会导致熔池温度降低，影响（FeO）向钢液转移，使脱碳速度更加缓慢。吹氧脱碳是直接向钢液供氧，供氧量不受限制，其反应是放热反应，氧化0.2%~0.3%的碳使熔池温度升高约20℃，这对于钢与渣的流动性、反应物的扩散和反应产物的生成及去除均有利，吹氧脱碳熔池搅拌激烈，且吹入钢液中的氧气泡又成了CO气泡生成的非均质核心，也是CO形成的现成表面。由于吹氧的优越性，$w[C]$ 较容易降到0.1%以下。还由于吹氧脱碳的热力学和动力学条件良好，[C]-[O]反应更加接近平衡，因此钢中和渣中氧含量均低，从而减轻了还原期的脱氧任务，吹氧脱碳甚至可以取消氧化末期的纯沸腾时间。

吹氧脱碳的缺点是熔池升温过快，渣中 $w(FeO)$ 较低，不利于钢的去磷。为了兼顾去磷和脱碳的要求，生产中广泛采用矿氧结合的综合氧化法，即前期采用矿石氧化，以保证去磷，后期吹氧氧化，以保证脱碳。在原料含磷量不高的情况下，或能将去磷任务放在熔化末期和氧化初期完成的，在氧化期应尽早采用吹氧氧化脱碳的操作。

D 脱碳与去气、去夹杂的关系

氧化期脱碳不是目的，而是作为沸腾熔池去除钢液气体（氢和氮）及夹杂物的手段，以达到清洁钢液的目的。

钢水中碳氧生成CO气泡，并在钢液中上浮，造成钢液的沸腾。在刚生成的CO气泡中，气泡中氮和氢的分压力（p_{N_2}、p_{H_2}）为零。这时CO气泡对于[H]、[N]就相当于一个真空室，溶解在钢液的氢和氮将不断向CO气泡扩散，随气泡上浮而带出熔池。当钢液吹氧时气泡中的气氛是氧化性的，气泡中氢以 H_2O 形式存在，对脱氢有利。

悬浮在钢液中的 SiO_2、TiO_2、Al_2O_3 等细小固体夹杂物，在氧化性的钢液中易形成 $2FeO\cdot SiO_2$、$2FeO\cdot TiO_2$ 和 $2FeO\cdot Al_2O_3$ 等低熔点大颗粒夹杂物。一方面，钢液的沸腾使夹杂物容易互相碰撞结合成更大的夹杂物，并上浮到渣面被炉渣吸收；另一方面，CO气泡表面也会黏附一些氧化物夹杂上浮入渣。因此，氧化期脱碳，造成熔池沸腾，有利于清洁钢液。

在冶炼过程中，高温熔池会从炉气中吸收气体，而碳氧反应能使钢液去除气体，只有去气速度高于吸气速度时，才能使钢液中的气体减少。

去气速度取决于脱碳速度，脱碳速度愈高，钢液的去气速度就愈高。因此，脱碳速度必须达到一定值时，才能使钢液的去气速度高于吸气速度。根据生产经验，脱碳速度 $v_C\geq 0.6\%/h$，才能满足氧化期去气的要求。

有了足够的去气速度，还必须有一定的脱碳量，才能保证一定的沸腾时间，以达到一定的去气量。生产经验证实，在一般原材料条件下，脱碳速度 $v_C\geq 0.6\%/h$，氧化0.3%C就可以把气体及夹杂物降低到一定量的范围（夹杂物总量约0.01%以下，$w[H]\approx 0.00035\%$，$w[N]\approx 0.006\%$）。脱碳速度、脱碳量和氢含量的关系如图7-12和图7-13所示。

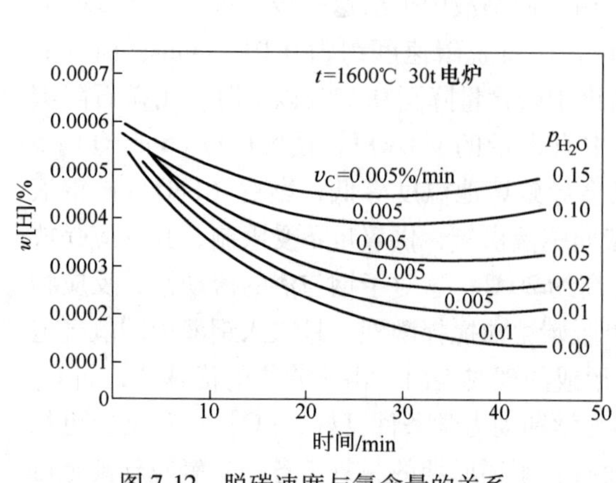

图 7-12　脱碳速度与氢含量的关系

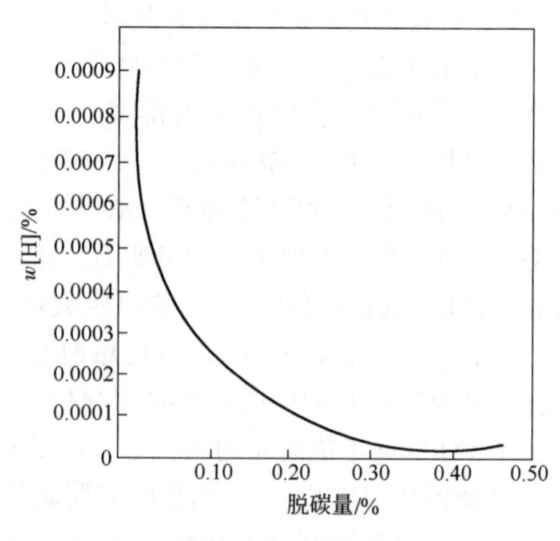

图 7-13　脱碳量和钢液氢含量的关系

必须指出，脱碳速度过高也不好，容易造成炉渣喷溅、跑钢等事故，对炉体冲刷也严重，同时，过分激烈的沸腾会使钢液上溅而裸露于空气中，增大了吸气趋向。因此过高过大的脱碳速度和过多的脱碳量并无好处。

7.2.4.5　氧化期的炉渣和温度控制

A　炉渣控制

对氧化期炉渣的主要要求是具有足够的氧化性能、合适的碱度与渣量、良好的物理性能，以保证能顺利完成氧化期的任务。

氧化过程的造渣应兼顾脱磷和脱碳的特点，两者共同的要求是：炉渣的流动性良好，有较高的氧化能力。不同的是：脱磷要求渣量大，不断流渣和造新渣，碱度以 2.5~3 为宜；而脱碳要求渣层薄，便于 CO 气泡穿过渣层逸出，炉渣碱度为 2 左右。

氧化期的渣量是根据脱磷任务而确定的。在完成脱磷任务时，渣量以能稳定电弧燃烧为宜。一般氧化期渣量应控制在 3%~5%。

调整好炉渣的流动性也极为重要。氧化渣过稠，会使钢、渣间反应减慢，流渣困难，对脱磷与脱碳反应均不利。氧化渣过稀，不仅对脱磷不利，而且钢液难以升温，炉衬侵蚀加剧。影响炉渣流动性的主要因素是温度和炉渣成分。对于碱性渣提高渣中 CaF_2、Al_2O_3、SiO_2、FeO、MnO 等含量时，可以改善炉渣流动性；而增加 CaO、MgO、Cr_2O_3等含量时，炉渣的流动性变坏，所以炉渣碱度愈高，其流动性愈差。调整炉渣的流动性，常用的材料是萤石、火砖块和硅石，它们有稀释炉渣的作用，但会侵蚀炉衬。火砖块和硅石还会降低炉渣碱度，在使用时都应合理控制用量。

好的氧化渣在熔池面上沸腾，溅起时有声响，有波峰。波峰成圆弧形，表明沸腾合适；如波峰过尖，甚至脱离渣面，表明沸腾过于强烈。好的氧化渣还应是泡沫状，流出炉门时呈鱼鳞状，冷却后的断面有蜂窝状的小孔，这样的炉渣碱度合适，氧化性强，流动性好，夹杂物易被炉渣吸附，气体易排出，且有利于加热熔池和保护炉衬。

在实际操作中，可根据炉渣的埋弧情况，熔池活跃程度及流渣的情况等，对渣况作出判断。也常用铁棒蘸渣，待其冷却后观察，符合要求的氧化渣，一般为黑色，有金属光泽，断口致密，在空气中不会自行破裂。前期渣有光泽，断面疏松，厚度3~5mm；后期渣断面色黄，厚度要薄些。

不好的氧化渣取出渣样观察，炉渣表面粗糙呈浅棕色，表明渣中 w(FeO) 太低，高碳钢易出现这种情况，在操作上应补加矿石和铁皮。当炉渣表面呈黑亮色，且黏附在样杆上的渣很薄，表明渣中 w(FeO) 很高，一般低碳钢易出现这种情况，操作上应补加石灰。如果炉渣断面光滑甚至呈玻璃状，说明碱度低，也应补加石灰。

氧化末期炉渣成分一般为：$w(CaO)=40\%\sim50\%$；$w(SiO_2)=10\%\sim20\%$；$w(FeO)=12\%\sim25\%$；$w(MgO)=4\%\sim10\%$；$w(MnO)=5\%\sim10\%$；$w(Al_2O_3)=2\%\sim4\%$；$w(P_2O_5)=0.5\%\sim2.0\%$。

B 温度控制

温度控制对于冶金反应的热力学和动力学都是十分重要的。从熔化后期就应该为氧化期创造温度条件，以保证高温氧化并为还原期打好基础。

由于脱碳反应须在一定的温度条件下才能顺利进行，在现场中无论是采用矿石氧化法还是综合氧化法及吹氧氧化法，都规定了开始氧化的温度。氧化终了的温度（扒渣温度）比开始氧化的温度一般应高出40~60℃，原因是钢中许多元素已经氧化，使钢的熔点有所升高；另外，扒除氧化渣有很大的热量损失，而熔化还原渣料和合金料也需要热量，所以氧化结束时的温度，一般控制在钢的熔点（1470~1520℃）以上110~130℃。电炉出钢温度应高出钢种熔点90~110℃，即氧化末期扒渣温度，一般应高于该钢种的出钢温度10~20℃。

电炉冶炼各期钢液温度的控制见表7-6。氧化期总的来说是一个升温阶段，升温速度的快慢应根据脱碳、去磷两个反应的特点做适当控制。氧化前期的主要任务是去磷，温度应稍低些；氧化后期主要任务是脱碳，温度应偏高些。因此，在升温速度的控制上，要前期慢后期快，使熔池温度逐渐升高。

表7-6 冶炼各期的钢液温度制度

钢 种	熔毕 w[C]/%	氧化温度/℃	扒渣温度/℃	出钢温度/℃
低碳钢	0.6~0.9	1590/1620	1630/1650	1620/1640
中碳钢	0.9~1.3	1580/1610	1620/1640	1610/1630
高碳钢	≥1.30	1570/1600	1610/1630	1590/1620

氧化期钢液的升温条件比还原期有利得多。如果在还原期进行升温，不仅升温速度缓慢，而且还会给钢的质量与电炉炉衬造成不良影响，所以还原期理想的温度制度，应该是一个保温过程，一般是出钢温度应低于氧化期的扒渣温度。

氧化期的升温速度主要靠供电制度保证，一般情况下采用二级电压调整电流大小的供电操作制度。如果氧化期脱碳量较大，可采用吹氧降碳，以减少输入炉内的电功率；如果电炉超装量过大或变压器本身功率不足时，则整个氧化期可始终使用最高一级电压供电，以保证向炉内输入足够的功率。

综上所述，氧化期在处理去磷和脱碳的关系时，应遵守以下工艺操作制度：在氧化顺序上，先磷后碳；在温度控制上，先低温后高温；在造渣上，先大渣量去磷，后薄渣层脱碳；在供氧上，先矿后氧。

7.2.4.6 增碳

如果氧化期结束时，钢液含碳量低于规格中限0.08%以上时（还原期增碳及加入合金增碳不能进入钢种规格时），则应在扒除氧化渣后对钢液进行增碳。

增碳剂一般采用经过干燥的焦炭粉或电极粉。电极粉所含水分、挥发物和硫都较低，是一种理想的增碳剂。为了稳定增碳剂的回收率，必须扒净氧化渣，同时搅拌钢液，加快已经溶解的碳由钢液表面向内部扩散。生铁也可作增碳剂，但因其含碳量低、用量大，一般仅在增碳量小于0.05%时才使用。

增碳剂的回收率与增碳剂用量和密度、钢液中碳含量及温度等条件有关。在正常情况下，焦炭粉的回收率为40%~60%，电极粉为60%~80%，喷粉增碳为70%~80%，生铁增碳时则为100%。增碳剂的用量（kg）可用式（7-23）计算。

$$增碳剂用量=\frac{钢水量\times 增碳量}{增碳剂含碳量\times 收得率} \tag{7-23}$$

增碳不是正常操作，会造成钢液降温和吸气，并使冶炼时间延长5~10min。因此规定对碳素结构钢增碳量不超过0.10%，对工具钢则不超过0.15%。

7.2.5 还原期

从氧化末期扒渣完毕到出钢这段时间称为还原期。电炉有还原期是电炉炼钢法的重要特点之一。

7.2.5.1 还原期的任务

（1）使钢液脱氧，尽可能地去除钢液中溶解的氧量（≤0.002%0~0.003%）和氧化物夹杂。

（2）将钢中的硫含量去除到小于钢种规格要求，一般钢种$w[S]<0.045\%$，优质钢$w[S]$为0.02%~0.03%。

（3）调整钢液合金成分，保证成品钢中所有元素的含量都符合标准要求。

（4）调整炉渣成分，使炉渣碱度合适，流动性良好，以利于脱氧和去硫。

（5）调整钢液温度，确保冶炼正常进行并有良好的浇注温度。

这些任务互相之间有着密切的联系，一般认为：钢液脱氧和去硫是还原期的主要矛盾；温度是条件；以调整好炉渣作为解决主要矛盾的手段。

7.2.5.2 钢液的脱氧

电弧炉炼钢采用综合脱氧，即应用沉淀脱氧对钢液进行预脱氧和终脱氧。

第一步：在氧化末期转入还原期时进行预脱氧。即加入块状的Mn-Fe和Si-Fe、Si-Mn-Fe等，使钢液［O］迅速降至0.01%~0.02%。

第二步：当稀薄渣形成后，采用C粉、Si-Fe粉、Si-Ca粉、Al粉等粉状脱氧剂进行扩散脱氧。在扩散脱氧时期内，钢液中沉淀脱氧的产物还有充分的上浮时间。

第三步：出钢前再用强脱氧剂Al块、Si-Ca块等进行终脱氧，进一步降低钢液$w[O]$，使之不大于0.002%。终脱氧产物大部分都能在浇注前的镇静中上浮排除。深度脱氧还可在炉外精炼中进行。

综合脱氧是在还原过程中交替使用沉淀脱氧与扩散脱氧，充分发挥两者的优点，弥补两者不足之处，是一种比较合理的脱氧制度，既可提高钢的质量，又可缩短冶炼时间。

7.2.5.3 钢液的脱硫

碱性还原渣脱硫只有在电弧炉还原期或炉外精炼时才能实现，其主要特点是渣中的氧化铁含量很低，因而对脱硫十分有利。

A 脱硫反应

碱性电炉具有充分的脱硫条件。脱硫的原则是将完全熔解于钢中的 FeS 和部分熔解于钢中的 MnS 转变成为不溶于钢液而能溶于渣中的稳定 CaS，当 CaS 转入到炉渣中而得到去除。

分子理论认为，钢液中硫化物首先向钢渣界面扩散而进入渣中：

$$[Fe] \xlongequal{} (FeS) \tag{7-24}$$

渣中的（FeS）与游离的（CaO）相互作用：

$$(FeS)+(CaO) \xlongequal{} (CaS)+(FeO) \tag{7-25}$$

脱硫的总反应为：

$$[FeS]+(CaO) \xlongequal{} (CaS)+(FeO) \tag{7-26}$$

在电炉的还原期，在使炉渣强烈脱氧的同时还发生如下反应：

$$[FeS]+(CaO)+C \xlongequal{} (CaS)+[Fe]+\{CO\} \tag{7-27}$$

$$2[FeS]+2(CaO)+Si \xlongequal{} 2(CaS)+(SiO_2)+2[Fe] \tag{7-28}$$

$$3[FeS]+2(CaO)+(CaC_2) \xlongequal{} 3(CaS)+3[Fe]+2\{CO\} \tag{7-29}$$

反应生成物为 CO 气体，或形成稳定化合物 $2CaO \cdot SiO_2$，这些反应均属不可逆反应。在碱性电炉的还原期，$w(FeO)$ 可以降低到 0.5%以下，硫的分配比 L_S 值可达到 30~50，这是其他炼钢方法所达不到的。

B 影响脱硫的因素

（1）炉渣碱度的影响。脱硫反应是通过炉渣进行的，渣中含有 CaO 是脱硫反应的首要条件。提高炉渣碱度，渣中自由 CaO 含量增多，炉渣的脱硫能力也增大。但碱度过高会引起炉渣黏稠而不利于脱硫反应进行。生产经验表明（见图 7-14），只有当碱度为2.5~3.0 时，炉渣才具有最大的脱硫能力，即 $L_S=w(S)/w[S]$ 最高。

（2）渣中 FeO 含量的影响。图 7-15 为各种冶炼方法的 L_S 与（FeO）浓度及碱度（用过剩碱表示）的关系。在电炉还原期中，随着渣中 FeO 浓度降低有利于脱硫反应的进行。当 $x(FeO)$（FeO 的摩尔分数）降到 1%以下时，L_S 与 $x(FeO)$ 之间具有线性关系，当 $x(FeO)<0.5\%$时，L_S 显著提高。因此，在还原气氛下（$w(FeO)<1\%$）的电炉炉渣，只要保持合适的碱度，脱硫效果是极为显著的。这也表明了脱氧和脱硫的一致性。

（3）渣量的影响。在保证炉渣碱度的条件下，适当增大渣量可以稀释渣中 CaS 浓度，对脱硫有利。但渣量过大使渣层变厚，钢液加热困难。渣量应控制在钢水量的 3%~5%。还原期一般不换渣去硫，以免降温及增加钢中气体含量。当钢液含硫高时，可把渣量增大到 6%~8%，并采用换渣脱硫操作。

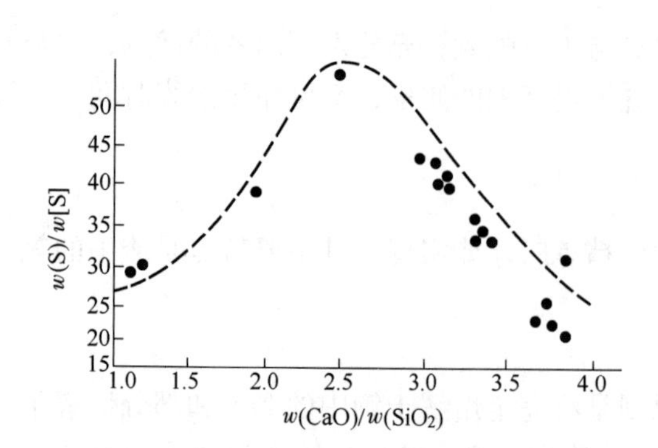

图 7-14　炉渣碱度与硫分配系数的关系
（$w[Mn]=0.6\%\sim0.8\%$；
$w(FeO)=0.5\%\sim0.55\%$）

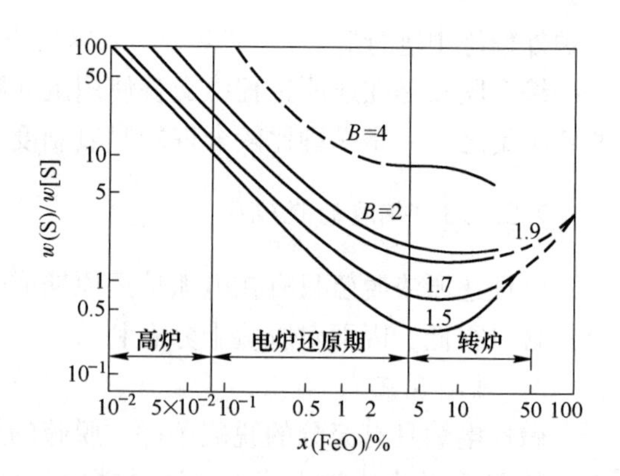

图 7-15　渣中（FeO）、过剩碱 B 对硫分配系数的影响
$B=nw(CaO)+nw(MgO)+nw(MnO)-2nw(SiO_2)-4nw(P_2O_5)-3nw(Al_2O_3)-nw(Fe_2O_3)$

（4）温度的影响。脱硫反应的平衡常数 K_S 与温度 T 的关系式为：

$$\lg K_s=-\frac{5506}{T}+1.46 \tag{7-30}$$

在平衡条件下，K_S 与温度成正比，提高温度有利于脱硫。但 K_S 随温度的变化值不大，当温度由 1600℃提高至 1630℃时，K_S 值仅增加 11.0%，从热力学角度分析，温度影响并不显著。但在实际熔池中，脱硫反应并未达到平衡，而脱硫反应又是界面反应，钢中的硫向渣中扩散是这个反应的限制性环节，提高钢、渣温度可以改善其流动性，提高硫的扩散速度，从而加速脱硫过程。从炼钢反应的动力学出发，高温有利脱硫反应的进行。

（5）脱氧对脱硫的影响。在电炉还原期，脱氧也同时进行脱硫。在 1420～1720℃范围平衡时，$w[S]\cdot w[C]=0.011$；在 1600℃平衡对 $w[C]\cdot w[O]=0.0025$。因此 $w[S]/w[O]\approx4$。由此说明脱硫和脱氧有着密切的关系。金属溶液中含有铝、硅、碳元素时就能增大硫的活度系数，为此最好在还原初期就把脱氧元素加入钢液中，以利脱氧和脱硫，在还原初期加入锰铁，还可对钢水直接去硫。

总之，为了获得低硫钢，首先应从配料抓起，对高硫料适当搭配，分散使用；在熔化期和氧化期，利用金属溶液中碳、锰、硅、磷较高的特点，使钢中 S 易向渣中转移，通过造高碱度流动性良好的炉渣、配合吹氧脱碳、适当提高熔池温度以及流渣换渣操作，使其去硫率在 15%～35%之间波动；在还原期，虽然脱硫条件较好，但因还原期钢渣界面反应较少，使炉内 L_S 仅为 30～50，不易达到更好的脱硫效果。所以，在操作中应加强搅拌、吹气、喷粉或采用电磁搅拌；在出钢过程中应采用大口深坑，钢渣混出，使出钢过程渣、钢界面积约提高为炉内界面积的 35 倍，在钢包中 L_S 可达 80。出钢过程的脱硫率一般为 50%～80%。

7.2.5.4　温度控制

还原期的温度控制尤为重要。因为还原精炼操作要求在一个很窄的温度范围内进行。温度过高时，炉渣变稀，还原渣不易保持稳定，钢液脱氧不良且容易吸气；温度太低时，炉渣流动性差，脱氧、脱硫及钢中夹杂物上浮等都受到影响。温度还影响钢液成分控制，影响浇注操作与钢锭（坯）质量。

氧化末期钢液的合理温度，是控制好还原期温度的基础（见表 7-6）。在正确估算氧化末期降温、造还原渣降温、合金化降温的基础上，合理供电，能保证进入还原期后在 10~15min 内形成还原渣，并保持这个温度直到出钢。

在供电制度上，加入稀薄渣料后，一般用中级电压（2~3 级）与大电流化渣，当还原渣一旦形成，应立即减小电压（3~5 级电压），输入中、小电流。如果变压器功率不够或超装严重时，在整个还原期宜采用 2 级电压，只进行调整电流的操作。在温度控制上，应严格避免在还原期进行“后升温”。

出钢温度取决于钢的熔点及出钢到浇注过程的热损失。一般取高出钢种熔点 100~140℃，对于连续铸钢可选取上限，大炉子可取下限，即：

$$t_{出钢}=t_{熔点}+(100\sim140℃) \quad (7\text{-}31)$$

7.2.5.5 炉渣控制

电炉炼钢还原期炉渣碱度控制在 2.0~2.5 的范围内，还原渣系通常采用碳-硅粉白渣或碳-硅粉混合白渣。也有采用弱电石渣（渣中 CaC_2 为 1%~2%）还原的，由于这种渣难于与钢液分离，会造成钢中夹渣，因此在出钢前必须加以破坏，但这样又降低了炉渣的还原性，影响钢液的脱氧，因此较少采用。熔炼高硫、磷的易切削钢时，采用氧化镁-二氧化硅中性渣的还原精炼方法。

A 白渣精炼

白渣精炼分炭-硅粉白渣和炭-硅粉混合白渣两种。一般认为，冶炼对夹杂和发纹有严格要求的钢种时，采用炭-硅粉白渣；冶炼要求不高的钢种时，可采用炭-硅粉混合白渣。

a 炭-硅粉白渣精炼

扒完氧化渣后，对需要进行插铝的优质钢或低碳（小于 0.15%）钢种，向钢液插铝 0.5kg/t。如钢液需要增碳，则在增碳后加入稀薄渣料。稀薄渣由石灰、萤石、火砖块（或硅石）组成。要求渣料有适当低的熔点，以便尽快形成渣层覆盖钢液。渣料配比石灰：萤石：火砖块（或硅石）低碳钢为 5：1：1，中高碳钢为 4：1：1。有的钢种为避免增硅，采用石灰：萤石=4：1 的稀薄渣料。稀薄渣料用量一般为钢液重的 2%~3%，低碳钢与小容量电炉渣量则偏上限。渣料宜均匀混合后加入炉内。

稀薄渣料加入后，应使用中级电压和较大电流以加速渣料熔化，有 5~10min 的化渣时间，并使钢液升温。

稀薄渣形成后调整好渣子的流动性，流动性合适时往渣面上均匀撒入电石 2~4kg/t，炭粉 1~2kg/t；不用电石时炭粉用量 2~4kg/t。紧闭炉门使炉内形成良好的还原气氛，炭粉还原时间约 10min，要求炉渣变白，若渣况不良，应增补电石、炭粉或石灰等材料。一旦炉渣变白及还原气氛形成，就应降低电压与减少输入功率。随后用 2~3 批硅铁粉和少量炭粉（<1.5kg/t）继续脱氧，硅铁粉用量为 2~3kg/t（或在形成的稀薄渣面上用碳化硅粉 2~4kg/t 代替硅铁粉及炭粉还原）。每批间隔时间 5~7min，每批硅铁粉应混合加入适量石灰（石灰：硅铁粉=3：1），以保持一定碱度。

对于质量要求很高或难脱氧的钢种，在第二批硅铁粉加入后，也可继续加入铝粉或硅钙粉脱氧。

在还原过程中，应勤搅拌、常测温，促使温度和成分均匀，调整好配电参数。流动性良好的白渣一般应保持 20~30min。观察炉内渣面呈均匀的小泡沫，用钢棒黏渣，渣层均匀，厚 3~5mm 冷却后表面呈白色鱼子状，断面白色带有灰色点或细线，且疏松多孔，冷却后不久会自动粉化成白色粉末（因渣中 $2CaO \cdot SiO_2$ 在 675℃时发生 β→γ 的晶型转变，发生体积膨胀，使渣粉化）。如不粉化，表明渣中 SiO_2、MnO 较高，碱度较低，应予调整。

还原期一般取 2~3 次样进行分析，取样前充分搅拌钢液，以保证分析的正确性。在加入第二批硅粉脱氧后，初调钢液成分。加入第三批硅铁粉后，将钢液成分调整至规格要求，并取双试样以避免分析误差。

在上述操作过程中，硫降低较快。若钢液中含硫较高，可以增大渣量，必要时也可扒除部分还原渣，再加些渣料。

出钢前 5min 内，禁止向渣面上撒炭粉，以免出钢时钢液增碳。终脱氧在出钢前 2~3min 内进行，一般多采用炉内插铝，插铝量为 0.3~0.8kg/t，钢中碳含量低时插铝量偏上限。采用向钢包喂铝线的终脱氧技术，不仅能大量节约用铝量，也使钢中残存 Al_2O_3 夹杂大为降低。另外，在终脱氧时，有些钢种亦可采用硅钙合金、钛铁或稀土混合物等作为终脱氧剂，或将这些脱氧剂制成包覆线，并直接喂入钢包中。终脱氧后，即可出钢。

以炭-硅粉白渣还原精炼时，钢液将从炉渣中吸收 0.02%~0.04%的碳。向渣面上撒入的硅铁粉（含硅 75%），将有 50%左右的硅进入钢液，因此一般按钢液增硅量 0.10%~0.15%配加硅铁粉，对冶炼含铝、钛、硼成分的钢种，硅铁粉的加入量应更低一些（<2kg/t）。

一般电弧炉还原期的白渣成分为：$w(CaO)=45\%\sim55\%$；$w(SiO_2)=15\%\sim25\%$；$w(Al_2O_3)=2\%\sim3\%$；$w(MgO)<10\%$；$w(FeO)\leqslant0.5\%$；$w(MnO)<0.4\%$；$w(CaF_2)=5\%\sim8\%$；$w(CaC_2)\leqslant1.0\%$；$w(CaS)\leqslant1.0\%$。

b　炭-硅粉混合白渣精炼

炭-硅粉白渣精炼，虽然能更好的保证钢的质量，但精炼时间较长。因此对于一般的钢种，为了提高电炉生产率，对多数钢种普遍采用炭-硅粉混合白渣法进行还原精炼。

稀薄渣料形成后，即可加入炭-硅粉混合白渣料，炭粉 1.5~2.0kg/t，硅铁粉 2~3kg/t，石灰适量（石灰：硅铁粉=(2~4)：1），高碳钢的渣料取下限，低碳钢取上限。混合白渣料分 2~3 批加入。第一批脱氧剂加入后，保持 7~10min 的还原时间，要求渣子转白。以后每隔 5~7min 加入一批混合白渣料，为了保持白渣还原性，视渣色可酌情补加少量炭粉或硅铁粉，以保证炉渣的还原性。其他操作与炭-硅粉白渣法精炼相同。

对普通碳素结构钢种，可以采用快白渣还原工艺。氧化渣扒除后，随稀薄渣料一起按钢种规格下限加入合金料。当稀薄渣形成以后，将混合好的炭粉 1~2kg/t、硅铁粉 1~2kg/t、石灰 3~6kg/t 集中一次并均匀撒向渣面，经 10~15min 的脱氧时间，搅拌测温取样，补调合金成分，在温度合格后即可插铝出钢。这种快速还原工艺，炉内脱氧去硫并不充分，在出钢后，利用同炉渣洗，可以再脱除一部分钢中的氧和硫。此工艺可缩短还原时间 10min 左右。

还有一种更快的造快白渣还原工艺：氧化渣扒除后，直接将脱氧剂、稀薄渣料和合金料一起加入钢液中，待稀薄渣料形成后，搅拌测温、取样，调整合金，当温度合格便插铝出钢。此工艺可将还原期缩短到15~20min。

上述两种造快白渣还原工艺，结合钢包内加合成渣，并采用吹氩搅拌，或进行钢包炉精炼（LF），直至真空处理，钢的质量可以达到相当高的水平。

B 氧化镁-二氧化硅中性渣精炼

氧化镁-二氧化硅中性渣精炼适用于冶炼高硫高磷的易切削钢。这种渣表面张力大，即使渣层较薄，电弧也不致冲开渣层而与钢液直接接触，所以电弧十分稳定；而且电阻大，有利于钢液的加热和提温。一般认为，钢液在这种渣下精炼，由于渣的表面张力大、透气性差，非金属夹杂物和气体含量均较低。但因这种炉渣的脱硫能力小，且易损坏炉衬，所以除了冶炼易切削钢外，很少采用。

扒除氧化渣后，向钢液直接插入铝块与加入硅铁锰铁合金进行沉淀预脱氧，然后用中性渣料代替稀薄渣料加入炉内。中性渣料的配比为：镁砂∶火砖块=2∶1，或白云石∶火砖块=2∶1。渣量为金属料量的1.5%~2.5%。再用1~2批硅铁粉对炉渣脱氧，硅铁粉按0.15%~0.2%的增硅量配加，加硅铁粉时可加少量炭粉于渣面上，以保持炉内还原气氛，待炉渣呈黄色时（为缩短还原时间），即可调整合金成分出钢。

对脱氧要求较严的钢种，在中性渣形成以后，先用一批硅铁粉脱氧，第二批改用硅钙粉或铝粉进行脱氧（用量为1kg/t）。渣量宜小，一般为1.5%~2.5%，只要能覆盖钢液就可以了。同时，还原时间不宜过长，可允许黄渣出炉（炉渣颜色随渣中含氧量降低，渣色变化从黑→灰→黄→白）。另外，注意加强炉体维护，或是在炉衬后期才进行中性渣精炼。

一般中性渣成分为：$w(CaO)=20\%\sim24\%$，$w(MgO)=20\%\sim30\%$，$w(SiO_2)=30\%\sim35\%$，$w(Al_2O_3)=1\%\sim5\%$，$w(MnO)=0.5\%\sim2.0\%$，$w(FeO)=1\%\sim4\%$。

7.2.5.6 钢液的合金化

炼钢过程中调整钢液合金成分的过程称为合金化。传统电炉炼钢的合金化可以在装料、氧化、还原过程中进行，也可在出钢时将合金加到钢包里；一般是在氧化末期、还原初期进行预合金化，在还原末期、出钢前或出钢过程进行合金成分微调。合金化操作主要指合金加入时间与加入的数量。

要求合金元素加入后能迅速熔化，分布均匀，收得率高而且稳定，生成的夹杂物少并能快速上浮，不得使熔池温度波动过大。

A 合金元素的加入原则

（1）根据合金元素与氧的结合能力大小，决定在炉内的加入时间。对不易氧化的合金元素（如Co、Ni、Cu、Mo、W等）多数随炉料装入，少量在氧化期或还原期加入。氧化法加W元素时，一般随稀薄渣料加入。对较易氧化的元素，如Mn、Cr（<2%），一般在还原初期加入。硅铁一般在出钢前5min加入。钒铁（$w[V]<0.3\%$）在出钢前8~15min加入。对极易氧化的合金元素，如Al、Ti、B、稀土，在出钢前或在钢水罐中加入。一般，合金元素加入量大的应早加，加入量少的宜晚加。

（2）难熔的合金宜早加，如高熔点的钨铁、钼铁可在装料期或氧化期加入。

（3）采用返回吹氧法或不氧化法冶炼高合金钢时，可以提前与炉料一起装入合金料，并在操作中采取相应措施提高其回收率。

（4）钢中元素含量严格按厂标压缩规格控制，以利于消除钢的力学性能波动。在许可的条件下，优先使用高碳铁合金，合金成分按中下限偏低控制，以降低钢的生产成本。

为了准确地控制钢液成分，必须知道加入合金元素的收得率。炉渣的含氧量越高、黏度越大、渣量越大，均使合金收得率降低。此外，合金的熔点、密度、块度及合金加入时的钢液温度对收得率也有一定影响。

合金加入时间与元素收得率关系可参考表 7-7。

表 7-7　合金加入时间及回收率

合金名称	冶炼方法	加入时间	收得率/%
镍		装料加入	>95
		氧化期加入，还原期调整	95~98
钼铁		装料或熔化末期加入，还原期调整	>95
钨铁	氧化法	氧化末或还原初	90~95
	返回吹氧法	装料	低 W 钢 85~90 高 W 钢 92~98
锰铁		还原初	95~97
		出钢前	约 98
铬铁	氧化法	还原初	95~98
	返回吹氧法	装料加入，还原期调整（不锈钢等）	80~90
硅铁		出钢前 5~10min	>95
钒铁		出钢前 8~10min（w[V] <0.3%）	约 95
		出钢前 20~30min（w[V] >1%）	95~98
铌铁		还原期加入	90~95
钛铁		出钢前	40~60
硼铁		出钢时	30~50
铝	含铝钢	出钢前 8~15min 扒渣加入	75~85
磷铁	造中性渣	还原期	50
硫磺	造中性渣	扒氧化渣插铝后或出钢时加入包中	50~80
稀土合金		出钢前插铝后	30~40

B　合金加入量计算

（1）钢液量的校核。当计量不准或钢铁料质量波动时，会使实际钢液量（P）与计划钢液量（P_0）出入较大，因此应首先校核钢液量，以作为正确计算合金料加入量的基础。由于钢中镍和钼的收得率比较稳定，故用镍和钼作为校核元素最为准确。对于不含镍和钼的钢液，也可以用锰元素来校核，但用锰校核的准确性较差。可根据式（7-32）校核钢水量。

$$P = P_0 \frac{\Delta M_0}{\Delta M} \tag{7-32}$$

式中　P——钢液的实际质量，kg；

P_0——原计划的钢液质量，kg；

ΔM——取样分析校核的元素增量,%;

ΔM_0——按 P_0 计算的元素增量,%。

【例 7-2】 原计划钢液质量为 30t，加钼前钼的含量为 0.12%，加钼后计算钼的含量为 0.26%，实际分析为 0.25%。求钢液的实际质量。

解: $P = 30000 \times \dfrac{0.26\% - 0.12\%}{0.25\% - 0.12\%} = 32307\text{kg}$

由例 7-2 可以看出，钢中钼的含量仅差 0.10%，钢液的实际质量就与原计划质量相差 2300kg。然而化学分析往往出现±(0.01%~0.03%）的偏差，就给准确校核钢液量带来困难。因此，式（7-32）只适用于理论上的计算，而实际生产中钢液量的校核一般采用式（7-33）计算。

$$P = \frac{GC}{\Delta M} \tag{7-33}$$

式中 P——钢液的实际质量，kg;

G——校核元素铁合金补加量，kg;

C——校核元素铁合金的成分,%;

ΔM——取样分析校核元素的增量,%。

【例 7-3】 往炉中加入钼铁 15kg，钢液中的钼含量由 0.20%增到 0.25%，已知钼铁中钼的成分为 60%。求炉中钢液的实际质量。

解: $P = \dfrac{15 \times 60\%}{0.25\% - 0.20\%} = 18000\text{kg}$

（2）单元素低合金（<4%）加入量的计算。当合金加入量少时，可不计铁合金料加入后钢液增重产生的影响，按式（7-34）计算。

$$\text{合金加入量} = \frac{\text{钢液量(规格控制成分 - 钢中残余成分)}}{\text{合金成分} \times \text{合金元素收得率}} \tag{7-34}$$

【例 7-4】 冶炼 45 钢，出钢量为 25800kg，钢中残锰量为 0.15%，控制含锰量为 0.65%，锰铁含锰量 68%，锰铁中锰收得率为 98%，求锰铁加入量。

解: $\text{锰铁加入量} = \dfrac{25800 \times (0.65\% - 0.15\%)}{68\% \times 98\%} = 193.6\text{kg}$

验算: $w[\text{Mn}] = \dfrac{25800 \times 0.15\% + 193.6 \times 68\% \times 98\%}{25800 + 193.6} \times 100\% = 0.65\%$

（3）单元素高合金（≥4%）加入量的计算。由于铁合金加入量大，加入后钢液明显增重，故应考虑钢液增重产生的影响。其计算式为:

$$\text{合金加入量} = \frac{\text{钢液量(规格控制成分 - 钢中残余成分)}}{\text{(合金成分 - 规格控制成分) 合金元素收得率}} \tag{7-35}$$

在实际生产中，合金加入量在 2%以上时，应按高合金加入量计算。式（7-35）也适用于低合金加入量的计算。

【例 7-5】 冶炼 1Cr13 不锈钢，钢液量为 10000kg，炉中含铬量为 10%，控制含铬量为 13%，铬铁含铬量为 65%，铬收得率为 96%，求铬铁加入量。

解: $\text{铬铁加入量} = \dfrac{10000 \times (13\% - 10\%)}{(65\% - 13\%) \times 96\%} = 601\text{kg}$

验算：$w[\mathrm{Gr}] = \dfrac{10000 \times 10\% + 601 \times 65\% \times 96\%}{10000 + 601} = 13\%$

（4）多元素高合金加入量的计算。加入的合金元素在两种或两种以上，合金成分的总量已达到中、高合金的范围，加入一种合金元素对其他元素在钢中的含量都有影响，采用简单地分别计算是达不到要求的。现场常用补加系数法进行计算。

调整某一钢种化学成分时，铁合金补加系数是：单位质量的不含合金元素的钢水，在用该成分的铁合金化成该钢种要求成分时，所应加入的铁合金量。

补加系数法计算共分六步：

1）求炉内钢液量。

$$钢液量=装料量\times收得率$$

式中，收得率为95%~97%。

2）求加入合金料初步用量和初步总用量。

3）求合金料比分。把化学成分规格含量，换成相应合金料占有百分数。

$$合金料占有量 = \frac{规格控制成分}{合金料成分} \times 100\% \tag{7-36}$$

4）求纯钢液比分——补加系数。

$$合金补加系数 = \frac{合金料占有量}{纯钢液占有量} \times 100\% \tag{7-37}$$

$$纯钢液占有量=100\%-各项合金占有量之和 \tag{7-38}$$

5）求补加量。用单元素低合金公式分别求出各种铁合金的补加量。

6）求合金料用量及总用量。

【例 7-6】　冶炼 W18Cr4V 高速工具钢，装料量为 10t，其他数据见表 7-8。求各种合金料用量。

表 7-8　其他数据　　%

成分	规格范围	控制成分	炉中成分	Fe-W 成分	Fe-Cr 成分	Fe-V 成分
$w[\mathrm{W}]$	17.5~19.0	18.2	17.6	80	—	—
$w[\mathrm{Cr}]$	3.8~4.4	4.2	3.3	—	70	—
$w[\mathrm{V}]$	1.0~1.4	1.2	0.6	—	—	42

解：

1）求炉内钢液量。

$$钢液量 = 10000\times97\% = 9700\mathrm{kg}$$

2）求合金料初步用量。

$$m_{\mathrm{Fe-W}} = \frac{9700(18.2\% - 17.6\%)}{80\%} = 73\mathrm{kg}$$

$$m_{\mathrm{Fe-Cr}} = \frac{9700(4.2\% - 3.3\%)}{70\%} = 125\mathrm{kg}$$

$$m_{\mathrm{Fe-V}} = \frac{9700(1.2\% - 0.6\%)}{42\%} = 139\mathrm{kg}$$

合金料初步总用量 = 73+125+139 = 337kg

3）求合金料比分。

$$w(\text{Fe}-\text{W})=\frac{18.2\%}{80\%}\times100\%=22.8\%$$

$$w(\text{Fe}-\text{Cr})=\frac{4.2\%}{70\%}\times100\%=6\%$$

$$w(\text{Fe}-\text{V})=\frac{1.2\%}{42\%}=2.9\%$$

纯钢液占有量=100%-（22.8%+6%+2.9%）= 68.3%

4）求补加系数。补加系数，即纯钢液的合金成分占有量。

$$K_{\text{Fe-W}}=\frac{22.8}{68.3}=0.334$$

$$K_{\text{Fe-Cr}}=\frac{6}{68.3}=0.088$$

$$K_{\text{Fe-V}}=\frac{2.9}{68.3}=0.0432$$

5）求补加合金料量。

$$m'_{\text{Fe-W}}=37\times0.334=112.5\text{kg}$$

$$m'_{\text{Fe-Cr}}=337\times0.088=29.5\text{kg}$$

$$m'_{\text{Fe-V}}=337\times0.043=14.5\text{kg}$$

合计 112.5+29.5+14.5=156.5kg

最终钢液量=9700+337+156.5=10193.5kg

6）求各合金料加入总量。

$$M_{\text{Fe-W}}=73+112.5=185.5\text{kg}$$

$$M_{\text{Fe-Cr}}=125+29.5=154.5\text{kg}$$

$$M_{\text{Fe-V}}=139+14.5=153.5\text{kg}$$

验算：

$$\text{钢中钨含量}=\frac{\text{原钢液量}\times\text{钢中残余 W 含量}+\text{Fe-W 加入总量}\times\text{Fe-W 成分含量}}{\text{最终钢液量}}$$

$$=\frac{9700\times17.6\%+185.5\times80\%}{10193.5}=0.182=18.2\%$$

验算证明上述补加合金料的计算是正确的，同样可验算校核钢中铬、钒的含量。

采用补加系数法计算多元高合金料加入量，生产中只要知道合金成分含量，补加系数可以事先计算好，其他几步计算会很快得出结果。

（5）联合计算法。配制一种含碳的铁合金料，要求这种合金料的碳含量与合金元素含量同时满足该钢种规格要求的计算，称为联合计算法。联合计算既能满足钢种配碳量的要求，又能使用廉价的高碳合金料以降低钢的生产成本，在特钢生产中是一种合金料加入量的重要计算方法。

【例 7-7】 钢液量为 15t，钢液中含铬量为 10%，含碳量为 0.20%。现有高碳铬铁含铬量为 65%，含碳量为 7%，低碳铬铁含铬量为 62%，含碳量为 0.42%。要求控制钢液中含铬量为 13%，含碳量为 0.4%，求高碳铬铁和低碳铬铁用量。

解法 1：1）先从满足配碳量求出高碳铬铁的加入量。

$$高碳铬铁加入量 = \frac{15000 \times (0.4\% - 0.2\%)}{7\% - 0.4\%} = 454.4\text{kg}$$

2）加入高碳铬铁后，钢液中含铬量为：

$$钢中含铬量 = \frac{15000 \times 10\% + 454.5 \times 65\%}{15000 + 454.5} = 11.62\%$$

在计算上应算到小数点后两位数才准确。

3）求低碳铬铁加入量。

$$低碳铬铁加入量 = \frac{15454.5 \times (13\% - 11.62\%)}{62\% - 13\%} = 435.05\text{kg}$$

最终钢液量 = 15000+454.5+435.05 = 15889.55kg

解法 2：设加入高碳铬铁为 x(kg)，低碳铬铁为 y(kg)。

$$x\times65\%+y\times62\% = 15000\times(13\%-10\%)+(x+y)\times13\%$$

$$x\times7\%+y\times0.4\% = 15000\times(0.4\%-0.2\%)+(z+y)\times0.4\%$$

$$x = 454.5\ \text{kg},\ y = 436.04\text{kg}$$

7.2.5.7　出钢操作

为确保钢的质量和安全操作，出钢前必须具备以下条件：

（1）钢的化学成分要进入控制规格范围，防止偏上、下限冒险出钢。

（2）钢液脱氧良好，取出钢液倒入圆杯试样冷凝时没有火花，凝固后试样表面有良好收缩。

（3）炉渣为流动性良好的白渣，碱度合适。

（4）钢液温度合适，确保浇注操作顺利进行。

（5）出钢口应畅通，出钢槽应平整清洁，炉盖要吹扫干净。

（6）出钢前应停止向电极送电，以防触电，并升高电极，特别是 3 号电极。

出钢时应有专人掌包，摆正钢包位置；应有专人摇炉，以控制摇炉速度平稳出钢，防止先钢后渣；应有专人指挥天车，做到边倾炉，边落包，以期钢渣在钢包中激烈混冲。

在多数情况下，传统电炉的出钢操作是采用大口深坑和钢渣混出的出钢方法，以加速钢渣之间脱氧去硫的化学反应。

出钢完毕，应观察钢液面的平静状况和液面高度，前者决定是否补加脱氧剂，后者可确定浇钢支数。钢流完毕，为了防止回磷，根据情况可加入适量的小块石灰或白云石稠渣，并加入约 50mm 以上厚度的炭化稻壳进行保温。

出钢完毕后，应对钢水包取样和测温，根据钢液温度高低，合理确定镇静时间，钢水在包中经过 4~8min 的镇静时间之后，即可浇注，在浇注中间，从包底水口下面接成品钢样，供作成品分析。

传统电炉老三期冶炼工艺操作集熔化、精炼和合金化于一炉，包括熔化期、氧化期和还原期，在炉内既要完成废钢的熔化，钢液的脱磷、脱碳、去气、去除夹杂物以及升温，又要进行钢液的脱氧、脱硫、合金化以及温度、成分的调整，因而冶炼周期很长。这既难以保证对钢材越来越严格的质量要求，又限制了电炉生产率的提高。

思考题

7-1 碱性电弧炉一次冶炼工艺方法可分为哪几种？比较其特点。
7-2 碱性电弧炉氧化法冶炼工艺操作由哪几个阶段组成？
7-3 电弧炉内炉料熔化过程大致可分为哪四个阶段？
7-4 电弧炉炼钢熔化期的任务是什么？提前造熔化渣有哪些好处？
7-5 电弧炉炼钢氧化期和还原期的任务分别是什么？
7-6 电弧炉炼钢脱碳的意义何在？
7-7 电弧炉炼钢装料和布料的原则要求分别是什么？
7-8 试比较电弧炉炼钢氧化期加矿氧化和吹氧氧化的优缺点。

8 电弧炉炼钢设备

电弧炉炼钢设备包括炉体、机械设备和电气设备三部分，如图 8-1 所示。

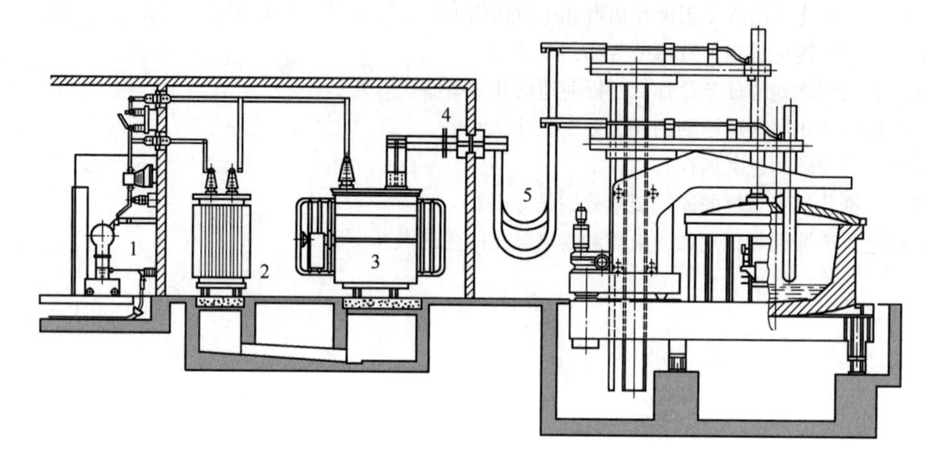

图 8-1 电炉设备的布置

1—高压控制柜（包括高压断路器、初级电流互感器与隔离开关）；2—电抗器；
3—电炉变压器；4—次级电流互感器；5—短网

8.1 电弧炉的炉体构造

电弧炉的炉体由金属构件和耐火材料砌筑成的炉衬两部分组成，而炉体的金属构件又包括炉壳、炉门、出钢机构、炉盖圈和电极密封圈等。电弧炉炉体的基本构造如图 8-2 所示。

8.1.1 金属构件

8.1.1.1 炉壳

炉壳即炉体的外壳，由圆筒形炉身、炉壳底和上部加固圈三个部分组成。要求炉壳具有足够的强度和刚度，以承受炉衬、钢、渣的重量和自重以及高温和炉衬膨胀的作用。通常炉壳厚度为炉壳外径的 1/200 左右，一般用厚为 12~30mm 的钢板焊接而成，内衬耐火材料。

炉壳受高温作用易发生变形，特别是炉役后期，为此一般在炉壳上设有加固圈或加强筋。炉壳上沿的加固圈用钢板或型钢焊成并通水冷却。在加固圈的上部封槽留有一个砂封槽，便于炉盖圈插入砂槽内密封。

炉壳底部形状有平底形、截锥形和球形三种，如图 8-3 所示。平底炉壳制造简单，但坚固性最差，炉衬体积最大，故多用于大型电炉上。截锥形底壳比球形底壳容易制造，但

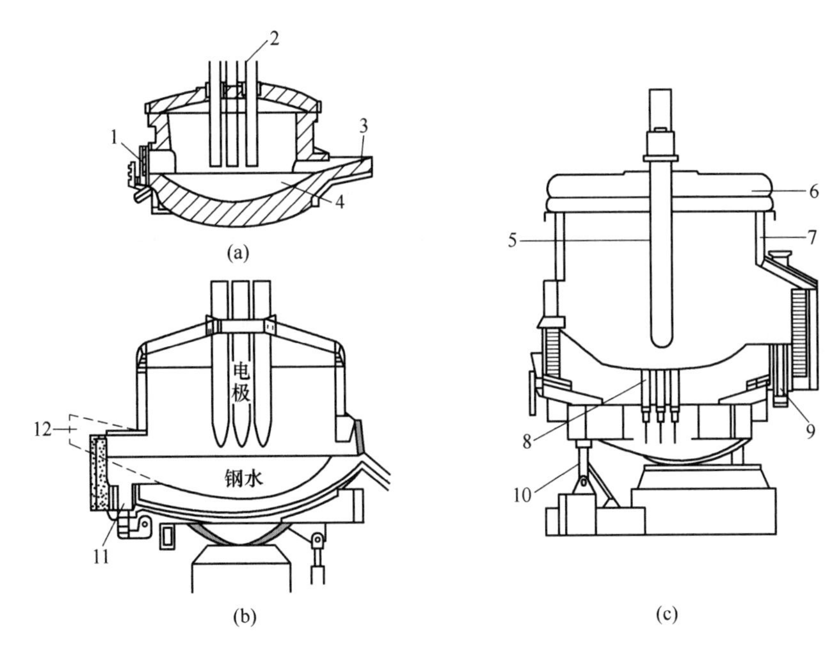

图 8-2 电弧炉炉体的基本构造

（a）普通电弧炉；（b）偏心炉底出钢电弧炉；（c）直流偏心炉底出钢电弧炉

1—炉门；2—电极；3—出钢槽；4—熔池；5—直流电弧炉上部电极阴极；6—水冷炉盖；7—水冷炉壁；8—直流电弧炉底电极阳极；9—EBT 偏心炉底出钢；10—倾动装置；11—出钢口；12—过去的出钢口

坚固性较球形底差，所需的炉衬材料稍多，常被采用。球形底坚固性最高，死角小，炉衬体积小，但直径大的球形底成型比较困难，故球形底多用于中、小型炉子。

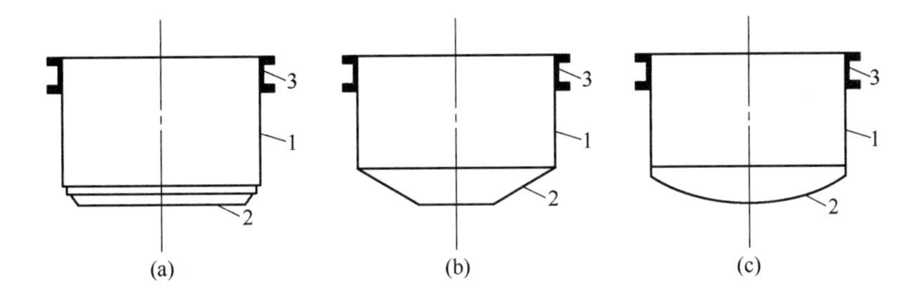

图 8-3 炉壳底部的形状

（a）平底形；（b）截锥形；（c）球形

1—圆筒形炉身；2—炉壳底；3—加固圈

8.1.1.2 炉门

炉门由金属门框、炉门和炉门升降机构三部分组成。炉门框起保护炉门附近炉衬和加强炉壳的作用，一般用钢板焊成或采用铸钢件，内部通水冷却，为使炉门与门框贴紧，门框水箱壁做成 5°~10°的斜面。通常采用空心水冷的炉门。炉门的升降机构可通过电动、气动或液压传动等方式实现，要求炉门结构严密，升降平稳灵活，升降机构牢固可靠。

中小型炉子只有一个炉门，位于出钢口对面。大型电弧炉为便于操作，常增设一个侧门，两炉门位置成 90°。炉门的大小应便于观察、修补炉底和炉坡为宜。

8.1.1.3　出钢槽

电炉出钢方式分为槽式出钢、中心底出钢（CBT）、偏心底出钢（EBT）等。目前，电炉以偏心底出钢方式为主。

（1）传统出钢槽。传统的槽式出钢电炉如图 8-4 所示，出钢口为一圆形（直径 150~250mm）或矩形孔，正对炉门，位于熔池渣液面上方。熔炼过程中用镁砂或碎石灰块堵塞，出钢时用钢钎打开。流钢槽用钢板焊成（梯形），内砌高铝砖或用沥青浸煮过黏土砖；而采用预制整块的流钢槽砖（用高铝质、铝镁质、高温水泥质捣打成型）时，方便、耐用、效果好。为避免冶炼过程中钢液溢出，流钢槽向上倾斜与水平面成 8°~15°。流钢槽在可能的情况下，应尽量短些，以减少出钢过程中钢液的二次氧化和吸气。

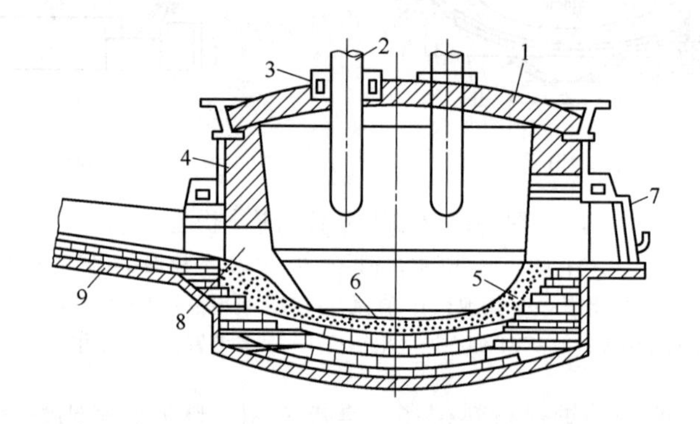

图 8-4　电弧炉炉体结构

1—炉盖；2—电极；3—水冷圈；4—炉墙；5—炉坡；6—炉底；7—炉门；8—出钢口；9—出钢槽

（2）偏心炉底出钢箱。偏心炉底出钢法（Eccentric Bottom Tapping）是目前应用最广泛的电炉出钢方法。首台 EBT 电炉是 1983 年德国 Demag 公司为丹麦 DDS 钢厂制造的 110t/70MV · A 电炉。1987 年 8 月，我国第一台偏心炉底出钢电弧炉在上钢五厂建成投产，如图 8-5 所示。

EBT 电炉是将传统电炉的出钢槽改成出钢箱，出钢口在出钢箱底部垂直向下。出钢口下部设有出钢口开闭机构（见图 8-6），开闭出钢口，出钢箱顶部中央设有塞盖，以便出钢口填料与维护。出钢口由外部套砖和内部管砖组成，均采用镁碳管砖，内径一般为 140~280mm，视炉容和出钢时间而定。管砖和套砖之间使用镁砂捣打料填充，管砖在使用过程中主要以磨损方式损毁。为防龟裂，要求内部管砖应具有极好的抗氧化性和较高的耐压强度，同时其碳含量应大于 20%。外部套砖因受钢包内的热辐射而易发生低温氧化，可添加抗氧化剂。为防金属附着，可将石墨的配入量提高到 25%或采用 Al_2O_3-SiC-C 砖。

出钢时，向出钢侧倾动少许（约 3°）后，开启出钢机构，填料在钢液静压力作用下自动下落，钢液流入钢包，实现自动开浇出钢，否则需要施以外力或烧氧出钢，一般要求自动开浇率在 90%以上。当钢液出至要求的约 95%时，迅速回倾以防止下渣，回倾过程还有约 5%的钢液和少许炉渣流入钢包中。摇正电炉（炉中留钢量一般控制在 10%~15%，留渣量不小于 95%），检查维护出钢口后关闭出钢口，加填料（即引流砂，为 MgO 基的颗粒状耐火材料，一般用含 Fe_2O_3 大约 10% 的 MgO 与 SiO_2 混合填料），装废钢，起弧。

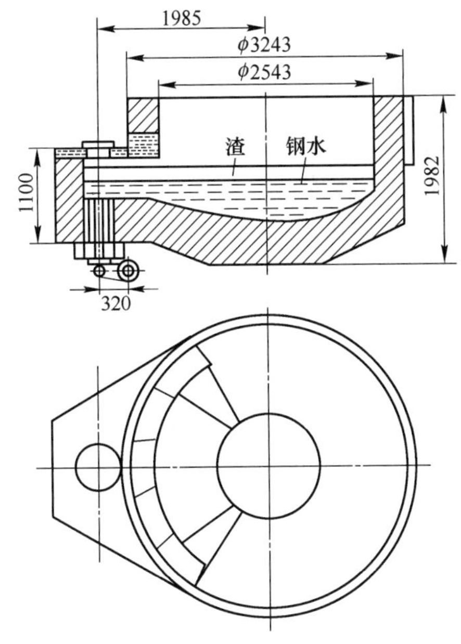

图 8-5 偏心炉底出钢电弧炉炉型

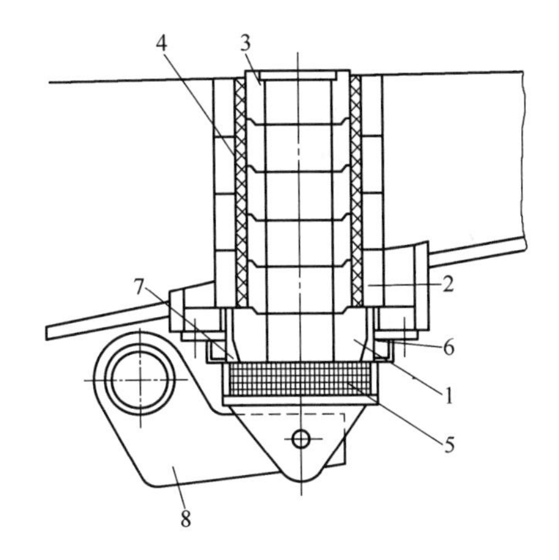

图 8-6 炉底出钢机构

1—底砖；2—出钢砖；3—出钢管；4—混合可塑料；5—石墨板；6—水冷；7—底环；8—挡板

一般来说，EBT 电炉有以下优点：

1）出钢倾动角度小。只需倾动 12°~15°便可出净钢液，简化了电炉倾动结构；降低短网的阻抗；增加水冷炉壁使用面积，提高炉体寿命。

2）留钢留渣操作。无渣出钢，改善钢质，利于精炼操作，留钢留渣，利于电炉冶炼、节能。

3）炉底部出钢：降低出钢温度，节约电耗；减少二次氧化，提高钢质量；提高钢包寿命。

EBT 电炉由于具有这些优点，所以在世界范围迅速得到普及。现在新建电炉尤其是精炼配合的电炉，一定要求无渣出钢，而 EBT 是首选。

8.1.1.4 炉盖圈

炉盖圈用钢板或型钢焊成，为防止变形，一般采用水冷。炉盖圈的外径应与炉壳外径相仿或稍大些，使炉盖支承在炉壳上。

水冷炉盖圈的截面形状通常分为垂直形和倾斜形两种，如图 8-7 所示。倾斜形内壁倾斜角为 22°~23°，这样可以不用拱脚砖。炉盖圈和炉壳之间必须有良好的密封，因此炉盖圈下部设有刀口，使炉盖圈能很好地插入到加固圈的砂封槽内。

8.1.1.5 电极密封圈

砖砌炉盖的电极密封圈，又称电极冷器，有环形水箱式和蛇形水管式两种，如图 8-8

所示。环形水箱密封圈冷却和密封效果均较好，环形水箱是用钢板焊成的。密封圈在圆周上留有 20～40mm 宽的间隙，以免在密封圈体内形成闭合磁路而产生涡流。大容量或超高功率电炉应优先考虑用非磁性耐热钢板焊制。金属水冷炉盖的电极密封圈（实为绝缘圈），为避免电极与金属炉盖导电起弧，通常采用弧形高铝大块砖密封，或用高温耐火水泥捣打成圆形制作电极密封圈。

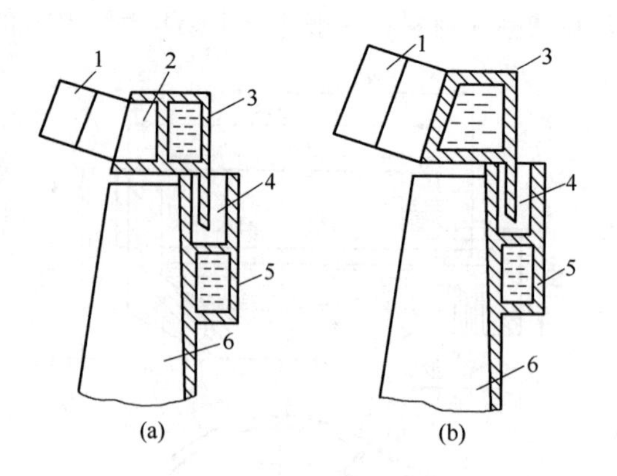

图 8-7　炉盖圈截面形状

（a）垂直形炉盖圈；（b）倾斜形炉盖圈

1—炉盖；2—拱脚砖；3—炉盖圈；4—砂槽；5—水冷加固圈；6—炉墙

8.1.2　炉衬

电弧炉炉衬指电弧炉熔炼室的内衬，包括炉底、炉壁和炉盖三部分。炉衬所用的耐火材料有碱性和酸性两种，绝大多数电弧炉都采用碱性炉衬。传统普通功率碱性电弧炉的炉衬结构如图 8-9 所示。

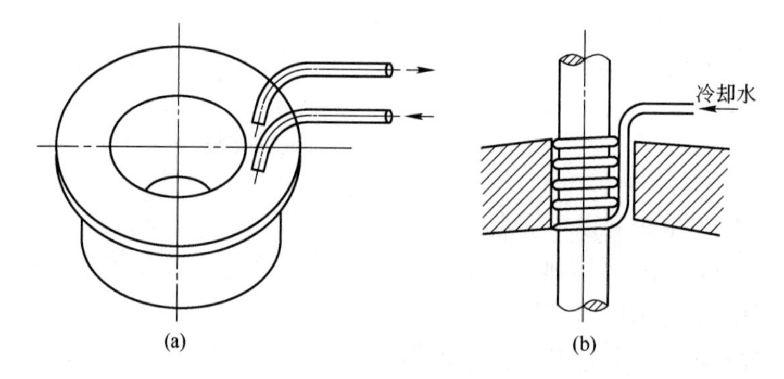

图 8-8　电极密封圈

（a）环形水箱式电极密封圈；（b）蛇形管式电极密封圈

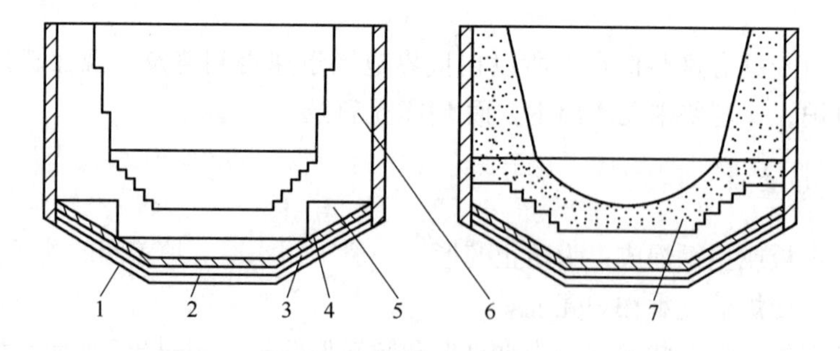

图 8-9　电炉炉衬结构

1—炉壳；2—石棉板；3—硅藻土粉；4—黏土砖；5—镁砖；6—沥青镁砂砖；7—镁砂打结层

8.1.2.1　炉底

炉底自下而上由绝热层、保护层和工作层三部分构成。

绝热层是炉底的最下层，其作用是减少通过炉底的热损失。在炉底钢板上铺一层厚10~15mm的石棉板，其上再铺5~10mm厚的硅藻土粉，硅藻土粉上面平砌一层硅藻土砖或黏土砖，砖缝用相同砖粉充填。绝热层的总厚度一般为80mm左右。

保护层的作用主要是保证熔池部分的坚固性，防止漏钢。一般采用2~4层镁砖（干砌），最上一层镁砖要求侧砌。砖面要磨平，层与层之间要交叉砌制，互成45°或60°角且砖缝不大于2mm，每砌完一层砖后用粒度不大于0.5mm的镁砂粉填缝，用木槌敲打砖面使其充填密实。层与层之间，用镁砂粉找平。

在镁砖层上为炉底工作层。工作层直接与钢液和炉渣接触，这里温度很高，化学侵蚀严重，机械冲刷剧烈，极易损坏，故应充分保证其质量。

工作层一般有砌砖或打结成型（采用沥青镁砂打结成型的炉底）两种。采用打结成型，便于修补，但劳动条件恶劣，效率低，密度低，质量不稳定，故普遍推广砖砌炉底工作层。砖砌炉底工作层要与熔池尺寸吻合，首先上层镁砖要求砌平，而后沥青镁砂砖才能砌平。先在镁砖上找准炉底中心点，并以熔池底部半径画圆，采用矩形工作层砖按十字形或人字形侧砌，在炉底砌砖靠炉壳边缘，要剔齐找平。工作层砖缝不大于3mm，平面高差不大于4mm。砖缝用细镁砂粉和10%的沥青粉填充，用薄铁片插缝，再用木槌敲打充实。在炉坡处以均等阶梯距离环砌熔池深度，熔池各圈直径误差必须保证不大于20mm。

对于超高功率电弧炉，20世纪70年代，大型电弧炉炉底采用高纯镁砖砌筑；80年代以后，炉底采用烧成镁白云石-炭砖砌筑，也有采用镁砂（富含$2CaO \cdot Fe_2O_3$）和镁白云石（富含$2CaO \cdot Fe_2O_3$）散状料捣打的。

为了避免电极穿井到底时电弧直接烧坏炉坡，熔池底部直径应大于电极极心圆300~500mm。炉底工作层厚度一般为200~300mm。

冶炼低碳钢时，为防止炉衬使钢液增碳，需用无碳炉衬，可采用卤水镁砂砖或用卤水镁砂砌筑炉底。

8.1.2.2 炉壁

对于采用砌砖炉壁的普通功率电炉，炉壁除经受高温作用和温度急剧变化的影响外，还要受到钢液的直接冲刷、炉渣的化学侵蚀以及炉料的碰撞，特别是在渣线附近，蚀损尤为严重。因此要求炉壁在高温下具有足够的强度、耐蚀性和抗热振性。

炉壁结构由外向内第一层以石棉板作绝热层，第二层用硅藻土砖或黏土砖立砌作保温层，第三层用沥青镁砂砖环砌做工作层。炉壁下部厚度一般约等于炉底厚度的2/3。

一般中等容量的电炉，可在炉壳内壁设置竖向或横向筋板，衬砖嵌入筋板内，倾炉时不致塌落。

超高功率电弧炉砖衬炉壁，自20世纪90年代以来，几乎全部采用镁碳砖砌筑。这与现代水冷炉壁技术需要高导热性能的要求有关。

8.1.2.3 炉盖

碱性电弧炉砌砖炉盖的材料一般采用一、二级高铝砖砌筑，也有采用铝镁砖砌筑的。铝镁砖主要用在炉盖的易损部位（电极孔、排烟孔、中心部位），其余部位仍用高铝砖构成复合炉盖。

炉盖的砌筑在拱形模子上进行。砌好的炉盖圆中心必须与极心圆的中心对准。

炉盖用高铝砖时一般采用湿砌。砖缝填料由高铝质火泥、卤水、净水调和而成。炉盖用镁砖或铝镁砖时宜采用干砌，湿砌会导致砖体在高温下粉化。

炉盖砖的砌筑方法，通常采用“人”字形砌法，先砌“丁”字形梁，接着砌三个电极孔，以避免砌电极孔时砍砖，再从拱角梁往上砌，三个大框间按人字形砌砖，砌缝不大于3mm，每隔7~8块砖将砖留出一头，便于打下楔紧，砌完后再从炉盖面上灌浆。

砖的选择，异型砖较标准砖好。砖的外形平整，厚薄均匀，长短一致，不缺棱掉角，砌制时砖与砖高低不得相差5mm，耐火泥做到均匀刮抹，薄而饱满，砌缝错开，逐砖砌制，逐砖敲严。砌砖完毕应进行烘烤干燥，以减少温度变化造成的剥落掉块，烘烤温度500~600℃保温待用。

砖砌炉盖厚度一般在230~350mm之间，大容量炉子（30t以上）取上限。

8.1.2.4　水冷炉衬

随着电弧炉容量的扩大和单位功率水平的提高，电弧炉内热负荷急剧增加，炉内温度分布的不平衡加剧，为了提高炉壁与炉盖使用寿命，目前国内外已广泛采用了水冷挂渣炉壁和水冷炉盖。采用水冷炉衬，也是促进超高功率电弧炉技术发展的关键技术。

水冷挂渣炉壁可以装在渣线以上炉壁热点区和易损区局部使用，也可在渣线以上做成全水冷挂渣炉壁。其结构分为铸管式、板式或管式、喷淋式等。水冷炉盖有全水冷炉盖和半水冷炉盖两种。

水冷挂渣炉壁使用开始时，挂渣块表面温度远低于炉内温度，炉渣、烟尘与水冷块表面接触就会迅速凝固。结果就会使水冷块表面逐渐挂起一层由炉渣和烟尘组成的保护层。挂渣层的厚度不断增长，直至其表面温度逐渐升高到挂渣的熔化温度时，挂渣层的厚度保持相对稳定态。如果挂渣壁的热负荷进一步增加，挂渣层会自动熔化、减薄直至全部剥落，由于挂渣块的水冷作用，致使挂渣层表面温度迅速降低，炉渣和烟尘又会重新在挂渣块表面凝固增厚。由于水冷块受热面的挂渣层受它自身的热平衡控制，自发地保持一定的平衡厚度，从而使水冷炉壁寿命长久。

挂渣层可减少通过炉壁的热损失，也可防止固体金属炉料与水冷炉壁表面打弧。

采用水冷炉壁后，炉壁寿命显著提高，可达上千次，同时也显著提高了电炉作业率，降低了耐火材料消耗。

8.2　电弧炉的机械设备

8.2.1　电炉倾动机构

为了保证电炉的出钢和出渣，炉体应能倾动。倾动机构就是用来完成炉子倾动的装置。槽式出钢电炉要求炉体能够向出钢方向倾动40°~45°以出净钢水，偏心底出钢电炉要求向出钢方向倾动12°~15°以出净钢水；向炉门方向倾动10°~15°以利出渣。

倾动机构目前广泛采用摇架底倾结构（见图8-10）。它由两个摇架支承在相应的导轨上，导轨与摇架之间有销轴或齿条防滑、导向。摇架与倾动平台连成一体。炉体坐落在倾动平台上，并加以固定。倾动机构驱动方式多采用液压倾动，即通过两个柱塞油缸推动摇架，使炉体倾动。回倾一般靠炉体自重。

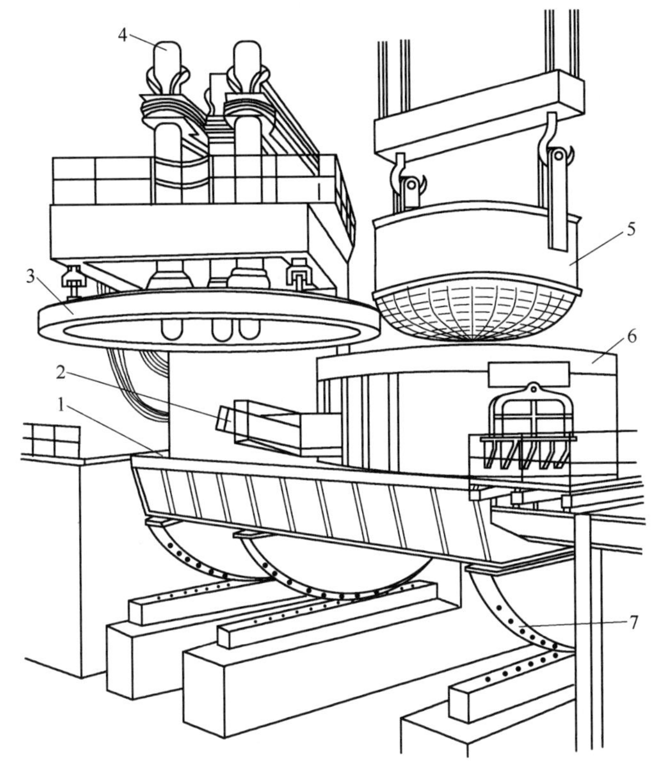

图 8-10 炉盖旋开电弧炉

1—操作平台；2—出钢槽；3—炉盖；4—石墨电极；5—料罐；6—炉体；7—倾炉摇架

8.2.2 电极升降机构

电极升降机构由电极夹持器、立柱、横臂及传动机构等组成。它的任务是夹紧、放松、升降电极和输入电流。

（1）电极夹持器（又称卡头、夹头）。电极夹持器多用铜或用内衬铜质的钢夹头，铬青铜的强度高，导电性好。夹持器的夹紧常用弹簧，而放松则采用气动或液压。弹簧与缸位于电极横臂内，或在电极横臂的上方或侧部。

（2）电极立柱。电极立柱采用钢质结构，它与横臂连接成一个 Γ 形结构，通过传动机构使矩形立柱沿着固定在倾动平台上的导向轮升降，故常称为活动立柱。

（3）横臂。横臂用来支持电极夹头和布置二次导体，要有足够的强度。大电炉常将其设计成水冷的。近年来，在超高功率电炉上出现了一种新型横臂，称为导电横臂。导电横臂有铜-钢复合水冷导电横臂（覆铜臂）和铝合金水冷导电横臂（铝合金臂）两种，断面形状为矩形，内部通水冷却。

使用导电横臂的优点是：改善了阻抗和电抗指标，电极心圆直径小，电弧对称性和稳定性好，确保了高功率输入电能，提高了生产率，也降低了耐材消耗；电极臂刚性大，电极可快速调节而不会造成系统振动；将电极横臂的导电和支撑电极两种功能合为一体，电极夹紧放松机构安放在横臂内部，取消了水冷导电铜管、电极夹头和横臂之间众多绝缘环节，使横臂结构大为简化，减少了维修工作量。

（4）电极升降驱动机构。电极升降驱动机构的传动方式有电机与液压传动。液压传动系统的启动、制动快，控制灵敏，速度高达 8～10m/min。大型先进电炉均采用液压传动，而且用大活塞油缸。

8.2.3 电弧炉顶装料系统

8.2.3.1 炉盖提升旋转机构

炉盖旋转式与炉体开出式相比较，具有装料迅速、占地面积小、金属结构重量轻以及容易实现优化配置的优点。炉盖提升旋转机构分为落地式和共平台式。

（1）落地式。炉盖的提升和旋转动作均由一套机构来完成。升转机构有自己的基础，且与炉子基础分开布置（故又称分列式），整个机构不随炉子倾动。此种升转机构有两种形式：一种是炉盖的提升、旋转由一个液压缸完成，如升转缸，适用于 10t 以下的小炉子；另一种是炉盖的提升、旋转由两个液压缸来完成，即主轴先将炉盖顶起，然后在主轴下部的液压缸施加径向力，使主轴旋转，完成炉盖的开启，此法适用于大炉子。

装料时，升转机构上升将炉盖及其上部结构顶起，然后升转机构旋转，将炉盖旋开。由于炉盖旋开后与炉体无任何机械联系，所以，装料时的冲击振动不会波及炉盖和电极，因而也延长了炉盖的使用寿命并减少了电极的折断。炉盖与旋转架之间用杆固定。

（2）共平台式。炉体、倾动、电极升降及炉盖的提升旋转机构全都设置在一个大而坚固的倾动平台上。因炉子基础为一整体（故又称整体式），整个升、转机构随炉体一起倾动。它的提升与旋转由分开的两套机构完成。

8.2.3.2 料罐

炉顶装料是将炉料一次或分几次装入炉内，为此必须事先将炉料装入专门的容器内，然后通过这一容器将炉料装入炉内。这一容器通常称为料罐，也称料斗或料筐。料罐主要有链条底板式和蛤式两种类型。目前国内大多采用链条底板式，国外普遍采用蛤式。

（1）链条底板式料罐。链条底板式料罐如图 8-11 所示，上部为圆筒形，下端是一排

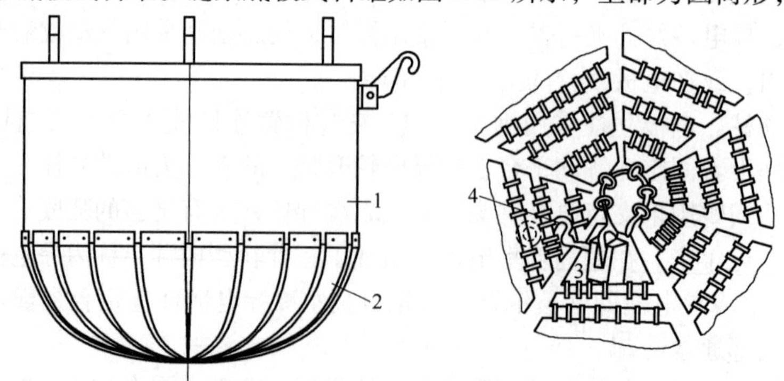

图 8-11 链条底板式料罐

1—圆筒形罐体；2—链条板；3—脱锁挂钩；4—脱锁装置

三角形的链条板，链条板下端用链条或钢丝绳串联成一体，用扣锁机构锁住，并成一个罐底。料罐吊在起重机主钩上，扣锁机构的锁杆吊在副钩上。装料时将罐吊至炉内，用副钩打开罐底，使炉料跌落至炉膛内。料罐的直径比熔炼室直径略小，以免装料时撞坏炉墙。

这种料罐的优点在于装料时料罐可进入炉膛中，吊至距炉底300mm的位置，减轻了炉料下落时的机械冲击。其缺点是每次装完料后需将链条板重新串在一起，劳动强度大，链条板和扣锁机构易被烧损或被残钢焊住，维修量大，同时这种料罐需放在专门的台架上。

（2）蛤式料罐。蛤式料罐又称抓斗式料罐，如图8-12所示。这种料罐的罐底是能分成两半向两侧打开的颚，两个颚靠自重闭合，用起重机的副钩通过杠杆系统可使颚打开。

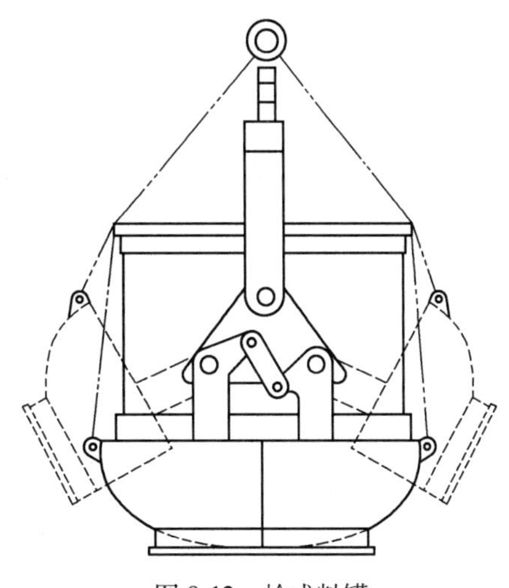
图8-12 蛤式料罐

这种料罐的优点是能在一定程度上控制料罐底打开的程度，以控制炉料下落速度，同时不需要人工串链条板和专门的台架。其缺点是料罐不能放入炉内，只能在熔炼室的上部打开罐底，炉料下落时的机械冲击大，装料时易损坏炉底。

8.3 电弧炉的电气设备

电弧炉电气设备包括“主电路”设备和电控设备。一般电炉炼钢车间的供电系统有两个：一个系统由高压电缆直接供给电炉变压器，然后送到电极，这段线路称为电弧炉的主电路；另一个系统由高压电缆供给工厂变电所，再送到需要用电的其他低压设备上，这也包括电炉的电控设备，如高压控制柜、操作台及电极升降调节器等。

8.3.1 电弧炉的主电路

电弧炉的主电路如图8-13所示，主要由隔离开关、高压断路器、电抗器、电炉变压器、低压短网及电极等几部分组成。

8.3.1.1 隔离开关与高压断路器

隔离开关（也称进户开关、空气断路开关）主要用于检修设备时断开高压电源。常用的隔离开关是三相刀闸开关，这种开关没有灭弧装置，必须在无负载时才可接通或切断电路，因此隔离开关必须在高压断路器断开后才能操作。电弧炉停电或送电时，开关操作顺序是：送电时先合上隔离开关，后合上高压断路器；停电时先断开高压断路器，后断开隔离开关。否则刀闸和触头之间会产生电弧，烧坏设备和引起短路事故等。为了防止误操作，常在隔离开关与高压断路器之间设有联锁装置，使高压断路器闭合时隔离开关无法操作。

隔离开关的操作机构有手动、电动和气动三种。当进行手动操作时，应戴好绝缘手套并站在橡皮垫上，以保证安全。

高压断路器用于使高压电路在负载下接通或断开，并作为保护开关在电气设备发生故障时自动切断高压电路。电弧炉使用的高压断路器有油开关（最普通）、电磁式空气断路器（又称磁吹开关，适于频繁操作）和真空断路器（适于比较频繁的操作，可以较好地满足功率不断增大的要求，寿命比油开关高 40 倍）。

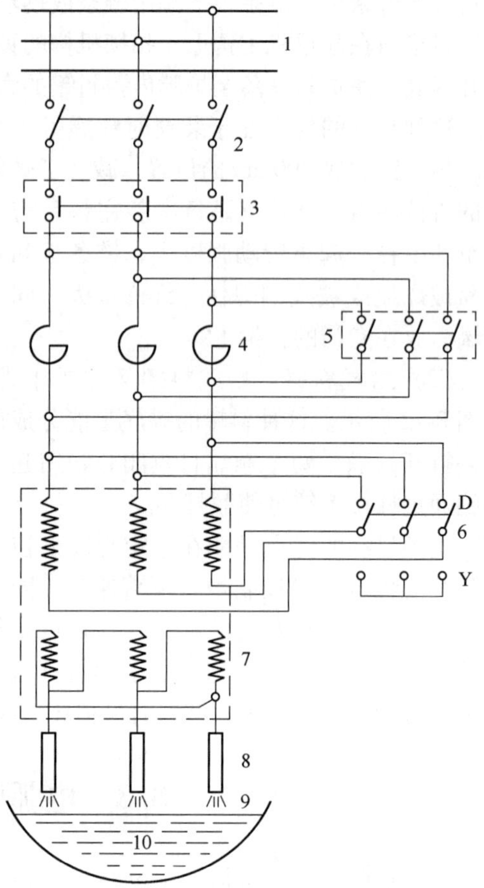

8.3.1.2　电抗器

电抗器串联在变压器的高压侧，其作用是使电路中感抗增加，以达到稳定电弧和限制短路电流的目的。

电抗器具有很小的电阻和很大感抗，能在有功功率损失很小的情况下，限制短路电流和稳定电弧。但是它的电感量大，使无功功率增大，降低了功率因数，从而影响了变压器的输出功率。因而电抗器的接入时机和使用时间必须加以控制，一旦电弧燃烧稳定，就应及时从主回路上切除，以减少无功功率消耗。

小炉子的电抗器可装在电炉变压箱体内部，大炉子则单独设置电抗器。意大利 Danili 公司研制的 Danarc 交流高阻抗电炉技术，就是在炉子变压器的一次侧串了一台饱和电抗器，以减少电网闪烁。

图 8-13　电弧炉的主电路

1—高压电缆；2—隔离开关；3—高压断路器；4—电抗器；5—电抗器短路开关；6—电压转换开关；7—电炉变压器；8—电极；9—电弧；10—金属

8.3.1.3　电炉变压器

A　电炉变压器的特点

电炉变压器是一种特制的专用变压器，属于降压变压器。它把高达 8000～10000V（甚至更高）的高电压低电流变为 100～400V 低电压大电流供给电弧炉使用。

电炉变压器与一般电力变压器比较，具有如下特点：

(1) 变压比大，副边电压低而电流很大，可达几千至几万安培。

(2) 有较大的过载容量（20%～30%），不会因一般的温升而影响变压器寿命。

(3) 根据熔炼过程的需要，副边电压可以调节，以调整功率。

(4) 有较高的机械强度，经得住冲击电流和短路电流所引起的机械应力。

B　电炉变压器的电压调节

电炉炼钢的不同阶段所需的电能不同，电炉变压器的调压是通过改变线圈的抽头和接线方法来实现的。变压器的原边绕组可以接成三角形，也可以接成星形。当原边绕组由三角形改接成星形时，副边侧的电压是未改变接法以前的1/1.732。为了获得更多的电压级数，可采用变压器原边绕组的抽头，再配合变换三角形和星形接法来调整电压。从理论上讲，改变副边线圈也可达到调压目的。但是副边线圈的截面很大，在低压侧装置分接开关极为不便，因此在变压器的高压侧配有电压抽头调节装置。国内目前使用的大多是无载调压装置，这种机构比较简单。在转换电压时，必须先断开断路器使变压器停电。调压装置有手动、电动和气动三种。

用电子计算机程序控制的电弧炉，要在熔化、精炼等阶段自动调节输入功率，希望能不停电转换电压，即变压器抽头要在有载情况下更换，这就需要用有载调压开关。

有载调压工作原理如图8-14所示。它由选择开关m和n、T形转换开关K和限流电阻R组成。转换开关K和电阻R装于绝缘筒做的小箱内，小箱内装有灭弧用的油，灭弧油必须和变压器的油隔开，不能相混。

在改变电压时，T形开关K可转动360°。在转动过程中，选择开关m和n与K相联系，有步骤地从一个分接头转接到相邻的一个分接头。在转换电压的过程中高压绕组中的工作电流从未切断，选择开关m和n也从不切断电源。在m和n分别和相邻两分接头相接时，两个电阻R用来限制此段分接线圈中的电流。

由于有载调压操作调压时不需要变压器停电，因此可减少炉子热停工时间，提高了生产率；对于电网来说，可避免断电和送电造成的电压波动；并且比无载调压能更多地更换电压级数，能更适合所需的温度制度。但是有载调压开关如损坏，就要停炉修理或更换。

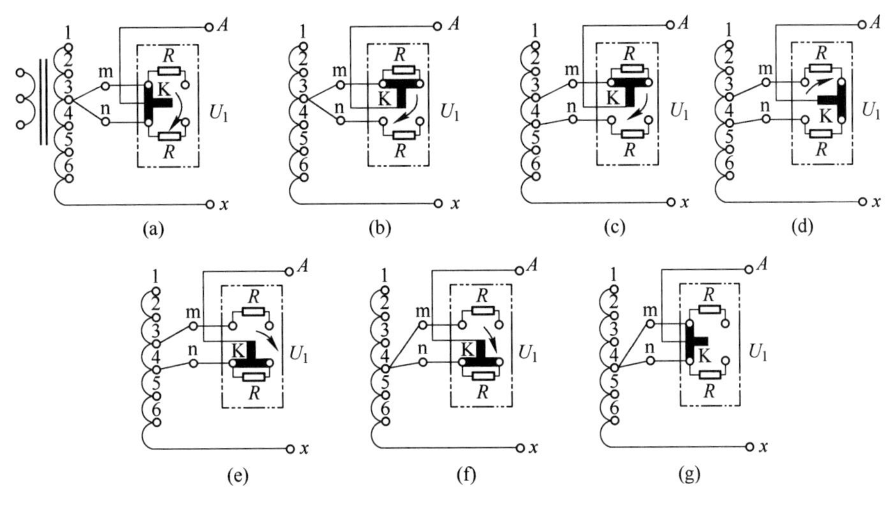

图8-14　有载调压的工作原理
（一相，以第3级转到第4级为例）

C　电炉变压器的冷却

变压器运行时，由于铁芯的电磁感应作用会产生涡流损失和磁滞损失，也就是“铁损”；同时线圈流过电流，因克服电阻而产生“铜损”。铁损和铜损会使变压器的输出功率降低，同时造成变压器发热。变压器发热会使绝缘材料变质老化，降低变压器的使用寿命。温度过高容易使绝缘失效，造成线圈短路，烧坏变压器。

变压器工作时，要求线圈的最高温度低于95℃。新型变压器其温度计就埋在线圈之中，直接监测线圈温度。但通常的变压器是用油面温度计来标示线圈温度的，由于油面温度与线圈实际温度之间还有一个差值，所以允许的最大油面温度还要低。对于油浸自冷式变压器，最大油面温度应更低些。变压器往往还规定了最大温升（变压器的工作温度减去它周围的大气温度的温度值）。周围大气温度一般以夏季最高温度35℃计算。在自然通风条件下，油浸自冷式变压器线圈的最大温升为80℃，油面的最大温升为50℃。

电炉变压器的冷却主要有油浸自冷式和强迫油循环水冷式两种方式，如图8-15所示。油浸自冷式的铁芯和线圈浸在油箱中，油受热上浮进入油管被空气冷却，然后再从下部进入油箱。强迫油循环水冷式变压器的铁芯和线圈也浸在油箱中，用油泵将变压器油抽至水冷却器的蛇形管内强制冷却，然后再将油打入变压器油箱内。为了保证冷却水不致因油管破裂而渗入管内，油压必须大于水压。

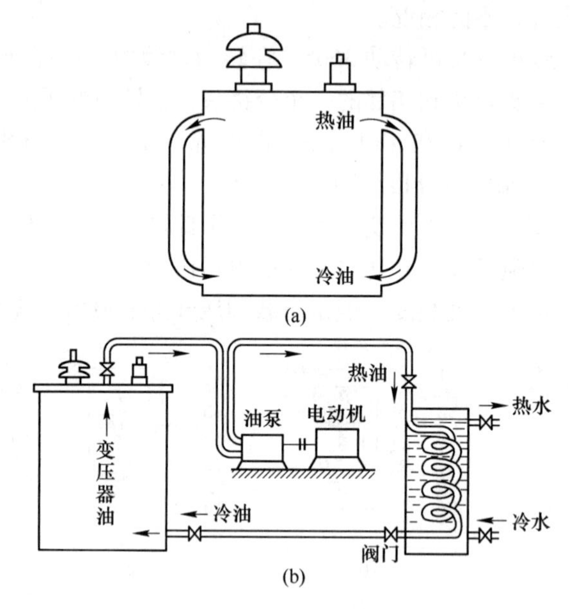

图8-15　电炉变压器的冷却方式
（a）油浸自冷式；（b）强迫油循环水冷式

8.3.1.4　短网

短网是指从变压器副边（低压侧）引出线至电极这一段线路。

A　短网结构

短网的结构如图8-16所示，它包括硬铜母线（铜排）、软电缆、炉顶水冷铜管（或导电横臂）和石墨电极。这段线路为10~20m，导体截面很粗，通过的电流很大，又称大电流导体（或大电流线路）。短网中的电阻和感抗对电炉装置和工艺操作影响很大，在很大程度上决定了电炉的电效率、功率因数以及三相电功率的平衡。

从变压器副边绕组出线端到变压器室外面的软电缆接头处是硬铜母线。根据“周长与横截面积之比越大，自感系统越小”这一规律来选择导体最有利的截面积形状，硬铜母线通常采用矩形铜板，其高宽比为10~20，允许的电流密度为1.5~2.0A/mm^2。有的电炉采用空心铜管代替铜板制作铜排，由于铜管内部可以通水冷却，既提高了电流密度，又减少了接头处的维修。

在变压器副边绕组出线端与硬铜排之间采用一段软线电缆连接（长约400mm，线径与硬铜排之后的软电缆相同），其优点是可减小与变压器连接处的振动而造成连接螺丝松脱，减小电阻、提高输出功率，减少变压器因振动而漏油。

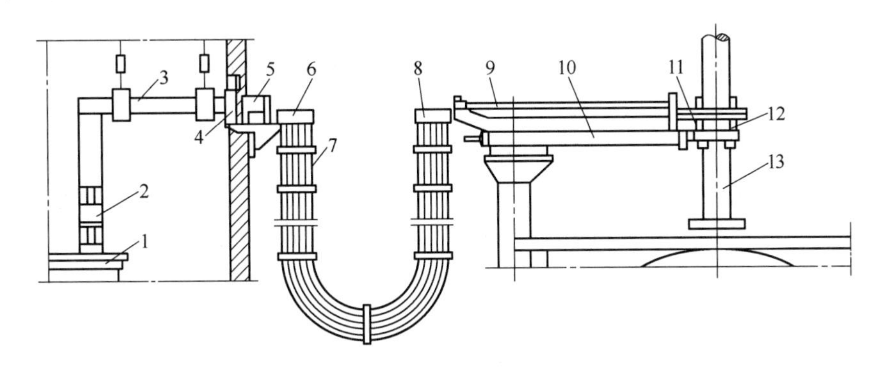

图8-16 中小容量电弧炉短网结构

1—炉子变压器；2—补偿器；3—矩形母线束；4—电流互感器；
5—分裂母线；6—固定集电环；7—可绕软电缆；8—移动集电环；9—导电铜管；
10—电极把持器悬臂；11—供给电极夹板的软编线束；12—电极把持器；13—电极

软电缆又称软母线，首尾与铜排及水冷导电铜管相连。软电缆的长度以能满足电极升降和炉体倾动为限。软电缆由每股细铜线绕成，力求有较大的表面积，根据变压器额定电流的大小，采用多根软电缆并联连接。软电缆一般为裸铜电缆，允许的电流密度为1.0～1.5A/mm^2，如在裸铜电缆外套水冷胶管，允许的电流密度可以提高2～3倍，同时可起到节约电缆根数提高使用寿命的效果。

目前电炉短网应用的大截面柔性水冷电缆，是将一相的各股水冷电缆组成圆形，内外由胶管固定并通水冷却，这种大截面集束电缆的优点是：能阻抑电磁振动，防止磨损，使用寿命成倍提高；阻抗减小，运行稳定，允许电流密度为4.5A/mm^2，使变压器出力提高10%～15%，节电3%～5%，并可降低炉衬材料烧损。

水冷导电铜管装在电极横臂的上方，首尾与软电缆及电极夹头相连。每相电极有两根水冷导电铜管，管臂厚度一般为10～15mm，管内通水冷却，允许的电流密度为3.5～8.0A/mm^2。

因为在短网中通过巨大的电流（可达几万安培），减小短网中的电阻和感抗，对减小电能损失具有重大意义。一般隔离开关至电极这段主回路上的电能损失为7%～14%，短网上的电能损失占4.5%～9.5%，电极上的电能损失为2%～5%。为了减少短网的电阻和感抗，要尽量缩短短网的长度，连接螺丝及二次穿墙铜排的防护板，宜采用非磁性材料；各接头处尤其是电极与夹头、电极与电极之间应该紧密连接，以减小接触电阻；一般采用管状或板状导体以减少电流的集肤效应，短网的全部或局部尽可能采用水冷电缆；短网各相导体之间的位置尽可能互相靠近，但导体与粗大的钢结构应离得远一些。

短网电缆平行导线上的电流所产生的电磁力的相互作用，使导体时推时吸，会造成软电缆左右摇摆，为防止短路，在每相导体上架设方木框或采用水冷胶皮电缆使之分隔。短网与炉壳之间应严格绝缘。

B　超高功率交流电弧炉的短网布线

如果电弧炉的短网导体采用普通平面布置，两侧边相对于中相导体来说为对称布置，各相导体的数量及布置形式完全相同。显然，这种短网布线方式必然造成各相的阻抗和电抗不平衡，并由此造成输入炉内功率不平衡和炉壁热负荷分布严重不均衡，还对前级电网造成较大冲击。随着变压器功率的增大、电流的提高，特别是电弧炉超高功率化后，其危害越来越突出，从而严重地阻碍电弧炉炼钢的各相技术经济指标的改善。因此，必须改进电弧炉的短网结构与布线，以减少电弧炉的无功损耗，克服因二次导体阻抗和电抗的差异而引起的功率不平衡给冶金过程与设备带来的不良影响，为进一步改善电弧炉的各项指标，特别是降低电耗创造有利的条件。根据电弧炉短网阻抗的计算，对不同容量的电弧炉可按照不同的目的（减少电抗和平衡电抗）采取不同的布线方案。

由于流有同相位电流的平行导体靠得越近，每个导体上的电抗值越大，流有反方向（或有相位差）电流的平行导体靠得越近，每个导体上的电抗值都减少（与同相位相比），因此产生了交错布线（30t 以上的电弧炉减少电抗）及修正平面布线方案（平衡电抗），如图 8-17、图 8-18 所示。

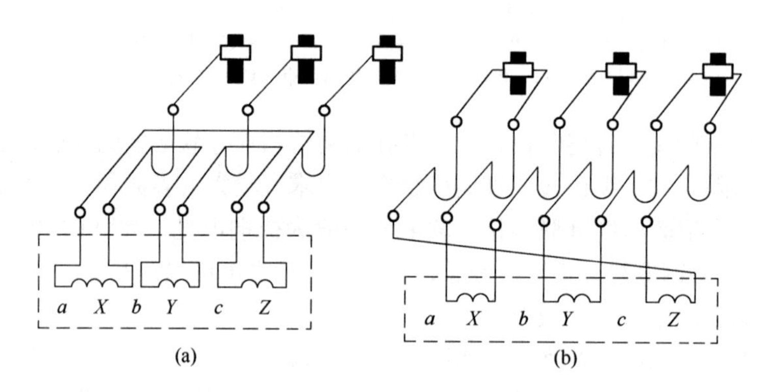

图 8-17　交错布线短网
（a）部分交错；（b）全部交错

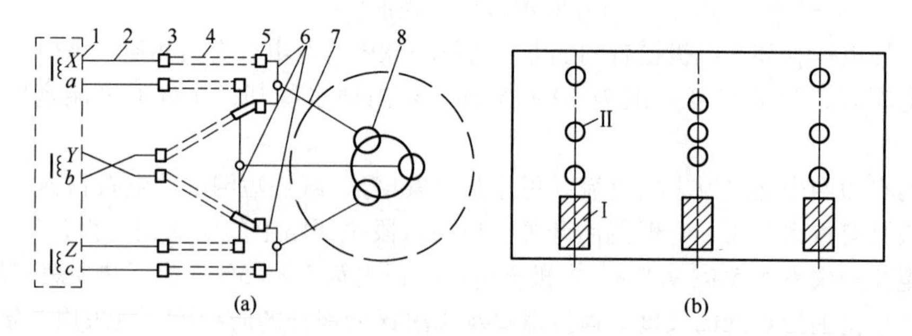

图 8-18　综合短网布线示意图（导电铜管部分属修正平面布线）
（a）短网布线；（b）横臂（I）及铜管（Ⅱ）剖面图
1—电炉变压器；2—硬铜母线；3—挠性电缆固定连接端；4—挠性电缆；
5—挠性电缆运动连接端；6—水冷铜管；7—电极横臂；8—电极

修正平面布线的特征是：边相导体相对于中相导体为对称布置，各相导体的惯性中心在空间上位于同一水平面。中相导体的数量及间距减小，边相导体的数量及间距增大。这种布线结构简单，并实现了三相电抗平衡，可用于30t以上的大、中型电弧炉。

如将电弧炉各相二次导体分别置于等边三角形的三个顶点的位置，则因各相导体彼此之间相对距离相等，电磁耦合对称，在各相导体自身几何尺寸一致的情况下，各相导体大致相等。这种布线称为三角形布线方案。它能实现三相电抗平衡，但中相的提高会受厂房高度的限制。而且为便于安装挠性电缆，需加大变压器到电弧炉间的距离，当车间作业面积受到限制时不易实现。此外，本方案还会给安装工艺带来一些麻烦。因此，本方案常用于小电弧炉。

吸取两种布置的优点，可组成更理想的修正三角形布线等方案，如图8-19所示。修正三角形布线时，三相导体的惯性中心在空间位于一个有两个锐角的等腰三角形的三个顶点上，各相的数量相同，中间导体的间距减小，边相导体的间距加大。这种布线结构紧凑，可用于30t以上的电弧炉。

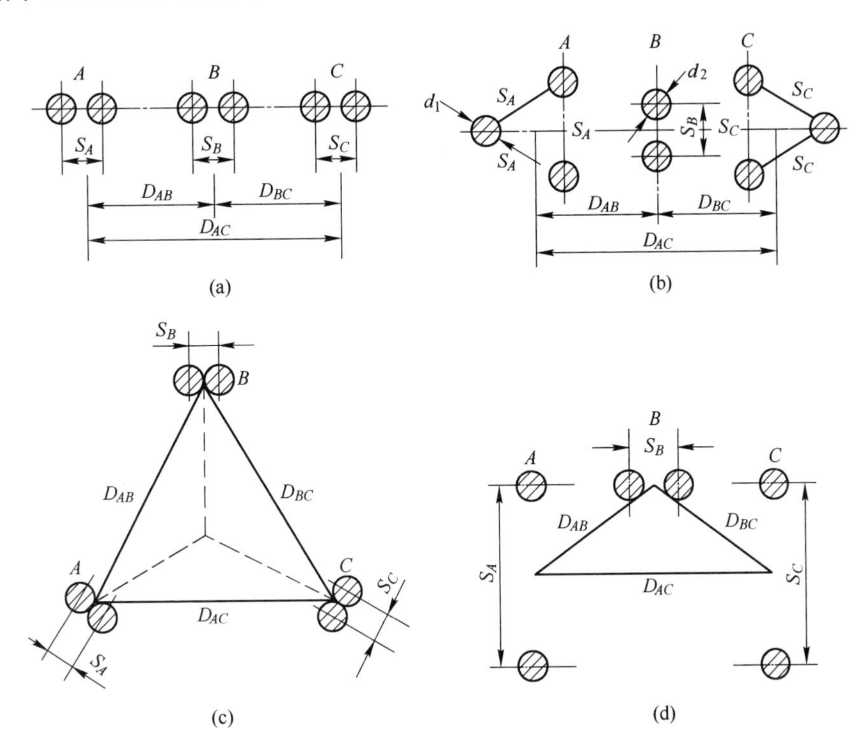

图8-19 流过线电流的短网导体布置

（a）普通平面布置；（b）修正平面布置；（c）正三角形布置；（d）修正三角形布置

8.3.1.5 电极

电极是短网中最重要的组成部分。其作用是把电流导入炉内，并与炉料之间产生电弧，将电能转化成热能。电极要传导很大的电流，电极上的电能损失约占整个短网上的电能损失的40%。电极工作时要受到高温、炉气氧化及塌料撞击等作用，这就要求电极能在冶炼的恶劣条件下正常工作。

A　对电极物理性能的要求

（1）导电性能良好，电流密度大（28～15A/cm^2），电阻系数小（8～10Ω · mm^2/m），以减少电能损失。

（2）热导率高，线胀系数小，弹性模量小，以提高电极抗热振性能。

（3）在高温下具有足够的机械强度。

（4）几何形状规整，以保证电极和电极夹头之间接触良好。

（5）体积密度大，气孔率小，抗氧化性好，在空气中开始强烈氧化的温度有所提高。

电极原料采用石油焦粉（<74μm）：沥青焦粉（<74μm）= 75%：25%以及黏结剂约20%的沥青，经预热到150℃搅拌混匀，降温挤压成型。在焙烧炉中加热至1250℃（约两周时间）使黏结剂碳化，电极结构成为性硬的颗粒粗大的无定形碳，这就是所谓的炭素电极。然后将炭素电极放入2300～2500℃的电阻炉内进行石墨化处理，以电极本身作为电阻元件，使炭素电极由无定形片状石墨转变为六角形结晶体。在石墨晶体长大过程中，炭素电极中的杂质灰分被大量去除，从而减小了比电阻，增大了电极强度。石墨化过程中吨电极电耗为5000～7000kV · A，故石墨电极的价格比炭素电极高出1.3～2.8倍。目前电炉普遍采用石墨电极。石墨电极通常又分为普通功率和高功率（超高功率）电极。

B　电极消耗原因与解决措施

电极消耗由4个部分组成：端部消耗、侧面氧化、残端损失和电极折断。其中前两个为连续性消耗，后两个为间歇性消耗。因此，常把残端损失与电极折断合并为电极折断损失。端部消耗和侧面氧化占电极消耗的30%～70%，残端损失占5%～20%，电极折断损失占3%～10%。可见，端部消耗和侧面氧化最重要。采用电极喷淋冷却后，侧面氧化大幅度降低。表8-1给出了电极各部分消耗原因与影响因素。

表8-1　石墨电极消耗的原因与影响因素

消耗类型	电极消耗原因	影　响　因　素
端部消耗	电弧柱高温和温差引起的端部热剥落	电弧电流、端部直径和电极性能，综合为端部电流密度
	电极端石墨的升华	
	化学磨蚀（钢水、熔渣的冲刷和溶解）	端部直径、钢水和熔渣成分
侧面氧化	侧面氧化反应	电弧区气体成分、流速、温度；电极表面温度；电极表面积
电极折断	机械作用造成。常见折断部位有：电极上端接头处螺母孔底部断面；接头折断（常见于接头上端和下端的端面处断面及接头中心断面）	电极质量；塌料；装料、熔化操作不当；电磁力；热应力；电弧区熔渣、钢水和气体的温度差引起的热冲击

电极消耗在电炉钢生产成本中占8%～10%，电极吨钢消耗的水平为4～9kg。电极消耗的主要原因是折断、氧化、炉渣和炉气的侵蚀以及在电弧作用下的剥落和升华。为了降低电极消耗，主要应提高电极本身质量与加工质量，缩短冶炼时间，防止因设备和操作不当所造成的各种事故。降低电极消耗的具体措施是：

（1）减少由机械外力和电磁力引起电极折断和破损。避免因搬运、炉内塌料和操作不当引起的直接碰撞而损伤电极。避免电磁力引起电极与电极夹头之间的松动产生微电弧造成电极损坏或脱落折断。

（2）电极应存放在干燥处，严防受潮。受潮电极在高温下易掉块和剥落。

（3）减少电极接头的电损失。接电极时去净上下电极端面、丝孔以及连接螺丝的灰尘，并用力拧紧。有的厂在电极连接端头打入电极销子加以固定。有的电极销子采用表面镀铜，具有导电好、电阻小、销子周围不起弧的优点。有的厂在电极接头丝扣内的上下端面放置接头膏，接头膏做成圆形薄片，材质为石墨基料加黏结剂，接头膏在高温熔化后充填丝扣缝隙，也可防止退丝松动。

（4）减少电极周界的氧化消耗。电极周界（侧面）的氧化消耗占总消耗的55%~57%。石墨电极从550℃开始氧化，在750℃以上急剧氧化。减少周界氧化消耗的措施是：加强炉子的密封性，减少空气侵入炉内，如紧闭炉门、减少炉门开启时间、减少电极孔缝隙；缩短高温精炼时间，出钢后严禁赤热电极长期暴露在炉外冷空气中；在电极周界表面采用涂层保护。

要求电极涂层在高温下不易氧化，并且能与电极黏附良好。电极涂层有导电涂层和非导电涂层两种类型。

导电涂层是在电极周界表面上喷涂两种或两种以上的金属，如铁和铝或镍和铝做保护层，有的还喷涂含 $w(\mathrm{Al})=70\%$、$w(\mathrm{Si})=20\%$、$w(\mathrm{Cr})=10\%$的涂料，这种涂层还可以增加电极的导电率。

非导电涂层是在电极周界表面上喷涂或刷涂一层陶瓷涂料。这种涂料以碳化硅为基料，用水玻璃作黏结剂，有少部分焦油和铝粉。也有的非导电涂层是由一些耐火度较高的氧化物组成。由于涂层不导电，应留出与电极夹头接触的地方。

采用电极涂层可以明显降低电极消耗。采用铝基涂料，电耗降低20%~25%，采用硅胶基涂料，电极消耗降低17%~25%；采用碳化物基涂料，电极消耗降低10%~25%；采用铁合金基涂料，电极消耗降低20%~30%。

将电极浸入硼酸液、磷酸镁液、四硼酸盐氯化物中，在真空下浸渍加热到125~130℃，然后在140~150℃下干燥后，用于炼钢，效果很好。如直径为350mm的电极浸渍后，电极密度提高2.9%，氧化度下降51.8%，总消耗下降30%~50%。

采用喷淋电极也可减少电极周界氧化消耗。最近几年，为了降低电炉炼钢电极消耗，一些钢厂实行了电极侧壁喷淋冷却技术。该冷却系统的结构由固定在电极卡头下面的水环和固定在电极水冷密封圈上内侧的风环以及计控仪表等组成，如图8-20所示。当冷却水直接与石墨电极接触后，在电极表面形成均匀的水膜，在降低电极温度的同时，减少侧壁的氧化，从而降低了电极消耗。生产实践已经证明，电极喷淋冷却技术结构简单、投资少、操作方便、易于维修，可节约电极20%，且使炉盖中心部位耐火材料的寿命提高3倍。

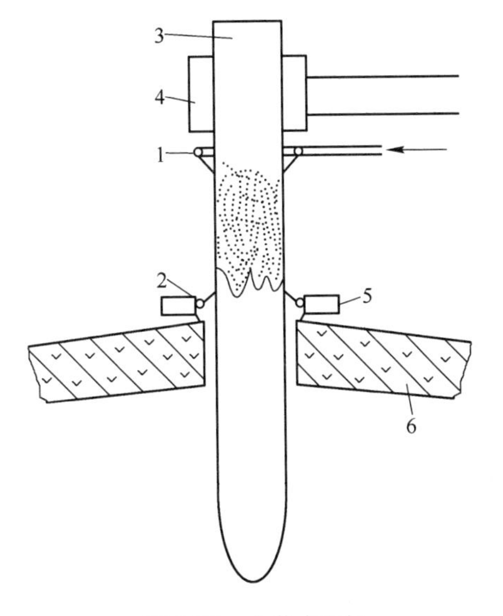

图8-20 水淋式电极

1—水环；2—风环；3—石墨电极；4—电极；5—电极水冷密封圈；6—炉盖

（5）降低电极端部的消耗。电极端部消耗占总电极消耗的15%~25%。当电弧连续燃烧时，电极端部的温度可高达3800~4000℃以上，电极端部不仅氧化十分剧烈，而且显著升华（约在2300℃以上）。电极端部的消耗与电弧电流、电弧长度、炉渣成分有关。一般采用长电弧、高碱度、低FeO、薄渣层有利于降低电解端部消耗。

（6）提高电极调整器自动升降的灵敏度（4~7m/min），也有利于降低电极消耗。

（7）强化管理，严格执行配电、配料、装料等关键操作制度，以减少非正常消耗。

8.3.1.6　电弧

电弧是气体放电（导电）现象的一种形态。气体放电的形式，按气体放电时产生能度的光辉亮度不同可分为三种：无声放电（弱）、辉光放电（明亮）、电弧放电（炫目）。

电弧炉就是利用电弧产生的高温熔炼金属的。从电炉操作的表观现象看，合闸后，首先使电极与钢铁料做瞬间接触，而后拉开一定距离，便开始燃烧起弧。实质上，当两极（电极与钢料）接触时，会产生非常大的短路电流（2~4倍的额定电流），在接触处由于焦耳热而产生赤热点，于是在阴极将有电子逸出。当两极拉开一定距离后（形成气隙），极间就是一个电场（存在一个电位差）。在电场作用下，电子向阳极加速运动，在运动过程中与气体分子、原子碰撞，使气体发生电离。这些电子与新产生的离子、电子在电场中做定向加速运动的过程，又使另外的气体电离。这样电极间隙中的带电质点数目会突然增加，并快速向两极移动，气体导电形成电弧。电流方向由正极流向负极。

在气体电离和电弧燃烧的同时，两极间还存在消去电离的过程，即正离子和自由电子碰撞复合形成中性的气体分子或原子和带电质点，在温度、压力梯度作用下向四周空间的扩散，这个过程使电弧趋于熄灭。为了保持电弧稳定而持续的燃烧，单位时间内进入电弧的电子数目和形成的离子数目必须大于由于复合和扩散所丧失的电荷数目。由此可见，电弧产生过程大致分四步：短路热电子放出；两极分开形成气隙；电子加速运动气体电离；带电质点定向运动，气体导电，形成电弧。这一过程是瞬间完成的，电极与钢铁料交换极性，电流方向以50次/s改变方向。

电弧是气体导电。当电弧燃烧时，电弧电流便在弧体周围的空间建立磁场，弧体则处于磁场的包围之中，受到磁场力的作用沿轴向方向产生一个径向压力，并由外向内逐渐增大。这种现象称为电弧的压缩效应。径向压力将推开渣液使电弧下的金属液呈现弯月面状，从而加速钢液搅动和传热过程。

在三相电弧炉中，三个电弧轴线各自不同程度地向着炉衬这一侧偏斜。这种现象称为电弧外偏或电弧外吹，其原因是一相的电弧受到其他两相电弧所建立的磁场的作用。另外，电弧一侧存在着铁磁物质。例如，靠二相的一侧是电极升降机构等钢结构，因而第二相的电弧向炉壁偏离较大。

电弧的压缩效应和外偏现象，改变了电极下的金属液面形状，加强了钢液和炉渣的搅动，弯月形钢液面直接从电弧吸热的比例因而增大，加速了熔池的传热过程。电弧的压缩效应和外偏现象称为电弧的电动效应。电弧电流越大，电弧的电动效应也越显著。

正确应用交流电弧特性有利于冶炼过程的进行。通电起弧初期在电极下的金属炉料上放上几块炭质材料有利于起弧燃烧；碱性炉渣的电子发射能力优于钢液，所以提前造好初期渣对稳定电弧也是十分必要的。通电初期串接电抗器（电抗线圈）有利于稳定电弧和限制短路电流，当电弧基本稳定取消电抗器则有利提高输入炉内功率。电弧电动效应有利于冶炼过程的一面，也有不利的一面。例如，电弧外偏加剧了炉衬的侵蚀损坏，尤以正对二相电极的炉壁侵蚀最为严重；电弧的压缩效应和外偏现象使电极下的液面呈弯月形，但钢液对挥发的电极材料吸收也越容易，如炼超低碳不锈钢，电极易于使钢液增碳。

8.3.2　电弧炉电控设备

电弧炉电控设备包括高低压控制系统及其相应的台柜、电极自动调节器等。

8.3.2.1　低压控制系统及其台柜

电炉的低压控制系统由低压开关柜、基础自动化控制系统（含电极自动调节系统）、人机接口相应网络组成。

低压开关柜系统主要由低压电源柜、PLC 柜及电炉操作台柜等组成。电炉操作台上安装有控制电极升降的手动、自动开关，炉盖提升旋转、电炉倾动及炉门、出钢口等炉体操作开关，低压仪表和信号装置等。

8.3.2.2　高压控制系统及其台柜

高压控制系统的基本功能是接通或断开主回路及对主回路进行必要的保护和计量。

一般电炉的高压控制系统由高压进线柜（高压隔离开关、熔断器及电压互感器）、真空开关柜（真空断路器及电流互感器）、过电压保护柜（氧化锌避雷器组及阻容吸收器）、三面高压柜，以及置于变压器室墙上的高压隔离开关（带接地开关）组成。

高压控制柜上装有隔离开关手柄、真空断路器、电抗器及变压器的开关、高压仪表和信号装置等。高压控制系统所计量的主要技术参数有高压侧电压、高压侧电流、功率因数、有功功率、有功电度及无功电度。

8.3.2.3　电极自动调节器

电极自动调节系统包括电极升降机构与电极自动调节器，重点是后者。电弧炉对调节器的要求是：

（1）要有高灵敏度，不灵敏区不大于 8%。

（2）惯性要小，速度由零升至最大的 90%时，需要时间 $t \leqslant 0.3$s，反之 $t \leqslant 0.2$s。

（3）调整精度要高，误差不大于 5%。

电极升降自动调节系统由测量、放大、操作等基本元件组成。测量元件测出电流和电压大小并与规定值进行比较，然后将结果传给放大元件，在放大元件中将信号放大。动作元件接到放大的信号后启动升降机构，以自动调节电极。

按电极升降机构驱动方式的不同，电极升降调节器可以分为机电式调节器和液压式调节器两种。通常前者用于容量 20t 以下的电弧炉，后者用于 30t 以上的电弧炉。

机电式电极升降调节器类型有电机放大机-直流电动机式、晶闸管-直流电动机式、晶闸管-转差离合器式、晶闸管-交流力矩电机式和交流变频调速式等。目前应用的主要是后两种及微机控制产品。

液压式调节器按控制部分的不同分为模拟调节器、微机调节器和 PLC 调节器三种形式，前两种已经逐渐被 PLC 调节器取代，目前电炉基本上都是采用 PLC 控制。

A　电液随动阀-液压传动式调节器

电液随动控制系统的工作原理如图 8-21 所示。电弧电流偏差时，电气控制系统将测量比较环节传来的偏差信号放大后，输给驱动磁铁，驱动磁铁根据偏差信号使随动阀的阀芯向上或向下移动。阀芯的移动控制着阀体的进液量和回液量，从而使液压缸高压液体增加或减少。增加时，立柱向上提升电极；减少时，依电极和立柱的自重使电极下降。当电弧正常工作时，测量环节无信号输出，随动阀的阀芯处于其中间位置，电极不动。

这种调节系统同时具有电气系统和液压系统的优点，比其他的电极自动调节系统具有更高灵敏度，其升降速度更快，输出功率也大。

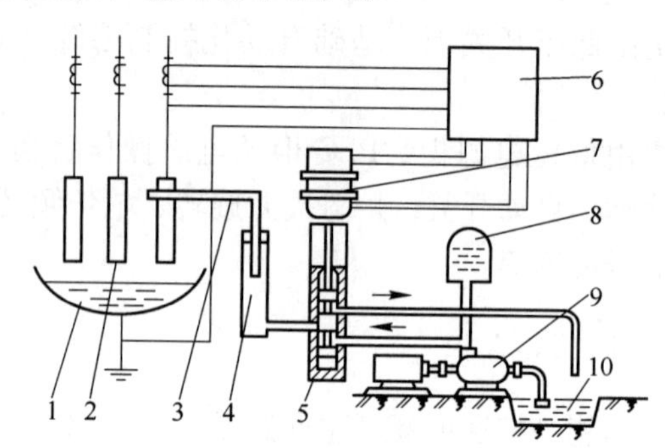

图 8-21　电液随动系统的工作原理

1—熔池；2—电极；3—电极升降装置；4—液压缸；5—随动阀；6—电气控制系统；7—驱动磁铁；8—压力罐；9—液压泵；10—储液池

B　微机控制系统

随着计算机技术的不断开发和应用，电弧炉电极自动调节技术也取得了新成果。图 8-22 是电弧炉微机控制变频调速电极自动控制系统，包括三个单元：

（1）拖动电极升降的执行元件，为标准系列鼠笼型交流电动机；

（2）给交流电动机供电的微机控制变频装置；

（3）自动调节器，由微机调节器和电子调节器构成，两台机器具有相同的控制功能，互为备用。

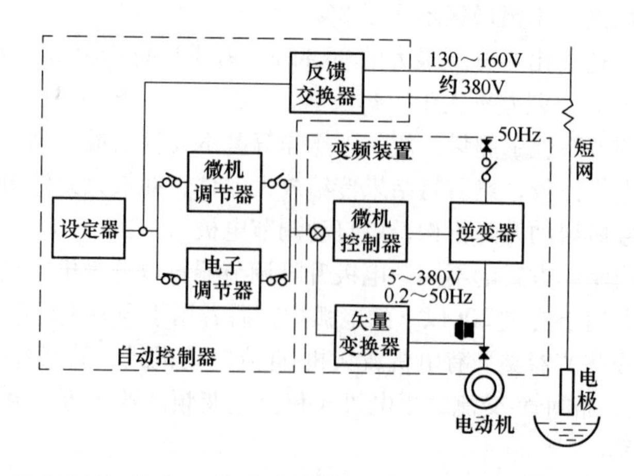

图 8-22　电弧炉微机控制交流电动机变频无级调速自动控制系统单相简化原理框图

自动控制调节器采集三相电弧电流和短网电压作为反馈控制信号，按照冶炼工艺要求设计控制程序，根据各冶炼期的不同设定值进行程序运算，输出频率给定信号和电动机运转指令信号，独立地分相自动控制 3 台电动机拖动 3 根电极调节其与炉料之间的距离，实现系统恒流控制。该系统是一个直接数字控制、数字设定、数字显示、数字保护的交流电动机变频调速系统，具有故障少、控制精度高、结构紧凑、性能优越等优点。

随着人工智能技术的应用和发展，出现了智能电弧炉，实现了将人工智能技术应用于改善电极电流工作点的设定和控制。近年来，也有用可编程序控制器 PLC 作为电极调节器控制单元的，使用效果也很好。

思考题

8-1 偏心底出钢电炉的结构特点是什么？其优点有哪些？

8-2 比较链条底板式料罐和蛤式料罐的优缺点。

8-3 导电横臂有何优点？

8-4 电弧炉主电路由哪几部分组成？电炉变压器有何特点？

8-5 电弧炉短网指的是什么？它包括哪几部分导体？

8-6 降低电极消耗有何措施？

9 钢水炉外精炼

9.1 概　述

炉外精炼是将常规炼钢炉内完成的精炼任务部分或全部移到其他容器中，为得到比初炼更高的生产率和更高的质量进行的冶金操作，也称为“二次精炼”。

炉外精炼的冶金操作包括在真空、惰性气氛或可控气氛的条件下进行深度脱碳、脱硫、脱氧、脱气、调整成分（微合金化）和调整温度并使其均匀化、去除夹杂物、改变夹杂物形态和组成等。

为完成上述冶金操作，炉外精炼设备应具备以下功能：

（1）熔池搅拌功能，均匀钢水成分和温度，促进夹杂物上浮和钢渣反应。

（2）钢水升温和控温功能，精确控制钢水温度，最大限度地减少包内钢水的温度梯度。

（3）精炼功能，包括脱气、脱碳、脱硫、去除夹杂和夹杂物变性处理等。

（4）合金化功能，对钢水实现窄成分控制，并使其分布均匀。

（5）生产调节功能，均衡炼钢-连铸生产。

钢水炉外精炼已经有很长的历史，且种类繁多。在1950年前就有钢包底部吹氩搅拌钢水以均匀钢水成分、温度和去除夹杂物的Gazal法（法国）。到了20世纪50年代，由于真空技术的发展和大型蒸汽喷射泵的研制成功，为钢液的大规模真空处理提供了条件，人们开发出了各种钢液真空处理方法，如钢包除气法、倒包处理法（BV法）等。较为典型的方法是1957年联邦德国的多特蒙德（Dortmund）和豪特尔（Horder）两公司开发的提升脱气法（DH法）和1957年联邦德国的德鲁尔钢铁公司（Ruhrstahl）和海拉斯公司（Heraeus）共同发明的钢液真空循环脱气法（RH法）。

20世纪60年代和70年代是钢水炉外精炼多种方法开发的繁荣时期，这与该时期提出洁净钢生产、连铸要求稳定的钢水成分和温度以及扩大钢的品种密切相关联。在这个时期，炉外精炼技术形成了真空和非真空两大系列。真空处理技术有：联邦德国于1965年开发的用于超低碳不锈钢生产的真空吹氧脱碳法（VOD）；1965年瑞典开发的，用于不锈钢和轴承钢生产的有电弧加热、带电磁搅拌机真空脱气的钢包精炼炉法（ASEA-SKF）；1967年美国开发的真空电弧加热去气法（VAD）；1978年日本开发的用于提高超低碳钢生产效率的RH吹氧法（RH-OB）。非真空处理技术有：1968年美国开发的用于低碳不锈钢生产的氩氧脱碳精炼法（AOD）；1971年日本开发的配合超高功率电弧炉代替电炉还原期对钢水进行精炼的钢包炉（LF）以及后来配套真空脱气（VD）发展起来的LF-VD；喷射冶金技术如1974年联邦德国开发的蒂森法（TN法），日本开发的川崎喷粉法（KIP），1976年瑞典开发的氏兰法（SL法）；喂合金包芯线技术如1976年日本开发的喂丝法（WF）；加盖或加浸渣罩的吹氩技术如1965年日本开发的密封吹氩法（SAB法）和带盖钢包吹氩法（CAB 法），1975 年日本开发的成分调整密封吹氩法（CAS 法）。

20 世纪 80 年代以来，炉外精炼已成为现代钢铁生产流程水平和钢铁产品高质量的标志，并朝着功能更全、效率更高、冶金效果更佳的方向发展和完善。这一时期发展起来的技术主要有 RH 顶吹氧法（RH-KTB）、RH 多功能氧枪（RH-MFB）、RH 钢包喷粉法（RH-IJ）、RH 真空室喷粉法（RH-PB）、真空川崎喷粉法（V-KIP）和吹氧喷粉升温精炼法（IR-UT 法）等。

9.2　炉外精炼的基本手段

到目前为止，为了创造最佳的冶金反应条件，所采用的手段不外乎渣洗、搅拌、真空、加热、喷吹及喂丝等几种。目前名目繁多的炉外精炼方法也都是这些基本手段的不同组合，如图 9-1 所示。

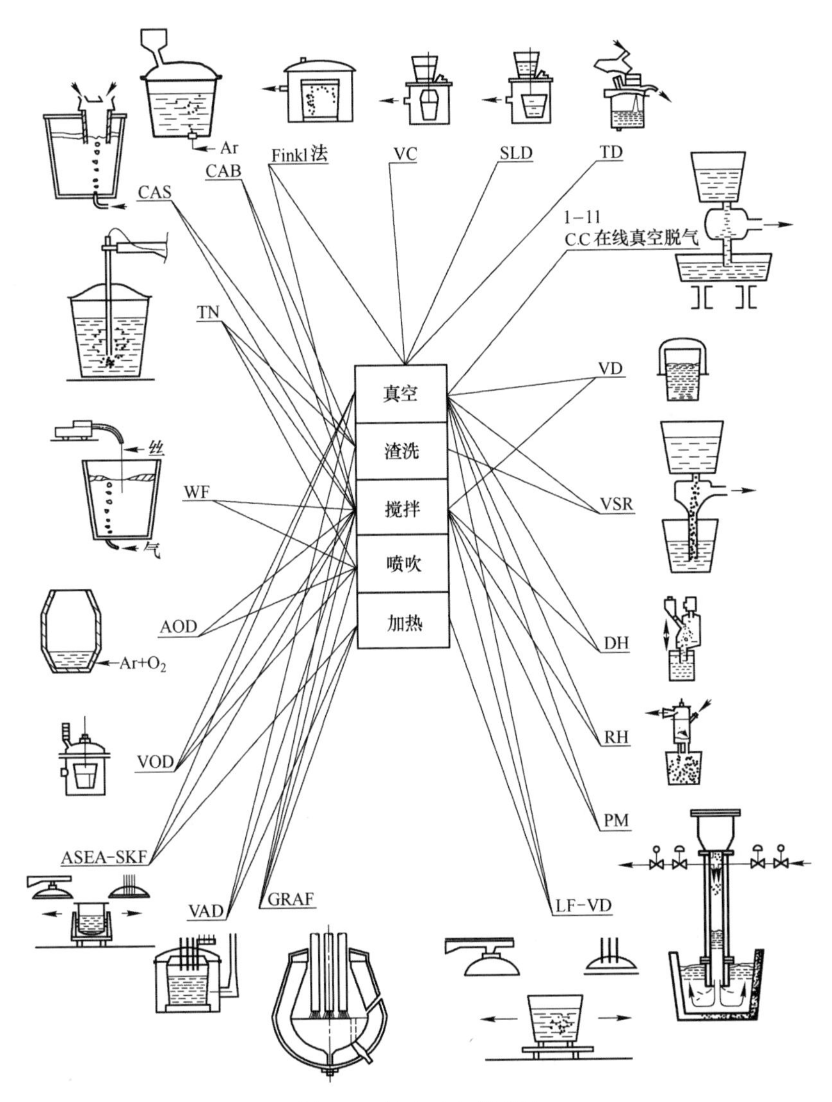

图 9-1　各种炉外精炼法

9.2.1　渣洗

渣洗法是在出钢时利用钢流的冲击作用使钢包中的合成渣与钢液混合，以精炼钢液，是最早出现的炉外精炼方法。传统电弧炉还原期早，白渣对钢液进行还原精炼，这就可认为是一种典型的合成渣洗方法。目前渣洗的方法和概念已被广泛用于各种炉外处理中，如钢包底吹型渣洗精炼法（CAS 法）、LF 钢包精炼炉等。

根据合成渣炼制方式的不同，渣洗可分为同炉渣洗和异炉渣洗。同炉渣洗是先将用于渣洗的液渣和钢液在同一容器内炼制，并使钢液具有合成渣的成分和性质，然后通过出钢最终完成渣洗钢液的过程。异炉渣洗是将配比一定的渣料炼制成具有一定成分和冶金性质的液渣，出钢时钢液冲入事先盛有渣的钢包内实现渣洗。

由于炉外精炼方法不同，渣洗的冶金目的和效果也不同，综合起来可达到以下冶金目的和效果：强化脱氧，强化脱硫；去除钢中的夹杂物，部分改变夹杂物的形态；防止钢液吸气；减少钢水温度散失；形成泡沫渣，以达到埋弧加热的目的。

9.2.2　搅拌

冶金过程中的绝大多数反应都是由传质控制的，因此为了加快冶金反应的进行，首先要强化钢液搅拌。对钢液进行搅拌是炉外精炼最基本、最重要的手段。它可改善冶金反应动力学条件，强化反应体系的传质和传热，加速冶金反应，均匀钢液的成分和温度，有利于夹杂物的聚合长大和上浮排除。

炉外精炼中的搅拌方式主要有气体搅拌、电磁搅拌、重力或负压驱动搅拌和机械搅拌四类。在炉外精炼的各种搅拌方法中，虽然机械搅拌、电磁搅拌、重力或负压驱动搅拌都有十分成功的应用实例，但却只在少数的炉外精炼中使用。应用最广泛的搅拌方法是各种形式的气体搅拌方法。

（1）气体搅拌。气体搅拌也称为气泡搅拌，通常有底吹氩和顶吹氩两种形式。

1）底吹氩。底吹氩大多数是通过安装在钢包底部一定位置的透气砖吹入氩气。这种方法的优点是：均匀钢水温度和成分以及去除夹杂物的效果好；设备简单，操作灵便，不需占用固定操作场地；可在出钢过程或运输途中吹氩。此种方式最为常用。

2）顶吹氩。顶吹氩是将吹氩枪从钢包上部浸入钢水来进行吹氩搅拌，要求设立固定吹氩站。该方法操作稳定，也可喷吹粉剂。但是，顶吹氩的搅拌效果不如底吹氩好。

（2）电磁搅拌。电磁搅拌是利用电磁感应原理，用装置在钢包外的电磁感应搅拌器在钢液中产生一个定向的电磁搅拌力，以达到钢液循环搅拌的目的。为进行电磁搅拌，靠近电磁感应搅拌线圈的部分钢包壳应由奥氏体不锈钢制造。其由于维护困难、制造成本高，目前已经逐渐被淘汰。

（3）重力或负压驱动搅拌。重力或负压驱动搅拌是利用落差使钢水在重力作用下或利用负压在驱动气体作用下，以一定的冲击动能冲入钢包或容器中，以达到搅拌或混合的目的。典型的重力或负压驱动搅拌法有真空浇注法（VC 法），利用重力和负压综合作用而产生搅拌的炉外精炼方法有 RH 法和 DH 法，也有人称其为循环搅拌法。

（4）机械搅拌。机械搅拌是通过叶片或螺旋桨等部件的旋转或旋转、振动、转动容器等机械方法，达到搅拌、混匀物料的目的。在冶金高温体系中，只有很少量的例子采用机械搅拌方式进行搅拌、混匀。

9.2.3 真空

真空是钢水炉外精炼中广泛应用的一种重要的处理手段。目前采用的40余种炉外精炼方法中，将近2/3配置了真空设备。真空对有气体参加的有关反应产生重大影响，其中主要包括溶解于钢液中的碳参与并生成CO的反应、气体（H_2、N_2）在钢液内的溶解与脱除反应。在真空下吹氧精炼可提高碳的脱氧能力，从而强化脱碳与碳脱氧反应的进行，可以用于冶炼低碳及超洁净钢、真空去气、合金元素的挥发、夹杂物的去除等。

向钢液中吹入氩气，从钢液中上浮的每个小气泡都相当于一个小真空室，气泡内 H_2、N_2及CO等的分压接近于零，钢中的［H］、［N］以及碳氧反应产物CO将向小气泡中扩散并随之上浮排除。因此，吹氩对钢液具有“气洗”作用。例如，电弧炉冶炼不锈钢的返回吹氧法，在1873K下很难使 $w[C]$ 降至很低的数值；而在AOD法中，向钢液中吹入比例不断变换的Ar与O_2的气体，可以降低碳氧反应中产生的CO分压，从而使钢液的碳含量很容易达到超低碳水平。

综合目前各种钢液炉外精炼法的使用情况，钢的真空脱气可分为以下三类：

（1）钢流脱气。钢流脱气是指下落中的钢流暴露在真空中，然后被收集到到钢锭模、钢包或炉内，如真空浇注法（VC法）等。

（2）钢包脱气。钢包脱气是指钢包内钢水被暴露在真空中，并用气体或电磁搅拌钢水，如VOD、VD、ASEA-SKF等方法。

（3）循环脱气。循环脱气是指在钢包内，钢水由大气压力压入真空室内，暴露在真空中，然后流出脱气室进入钢包，如RH法等。

9.2.4 加热

钢液在进行炉外精炼时，由于有热量损失，温度下降。炉外精炼的加热功能可避免高温出钢和保证钢液正常浇注，增加炉外精炼工艺的灵活性，在精炼剂用量、钢液处理最终温度和处理时间方面均可自由选择，以获得最佳的精炼效果。

常用的加热方法有电加热（包括电弧加热、感应加热和电阻加热）、燃料（如CO、重油、天然气等）燃烧加热和化学加热（化学反应放热，目前常用Al作为发热剂）。其中，电弧加热是最重要也是效果最好、最灵活的加热方法。下面介绍电弧加热和化学加热。

（1）电弧加热。电弧加热的原理与电弧炉相似，采用石墨电极通电后，在电极与钢液间产生电弧，依靠电弧的高温加热钢液。由于电弧温度高，在加热过程中需要控制电弧长度及造好发泡渣进行埋弧操作，以防止电弧对耐火材料产生高温侵蚀。加热装置的基本组成包括炉用变压器、短网、电极横臂、电极夹持器、电极、电极立柱和电极调节器等，可以是三电极的三相交流（电弧）钢包炉、单电极的直流（电弧）钢包炉，还可以是双电极的直流（电弧）钢包炉。采用电弧加热对钢液无杂质污染，可保证钢水清洁，但可能使钢水增碳。

采用钢包电弧加热可以达到如下冶金目的：

1）钢水可以在较低的温度下出钢，从而提高了初炼炉耐材的寿命。

2）可以更精确地控制钢水温度、化学成分和脱硫、脱氧操作。

3）将带电弧加热的钢包精炼炉作为一个在炼钢炉和连铸机之间运行的缓冲器。

4）可将初炼炉中的脱硫、脱氧及合金化操作任务移到精炼炉内，从而大大提高了初炼炉的生产率，降低了初炼炉的电耗、电极消耗，大大改善初炼炉的技术经济指标。

炉外精炼工艺中，真空电弧脱气（VAD）、钢包炉（LF）等均采用钢包电弧加热。

（2）化学加热。常用的化学加热方法有铝-氧加热法和硅-氧加热法。其中，铝-氧加热法应用最为广泛。它是利用喷枪吹氧使钢水中的溶解铝燃烧，放出大量热能，使钢液升温。该法的优点是：由于吹氧时喷枪浸在钢水中，很少产生烟气；氧气全都与钢水直接接触，可以准确地预测升温结果；对钢包寿命没有影响；设备简单，投资费用低。但如果操作不当，易使钢中氧化物夹杂的总量升高。

需要注意的是：在使用化学加热期间，除了要控制加铝量和吹氧量外，还需要进行吹氩搅拌以均匀温度和成分，否则过热钢水会集中在钢包上部。

9.2.5　喷吹和喂丝

炉外精炼中金属液（铁水或钢液）的精炼剂分为两类：一类为以钙化合物（CaO 或 CaC_2,）为基的粉剂或合成渣，另一类为合金元素（如 Ca、Mg、Al、Si 及稀土元素等）。将这些精炼剂加入钢液中，可起到脱硫、脱氧、去除夹杂物、进行夹杂物变性处理以及调整合金成分的作用。

喷吹法是用载气（Ar）将精炼粉剂流态化，形成气-固两相流，通过喷枪直接将精炼剂送入钢液内部。由于在喷吹法中精炼粉剂粒度小，其进入钢液后与钢液的接触面积大大增加，因此可以显著提高精炼效果。

喂丝法是将已氧化、密度轻的合金元素置于低碳钢包的芯线中，通过喂丝机将其送入钢液内部。喂丝法的优点是：可防止易氧化元素被空气和钢液面上的顶渣氧化，准确控制合金元素的添加数量，提高和稳定合金元素的利用率；添加过程无喷溅，可避免钢液再氧化；精炼过程温降小；设备投资少，处理成本低。

9.3　炉外精炼方法

9.3.1　钢包吹氩

钢包吹氩是最简单的炉外精炼方法，主要指钢包底部吹氩。现在已没有单一钢包吹氩，它与其他炉外精炼方法组合为多功能处理设备。具有代表性的钢包吹氩方法有 CAS 法、CAS-OB 法和 CAB 法。

9.3.1.1　CAS 法与 CAS-OB 法

在大气压下，通过钢包吹氩进行钢液氩气处理，可达到均匀钢液温度和成分、加速合金料及脱氧剂的熔化、减少钢中氧化物夹杂含量、改善钢液凝固性能的目的。为此钢包吹氩技术在冶金工业中得到了广泛的应用。但是，此法在钢液裸露处由于所添加的亲氧材料反复地接触空气或熔渣，又造成脱氧效果和合金收得率的显著降低。

为了解决上述问题，日本新日铁公司八幡技术研究所于 1975 年开发了吹氩密封成分微调工艺，即 CAS（Composition Adjustment by Sealed Argon Bubbling，密封吹氩合金成分调整）工艺。此后，为了解决 CAS 法精炼过程中的温降问题，在前述设备的隔离罩处再添加一支吹氧枪，称为 CAS-OB 法，OB 即为吹氧的意思。这是一种借助化学能而快速简便的升温预热装置。

A CAS 法

（1）CAS 法的设备。CAS 炉设备的组成如下：带有特种耐火材料（如刚玉质）保护的精炼罩；精炼罩提升架；除尘系统；带有储料包、称重、输送及振动溜槽的合金化系统；取样、测温、氧活度测量装置。

（2）CAS 法的精炼原理。如图 9-2 所示进行 CAS 处理时，首先用氩气喷吹，在钢水表面形成一个无渣的区域，然后将隔离罩插入钢水罩住该无渣区，以使加入的合金与炉渣隔离，也使钢液与大气隔离，从而减少合金损失，稳定合金收得率。

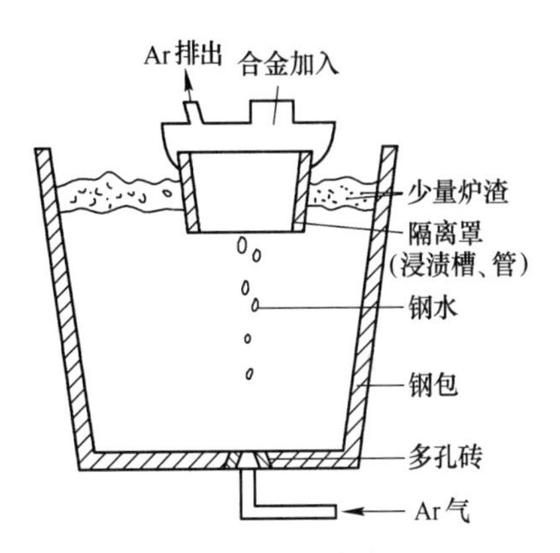

图 9-2 CAS 法精炼原理

（3）CAS 法的精炼功能。均匀钢水成分、温度；调整钢水成分和温度（废钢降温）；提高合金收得率（尤其是铝）；净化钢水、去除夹杂物。

（4）CAS 法的精炼工艺。钢包吊运到处理站，对位后，强吹氩 1 min，吹开钢液表面渣层后，立即降罩，同时测温取样，按计算好的合金称量，不断吹氩，稍后即可加入铁合金，进行搅拌。吹氩结束，将隔离罩提升，再测温取样，如图 9-3 所示。

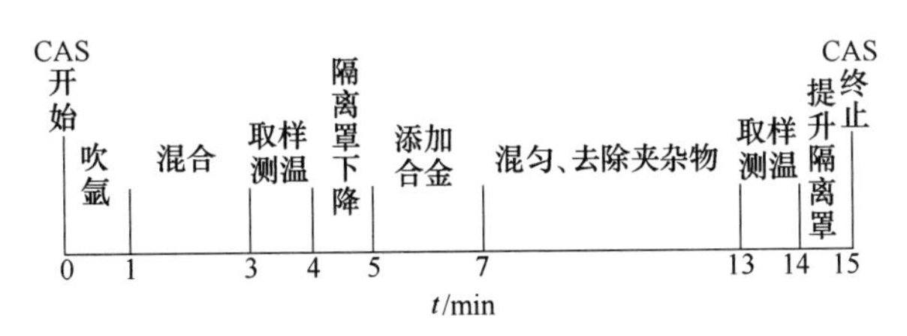

图 9-3 CAS 法精炼工艺

（5）CAS 法的精炼效果。通过吹氩，钢中的氧、氢和非金属夹杂物均有下降，氮含量可由 $43\times10^{-4}\%$降到 $32\times10^{-4}\%$，钢中总氧量由 $100\times10^{-4}\%$可降到 $40\times10^{-4}\%$以下，脱氧效果相当于真空处理的水平。非金属夹杂物明显减少，大型夹杂物可减少 50%；20～40μm 的夹杂物可减少 1/3～1/2，大大改善钢的质量。

B CAS-OB 法

（1）CAS-OB 法的设备。CAS-OB 法除了 CAS 设备外，再增加上氧枪及其升降系统、提温剂加入系统、烟气钢包净化系统、自动测温取样、风动送样系统等设备，如图 9-4 所示。

（2）CAS-OB 法的原理。CAS-OB 法是在 CAS 法的基础上发展起来的。它在隔离罩内增设顶氧枪吹氧，利用罩内加入的铝或硅铁与氧反应所放出的热量直接对钢水加热，化学反应为：

$$2Al+3/2O_2 \longrightarrow Al_2O_3$$

$$Si+O_2 \longrightarrow SiO_2$$

其目的是对转炉钢水进行快速升温，补偿CAS法工序的温降，为中间包内的钢水提供准确的目标温度，使转炉和连铸协调配合。

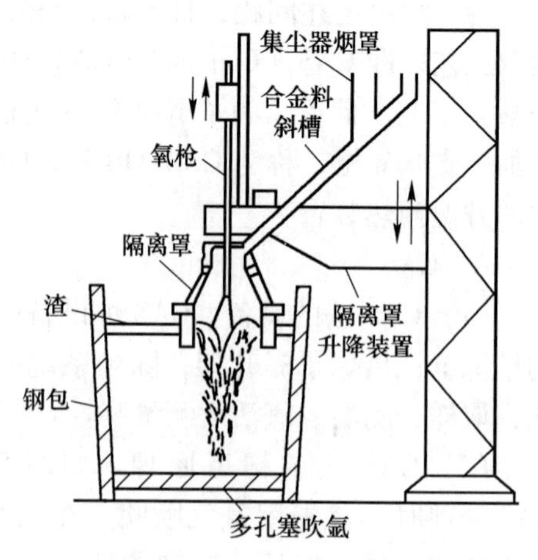

图 9-4　CAS-OB 法的设备

（3）CAS-OB 法的工艺。在 CAS 处理之后，为了能够按顺序浇注那些低于开浇温度的钢液，必须开发一种简便的、快速有效的预热装置。其解决办法就是联合使用 CAS 设备和吹氧枪，以便借助化学能来加热。在精炼罩的提升架上附加了一个使自耗氧枪上升和下降的起重装置。打开挡板之后，利用定心套管将氧枪导入精炼罩。当做能量载体的铝丸由合金化系统送到钢液中，经吹氧而燃烧。钢液被化学反应的放热作用而加热。

CAS-OB 工艺的开始阶段与 CAS 工艺完全相同。当依据温度预报需要预热钢液时，在精炼罩浸入钢液之后，首先要进行钢液脱氧及合金化。此外，还要准备预热所需的铝，并在降下吹氧枪之后在吹氧期间以一定比例连续往钢液里添加铝。

CAS-OB 工艺从吹氩到提罩整个操作过程如图 9-5 所示，也可根据具体操作条件的不同来修改此操作方式。

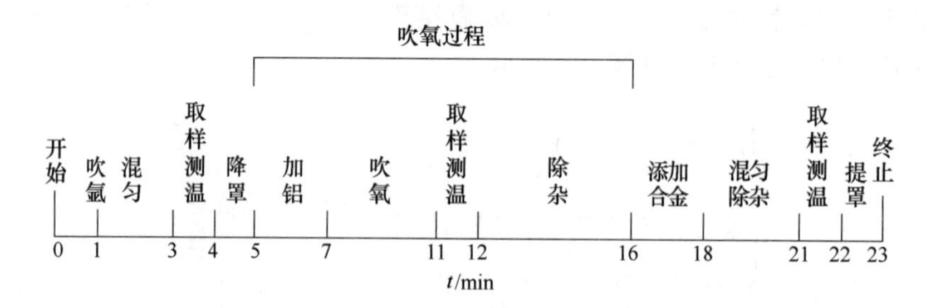

图 9-5　CAS–OB 法精炼工艺流程

（4）CAS-OB 法的精炼效果。CAS-OB 法除具有 CAS 法的精炼效果以外，还具有以下优点：均匀调节钢水成分和温度，既简单迅速又行之有效；提高合金收得率，节约合金，降低成本；钢水纯净度高；设备简单，无须复杂的真空设备，基建投资省，成本低。

9.3.1.2　CAB 吹氩精炼法

CAB 法（CaPPed Argon Bubbling）是带钢包盖加合成渣吹氩精炼法（见图 9-6），是新日铁 1965 年开发成功的一种简易炉外精炼方法。其特点是钢包顶部加盖吹氩并在包内加合成渣。由于加盖密封，能够做到以较大吹氩量搅拌钢水，获得良好的去除钢中夹杂物效果而不必担心钢水翻腾造成氧化。

CAB 法要求合成渣熔点低、流动性好、吸收夹杂能力强。吹氩时钢液不与空气接触，避免二次氧化。上浮夹杂物被合成渣吸附和溶解，不会返回钢液中。钢包有包盖可大大减少降温。合成渣处理钢液，必须进行吹氩强搅拌，促进渣钢间反应，以利于钢液脱氧、脱硫及夹杂物去除。

9.3.2 真空处理

具有真空处理功能的炉外精炼设备很多，以下主要介绍几种具有代表性的真空处理。

9.3.2.1 真空提升脱气法（DH 法）

真空提升脱气法是 1956 年多特蒙德（Dortmund）和豪特尔（Horder）冶金联合公司首先发明使用的，所以简称 DH 法（Dortmund Horder Union Process）。

A DH 法的设备

DH 法的设备如图 9-7 所示，由真空室（钢壳内衬耐火材料）及提升机构、加热装置（电极加热装置或喷燃气、燃油加热）、合金料仓（真空下密封加料）和抽气系统组成。

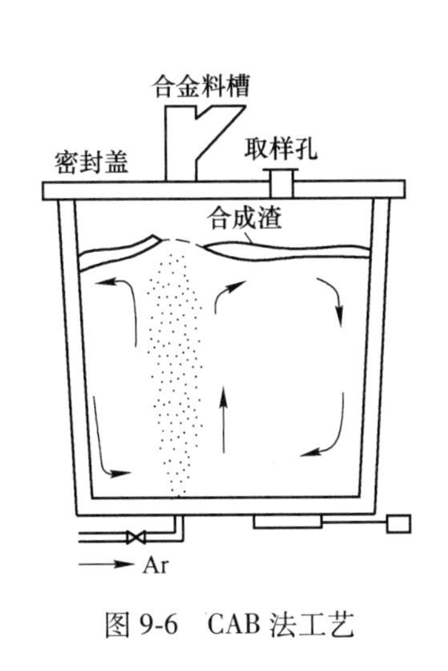

图 9-6 CAB 法工艺

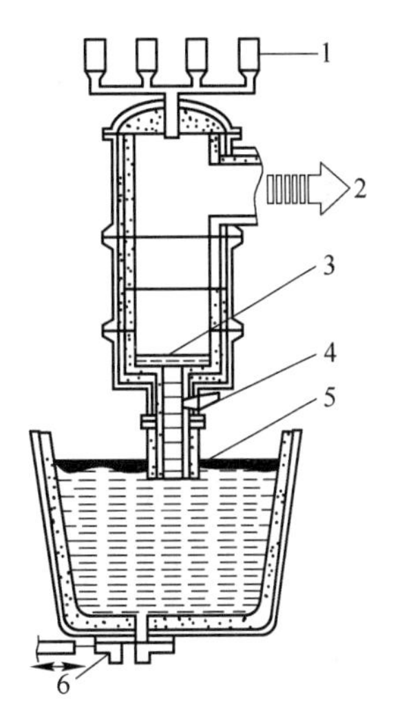

图 9-7 DH 真空提升脱气装置

1—合金添加料斗；2—真空排气管；3—钢液；4—氩气管；5—渣；6—滑动水口

B 脱气的工作原理

根据压力平衡原理，借助真空室与钢包之间的相对运动，将钢液经吸嘴插入钢液内，真空室抽成真空后其内外形成压力差，钢液沿吸嘴上升到真空室内的压差高度，如果室内压力为 13.3~66Pa，则提升钢液约 1.48m。由于真空作用室内的钢液沸腾形成液滴，大大增加气液相界面，钢中的气体由于真空作用而被脱除。当钢包下降或真空室提升时脱气后的钢液重新返回到钢包内。当钢包提升或真空室下降时又有一批钢液进入真空室进行脱气。这样钢液一批一批地进入真空室直至处理结束为止。

C DH 法的主要优缺点

DH 法的优点是：进入真空室内的钢液由于气相压力的降低产生激烈的沸腾，脱气表面积增大，脱气效果较好，适用于大量钢液的脱气处理，可以用比较小的真空室处理大吨位的钢液；可以对真空室进行烧烤加热，因此处理过程中钢液温降小；由于激烈地沸腾还具有较大的脱碳能力，可以生产 $w[C]=0.002\%$ 的低碳钢；处理过程中可以加入合金，真空室合金元素的收得率高。由于这一系列的优点，DH 法得到了发展，我国的太钢 50 t 转炉车间配备有一台 DH 装置。

其缺点是设备比较复杂，投资和操作费用都比较高。

D　DH 法的操作工艺

处理前根据钢种和出钢量确定配加的合金种类和数量，并预先加入到料仓内，根据钢水量和钢包尺寸选定每次吸入的钢水量，调整好升降行程和极限位置，吸嘴前装好挡渣帽，将真空室加热。

以上准备工作完成后，将盛有钢液的钢包送到处理位置上测温、取样并将吸嘴插入钢液内，然后启动真空泵抽气，当真空室压力降至 1.333×10^{10} Pa 时升降机械开始自动升降，进入真空室的钢液在低压作用下，开始脱气反应，产生剧烈的沸腾和喷溅。脱气后钢液回流到钢包内产生剧烈的搅拌和混匀。这样反复进行 30 多次左右的升降，全部钢液经 3 次循环，真空度稳定到极限值，然后加入合金，再升降几次待合金成分混匀后取样测温送去浇注。

E　DH 法的实际效果

DH 法的实际效果如下：

（1）脱氢：效果较好，可由处理前的 $(2.5\sim6.5)\times10^{-4}\%$ 降低到 $(1.0\sim2.5)\times10^{-4}\%$。当处理未脱氧钢时从熔池底部产生大量 CO 气泡，有利于脱氢反应的进行。

（2）脱氧：处理未经预脱氧钢液可使氧降低 55%～90%，还可以降低非金属夹杂物 40%～50%，合金在真空下加入收得率高达 95%以上，并且成分和温度均匀。

（3）脱氮：效果较差，当钢中含氮量低，为 $(30\sim40)\times10^{-4}\%$ 时，短时间处理几乎没有什么变化，当氮含量高于 $100\times10^{-4}\%$ 时，脱氮量可达 $(20\sim30)\times10^{-4}\%$。

（4）脱碳：真空处理时，由于碳-氧反应降低了碳含量，因此 DH 法可生产超低碳钢。

总之，经 DH 处理后钢中的氢、氮、氧及非金属夹杂物都有相当的减少，钢材内外部缺陷也明显减少，各种性能也得到了提高。

9.3.2.2　循环真空脱气法

循环真空脱气法（RH 法）是德国蒂森公司所属鲁尔（Ruhrstahl）公司和海拉斯（Heraeus）公司于 1957 年研制成功的循环真空脱气装置，它将真空精炼与钢水循环流动结合起来。最初 RH 装置主要是对钢水脱氢，后来增加了真空脱碳、真空脱氧、改善钢水纯净度及合金化等功能。RH 法具有处理周期短，生产能力大，精炼效果好的优点，非常适合与大型炼钢炉相配合，早在 1980 年 RH 技术就基本定型。随炼钢炉的大型化，RH 处理设备随之大型化，当前世界最大的 RH 设备已达 360t。

A　RH 循环真空脱气法原理

RH 法设备的特征是在脱气室下部设有与其相通两根循环流管，脱气处理时将循环流管插入钢液，靠脱气室抽真空的压差使钢液由管子进入脱气室，同时由两根管子中的上升管吹入驱动气体氩，利用气泡泵原理引导钢水通过脱气室和下降管产生循环运动，并在脱气室内脱除气体。RH 设备原理如图 9-8 所示。

B　RH 技术的发展

RH 法的一种发展是与吹氧脱碳相结合，衍生出吹氧循环真空脱气法 RH-OB（见图 9-

9a）和川崎顶吹氧真空脱气法 RH-KTB（见图 9-9b）；RH 法的另一发展是与喷射冶金相结合附加喷粉功能，如新日铁的循环脱气喷粉 RH-PB（见图 9-9e）。几种 RH 真空处理方法的概况见表 9-1。

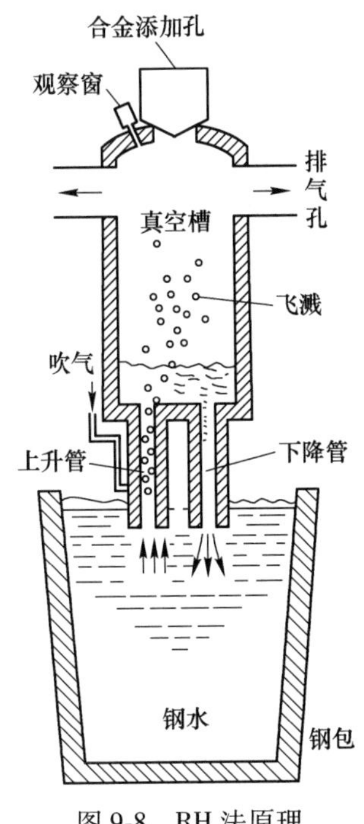

图 9-8　RH 法原理

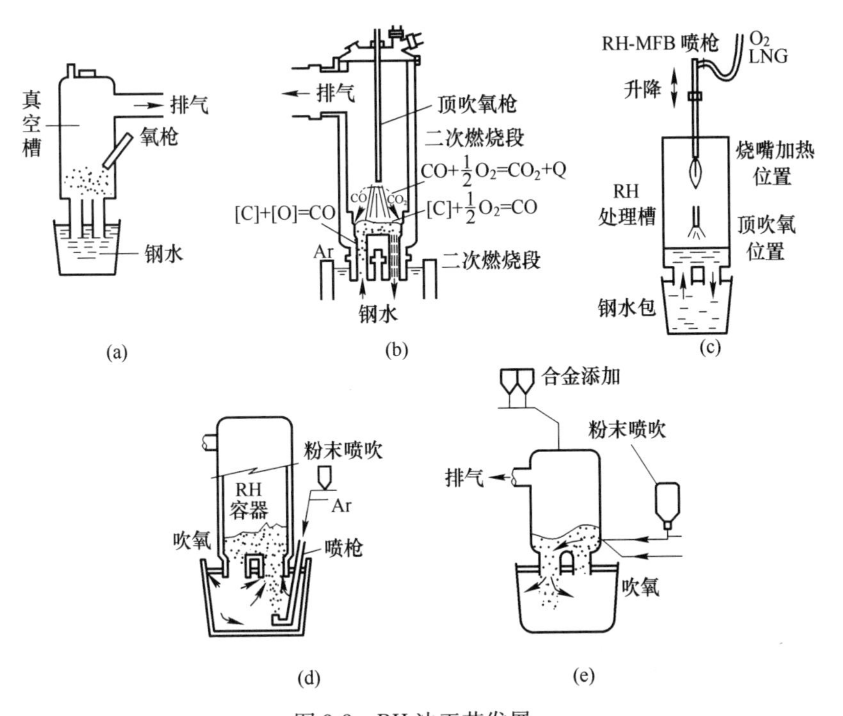

图 9-9　RH 法工艺发展

（a）RH-OB 法；（b）RH-KTB 法；（c）RH-MFB 法；（d）RH-Injection 法；（e）RH-PB（浸渍吹）法

表 9-1 RH 真空处理方法的概况

方法	RH (Ruhrstahl Heraeus)	RH-OB (RH-Oxygen Blowing Degassing Process)	RH-KTB (RH-Kawasaki Top Blowing)	RH-PB (I) (RH-Powder Blowing)
代号意义	真空循环脱气法	带升温的真空脱气	川崎顶吹氧真空脱气法	循环脱气喷粉
产生年代和国别	1957 年德国蒂森钢铁公司	1978 年日本新日铁	1988 年日本川崎	1985 年日本新日铁
主要功能	真空脱气，减少杂质，均匀成分和温度	同 RH，并能加热钢水	同 RH，并可以加速脱碳，补偿热损失	同 RH，并可喷粉脱硫、磷
处理效果	$w[H] < 0.0002\%$，去氢率 50%~80%；$w[N] < 0.004\%$；去氮率 15%~25%；$w[O] = 0.002\% \sim 0.004\%$；减少夹杂物 65%以上	同 RH，且可使处理终点碳 $w[C] \leqslant 0.0035\%$	$w[H] < 0.00015\%$；$w[N] < 0.004\%$；$w[O] < 0.003\%$；$w[C] < 0.002\%$	$w[H] < 0.00015\%$；$w[N] < 0.004\%$；$w[C] < 0.003\%$；$w[S] < 0.001\%$；$w[P] < 0.002\%$
适用钢种	适用于对含氧量要求严格的钢种，主要是低碳薄板钢、超低碳深冲钢、厚板钢、硅钢及轴承钢和重轨钢	同 RH，还可以生产不锈钢，多用于超低碳钢的处理	同 RH，多用于普碳钢、冲压钢、深冲钢及超深冲钢	同 RH，主要用于超低硫磷钢、薄板钢等的处理
备注	原为钢水脱氧开发，短时间可使 [H] 降低到远低于白点敏感极限以下	为钢水升温而开发	快速脱碳达超低碳钢范围，二次燃烧可补偿处理过程中的热损失	可同时脱氧、脱硫、脱磷，PB 是用 OB 管喷入，I 是指插入钢包

C RH 的精炼功能

RH 的精炼功能如下：

(1) 真空脱碳。在 25min 处理周期内可生产出 $w[C] \leqslant 0.002\%$ 的超低碳钢水。

(2) 真空脱气。可生产 $w[H] \leqslant 0.00015\%$、$w[N] \leqslant 0.002\%$ 的纯净钢水。

(3) 脱硫。RH 附加喷粉装置 (RH-PB、RH-MFB) 或真空室内顶加脱硫剂处理后可生产出 $w[S] \leqslant 0.001\%$ 的超低硫钢水。

(4) 脱磷。经 RH 喷粉处理 (RH-PB)，可生产出 $w[P] \leqslant 0.002\%$ 的超低磷钢。

(5) 升温。采用 RH-KTB 技术，可降低转炉出钢温度 26℃；采用 RH-OB 法加铝吹氧提温，钢水最大升温速度可达 8℃/min。

(6) 均匀钢水温度。可保持连铸中间包钢水温度波动不大于 5℃。

(7) 均匀钢水成分和去除夹杂物。可生产出 $w[TO] \leqslant 0.0015\%$ 的超纯净钢。

9.3.2.3 真空吹氩脱气法 (VD 法)

真空吹氩脱气法是美国芬克尔 (Finkl) 公司 1958 年首先提出来的，所以也称芬克尔法，在我国一般简称为 VD (Vacuum Degassing) 法。

A VD 设备

VD 设备 (见图 9-10) 一般不单独使用，而是与 LF 配合使用。所用钢包比普通钢包稍深一些，使钢包液面以上留有 800～1000 mm 的净空高度。包底装有透气元件或透气砖，真空盖上装有加料设备，可以在真空下添加合金料。

对 VD 的基本要求是保持良好的真空度；能够在较短的时间内达到要求的真空度；在真空状态下能够良好地搅拌；能够在真空状态下测温取样；能够在真空下加入合金料。一般来说，VD 设备需要一个能够安放 VD 钢包的真空室，而 ASEA-SKF 则是在钢包上直接加一个真空盖。

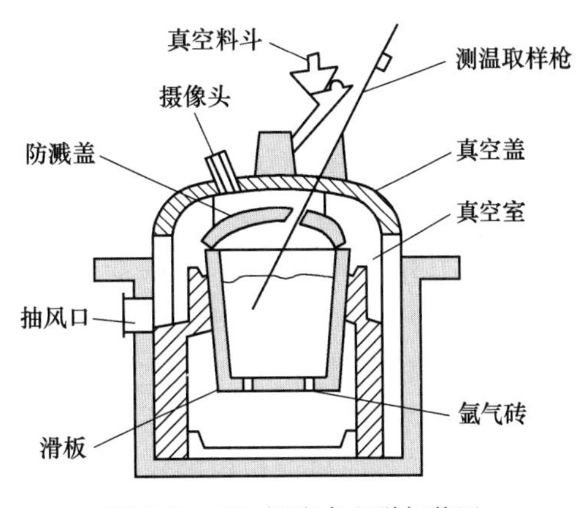

图 9-10 VD 钢液真空脱气装置

VD 设备主要部件有以下部分：水环泵、蒸汽喷射泵、冷凝器、冷却水系统、过热蒸汽发生系统、窥视孔、测温取样系统、合金加料系统、吹氩搅拌系统、真空盖与钢包盖及其移动系统、真空室地坑、充氮系统、回水箱。

B VD 法特点

钢包脱气法只有钢包上部一层钢液与真空作用，所以脱气效果差。而 VD 法的精炼手段是吹氩搅拌与真空相结合，真空状态下吹氩搅拌钢液，一方面增加了钢液与真空的接触界面积，另一方面从包底上浮的氩气泡吸收钢液内溶解的气体，加强了真空脱气效果，脱氢率可达到 42%～78%，同时上浮的氩气泡还能吸附夹杂物，促使夹杂物从钢液中排除，使钢的纯净度提高，清除钢的白点和发纹缺陷。

C VD 法的工艺过程

需要处理的钢液在电弧炉内冶炼，炉内预脱氧，并造流动性良好的还原渣，出钢温度比不处理时高 10～20℃，然后出钢。将钢包坐入真空室内，接通吹氩管吹氩搅拌，测温取样，再盖上真空盖，启动真空泵，大约 10～15min 后可达到工作真空度（0.1～1mmHg），在真空下保持 10min 左右，达到脱气、去夹杂、均匀成分和温度的作用，整个精炼时间约 30min，吹氩搅拌贯穿整个精炼过程。

D VD 法的精炼效果

VD 法的精炼效果如下：

（1）脱氧。经 VD 法精炼后钢中全氧含量在（12～27）$\times10^{-4}$%之间，溶解氧含量一般为（7～15）$\times10^{-4}$%，溶解氧的脱除率平均为 82%。

（2）脱氢。脱氢率平均为 55%，氢含量为 2.34$\times10^{-4}$%。

（3）温度均匀。处理前不同部位的温差为±20℃，处理后为±3℃。

（4）夹杂物形态有了根本改善。

（5）脱硫。VD 法因缺少加热手段，精炼过程不能造新渣脱硫，脱硫率只有 20% 左右。

9.3.3 钢包炉

一般，带电弧加热功能或外来热源的炉外精炼法也称为钢包炉，这里主要介绍 VAD 法、ASEA-SKF 法、LF（V）法三种。

9.3.3.1　电弧加热钢包脱气法（VAD法）

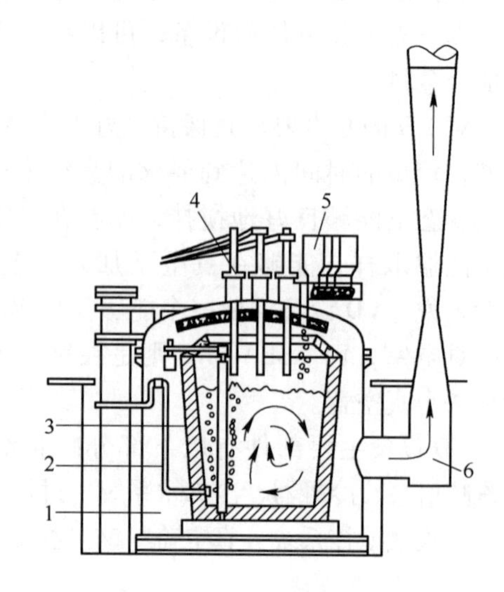

图 9-11　VAD 精炼炉
1—真空室；2—底吹氩系统；3—钢包；4—电弧加热系统；5—合金加料系统；6—抽真空装置

VAD（Vacuum Arc Degassing，钢包真空电弧加热脱气）法由美国 A. Finkl & Sons 公司于 1967 年与摩尔公司（Mohr）共同研究发明，也称 Finkl-VAD 法，或称 Finkl-Mohr 法，联邦德国又称其为 VHD 法（Vacuum Heating De-gassing）。与 ASEA-SKF 法基本相同，这种方法加热在低真空下进行，在钢包底部吹氩搅拌，主要设备如图 9-11 所示。加热钢包内的压力大约控制在 0.2×10^5 Pa，因而保持了良好的还原性气氛，使精炼炉在加热过程中可以达到一定的脱气目的。但是正是 VAD 的这个优点使得 VAD 炉盖的密封很困难，投资费用高，再加上结构较复杂，钢包寿命低。因而 VAD 法自 1967 年发明以来，尤其是近十几年来，几乎没有得到什么发展。

A　VAD 法的特点

VAD 法有以下优点：

（1）在真空下加热，形成良好的还原性气氛，防止钢水在加热过程中的氧化，并在加热过程中达到一定的脱气效果。

（2）精炼炉完全密封，加热过程中噪声较小，而且几乎无烟尘。

（3）可以在一个工位达到多种精炼目的，如脱氧、脱硫、脱氢、脱氮。甚至在合理造渣的条件下，可以达到很好的脱磷目的。

（4）有良好的搅拌条件，可以进行精炼炉内合金化，使炉内的成分很快地均匀。

（5）可以完成初炼炉的一些精炼任务，协调初炼炉与连铸工序。

（6）可以在真空条件下进行成分微调。

（7）可以进行深度精炼，生产纯净钢。

VAD 法的优点是明显的，但其电极密封难以解决的问题也是致命的。这个致命的缺点使得 VAD 法不能得到很快的发展。也许有一天电极密封的问题解决了，VAD 法会得到很快的发展。但就目前的情况来看，VAD 不是发展的主流。

B　VAD 法的主要设备

VAD 精炼设备主要包括真空系统、精炼钢包、加热系统、加料系统、吹氩搅拌系统、检测与控制系统、冷却水系统、压缩空气系统、动力蒸汽系统等。

VAD 炉可与电炉、转炉双联，设备布置可与初炼炉在同一厂房跨内，也可以布置在浇铸跨内。为了满足特殊钢多品种精炼需要，VAD 常与 VOD 组合在一起。

C　VAD 法基本精炼功能

VAD 炉具有抽真空、电弧加热、吹氩搅拌、测温取样、自动加料等多种冶金手段。整个冶金过程在一个真空罐内即可完成，不像 SKF 和 LF 那样加热和脱气在两个工位，需移动钢包，因此 VAD 的各种冶金手段可以根据产品的不同质量要求随意组合。

VAD 法基本精炼功能有：造渣脱硫；脱氧去夹杂；脱气（H、N）；吹氩改为吹氮时，可使钢水增氮；合金化。

9.3.3.2　ASEA-SKF 钢包精炼法

真空脱气设备基本上解决了钢水的脱气问题。为了进一步扩大精炼功能，改进单纯真空脱气存在的弱点，如去硫、均匀成分、处理过程中温降等，并克服在冶炼轴承钢时电炉钢渣混出而产生的夹杂问题，瑞典滚珠轴承公司（SKF）与瑞典通用电气公司（ASEA）合作，于 1965 年在瑞典的 SKF 公司的海拉斯厂安装了第一台钢包精炼炉。

ASEA-SKF 钢包精炼炉具有电磁搅拌功能、真空功能、电弧加热功能。它把炼钢过程分为两步：由初炼炉（转炉、电弧炉等）熔化、脱磷，在碳含量和温度合适时出钢，必要时可调整合金元素成分；在 ASEA-SKF 炉内进行电弧加热、真空脱气、真空吹氧脱碳、脱硫以及在电磁感应搅拌钢液下进一步调整成分和温度、脱氧和去夹杂等。1970 年美国的 Allegenry 公司在 ASEA-SKF 炉基础上利用螺旋喷枪进行供氧促进反应，称为 AVR 法。

可以说 ASEA-SKF 炉是电磁搅拌真空脱气设备与电弧炉的结合，第一次完善了现代炉外精炼设备的三个基本功能：加热、真空、搅拌。今天所使用的炉外精炼设备基本上仍以这三个基本功能为基础。现在这种钢包精炼炉通常被称作 ASEA-SKF 炉。

A　ASEA-SKF 炉设备

ASEA-SKF 炉可以与电弧炉、转炉配合，承担如还原精炼、脱气、吹氧脱碳、调整温度和成分等炼钢过程所有的精炼任务及衔接初炼炉和连铸工序关系。因此 ASEA-SKF 炉的结构比较复杂，如图 9-12 所示，主要有盛装钢水的钢包、真空密封炉盖和抽真空系统、电弧加热系统、渣料及合金料加料系统、吹氧系统、吹氩搅拌系统、控制系统。先进的 ASEA-SKF 炉采用计算机控制系统。与之相配合的辅助设备有除渣设备（有无渣出钢设备时不必配备）和钢包烘烤设备。尤其是为了保证快速而有效地精炼，保证钢水成分和温度的目标控制，真空测温、真空取样、真空加料设备是十分必要的。但是这两个功能的无故障实现仍有很多困难。

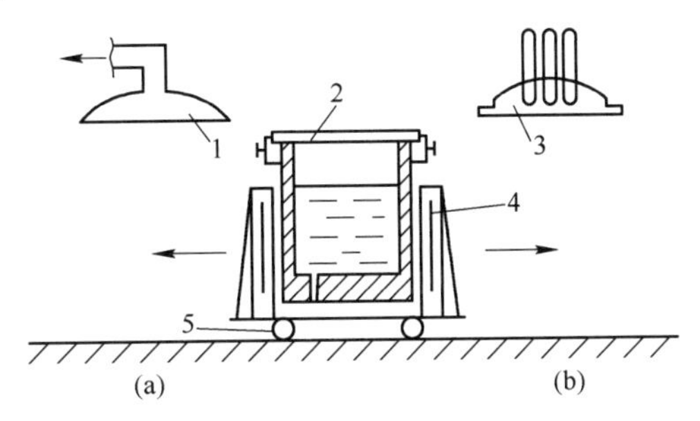

图 9-12　ASEA-SKF 法

（a）真空脱气工位；（b）电弧加热工位

1—真空室盖；2—钢包；3—加热炉盖；4—电磁搅拌器；5—钢包车

B　ASEA-SKF 法的精炼效果

ASEA-SKF 炉适用于精炼各类钢种。它在精炼轴承钢、低碳钢和高纯净度渗氮钢都取得了良好效果：

（1）提高钢的质量。ASEA-SKF 炉精炼使钢的化学成分均匀，力学性能改善，非金属夹杂物减少，氢、氧含量大大降低。

（2）提高产量。由于把精炼任务移至炉外进行，提高了初炼炉的生产能力。

（3）扩大了品种。由于精炼过程中加入大量合金，因此可生产许多钢种。

（4）降低了成本。初炼炉冶炼时间缩短，降低了能耗，提高了合金收得率。

（5）操作工艺非常灵活。根据精炼的目的不同，ASEA-SKF 法可选择不同的操作工艺。例如生产非金属夹杂物要求极低的轴承钢时，可先加强脱氧剂（Al），然后经过电磁搅拌钢液，使非金属夹杂物排除。

9.3.3.3　LF（V）钢包精炼法

A　LF（V）精炼法概述

LF（Ladle Furnace）是日本大同特殊钢公司于 1971 年开发的，能在非氧化性气氛下，通过电弧加热、造高碱度还原渣，进行钢液的脱氧、脱硫、合金化等冶金反应，以精炼钢液。为了使钢液与精炼渣充分接触，强化精炼反应，去除夹杂，促进钢液温度和合金成分的均匀化，通常从钢包底部吹氩搅拌。它的工作原理如图 9-13 所示。钢水到站后将钢包移至精炼工位，加入合成渣料，降下石墨电极插入熔渣中对钢水进行埋弧加热，补偿精炼过程中的温降，同时进行底吹氩搅拌。它可以与电炉配合，取代电炉的还原期；也可以与氧气转炉配合，生产优质合金钢。同时，LF 还是连铸车间，尤其是合金钢连铸车间不可缺少的钢液成分、温度控制及生产节奏调整的设备。

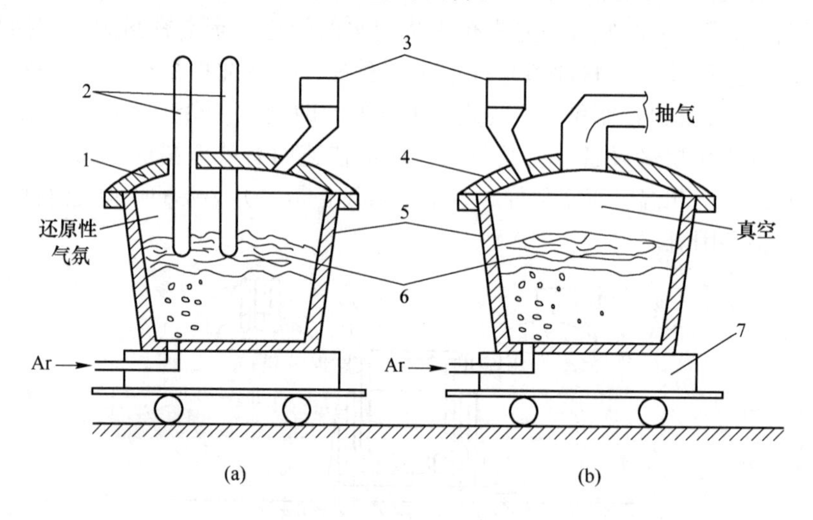

图 9-13　LF（V）精炼法

（a）埋弧加热；（b）真空处理

1—加热盖；2—电极；3—加料槽；4—真空盖；5—钢包；6—碱性还原渣；7—钢包车

LFV 精炼法是钢包炉（Ladle Furnace）+真空（Vacuum）的炉外精炼法。如图 9-14 所示，它是一种集电弧加热、气体搅拌、真空脱气、合成渣精炼、喷吹精炼粉剂及添加合金元素等功能于一体的精炼法，也称多功能 LF 法。

LF（V）精炼法能够通过强化热力学和动力学条件，使钢液在短时间内得到高度净化和均匀，从而达到以下各种冶金目的：

（1）LF 有加热功能，采用电弧加热，能够熔化大量的合金元素，钢水温度易于控制，能满足连铸工艺要求。

（2）协调初炼炉与连铸机工序，处理时间满足多炉连浇要求。

（3）成分微调能保证产品具有合格的成分及实现最低成本控制。

（4）LF 具有气体搅拌功能、精炼功能、气氛控制及 LF（V）真空脱气等功能，精炼钢水的纯净度高，能减少连铸时水口堵塞，减少铸坯缺陷，满足产品质量要求。

总之，LF 的使用有利于节省初炼炉冶炼时间，提高生产率；有利于生产纯净钢；有利于多炉连浇，降低生产成本，协调初炼炉与连铸工序。

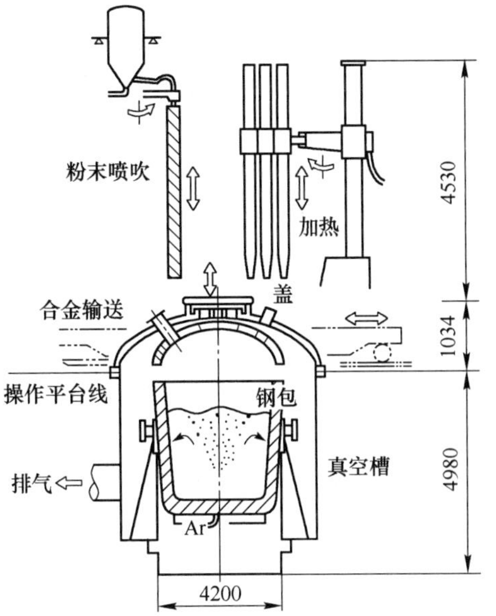

真空设备：300kg 时为 66.7Pa
粉末喷吹：100kg/min

图 9-14　多功能 LF 法

B　LF（V）设备构成

LF 主要由以下部分组成：加热电力系统、钢包、吹气系统、测温取样系统、控制系统、合金料和合成渣料添加装置、适应一些初炼炉需要的扒渣工位、适应一些低硫及超低硫钢种需要的喷粉工位、为适应脱气钢种需要的真空工位、用于较大炉体的水冷系统。

LF 的加热同电弧炉一样，以石墨电极与钢水之间产生的电弧热为热源，分为交流钢包炉和直流钢包炉，目前国内基本上是用交流钢包炉。LF 设备如图 9-15 所示。

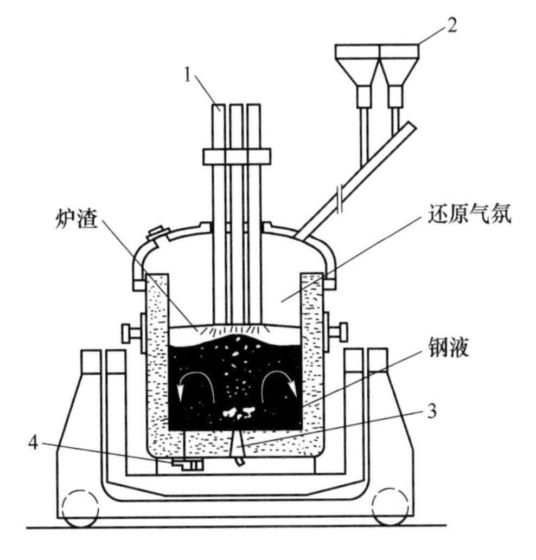

图 9-15　LF 设备

1—电极；2—合金料仓；3—底部透气砖；4—滑动水口

LF 的工作条件要比电弧炉好一些，因为 LF 没有熔化过程，而且 LF 大部分加热时间都是在埋弧下进行。熔化的都是渣料和合金固体料，因此应选用较高的二次电压。

LF 精炼时钢液面稳定，电流波动较小。如果吹气流量稳定并且采用埋弧加热，便基本上不会引起电流的波动，因此不会产生很大的因闪烁造成的冲击负荷。所以从短网开始的所有导电部件的电流密度都可以选得比同容量的电弧炉大得多。

LF 精炼期，钢水已进入还原期，往往对钢水成分要求较严格。又由于采用埋弧加热，低电压短电弧运行，因此有增碳的危险性。为了防止增碳，应装备灵敏的电极调节装置。

为了对钢液进行充分的精炼，得到纯净钢，为连铸提供温度和成分合格的钢水，使钢水得到能量补充是十分必要的。但是应当尽量缩短时间，以减少吸气和热损失。提高升温速度，仅靠增加输入功率是不够科学的，还应注意钢包的烘烤。提高烘烤温度，缩短钢包的运输时间。

LF 的电耗主要用于以下几个方面：热散失、钢水升温、加热渣料、加热合金料。

LF 的加热速度一般要达到 2~5℃/min，这主要是根据生产节奏的要求以及耐火材料的承受能力来决定的。

LF（V）真空装置一般由蒸汽喷射泵、真空管道、充氮罐、真空炉盖（或真空室）、提升机构、提升桥架、真空加料装置等设备组成。

根据 LF 容量的不同，钢包底部透气砖的个数一般不同。大钢包如 60 t 以上的钢包可以安装两个透气砖；更大一些的可以安装三个透气砖。正常工作状态开启两个透气砖，当出现透气砖不透气时开启第三个透气砖。透气砖的合理位置可以根据经验决定，也可以根据水力学模型决定。

C　LF（V）的处理效果

经过 LF 处理生产的钢可以达到很高的质量水平：

（1）脱硫率达 50%~70%，可生产出 $w[S]\leqslant 0.01\%$的钢，如果处理时间充分，甚至可达到 $w[S]\leqslant 0.005\%$的水平。

（2）可以生产高纯度钢，钢中夹杂物总量可降低 50%，大颗粒夹杂物几乎能全部去除；钢中 $w[O]$ 可达到 0.002%~0.003%的水平。

（3）钢水升温速度可以达到 4~5℃/min。

（4）温度控制精度±（3~5）℃。

（5）钢水成分控制精度高，可以生产出诸如 $w[C]=\pm 0.01\%$、$w[Si]=\pm 0.02\%$、$w[Mn]=\pm 0.02\%$等元素含量范围很窄的钢。

LFV 的处理效果：使轴承钢的 $w[H]$ 达 $2.68\times 10^{-4}\%$，$w[N]$ 达 $37\times 10^{-4}\%$，$w[O]$ 达 $10\times 10^{-4}\%$；采用普通工艺可使工业纯铁的 $w[S]$ 从 0.060%下降到 0.015%以下；采用特殊精炼工艺可使轴承钢中的 $w[S]$ 从 0.030%下降到 0.003%以下；采取特殊的工艺可使轴承钢中的 $w[S]+w[H]+w[N]+w[O]\leqslant 70\times 10^{-4}\%$；钢中氧化物含量达到 0.003%以下；硫化物含量达到 0.0246%；钢水温度范围可控制在±2.5℃内。

过去 LF 法主要配合电弧炉用以生产特殊钢。最近几年，在转炉车间装配 LF（V）精炼炉，越来越引起人们的兴趣。在转炉与连铸生产线上采用 LF（V）精炼法，既可使转炉出钢温度和炉渣中氧化铁含量降低，又可提高炉衬寿命和钢的纯净度以及连铸的浇成率。可用氧气转炉配 LFV 法取代电炉法生产特殊钢。

对于采用连铸生产普通钢的中型转炉车间，也可以只采用电弧加热和底吹氩搅拌两个功能，补偿温度损失，微调及均匀合金成分和温度。

9.3.4　冶炼低碳钢、超低碳钢的炉外精炼法

这里主要介绍真空吹氧脱碳法和氩氧脱碳法两种，其他的还有 RH-OB、LF（V）等。

9.3.4.1　真空吹氧脱碳法（VOD 法）

VOD 法是 Vacuum Oxygen Decarburization（真空吹氧脱碳法）的缩写。这是由威登特

殊钢厂（Edd-stahl-werk witten）和标准迈索公司（Standard Messo）于1967年共同研制成功的，故有时又称为Witten法。这是为了冶炼不锈钢所研制的一种炉外精炼方法，其方法特点是向处在真空室内的不锈钢水进行顶吹氧和底吹氩搅拌精炼，达到脱碳保铬的目的。

A VOD法设备

VOD法设备如图9-16所示，有真空室、真空泵、吹氧枪、仓盖和保护盖、铁合金添加装置等。

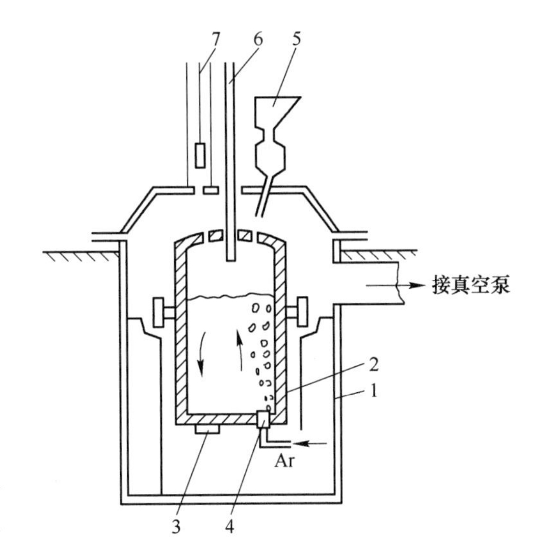

图9-16 VOD法设备

1—真空室；2—钢包；3—水口；4—透气砖；5—合金漏斗；6—吹氧枪；7—取样测温

设备特点是：真空泵的排气能力大；氧枪采用与转炉氧枪类似的拉瓦尔型氧枪；钢包承担真空吹氧、脱碳精炼和浇注等功能；脱气真空罐由罐体和罐盖组成，罐盖上有测温、取样、加合金料和吹氧的设备。

B VOD法的基本功能

VOD法具有吹氧脱碳、升温、吹氩搅拌、真空脱气、造渣合金化等冶金手段，适用于不锈钢、工业纯铁、精密合金、高温合金和合金结构钢的冶炼，尤其是超低碳不锈钢和合金的冶炼。

传统的不锈钢冶炼方法是采用电弧炉的返回吹氧法，依据高温下碳优先于铬氧化的原理，采用高温吹氧，实现脱碳保铬目的。但是高温将导致炉衬寿命降低，并且在大气压下吹氧精炼，即使温度很高，$w[C]$在0.1%左右铬也有相当多的氧化，最高达90%。如果降低p_{CO}，可以起到与提高温度相同的效果。温度一定时，钢中含$w[C]$只与p_{CO}有关，降低p_{CO}就可以达到降低含碳量的目的。

在大气压下吹氧，能把$w[C]$降到1.5%，而铬没有严重氧化损失，再继续吹氧脱碳，铬会大量氧化，因而不经济；如$w[C]<0.45\%$时在减压下吹氧，则能将$w[C]$脱到0.06%，而铬基本不氧化。

目前降低p_{CO}的方法有真空法（如VOD法）、稀释法（如AOD法、CLU法）、用Ar气和蒸汽分解出来的H稀释降低p_{CO}。

VOD法就是根据真空下脱碳的理论而研制成功的，再通过钢包底部吹氩促进钢液的循环，以防止喷嘴附近铬的局部氧化。

C VOD法精炼效果及发展

经VOD处理后，钢水中的$w[C]$可降低到0.03%以下，最低可降到0.005%，$w[O]$降到$(40\sim80)\times10^{-4}\%$，成品材中$w[O]$大致为$(30\sim50)\times10^{-4}\%$，$w[H]$可降到$2\times10^{-4}\%$以下，$w[N]$可降到$30\times10^{-4}\%$以下，可生产超低C、N不锈钢。与电弧炉法相比，此法成品钢中的Sn、Pb等微量有害元素的含量大大减少，从而使钢的耐腐蚀性、加工性都有相当程度的提高。由于发挥了真空脱氧作用，减少了脱氧的用铝量，因而可获得抛光性能特别良好的不锈钢。目前新的 VOD 技术主要有瑞典的 ASEA-SKF+氧枪法、LD-VAC 法、SS-VOD 法、MVOD 法。

9.3.4.2　氩氧脱碳法（AOD 法）

氩氧脱碳精炼法简称 AOD 法（Argon Oxygen Decarburization，氩气-氧气-脱碳），是从一个炉型类似于侧吹转炉的炉底侧面向熔池内吹入不同比例的氩、氧混合气体，来降低气泡内 p_{CO}使［C］氧化，而［Cr］不易氧化。脱碳保铬不是在真空下，而是在常压下进行。

这是美国联合碳化物公司于 1968 年试验成功的一种生产不锈钢的炉外精炼方法。其研究成果分别于 1956 年和 1960 年获得了专利。1969 年以后 AOD 炉很快遍及世界各地，1972 年以后 AOD 炉迅速发展，据资料介绍全世界不锈钢生产量的 75%是用 AOD 炉冶炼的。西欧、美国、日本等主要的不锈钢生产地区和国家，生产着世界不锈钢总产量的 93%。

AOD 与 VOD 几乎同时出现，1972 年以前二者发展速度相当，1973 年以后 AOD 发展迅速，无论装备数量和产量都大大超过了 VOD 炉。究其原因是：AOD 无论是在原料选择还是在生产成本和生产率方面都比 VOD 优越，且能快速处理高碳钢水，Cr 的收得率高，吹炼比较容易实现计算机自动控制。

AOD 法的理论依据与 VOD 基本相同，所不同的是降低 p_{CO}方法不是真空法而是采用稀释气体的方法。利用氩气稀释炉内的 CO 气体降低 p_{CO}，从而可以在较低的温度下，不使铬氧化而将碳脱到很低的水平。

A　AOD 炉的设备

AOD 炉的炉型与侧吹转炉十分相似（见图 9-17），主要由炉体、倾动机构、氩氧枪、测温装置、气体混合调节装置、除尘设备和加料设备等组成，如图 9-18 所示。

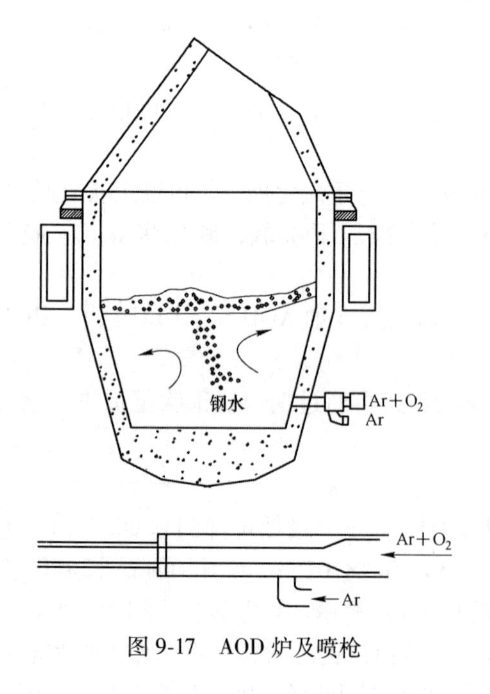

图 9-17　AOD 炉及喷枪

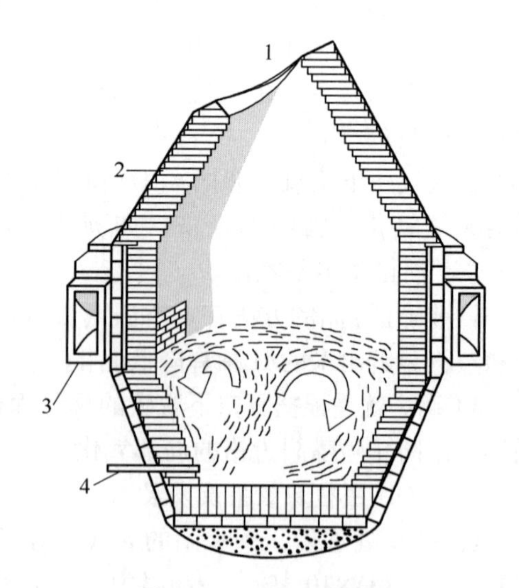

图 9-18　AOD 炉的设备

1—倾动出钢；2—活动炉壳；
3—倾动耳轴套圈；4—气体喷嘴

B AOD 法的特点

AOD 法的优点有：由于 AOD 法可以使用低价原料（高碳铬铁），因而成本降低；Cr 的收得率高，$\eta_{Cr}=98\%\sim99\%$；钢的收得率可达 95%；电炉只是熔化炉，因而生产率提高，电耗降低，操作条件改善，使炉体寿命提高；AOD 炉投资省等，这些经济效果足以抵消 Ar 费用和 AOD 炉耐火材料的费用。

AOD 法的缺点有：气消耗量大，因而操作费用高，所以 AOD 的发展受氩的限制；炉龄还比较低，耐火材料消耗高，致使成本高。

C AOD 法精炼效果

AOD 法精炼效果如下：

（1）脱硫。AOD 炉对脱硫十分有效。

（2）脱氢。AOD 法虽然没有真空脱气过程，但是吹入氩搅拌，也有明显的脱氢效果，$w[H]=(1\sim4)\times10^{-4}\%$，比电炉钢低 25%～65%。

（3）脱氮。比电炉钢低 30%～60%。

（4）脱氧。AOD 炉氩气的激烈搅拌，可使钢中的氧化物分离上浮，$w[O]$ 比电炉钢低 10%～30%。

（5）夹杂物。钢中氧化物夹杂易于分离上浮，纯净物提高，不仅夹杂物含量少，而且几乎不存在大颗粒夹杂。夹杂物主要由硅酸盐组成，其颗粒细小，分布均匀。

9.3.5 固体料的加入方法

固体料的加入方法有喷粉、喂丝、射弹、浸渍等。

9.3.5.1 TN 喷粉精炼法

TN 法（蒂森法）是 Thyssen Niederrhein 公司于 1974 年研究成功的一种钢水喷吹脱硫及夹杂物形态控制炉外精炼工艺，其构造如图 9-19 所示。TN 法的喷射处理容器是带盖的钢包。喷吹管是通过包盖顶孔插入钢水中，一直伸到钢包底部，以氩气为载体向钢水中输送 Ca-Si 合金或金属 Mg 等精炼剂。喷管插入熔池越深，Ca 或 Mg 的雾化效果越好。脱硫剂可用 Ca、Mg、Ca-Si 合金和 CaC_2，其中以金属 Ca 最有效。TN 法的优点有：

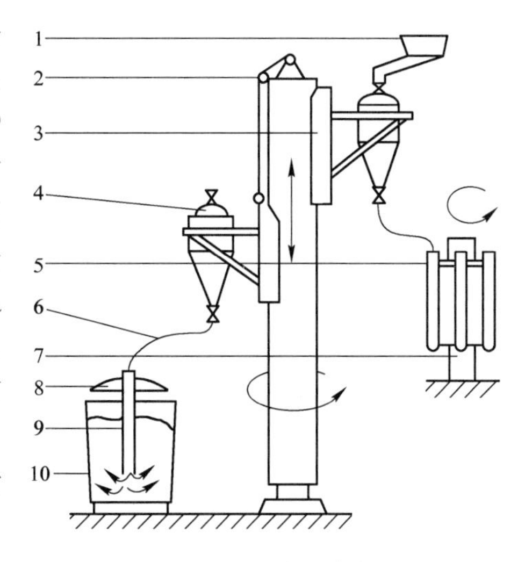

图 9-19 TN 喷粉精炼法

1—粉剂给料系统；2—升降系统；3—可移动悬臂；4—喷粉罐；5—备用氧枪；6—喷吹管；7—喷枪架；8—钢包罐；9—工作喷枪；10—钢包

（1）喷粉设备较简单，主要由喷粉罐、喷枪及其升降机构、气体输送系统和钢包等组成。

（2）喷粉罐容积较小，安装在喷枪架的悬臂上，可随喷枪一起升降和回转，因此粉料输送窄路短，压力损失小，同时采用硬管连接，可靠性强。

（3）可在喷粉罐上设上、下两个出料口，

根据粉料特性的不同，采用不同的出料方式。密度大、流动性好的粉料可用下部出料口出料（常用）；密度小、流动性差的粉料，如石灰粉、合成渣粉等，可用上部出料口出料。

TN 法适合于大型电炉的脱硫，也可以与氧气顶吹转炉配合使用。

9.3.5.2　SL 喷粉精炼法

SL 法（氏兰法）是瑞典 Scandinavian Lancer 公司于 1979 年开发的一种钢水脱硫喷射冶金方法。其喷粉设备除有喷粉罐、输气系统、喷枪等外，还有密封料罐、回收装置和过滤器等，如图 9-20 所示。SL 法是一种多用途、适应性更强的设备，其结构特点是：

（1）喷粉的速度可用压差原理控制，（$\Delta p = p_1 - p_2$），以保证喷粉过程顺利进行。当喷嘴直径一定时，喷粉速度随压差变化而变化，采用恒压喷吹，利于防止喷溅与堵塞。

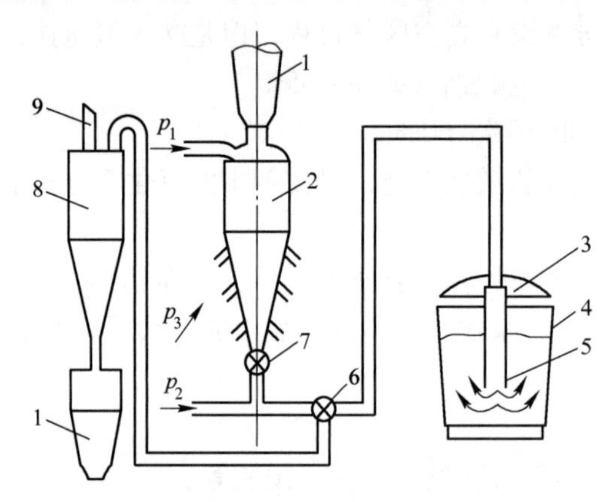

图 9-20　SL 喷粉精炼法

1—密封料罐；2—分配器；3—钢包盖；4—钢包；5—喷枪；
6—三通阀；7—阀门；8—分离器收粉装置；9—过滤器；
p_1—分配器压力；p_2—喷吹压力；p_3—松动压强

（2）设有粉料回收装置，既可回收冷态调试时喷出的粉料，又可回收改喷不同粉料时喷粉罐中的剩余粉剂。

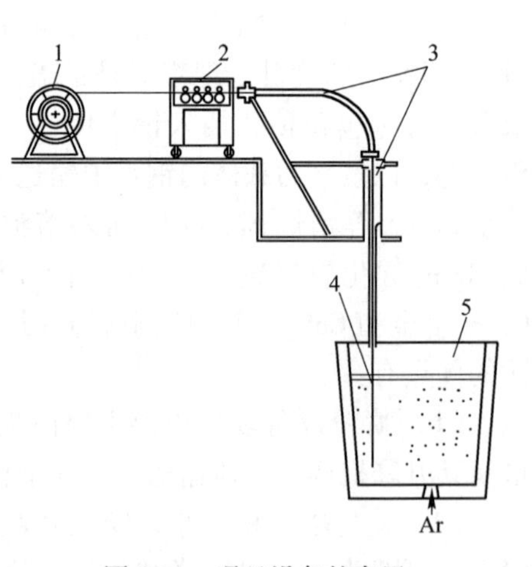

图 9-21　喂丝设备的布置

1—线卷装载机；2—辊式喂线机；
3—导管系统；4—包芯线；5—钢水包

9.3.5.3　喂丝法

合金芯线处理技术简称喂丝或喂线，是 20 世纪 70 年代末出现的一种钢包精炼技术。它将 Ca-Si、稀土合金、铝、硼铁和钛铁等多种合金或添加剂制成包芯线，通过机械的方法加入钢液深处（见图 9-21），对钢液脱氧、脱硫，进行非金属夹杂物变性处理和合金化等精炼处理，以改善冶金过程，提高钢的纯净度，优化产品的使用性能，降低处理成本等。

含钙包芯线是常用的一种包芯线。金属钙是

一种强脱氧剂和脱硫剂，加钙处理可改善钢的质量。然而，由于钙是非常活泼的金属，易氧化，因此直接加钙会引起沸腾喷溅，烧损大，在钢中分布也难均匀。20 世纪 80 年代开发的喂线技术（Wire Feeding，简称 WF），为向钢液中加钙提供了有效手段，它可代替喷枪喷吹技术。

含钙合金芯线中广泛应用 Ca-Si、Ca-Si-Ba、Ca-Al 等。此外易氧化元素（B、Ti、Zr）和控制硫化物形态的元素（Se、Te 等）均可采用喂线法加入。目前工业上应用的包芯线的种类和规格很多。我国生产的包芯线有硅钙、稀土合金、铝、镁、碳、钛铁、硼铁等。

综合对比各种炉外精炼技术，喂线技术存在以下优越性：合金收得率高；合金微调接近目标值；铝的收得率提高。

其他的固体料的加入方法还有射弹、浸渍等，图 9-22 所示为各种固体料的加入方法。

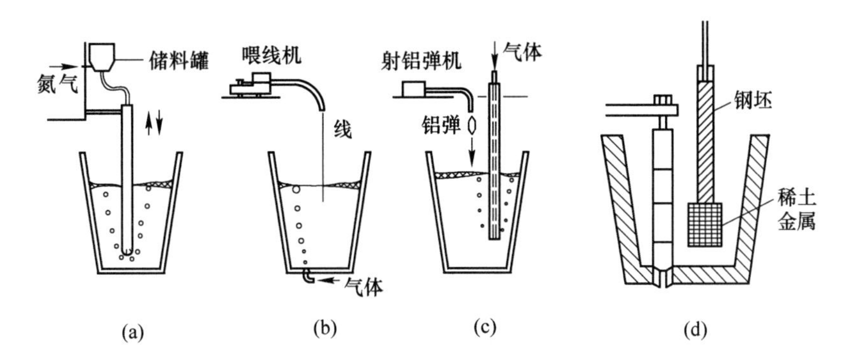

图 9-22 各种材料和粉末的添加和喷射技术

（a）喷粉；（b）喂线；（c）射弹；（d）浸渍

思考题

9-1 比较传统炼钢流程与现代炼钢流程，试述钢水二次精炼的优越性。
9-2 试述炉外精炼的手段及达到的目的。
9-3 钢水炉外精炼的主要方法有哪些？
9-4 简述 LF 精炼方法及其冶金功能。
9-5 简述 RH 精炼方法及其冶金功能。
9-6 简述 CAS-OB 精炼方法及其冶金功能。
9-7 简述 AOD 精炼方法及其冶金功能。
9-8 简述 VOD 精炼方法及其冶金功能。
9-9 分析炉外精炼技术发展的主要趋势。

10 连续铸钢

铸钢就是把在炼钢炉中熔炼和炉外精炼所得到的合格钢水，经过钢包及中间包等浇注设备，注入一定形状和尺寸的钢锭模或结晶器中，使之凝固成为钢锭或钢坯。钢锭（坯）是炼钢生产的最终产品，其质量好坏与冶炼和浇注有直接关系。浇注工作正常与否，必将对产品的质量和成本以及车间的技术经济指标产生重大影响。正确的浇注操作，可以使质量欠佳的钢水得到一定程度的补救，从而得到合格的钢锭（坯）；浇注操作失误，将导致合格的钢水报废。同时，浇注是衔接炼钢和轧钢之间的一项特殊作业。它的特殊性和重要性在于，当钢水一旦凝固成固体后，在以后的热加工过程中就不能对钢质量有本质上的改进了。因此，钢的浇注是炼钢生产过程中的重要一环，必须给予足够重视。

目前采用的浇注方法有模铸法和连铸法两种。模铸法是传统的铸锭方法，产品为钢锭，已有一百多年的历史，目前在炼钢生产中仍占有一定的位置。模铸设备包括钢包、钢锭模、保温帽、底板、中注管等。模铸分为上注和下注两种（见图 10-1）。

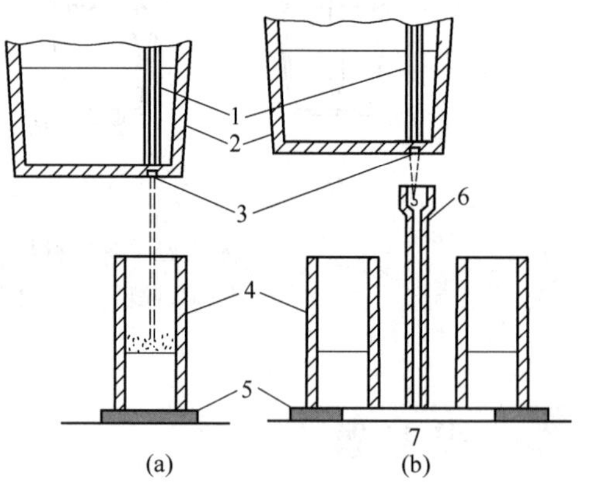

图 10-1 模铸法

（a）上注法；（b）下注法

1—塞棒；2—钢包；3—水口；4—钢锭模；5—底盘；6—中注管；7—汤道

连续铸钢法是 20 世纪 50 年代发展起来的浇注方法，它能直接得到一定断面形状的铸坯，大大简化了由钢液到钢坯的生产工艺和设备，并为炼钢生产的连续化、自动化创造了条件。连铸法已经逐渐取代模铸法，成为钢液浇注的主要方法。本章主要介绍连续铸钢法。连铸设备由钢包、中间包、结晶器、结晶器振动装置、二次冷却和铸坯导向装置、拉坯矫直装置、切割装置、出坯装置等部分组成，如图 10-2 所示。

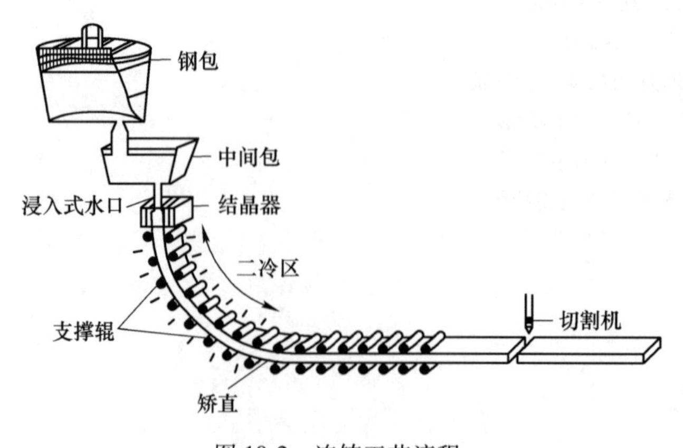

图 10-2 连铸工艺流程

10.1 连续铸钢技术概述

10.1.1 连续铸钢技术的发展

连续铸钢技术是钢铁工业继氧气顶吹转炉之后又一次重要的技术革命。常规的连铸概念由美国的连铸工作者 B. Atha（1886 年）和德国土木工程师 R. M. Daelen（1887 年）提出来的，他们的建议中包括了水冷上下敞口结晶器、二次冷却段、引锭杆、夹辊和铸坯切割装置等设备，许多特征与今天的连铸机相似。几十年以后，即在 1920~1935 年，连铸过程主要用于对有色金属的冶炼，并在铜、铝领域成功地得到工业化的应用。这时的典型铸机包括固定结晶器并具有低的浇注速率，其液芯长度很少有超过结晶器长度的。这类铸机的长度比较短，这对有色金属工业中的小炉子冶炼来说，基本上能满足要求，但对炼钢生产中所用的大炉子，考虑到钢水的浇注温度比较高、导热系数小、热容大、凝固速率慢等因素，采用这种连铸机进行浇注显然是不可能的。于是，为解决这类问题，在世界范围内涌现出大量关于连铸的专利，显示出人们对连铸的兴趣。

对于连铸技术，关键是要提高连铸的生产能力，即增加注流数、增加断面面积和增加拉速，其中最关键的还是增加拉速。如要增加铸坯的拉速，只靠固定不动的结晶器来浇钢会出现难以脱模的现象，同时薄弱的坯壳很容易被拉断，导致浇铸事故频繁出现。因此，人们提出了振动结晶器的概念，如在 1913 年，瑞典人 Pehrson 就曾提出结晶器应以可变的频率和振幅做往复振动的想法。1933 年，德国人 Junghans 将这一想法予以实施，从而使钢液的连铸生产成为可能，Junghans 因而成为现代连铸的奠基人。

Junghans 的结晶器振动方式是结晶器下降时速度与拉坯速度相同，铸坯与结晶器间无相对运动，也就是说连铸过程的负滑脱率为零，因此，这种铸机的钢水容易与结晶器壁粘连，这使得漏钢现象时有发生。英国人 Halliday 提出了负滑脱的概念。在他的振动方式中，结晶器向下的振动速率要比拉速快，铸坯与结晶器间产生了相对运动，使连铸浇钢过程中出现了一定的负滑脱率，钢水与结晶器壁间的粘连明显减小，这成为钢连铸工艺中关键的技术性突破。在 20 世纪 50 年代，连续铸钢步入了工业化生产阶段。

世界上第一台工业性连铸钢机是 1951 年在苏联“红十月”冶金厂建成的，它是一台双流板坯半连续铸钢设备。1952 年第一台立弯式连铸机在英国巴路厂投产，它主要用于浇铸碳素钢和低合金钢，生产出的是（50×50）mm~（100×100）mm 的小方坯。同年，在奥地利卡芬堡厂又建成了一台双流连铸机，它是多钢种、多断面、特殊钢连铸机的典型代表。进入到 20 世纪 60 年代后，弧形连铸机的问世使连铸技术又一次出现了飞跃。世界上第一台弧形连铸机是 1964 年 4 月在奥地利百录公司投产的。同年 6 月，由我国自行设计的方坯和板坯兼用的弧形连铸机在重钢三厂被投入生产。此后，联邦德国又上了一台宽板弧形连铸机，并开发应用了浸入式水口和保护渣技术。同年，英国谢尔顿厂率先实现了全连铸生产，共有 4 台 11 流，主要用于生产低合金钢和低碳钢，铸坯的浇铸断面为 140mm×140mm 和 432mm×632mm。1967 年，美钢联工程咨询公司设计并在格里厂投产了一台采用直结晶器和带液芯弯曲的弧形连铸机，同年在胡金根厂又相继投产了两台超低头板坯连铸机，用来浇铸断面为（150~250）mm×（1800~2500）mm 的铸坯。从全球范围来看，到

20 世纪 60 年代末，铸机总数已达 200 多台，总的生产能力接近 5×10^7t/a。

20 世纪七八十年代的两次能源危机推动了连铸技术的迅速发展，发展速度最快的国家是日本。在日本，几乎所有的联合企业至少都有一台弧形连铸机。例如，1970 年在水岛、福山、君津、名古屋等厂就相继投产了一批第一代连铸机；到 1976 年为止，日本的大分厂共建造了 5 台板坯连铸机并实现了全连铸；截止到 1980 年，日本的连铸机数量已达 156 台，连铸比达到 60%。

20 世纪 80 年代后，人们对凝固现象有了更深入的了解，这对连铸的发展起了很重要的作用，许多新技术的发展和完善就是在此阶段完成的，这主要表现在：生产高质量钢铸坯的技术和体制已经确立；板坯连铸开始采用热送热装轧制（HCR）和铸坯直接轧制（HDR）工艺；高速连铸、中间包加热、液压振动、电磁制动、拉漏预报、二冷动态控制、轻压下等大批新工艺技术被采用；建立了年产 300 万吨以上的大型连铸板坯铸机；发达国家的连铸比超过或接近 90%；以高拉速、高作业率、高质量、高度自动化和高稳定性生产为标志，常规连铸达到了其成熟阶段。

20 世纪 90 年代，传统连铸向进一步降低生产成本、强化高级产品生产以及注重环境的方向发展；近终形连铸取得了成功，其标志为 CSP、ISP 等薄板坯连铸技术被越来越多的工厂所采用，品种也在逐步扩大；QSP、CONROLL 等中厚度板坯的连铸连轧技术也被开发成功。

10. 1. 2　连续铸钢的优越性

与传统模铸工艺相比，连续铸钢工艺具有如下优点：

（1）简化了工序，缩短了流程。如图 10-3 所示，连铸省去了脱模、整模、钢锭均热、初轧开坯等工序，由此可节省基建投资费用约 40%，减少占地面积约 30%，节省劳动力约 70%。

（2）提高了金属收得率。采用模铸工艺，从钢水到钢坯，金属收得率为 84%~88%，而连铸工艺则为 95%~96%，金属收得率提高 10%~14%。

（3）降低了能源消耗。采用连铸工艺比传统工艺可节能 1/4~1/2。

（4）生产过程机械化、自动化程度高。设备和操作水平的提高，采用全过程的计算

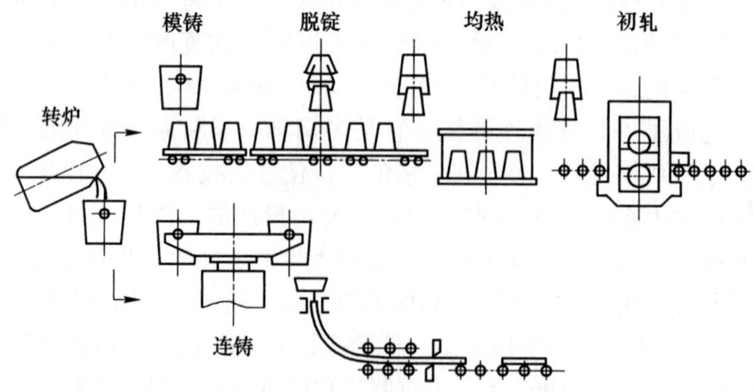

图 10-3　模铸与连铸生产流程比较

机管理，不仅从根本上改善了劳动环境，而且还大大提高了劳动生产率。

（5）提高质量，扩大品种。几乎所有的钢种均可以采用连铸工艺生产，如超纯净度钢、硅钢、合金钢、工具钢等约500多个钢种都可以用连铸工艺生产，而且质量很好。

10.1.3　连铸机的分类及特点

10.1.3.1　连铸机的分类

按结晶器的运动方式，连铸机可分为固定式（即振动式）和移动式两类。固定式是现在生产上常用的以水冷、底部敞口的铜质结晶器为特征的“常规”连铸机，它可分为立式连铸机、立弯式连铸机、弧形连铸机（包括直结晶器多点弯曲形、直结晶器弧形、弧形、多半径弧形等）、水平连铸机，如图10-4所示。移动式是同步运动式结晶器的各种连铸机，如图10-5所示。这类机型的结晶器与铸坯同步移动，铸坯与结晶器壁间无相对运动，因而也没有相对摩擦，能够达到较高的浇注速度，适合于生产接近成品钢材尺寸的小断面或薄断面的铸坯，即近终形连铸。如双辊式连铸机、双带式连铸机、单辊式连铸机、单带式连铸机、轮带式连铸机等均属于移动式连铸机，这些也是正在开发中的连铸机机型。

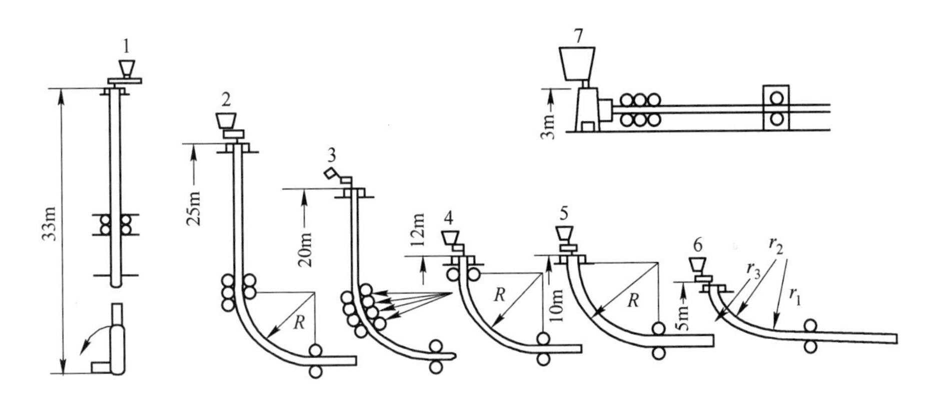

图10-4　连铸机机型

1—立式连铸机；2—立弯式连铸机；3—直结晶器多点弯曲连铸机；
4—直结晶器弧形连铸机；5—弧形连铸机；
6—多半径弧形（椭圆形）连铸机；7—水平连铸机

按铸坯断面的形状和大小，连铸机可分为方坯连铸机（断面不大于150mm×150mm的称为小方坯，大于150mm×150mm的称为大方坯；矩形断面的长边与宽边之比小于3的也称为方坯连铸机），板坯连铸机（铸坯断面为长方形，其宽厚比一般在3以上），圆坯连铸机（铸坯断面为圆形，直径为60~400mm），异型坯连铸机（浇注异型断面，如H型、空心管等），方、板坯兼用连铸机（在一台铸机上，既能浇板坯，也能浇方坯），薄板坯连铸机（铸坯厚度为40~80mm的薄板坯料）等。

按铸坯所承受的钢液静压头，即铸机垂直高度（H）与铸坯厚度（D）比值的大小，连铸机可分为高头型（$H/D>50$，铸机机型为立式或立弯式）、标准头型（$H/D=40\sim50$，铸机机型为弧形或带直线段的弧形）、低头型（$H/D=20\sim40$，铸机机型为弧形或椭圆形）、超低头型（$H/D<20$，铸机机型为椭圆形）4种。随着炼钢和炉外精炼技术的提高，浇注前及浇注过程中对钢液纯净度的有效控制，低头和超低头连铸机的采用逐渐增多。

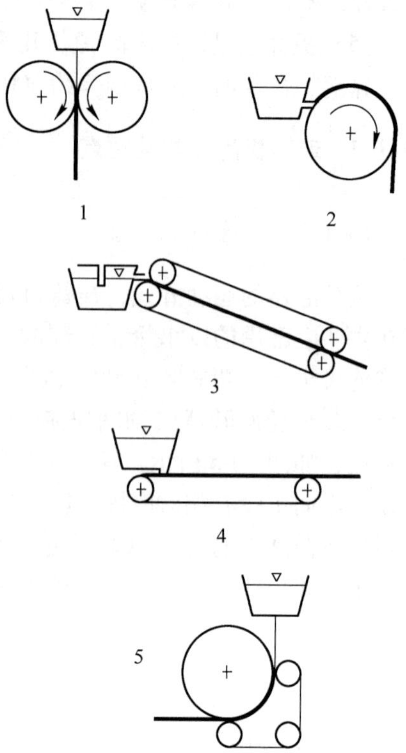

10.1.3.2　连铸机的特点

A　立式连铸机

铸机的主要设备结晶器、二冷区、拉坯机及切割设备均布置在同一垂直线上，从钢液浇注到铸坯切成定尺，均在垂直位置完成。切成定尺后的铸坯，由升降机或运输机送到地面。

由于钢水是在直立的结晶器和二冷段逐渐结晶的，因此有利于钢液内非金属夹杂物的上浮，坯壳冷却也较均匀，这对浇注优质钢和合金钢是有利的。同时，铸坯在整个凝固过程中不受任何弯曲、矫直作用，适合于浇注对裂纹敏感性高的钢种。

但立式连铸机设备高，建设费用大，设备的维护和铸坯的运送都比较困难。另外，因钢水静压力大，铸坯的"鼓肚"变形较为突出。

立式连铸机可分为高架式和地坑式两种。为减少地坑施工困难，一般立式连铸机是一小半建在地面之上，一大半建在地下，称为半高架式或半地坑式。

图 10-5　同步运动式结晶器连铸机机型

1—双辊式连铸机；2—单辊式连铸机；3—双带式连铸机；4—单带式连铸机；5—轮带式连铸机

B　立弯式连铸机

立弯式连铸机是连铸技术发展过程中的一种过渡机型，目前已很少采用。立弯式连铸机上部与立式相同，不同点是铸坯通过拉辊后，用顶弯机使铸坯弯曲，然后在水平切线位置矫直，并沿水平方向出坯。这样可缩小铸机高度，铸坯定尺不受限制，其运输也不成问题。但立弯式连铸机只适用于浇注断面小于100mm×100mm的铸坯。如厚度再大，铸坯到顶弯机前不能完全凝固，若加高铸机则和立式差别不大了。另外顶弯设备也较庞大。

C　带直线段的弧形连铸机

带直线段的弧形连铸机采用直结晶器，在结晶器下有2~5m直线段夹辊，带有液芯的铸坯经过直线段后，被连续弯曲成弧形，然后又将已凝固的弧形铸坯矫直，再切割成定尺。这种机型主要用于浇注板坯。其主要特点是，保留了立式连铸机钢水在直线段凝固的特点，使非金属夹杂物有充分时间上浮，有利于特殊钢浇注；采用连续弯曲和多点矫直技术，可保证铸坯在两相区不产生裂纹。但该机型比弧形连铸机高，设备总重量大，设备的安装、调整难度较大。

D　弧形连铸机

弧形连铸机的结晶器为弧形，二冷区夹辊安装在1/4圆弧内，铸坯出二冷区在水平切线位置矫直，然后切割成定尺、出坯。通常把连铸机的外弧半径称作弧形连铸机的圆弧半径。

弧形连铸机主要设备布置在1/4圆弧范围内，其高度比立式、立弯式矮得多，因此设备重量较轻，投资费用低，设备的安装和维修方便。同时，该机对钢种和铸坯断面的适应性较好。由于铸坯在凝固过程中承受的钢水静压力相对较小，可减少坯壳因“鼓肚”变形而产生的内裂，有利于改善铸坯质量和提高拉速。因此，弧形连铸机得到广泛应用。但是，与立式连铸机相比，弧形连铸坯内弧容易集中非金属夹杂物，铸坯在圆弧和矫直点受到强烈弯曲应力作用，而易产生内部裂纹等缺陷。另外，由于内、外弧冷却不均，弧形连铸机容易造成铸坯中心偏析而降低铸坯质量。

E 椭圆形连铸机。

为进一步降低连铸机高度，发展了椭圆形连铸机。国外称其为带多点矫直的弧形连铸机，亦称超低头连铸机。其基本特点与弧形连铸机相同，不同点是二冷区夹辊布置在曲率半径不同的弧线上（即椭圆圆弧上）。由于是多半径的，铸机的安装、调整较复杂，维护也较困难。

F 水平连铸机

水平连铸机的结晶器、二冷区、拉坯机和切割设备均布置在水平位置上。其高度仅为立式连铸机的1/10，大大减少了建设费用；中间包和结晶器直接相连，减少了钢液的二次氧化，可提高铸坯的纯洁度；铸坯在二冷区的“鼓肚”现象较轻，中心偏析亦较轻；钢液在结晶器内受到静压力的作用，铸坯尺寸精确度高，凝固均匀等。以上这些都是水平连铸的优点。因此，水平连铸在小规模生产高级钢方面受到重视。目前，水平连铸存在的主要问题是受拉坯时的惯性力限制，更适合浇注200mm以下中小断面的方圆坯，铸坯定尺也受到限制。

10.2 连铸坯的凝固

10.2.1 连铸坯凝固的特点

连铸坯的凝固过程实质是一强制、动态的连续冷却过程，凝固结晶所消耗的时间很短、速度快。因此与模铸相比，连铸具有以下凝固传热特征：

（1）钢液在连铸机内的凝固传热分为三个传热冷却区，即一次冷却区（指结晶器）、二次冷却区（包括辊子冷却系统的喷水冷却区）和三次冷却区（从铸坯完全凝固开始至铸坯切割以前的辐射传热区），如图10-6所示。

（2）铸坯是运动中的凝固传热，即沿液相穴的固-液交界面释放热量，在凝固温度区内，完成液态向固态的转变。宏观上看，液芯长度保持不变。

（3）铸坯在冷却凝固过程中会产生相变和应力，即铸坯在完全凝固后继续降温，由于传热条件不均，其内部将发生相变。如：对于很多碳含量及合金元素含量不同的钢种，冷却时发生的相变主要是奥氏体的转变，在不同的冷却条件下，可转变为珠光体、马氏体、贝氏体等。

连铸坯在冷却凝固过程中会产生三种应力：热应力，由表面与内部温度不均，收缩不一而产生的；组织应力，由相变使体积发生变化而产生的；机械应力，铸坯在下行、弯曲和矫直过程中所受的外应力。

10.2.2　钢液在结晶器内的凝固

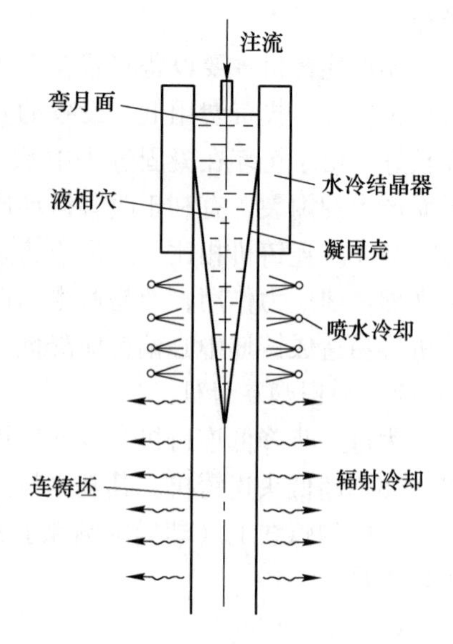

图 10-6　连铸坯的冷凝

在结晶器冷却区内，冷却铜结晶器的水迅速带走钢液大量的热，使铸坯尽快形成均匀且具有一定厚度的坯壳，以抵抗连铸坯钢液的静压力，保证铸坯在拉出结晶器时有足够的强度，而不致发生拉漏事故。

10.2.2.1　结晶器内坯壳的形成

钢液注入结晶器后，即与铜壁接触，急剧冷却，很快形成了钢液-凝固壳、凝固壳-铜壁的交界面。沿结晶器的竖直方向，按坯壳表面与铜壁的接触状况，钢液的凝固过程可分为弯月面区、紧密接触区、气隙区三个区域，如图 10-7 所示。

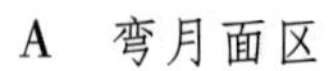
A　弯月面区

注入结晶器内的钢液与铜壁接触，形成一个半径很小的弯月面（见图 10-8）。

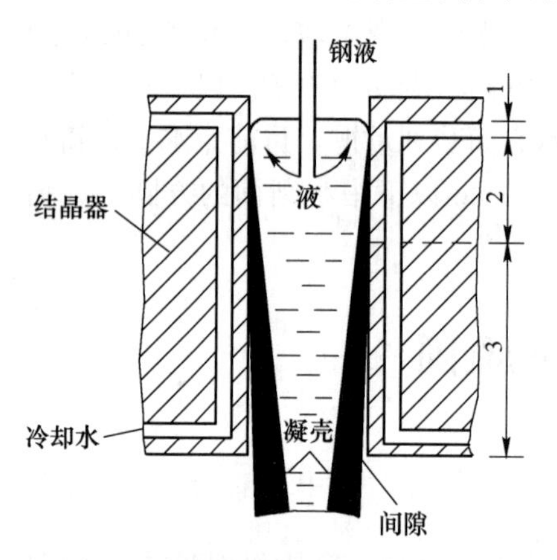

图 10-7　钢液在结晶器内的凝固
1—弯月面区；2—紧密接触区；3—气隙区

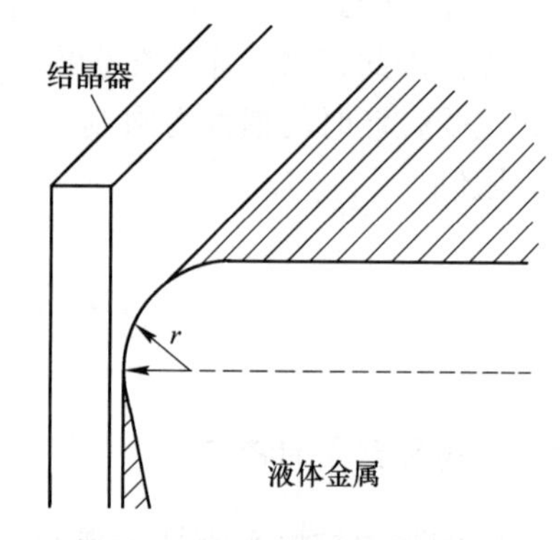

图 10-8　钢液与铜壁弯月面的形成

在半径为 r 的弯月面根部，由于冷却速度很快（100℃/s），初生坯壳很快形成。在表面张力作用下，钢液面具有弹性薄膜的性能，能抵抗剪切力。随着结晶器的振动，钢液不断向弯月面下输送而形成新的固体坯壳。

弯月面对初生坯壳是很重要的，良好稳定的弯月面可确保初生坯壳的表面质量和坯壳的均匀性。

当钢水中上浮的夹杂物未被保护渣吸附时，会降低钢液的表面张力，弯月面半径减小，从而破坏了弯月面的薄膜性能，弯月面破裂。这时夹杂物随钢液在破裂处和铜壁形成新的凝固层，夹杂物牢牢地黏附在这层凝固层上而形成表面夹渣。带有夹渣的坯壳是薄弱部位，易发生漏钢。因此必须保持弯月面的稳定状态。根本的方法是：提高钢液的纯净度，减少夹杂物含量；选用性能良好的保护渣，吸附弯月面上的夹杂物，可保持弯月面薄膜的弹性；人工及时清除弯月面下的夹杂物以防拉漏。

B 紧密接触区

弯月面下部的初生坯壳由于不足以抵抗钢液静压力的作用，与铜壁紧密接触（见图10-9a）。在该区域坯壳以传导传热的方式将热量传输给铜壁，越往接触区的下部，坯壳也越厚。

C 气隙区

坯壳凝固到一定厚度时，发生 $\delta\rightarrow\gamma$ 的相变，引起坯壳收缩，牵引坯壳向内弯曲脱离铜壁，气隙开始形成。然而，此时形成的气隙是不稳定的，在钢液静压力的作用下，坯壳向外膨胀，又会使气隙消失。这样，接近紧密接触区的部分坯壳，实际上是处于气隙形成和消失的动态平衡过程中，如图10-10所示。只有当坯壳厚度达到足以抵抗钢液静压力的作用时，气隙才能稳定存在。根据测定，方坯的气隙宽度为1mm，板坯的气隙宽度为2~3mm。气隙形成后，坯壳与铜壁之间以辐射和对流的方式进行热传输。

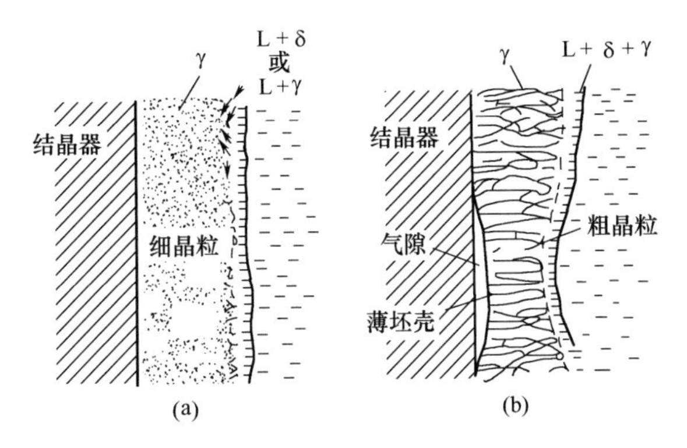

图10-9 铸坯表面组织的形成

（a）坯壳与铜壁紧密接触；（b）坯壳产生气隙

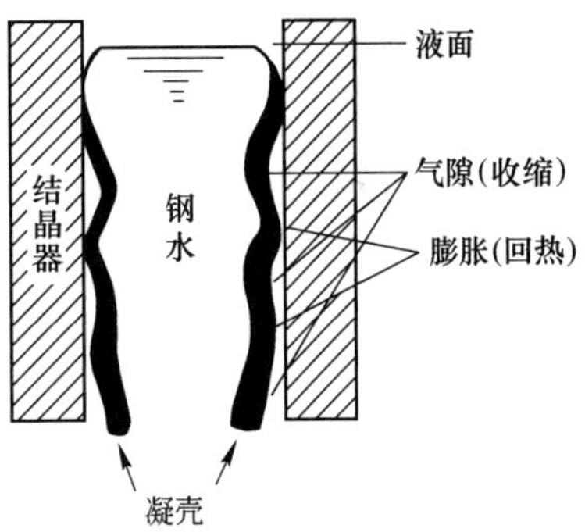

图10-10 结晶器内气隙的形成过程

值得注意的是，随着气隙的形成，传热减慢，气隙形成区的坯壳表面会出现回热，导致坯壳温度升高，强度降低，在钢液静压力的作用下，坯壳将发生变形，形成皱纹或凹陷。同时，凝固速度降低，坯壳减薄，坯壳局部收缩会造成局部组织的粗化（见图10-9b），产生明显的裂纹敏感性。

在结晶器的角部区域，由于是二维传热，坯壳凝固最快，最早收缩，气隙首先形成，热阻增加，使传热减慢，反而推迟了凝固。随着坯壳的下移，气隙从角部扩展到中心，由于钢液静压力的作用，结晶器中间部位的气隙比角部要小，因此角部坯壳最薄，常常是产生裂纹和拉漏的敏感部位（见图10-11）。

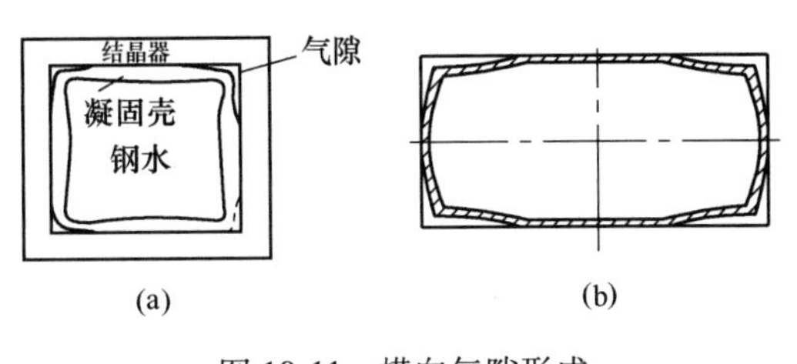

图10-11 横向气隙形成

（a）方坯；（b）板坯

10.2.2.2 坯壳的生长规律

被拉出结晶器的铸坯其坯壳必须有足够的厚度，以防在失去铜壁支撑后变形或漏钢。

一般而言，小方坯要求出结晶器下口处坯壳厚度应大于8~10mm，板坯要求厚度应为15~20mm。坯壳厚度的生长规律服从凝固平方根定律：

$$\delta = K\sqrt{t} = k\sqrt{\frac{l}{v}} \tag{10-1}$$

式中　δ——坯壳厚度，mm；

K——凝固系数，mm/min$^{1/2}$；

t——凝固时间，min；

l——结晶器有效长度，mm；

v——拉坯速度，mm/min。

凝固系数K代表了结晶器的冷却能力，选择合适的K值就可准确地计算出结晶器的坯壳厚度。

10.2.2.3　钢液在结晶器内凝固的影响因素

在传热的过程中，由于坯壳与结晶器壁间存在气隙，而气隙的热阻又最大（气隙热阻占总热阻的70%~90%），因此，气隙是结晶器传热的限制性环节，它对结晶器内钢液凝固的快慢起着决定性的作用。显然减小气隙热阻就成为改善结晶器传热的首要问题。

（1）结晶器设计参数对传热的影响：包括结晶器锥度的影响、结晶器长度的影响、结晶器材质的影响、结晶器内表面形状的影响。

（2）操作因素对结晶器传热的影响：包括冷却强度的影响（强制对流、核沸腾、膜态沸腾）、冷却水质的影响、结晶器润滑的影响、拉速的影响、钢液过热度的影响。

（3）钢液成分的影响。对结晶器导出热量的研究发现，当钢中w[C] = 0.12%左右时，热流最小（见图10-12），此时结晶器铜壁温度波动较大，约为100℃。当碳含量w[C] >0.25%时，热流基本不变。

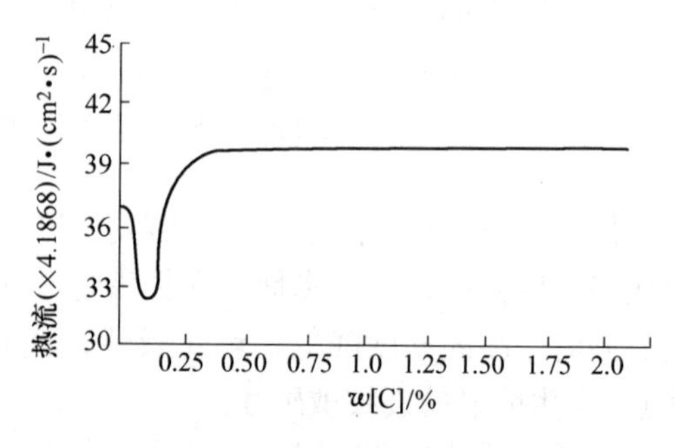

图10-12　钢中含碳量与热流的关系

此外，对坯壳的研究发现，当w[C] = 0.12%左右时，坯壳内外表面均呈皱纹状，随着含碳量增加，皱纹减小。通常认为，这是因为w[C] = 0.12%时，坯壳有最大的收缩（0.38%），因而形成较大的气隙，而且此时硫、磷的枝晶偏析小，坯壳高温强度高，钢液静压力要将坯壳压向铜壁比较困难，钢液在弯月面下凝固后，形成较大的弯曲和气隙，导致坯壳表面与结晶器壁接触面减小，所以热流最小，形成坯壳最薄，而且不均匀。这是此种含碳量的钢容易产生裂纹和拉漏的原因。

10.2.3　铸坯在二冷区的凝固

铸坯在二冷区的冷却直接影响铸机产量和铸坯质量。当其他工艺条件一定时，二冷强度增加，可提高拉坯速度；同时，二次冷却强度又与铸坯缺陷（如内部裂纹、表面裂纹、铸坯鼓肚和菱变等）密切相关。因此，了解铸坯在二冷区的传热规律，对制定合理的二冷制度、提高铸机产量和铸坯质量都是十分重要的。

10.2.3.1 二冷区的凝固传热

铸坯在二冷区凝固时，中心部分的热量通过坯壳传到表面，而表面接受喷水冷却，使温度降低，这样就在铸坯表面和中心之间形成了较大的温度梯度，为铸坯的冷却传热提供了动力。板坯二冷区各种传热方式（见图 10-13）的传热比例为：纯辐射 25%、喷雾水滴蒸发 33%、喷淋水加热 25%、辊子与铸坯的接触传导 17%。

不同类型的连铸机或不同的工艺条件下，各种传热方式的传热比例可能有很大的区别。例如，对小方坯连铸机而言，二冷区主要是纯辐射和喷雾水滴蒸发两种传热方式，而对板坯和大方坯连铸机则有上述四种传热方式。但占主导地位的还是喷雾水滴与铸坯表面之间的传热。因此要提高二冷区的传热效率，获得最大的凝固速度，就必须尽可能地改善喷雾水滴与铸坯表面之间的热交换。

10.2.3.2 影响二冷区凝固传热的因素

（1）铸坯表面温度。由图 10-14 可知，热流与铸坯表面温度 t_s 并不是线性关系，有三种情况：

1）t_s<300℃：热流随 t_s 增加而增加，此时水滴润湿高温表面，为对流传热。

2）300℃<t_s<800℃：热流随温度提高而下降，在高温表面有蒸汽膜，呈核态沸腾状态。

3）t_s>800℃：热流几乎与铸坯表面温度无关，甚至呈下降趋势，这是因为高温铸坯表面形成了稳定的蒸汽膜，阻止了水滴与铸坯接触。

在二冷区铸坯表面温度为 1000~1200℃，因此应通过改善喷雾水滴状况来提高传热效率。

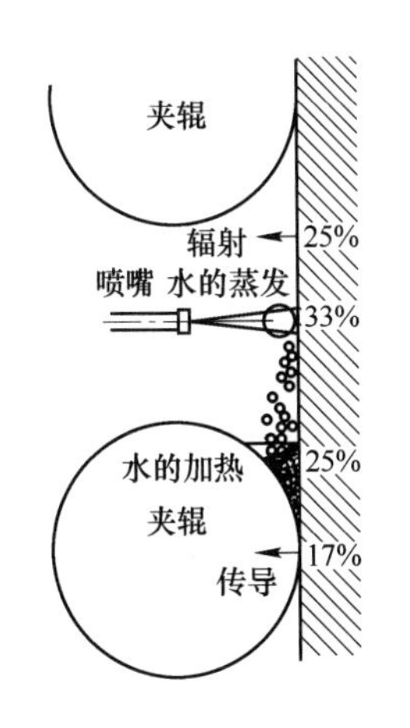

图 10-13 铸坯二冷区传热方式

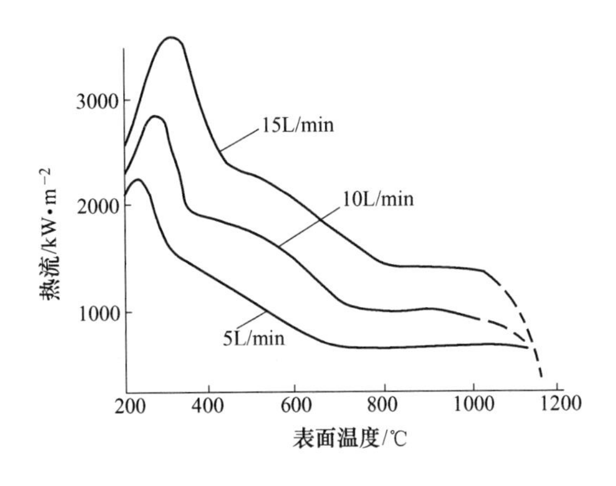

图 10-14 表面温度与热流的关系

（2）水流密度。水流密度是指铸坯在单位时间单位面积上所接受的冷却水量。试验表明，水流密度增加，传热系数增大，从铸坯表面带走的热量也增多。这是因为水流密度增加，单位体积水滴数目增加，它与喷射在铸坯表面而被反弹回来的液滴相撞失去能量，使得水滴不能穿透蒸汽膜而到达铸坯表面的缘故。

（3）水滴速度。水滴速度决定于喷水压力和喷嘴直径。水滴速度增加，穿透蒸汽膜到达铸坯表面的水滴数增加，提高了传热效率。

（4）水滴直径。水滴直径大小是雾化程度的标志。水滴直径越小，单位体积水滴个数就越多，雾化就越好，有利于铸坯均匀冷却和提高传热效率。

水滴的平均直径是：采用压力水喷嘴，200～600μm；气-水喷嘴，20～60μm。水滴越细，传热系数越高。

（5）喷嘴的布置。喷嘴的布置对传热也有重要影响。如果喷嘴布置不合理，会造成铸坯表面局部冷却强度的差异，使铸坯经历反复的强冷和回热后，容易造成铸坯表面和内部产生裂纹。因此为了使铸坯承受最小的热应力，必须合理地布置喷嘴，对铸坯进行均匀地冷却。

由于连铸坯，特别是板坯在角部的散热条件较好，冷却强度大，所以在靠近角部的喷水量应当少些。有的板坯在靠近角部50mm处不直接喷水冷却。由于喷嘴在覆盖边缘处冷却强度较弱，所以边缘处采用覆盖重叠的布置法。

10.2.3.3　二冷区凝固坯壳的生长

二冷区坯壳的生长服从凝固平方根定律。由于在二冷区冷却水直接喷射到铸坯表面上，冷却强度较大，凝固速度较快，所以坯壳生长厚度决定于二冷水量（见图10-15、图10-16）。

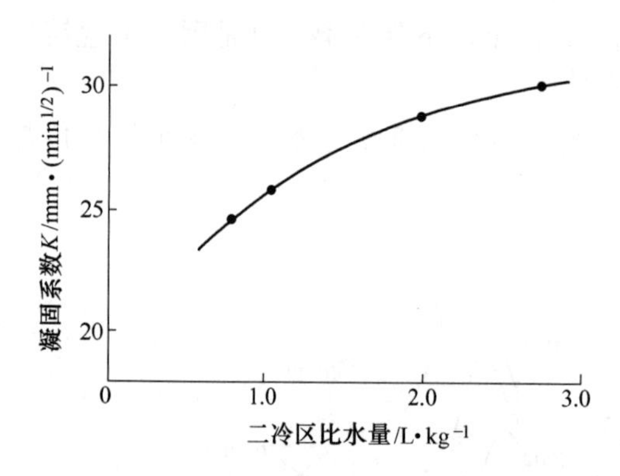

图10-15　小方坯的凝固系数与冷却强度的关系

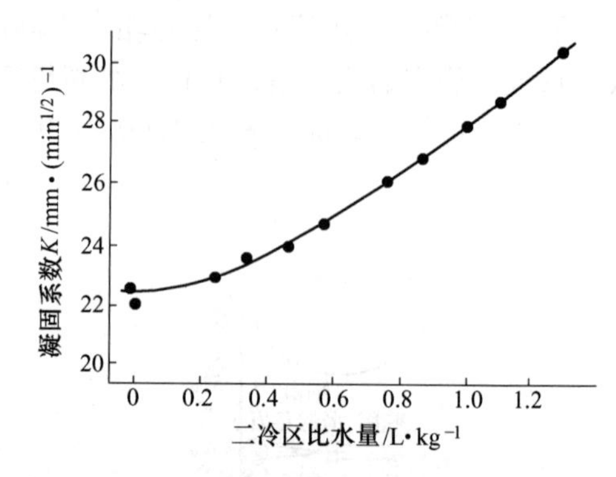

图10-16　板坯的凝固系数与冷却强度的关系
（220mm×1600mm，拉速1.15m/min）

以比水量来表示冷却强度，即通过二冷区单位重量铸坯所接受的水量（L/kg）。比水量的大小主要决定于钢种，一般取0.5～1.5L/kg。对低碳钢或裂纹不敏感钢，比水量取大一些；对高碳钢、合金钢或裂纹敏感钢，比水量取小一些。

10.2.4　连铸坯的凝固结构及控制

10.2.4.1　连铸坯的凝固结构

如图10-17所示，由外向内铸坯的凝固结构可区分为三个区域：

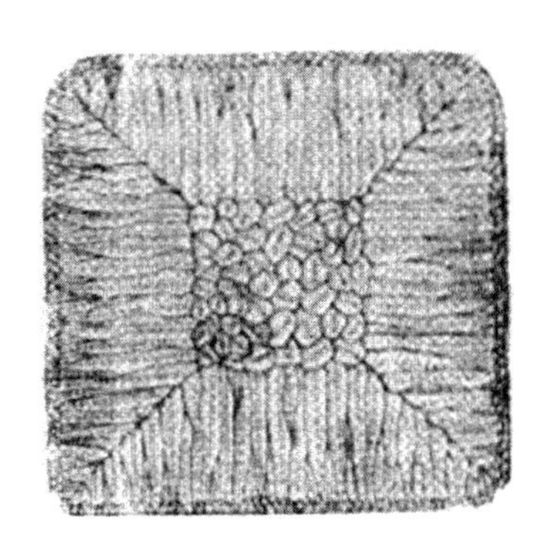
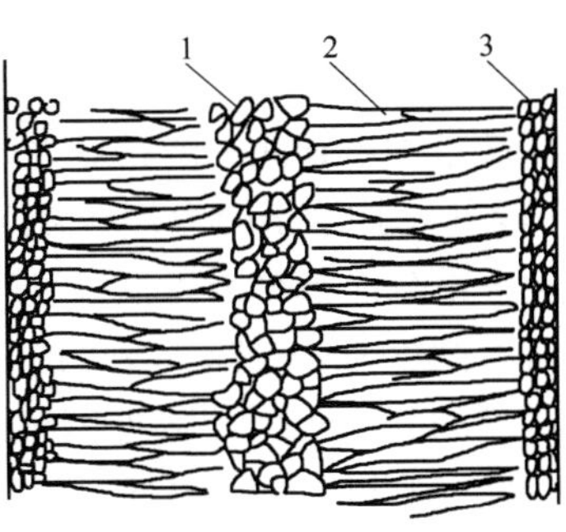

图 10-17　连铸坯的凝固结构

1—中心等轴晶带；2—柱状晶带；3—细小等轴晶带

（1）表皮细小等轴晶带。结晶器内的冷却强度很大，钢液与铜壁接触时，在弯月面处冷却速度最快，约为 100℃/s，因而形成细小等轴晶带（激冷）。细小等轴晶带的宽度主要取决于钢水过热度。过热度越小，细小等轴晶带就越宽。细小等轴晶带厚度一般为 2~5mm，浇注温度高时可薄一些；注温低时则厚一些。

（2）柱状晶带。细小等轴晶带的形成过程伴随着收缩，在结晶器液面以下 100~150mm 处，铸坯脱离铜壁而形成气隙，降低了传热速度。由于钢水内部仍向外传热，激冷层温度回升，因而不再有新的晶核生成。垂直于铸坯表面方向的散热速度最快，因而主轴垂直于铸坯表面的晶体会以很大的线速度向液体中生长，这样就得到了单方向的柱状晶。

柱状晶发达有时会贯穿铸坯中心形成穿晶结构。从横断面看，树枝晶呈竹林状。从纵断面看，柱状晶向上倾斜一定角度（如 10°），并不完全垂直于铸坯表面，这说明液相穴内在凝固前沿有向上的液体流动。

（3）中心等轴晶带。随着凝固前沿的推移，凝固层和凝固前沿的温度梯度逐渐减小，两相区宽度逐渐增大，当铸坯心部钢液温度降至液相线后、心部结晶开始。由于此时心部传热的单向性已不明显，因此形成等轴晶。又因此时传热的途径长，传热受到限制，晶粒长大缓慢，形成晶粒比激冷层粗大的等轴晶。

10.2.4.2　“小钢锭”结构

出结晶器的铸坯，其液相穴很长。进入二次冷却区后，如果冷却不均，铸坯在传热快的局部区域柱状晶优先发展，当两边的柱状晶相连，这时液相穴的钢水被“凝固桥”隔开，桥下残余钢液凝固产生收缩，得不到桥上钢液的补充，形成疏松和缩孔，并伴随严重的偏析。

从铸坯纵断面中心看，这种“搭桥”是有规律的，每隔 5~12cm 就会出现一个“凝固桥”并伴随疏松和缩孔，很像小钢锭结构，如图 10-18 所示。

对小方坯而言，“凝固桥”加剧了铸坯中心溶质元素的偏析。在热加工过程中易发生脆断。所以二冷区的均匀冷却是绝对重要的。

10.2.4.3　铸坯结构的控制

从钢的性能角度看，我们希望得到等轴晶的凝固结构。因为等轴晶组织致密，强度、塑性、韧性较高，加工性能良好，成分、结构均匀，无明显方向异性；而柱状晶的过分发展影响加工性能和力学性能。

连铸坯中柱状晶带和等轴晶带的相对大小主要决定于浇注温度。浇注温度高，柱状晶带就宽，如图 10-19 所示。这是因为，高温浇注时，一方面靠近结晶器壁的过冷度小，形核率低；另一方面一部分晶核会因为钢液温度高而重新熔化，因而不易形成等轴晶。与此相反，低温浇注时，则容易形成数量较多的结晶核心，而当这些晶核长大形成等轴晶时，可进一步阻止柱状晶的长大。因此接近钢种的液相线温度浇注是扩大等轴晶带的有效手段。但是钢液过热度控制得很低，易使水口冻结，并会使铸坯中夹杂物增加。为此，通常情况下应保持钢液在一定的过热度下（20~30℃）浇注。

为扩大等轴晶带可采取以下措施：加速凝固工艺；喷吹金属粉剂；控制二冷区冷却水量；加入形核剂。

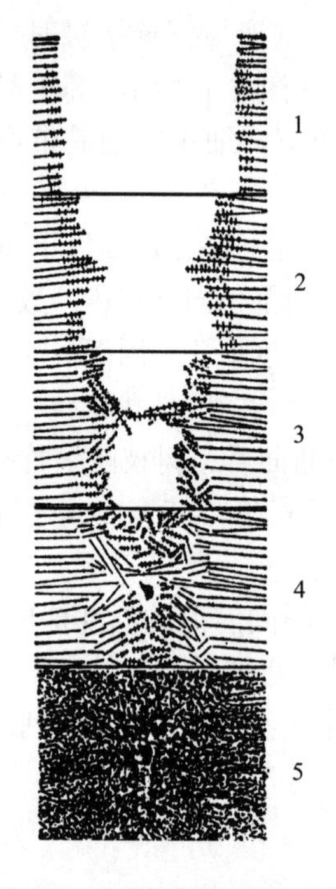

图 10-18　“小钢锭”结构的形成

1—柱状晶均匀生长；2—某些柱状晶优先生长；3—柱状树枝晶搭接成“桥”；4—“小锭”凝固并产生缩孔；5—实际铸坯的宏观结构

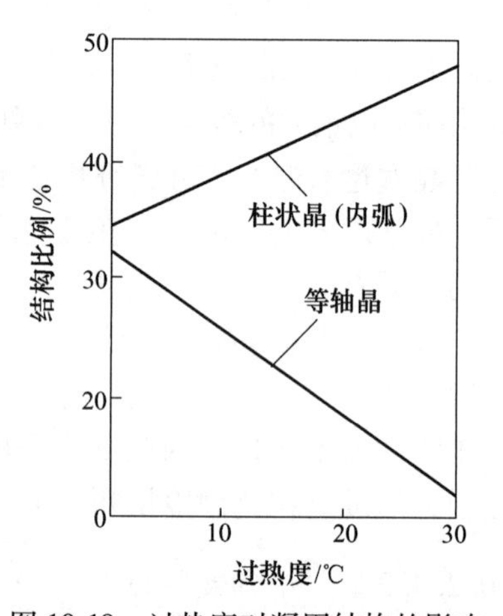

图 10-19　过热度对凝固结构的影响

10.3　连铸机的主要设备

10.3.1　钢包

钢包又称钢水包、大包等，是盛装和运载钢水的浇注设备，在浇注过程中可通过开启水口大小来控制钢流。钢包还可作为精炼炉的重要组成部分，即在钢包中配置电极加热、合金加料、吹氩搅拌、喂丝合金化、真空脱气等各种精炼设备，对钢水进行处理以使钢水的温度调整精度、成分控制命中率及钢水纯净度进一步提高，以满足浇注生产对钢水供应质量的需要。钢包除具有盛装、运载、精炼、浇注钢水等功能外，还具有倾翻、倒渣和落地放置的功能。

钢包主要由外壳、耐火衬和水口启闭控制机构三部分组成，如图10-20所示。

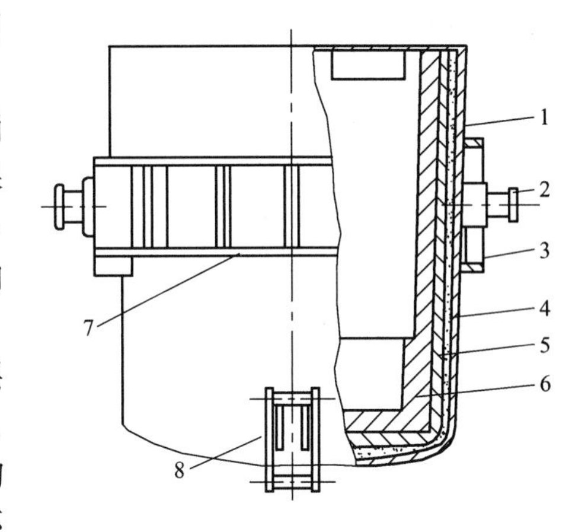

图10-20 钢包结构

1—桶壳；2—耳轴；3—支撑座；4—保温层；5—永久层；6—工作层；7—腰箍；8—倾翻吊环

钢包外壳由锅炉钢板焊接而成，桶壁和桶底钢板厚度为14~30mm和24~40mm。为了保证烘烤水分的顺利排除，在钢包外壳上钻有8~10mm的小孔。此外，钢包外壳腰部还焊有加强筋和加强箍。

钢包的内衬是由保温层、永久层和工作层组成的。保温层靠近钢板，厚度为10~15mm，主要是用于减少热量损失，常采用石棉板砌筑。为了防止钢水将钢包烧穿，在保温层内还有一层永久层，其厚度为30~60 mm，这一层采用黏土砖和高铝砖砌筑。钢包的工作层直接与钢水、钢渣接触，直接受到机械冲刷和急冷急热的作用，容易产生剥落，钢包的寿命就与这一层的质量有关。这一层通常采用综合砌筑的方式，即钢包的包底采用蜡砖或高铝砖，包壁采用高铝砖、铝砖，而渣线部位则常采用镁碳砖。

钢包的容量应与炼钢炉的最大出钢量相匹配。考虑到出钢量的波动，留有10%的余量和一定的炉渣量。大型钢包的炉渣量应是金属量的3%~5%，小型钢包的渣量为5%~10%。除此之外，钢包上口还应留有200mm以上的净空，作为精炼容器时要留出更大的净空。

钢包滑动水口的开启用来控制钢流的大小，用于控制中间包液面的高度。滑动水口由上水口、上滑板、下水口和下滑板组成，如图10-21所示。在操作过程中，下滑板的移动可用来调上下注孔的重合程度进而控制注流的大小。其调节方式有两种，即液压方式和手动方式。滑动水口由于要承受高温钢渣的冲刷、钢水静压力和急冷急热作用，因此要求耐火材料要耐高温、耐冲刷、耐急冷急热和有良好的抗渣性，并有足够的高温强度。目前，使用较多的是高铝质、镁质、铝复合质等材料，也有采用沥青浸煮的滑板来提高滑板的使用寿命的。

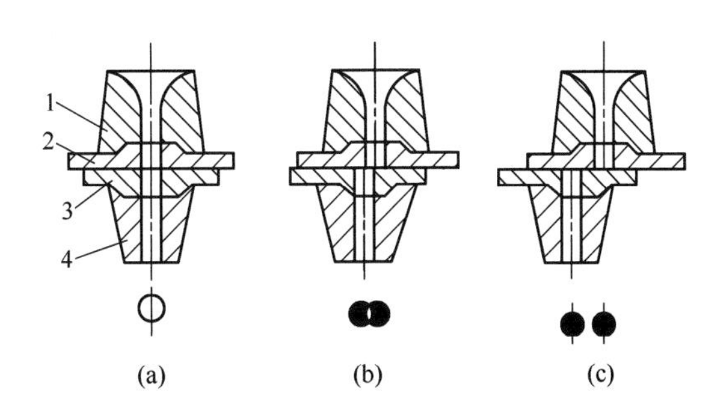

图10-21 滑动水口控制原理

(a) 全开；(b) 半开；(c) 全闭

1—上水口；2—上滑板；3—下滑板；4—下水口

长水口位于钢包和中间包之间，生产时现场有一套专用长水口安装装置，以使其挂在下水口上，从而防止钢包与中间包间的注流被二次氧化，同时也能避免注流飞溅和敞开浇注的卷渣问题，对提高钢质量有明显效果。使用长水口还可以减少中间包钢水温降，对合理控制钢水过热度、改善铸坯低倍组织和操作条件都有利。长水口的材质主要是融熔石英质和铝碳质两种。

长水口主要包括两类，即具有吹氩环的长水口和具有透气材料的长水口，如图 10-22 所示。具有吹氩环的长水口是氩气通过吹氩环吹向钢包滑动水口下水口与长水口连接处，起密封作用。具有透气材料的长水口的上端部镶有多孔透气材料，一般为弥散型透气材料，氩气通过弥散型透气材料向内吹，起密封保护作用。

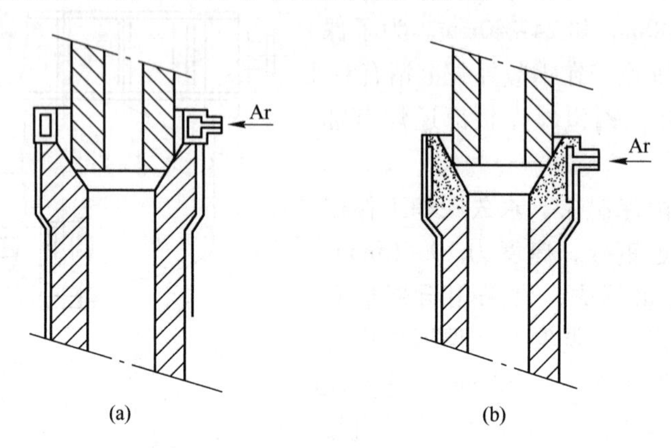

图 10-22　长水口的类型

（a）具有吹氩环的长水口；（b）具有透气材料的长水口

10.3.2　钢包回转台

钢包回转台能够在转臂上承接两个钢包，一个用于浇注，另一个处于待浇状态。回转台可以减少换包时间，有利于实现多炉连浇，同时回转台本身也可以完成异跨运输。

钢包回转台按转臂旋转方式不同，可以分为两个转臂可单独旋转和两臂不能单独旋转两类；按臂的结构形式不同，可分为直臂式和双臂式两种。因此，钢包回转台有直臂整体旋转整体升降式（见图 10-23a）、直臂整体旋转单独升降式、双臂整体旋转单独升降式（见图 10-23b）和双臂单独旋转单独升降式（见图 10-23c）等形式。

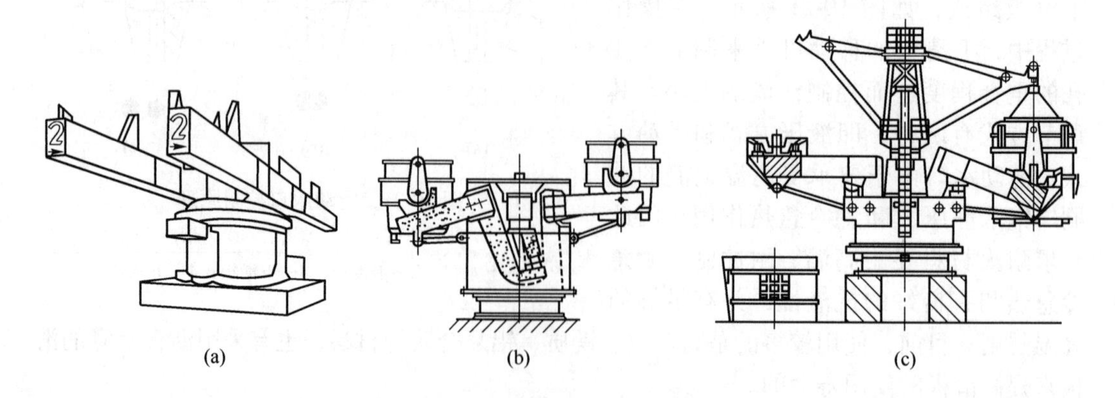

图 10-23　钢包回转台的类型

（a）直臂式；（b）双臂单独升降式；（c）带钢水包加盖功能

10.3.3 中间包及其运载设备

中间包是连铸工艺流程中，位于钢包与结晶器之间的过渡容器，即钢包中的钢水先注入中间包，再通过其水口装置注入结晶器。中间包车是中间包的支承、运载工具，设置在连铸浇注平台上。一般每台连铸机配备两台中间包车，互为备用，当一台浇注时，另一台处于加热烘烤位置。这样能提高连铸机的作业率，为快速更换中间包和连浇创造条件。

中间包能够稳定钢流，减少钢液对结晶器内凝固坯壳的冲刷，使钢水在中间包内有合理的流动状态，适当增加中间包内钢水的时间有利于钢水中夹杂物的上浮；对于多流的连铸机，中间包还具有分流作用；同时，中间的钢水在钢水换包时起到衔接作用，从而保证了多炉连浇的正常进行。随着对铸坯质量要求的进一步提高，中间包也可作为一个连续的冶金反应容器。可见，中间包有减压、稳流、去渣、储钢、分流和中间包冶金等重要作用。

中间包的容量一般为钢包容量的20%～40%。通常情况下，钢水在中间包内停留6～9min，这样才能保证钢中夹杂物的上浮。为此，中间包有向大型化方向发展的趋势，容量可达60～80t，钢液的深度可达1000～1200mm。在保证中间包内钢水散热最小的前提下，中间包要力求简单且制造方便，它一般为矩形或梯形。在多流连铸机上，为减少钢水产生的涡流，钢包长水口的注入点与中间包水口须保持一定距离，一般不小于500mm，并要尽做到钢水注入点与中间包各水口距离相等。为此，人们发展了异型中间包，如T形、V形等中间包，如图10-24所示。

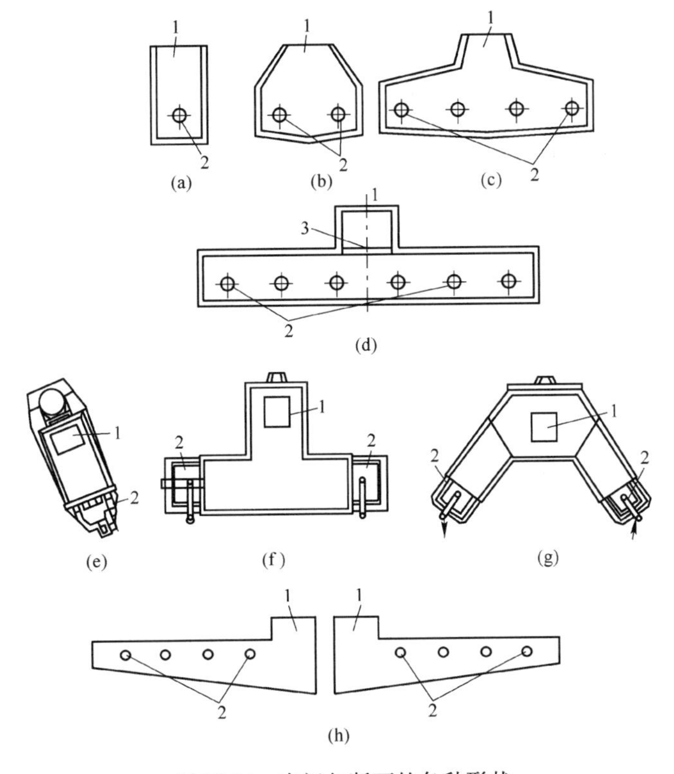

图10-24 中间包断面的各种形状

(a)，(e) 单流；(b)，(f)，(g) 双流；(c) 4流；(d) 6流；(h) 8流

1—钢包注流位置；2—中间包；3—挡渣墙

为了保证钢水在中间包内有一定的停留时间，通常在中间包内设有挡墙，挡墙的位置、形状和设置可以通过水模实验来确定，以确保钢水在中间包内保持的平均停留时间大于5min，中间包（50t以上）内钢水的平均停留时间要接近或大于7min。图10-25所示为中间包的水模实验装置。水模实验原理是将实验所用的中间包设计成与实际中间包相似的几何尺寸，并且按水模实验中间包内的流体具有与实际中间包内钢水相等的 *Fr*（弗劳德准数）、*Re*（雷诺准数）等准数来设计水模型。实验采用脉冲注入方法，从模拟钢包的长水口处加入示踪剂，采用测定电导仪测定中间包浸入式水示踪剂浓度的变化。根据不同时间浸入式水口处浓度（电导率）的变化，就可以测定模拟中流体（水）在模拟中间包内的平均停留时间，从而可以对挡墙位置进行优化。图10-25中的实验设定了上、下挡墙，改变不同上、下挡墙（上挡墙也称为堰，下挡墙称为坝）的位置和形状以测定一组平均停留时间，最后找出平均停留时间较长的工况，再根据几何相似比，设计出实际中间包的上、下挡墙，在现场进行应用。

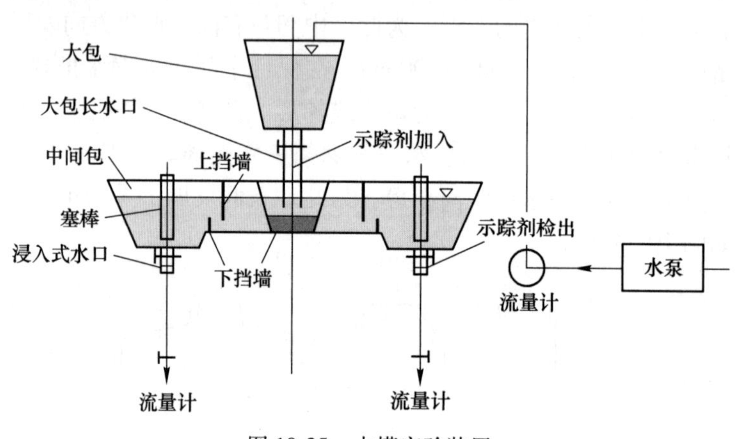

图10-25　水模实验装置

10.3.4　结晶器

10.3.4.1　结晶器的作用

结晶器是连铸机非常重要的部件，它是一个强制水冷的无底模，被称为连铸设备的"心脏"。它的作用为：

（1）使钢液逐渐凝固成所需规格、形状的坯壳。

（2）通过结晶器的振动，使坯壳脱离结晶器壁而不被拉断和漏钢。

（3）通过调整结晶器的参数，使铸坯不产生脱方、鼓肚和裂纹等缺陷。

（4）保证坯壳均匀稳定的生长。

10.3.4.2　结晶器的性能

中间包内钢水连续注入结晶器的过程中，结晶器受到钢水静压力、摩擦力、钢水的热量等因素影响，工作条件较差。为了保证坯壳质量、连铸生产顺利进行，结晶器应具备以下性能：

（1）为使钢水迅速凝固，结晶器壁应有良好的导热性和水冷条件。

（2）为使凝固的初生坯壳与结晶器内壁不黏结，摩擦力小，在浇注过程中结晶器应做上下往复运动并加润滑剂。

（3）为使铸坯形状准确，避免因结晶器变形而影响拉坯，结晶器应有足够的刚性及较高的再结晶温度。

（4）结晶器的结构要简单，易于制造、装拆和调试，重量要轻，以减少振动时产生的惯性力，振动平稳可靠，寿命要足够长。

10.3.4.3 结晶器的类型

结晶器可从不同角度进行分类：

（1）按其内壁形状，结晶器可分为直形和弧形等。

（2）按铸坯规格和形状，结晶器可分圆坯、矩形坯、方坯、板坯和异型坯等。

（3）按其结构形式，结晶器可分整体式、套管式、组合式及水平式等。

10.3.4.4 结晶器的结构组成

结晶器的结构主要由内壁、外壳、冷却水装置及支承框架等零部件组成。

（1）整体式结晶器。整体式结晶器的结构如图10-26所示。结晶器内壁和外壳部分都采用同一材料，即用整块紫铜或铸造黄铜，经机械加工而成，并在其内壁周围钻削许多小孔，用以通水冷却钢水和坯壳。结晶器内壁的形状和大小，取决于铸坯断面的形状和尺寸。整体式结晶器具有刚性好、强度高、寿命较长、导热性较好等优点，但耗铜量很多，制造成本较高，维修困难。

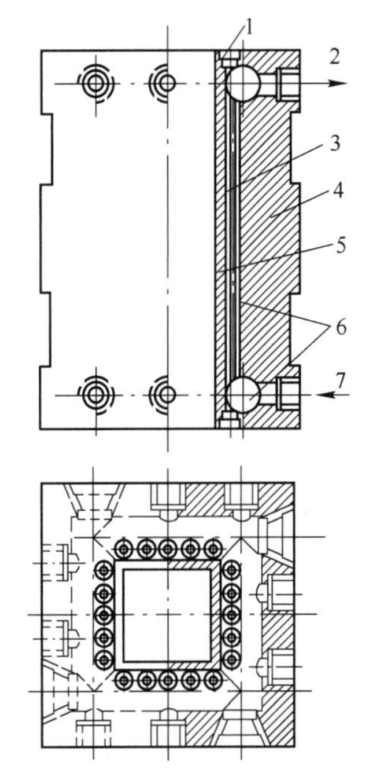

图 10-26 整体式结晶器结构

1—堵头；2—冷却水出口；3—芯杆；4—结晶器外壳；5—结晶器内壁；6—冷却水管路；7—冷却水入口

（2）套筒式结晶器。套筒式结晶器的结构如图10-27所示，外壳是圆筒形，用钢材经机加工而成，内壁用冷拔无缝铜管制成。如管式结晶器和喷淋式管式结晶器都属于套筒式结晶器。

1）管式结晶器。管式结晶器的结构如图10-28所示。其内管为冷拔异型无缝铜管，外面套有钢质外壳，铜管与钢套之间留有缝隙通以冷却水，即冷却水缝。

2）喷淋式管式结晶器。如将管式结晶器水缝取消，直接用冷却水喷淋冷却，则为喷淋式管式结晶器，如图10-29所示。

（3）组合式结晶器。组合式结晶器的结构如图10-30所示，它是由四块复合壁板组合而成。每块复合壁板都由铜质内壁和钢质外壳组成。在与钢壳接触的铜板面上铣出许多沟槽形成中间水缝。复合壁板用双螺栓连接固定。

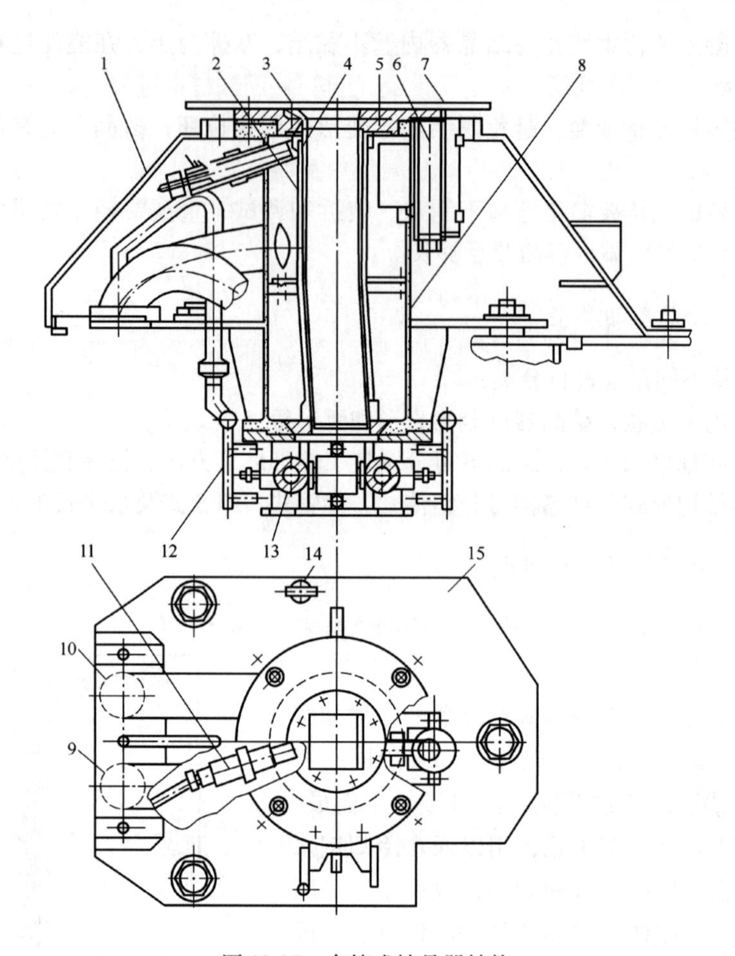

图 10-27　套筒式结晶器结构

1—外罩；2—内水套；3—润滑油盖；4—结晶器内壁；5—结晶器外壳；6—放射源；7—盖板；8—外水套；9—冷却水入口；10—冷却水出口；11—接收装置；12—冷却水环；13—辊子；14—定位销；15—支承板

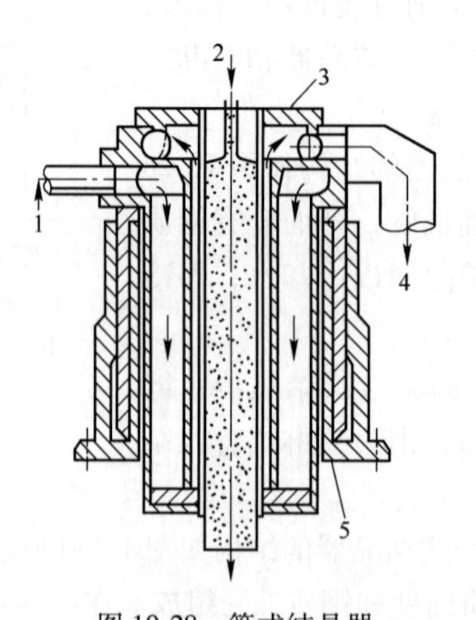

图 10-28　管式结晶器

1—冷却水入口；2—钢液；3—夹头；4—冷却水出口；5—油压缸

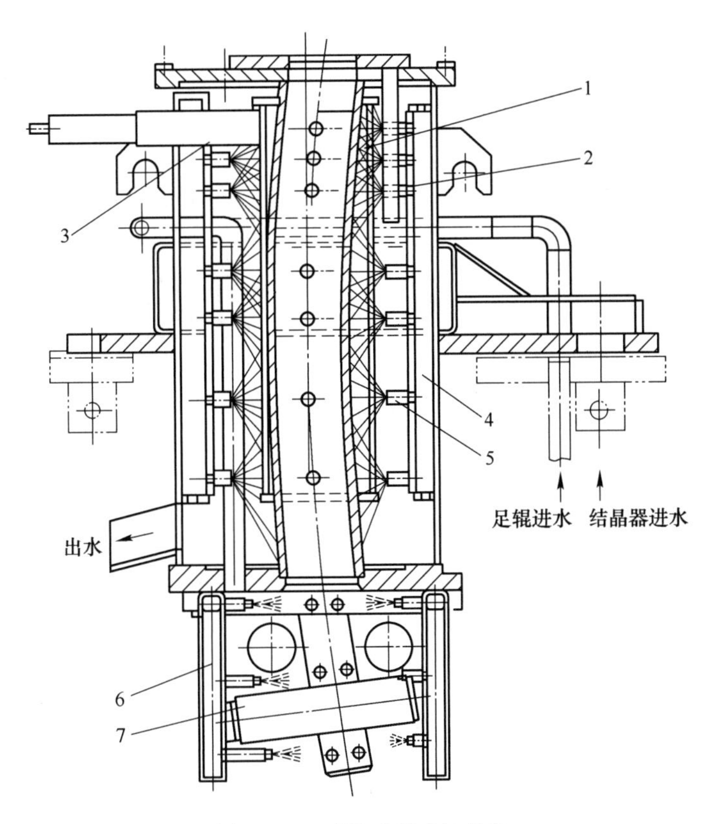

图 10-29　喷淋式管式结晶器

1—结晶器铜管；2—放射源；3—闪烁计数器；4—结晶器外壳
5—喷嘴；6—足辊架；7—足辊

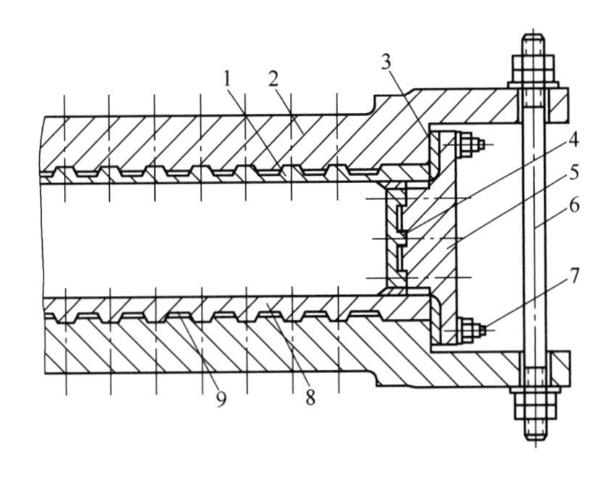

图 10-30　组合式结晶器

1—外弧内壁；2—外弧外壁；3—调节垫块；4—侧内壁；5—侧外壁；6—双头螺栓
7—螺栓；8—内弧内壁；9—一字形水缝

（4）多级结晶器。随着连铸机拉坯速度的提高，出结晶器下口的铸坯坯壳厚度越来越薄；为了防止铸坯变形或出现漏钢事故，可采用多级结晶器技术。它还可以减少小方坯的角部裂纹和菱形变形。

多级结晶器即在结晶器下口安装足辊（见图 10-31a）、铜板（见图 10-31b）和冷却格栅（见图 10-31c）。

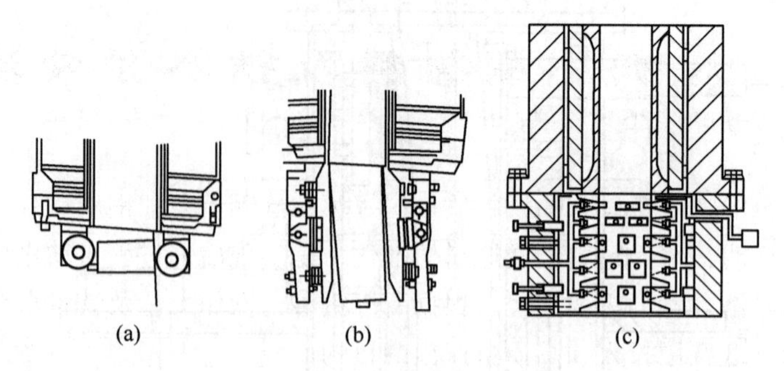

图 10-31　多级结晶器结构

（a）足辊；（b）冷却板；（c）冷却格栅

10.3.4.5　结晶器倒锥度

钢液在结晶器内冷却凝固生成坯壳，进而收缩脱离结晶器壁，产生气隙，因而导热性能大大降低，由此造成铸坯的冷却不均匀。为了减小气隙，加速坯壳生长，结晶器的下口要比上口断面略小，这称为结晶器倒锥度。倒锥度有两种常见表示方法。

$$\varepsilon_1 = \frac{S_{下} - S_{上}}{S_{上}\, l_m} \times 100\% \tag{10-2}$$

式中　ε_1——结晶器每米长度的倒锥度,%/m;

$S_{下}$——结晶器下口断面积，mm^2；

$S_{上}$——结晶器上口断面积，mm^2；

l_m——结晶器的长度，m。

结晶器倒锥度 $\varepsilon_1<0$。计算 ε_1 时，应按结晶器宽、厚边尺寸分别考虑。倒锥度绝对值过小，则气隙较大，可能导致铸坯变形、纵裂等缺陷；倒锥度绝对值太大，又会增加拉坯阻力，引起横裂甚至坯壳断裂。倒锥度主要取决于铸坯断面、拉速和钢的高温收缩率。

当板坯的宽厚相差悬殊，厚度方向的凝固收缩比宽度方向收缩要小得多。其锥度按下式计算：

$$\varepsilon_1 = \frac{B_{下} - B_{上}}{B_{上}\, l_m} \times 100\% \tag{10-3}$$

式中　$B_{下}$——结晶器下口宽度，mm;

$B_{上}$——结晶器上口宽度，mm。

板坯结晶器宽面倒锥度在（-1.1~-0.9)%/m，窄面则为（-0.6~0)%/m。

采用保护渣浇注的圆坯结晶器，倒锥度通常是-1.2%/m。

有的结晶器做成双倒锥度结构，即在结晶器上部倒锥度大于下部倒锥度，这样更符合钢液凝固体积的变化规律。也有将结晶器内壁做成抛物线形的，但加工困难。

10.3.4.6　结晶器振动装置

结晶器振动在连铸过程中扮演非常重要的角色。结晶器的上下往复运行，实际上起到了“脱模”的作用。由于坯壳与铜板间的黏附力因结晶器振动而减小，因而防止了在初生坯壳表面产生过大应力而导致裂纹的产生或引起更严重的后果。当结晶器向下运动时，因为“负滑脱”作用，可“愈合”坯壳表面裂痕，并有利于获得理想的表面质量。目前结晶器的振动有正弦振动和非正弦振动两种方式。正弦波式振动的速度与时间的关系为一条正弦曲线。正弦振动用一简单的偏心轮连杆机构就能实现。它可以提高振动频率、减小振痕，改善铸坯质量。正弦振动方式在连铸机上被广泛应用。由于拉速提高后，结晶器保护渣用量相对减少，坯壳与结晶器壁之间发生黏结而导致漏钢的可能性增加。为了解决这一问题，除了使用新型保护渣外，另一个措施就是采用非正弦振动，使结晶器向上振动时间大于向下振动时间，以缩小铸坯与结晶器向上振动之间的相对速度，如图 10-32 所示。

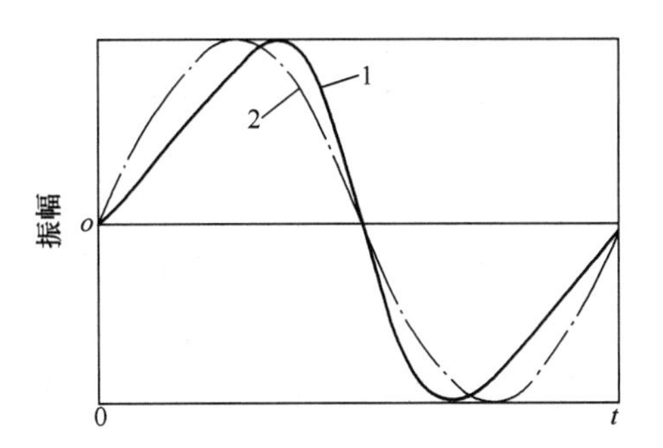

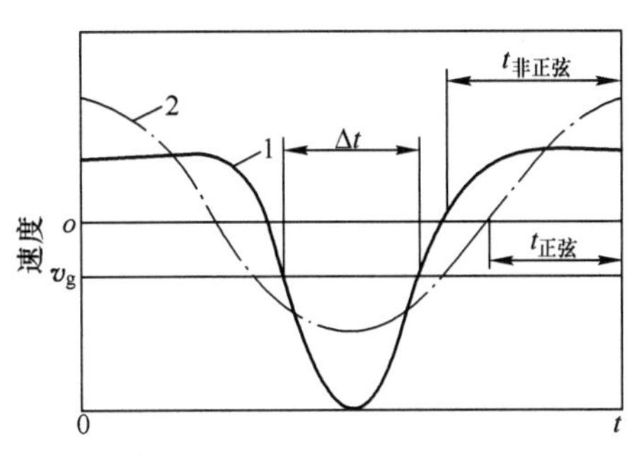

图 10-32 正弦振动和非正弦振动
1—非正弦振动；2—正弦振动

结晶器振动的参数有：振幅 A，即振动曲线半波的行程，或上下运行总行程的 1/2；频率 f，即单位时间内振动的次数；负滑脱率 E，即结晶器向下振动时，振动速度超过拉坯速度的百分率，可用下式计算：

$$E = \frac{\bar{v}_0 - v_c}{v_c} \tag{10-4}$$

式中，$\bar{v}_0$ 为一完整周期中振动速度的平均值，$\bar{v}_0 = 2Af$；v_c 为拉速。

从总的情况来看：正弦振动方式采用高频率、小振幅、较大的负滑脱量的振动较为有利。结晶器、结晶器振动装置及二次冷却区零段三部分设备安装在一个台架上，这个台架称为结晶器快速更换台架。这种快速更换台架，设备可整体更换，保证了结晶器、二次冷却区零段的对弧精确，实现离线检修，可大大提高铸机的生产率。

10.3.5 二次冷却装置

钢液进入结晶器之后，在水冷结晶器的作用下，凝固成具有一定形状和厚度的坯壳。一般，钢液在结晶器里冷却成具有一定厚度坯壳的过程称为一次冷却，坯壳出结晶器之后受到的冷却称为二次冷却。由于钢液熔点高、热容量大而导热性差，经过一次冷却后，铸坯虽然已经成型，但其坯壳较薄，只有 10~20 mm，如果这种带液芯的铸坯不继续冷却和采用一定方式支撑，那么带液芯的高温铸坯在钢液静压力下就会产生变形，甚至漏钢。所以，还必须对铸坯进行一次强制冷却。二次冷却装置就是在结晶器之后，对铸坯进行第二次冷却和支撑的装置。

10.3.5.1 二次冷却的作用

二次冷却的作用如下：

（1）对铸坯进行均匀的强制冷却，使铸坯在出二次冷却段时全部凝固，并且温度以不低于 900℃为宜；如果是带液芯矫直，二次冷却要将铸坯凝固到足够的厚度。

（2）对铸坯和引锭杆进行支撑和导向，防止铸坯变形。

（3）对于带直结晶器或多曲率半径的弧形连铸机来说，二次冷却装置还对铸坯起弯曲或矫直作用。

（4）如果采用多辊拉矫机时，二冷区的部分夹辊本身又是驱动辊，起到拉坯作用。

（5）对于椭圆形连铸机，二冷区本身又是分段矫直区。对于弧形连铸机，其二次冷却装置的重要性不亚于结晶器，它直接影响铸坯的质量、设备的操作和铸机作业率。

10.3.5.2　二次冷却装置的结构

二次冷却装置的主要结构形式分为箱式和房式两大类。房式结构的夹辊全部布置在敞开的牌坊结构的支架上，整个二冷区由一段或若干段开式机架组成。在二冷区的四周钢板构成封闭的房室，故称之为房式结构，如图 10-33 所示。目前新设计的连铸机均采用房式结构。

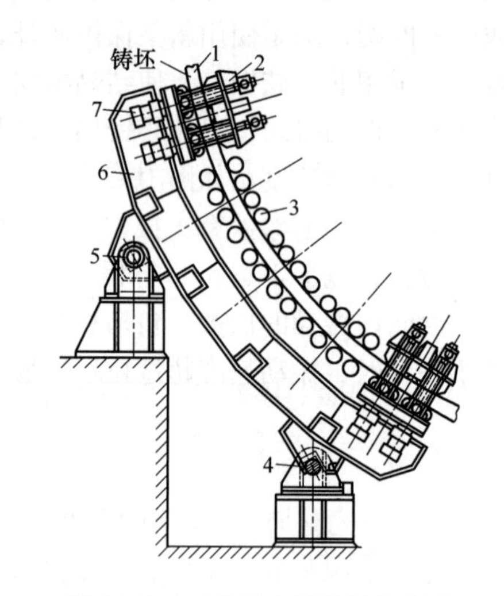

图 10-33　二冷区支导装置的底座

1—铸坯；2—扇形段；3—夹辊；4—活动支点；5—固定支点；6—底座；7—液压缸

二次冷却有用水喷雾冷却和气喷雾冷却两种方式。冷却方式的选择，主要根据铸坯断面和形状、冷却部位的不同要求，通过选择不同类型的喷嘴来获得。

水喷雾冷却主要通过压力喷嘴来实现。压力喷嘴是利用冷却水本身的压力作为能量将水雾化成水滴。常用的压力喷嘴喷雾形状有实心圆锥形、空心圆锥形、扇形和矩形等，如图 10-34 所示。

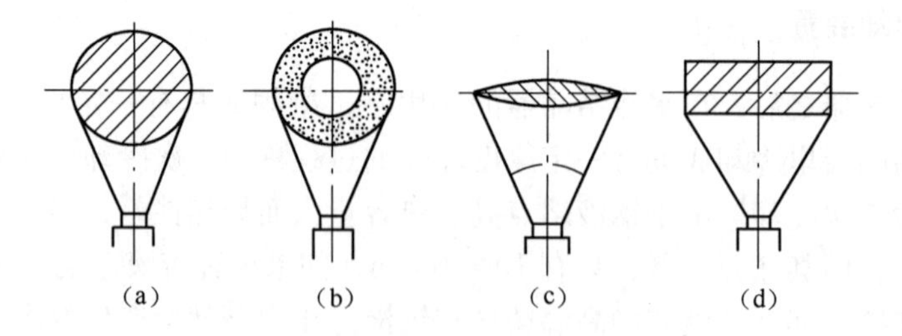

图 10-34　几种雾化喷嘴的喷雾形状

（a）圆锥形（实心）；（b）圆锥形（空心）；（c）扇形；（d）矩形

气喷雾冷却主要通过气-水雾化喷嘴来实现。气-水雾化喷嘴用高压空气和水从不同的方向进入喷嘴内或喷嘴外汇合，利用高压空气的能量将水雾化成极细的水滴。这是一种高效冷却喷嘴，有单孔型和双孔型两种，如图 10-35 所示。

喷嘴的布置应以铸坯受到均匀冷却为原则，喷嘴的数量沿铸坯长度方向由多到少。

按机型不同，喷嘴按以下原则选用和布置：

（1）小方坯连铸机普遍采用压力喷嘴。其足辊部位多采用扁平喷嘴，喷淋段采用实心圆锥形喷嘴，二冷区后段可用空心圆锥喷嘴。其喷嘴布置如图 10-36 所示。

（2）大方坯连铸机可用单孔气-水雾化喷嘴冷却，但必须用多喷嘴喷淋。

（3）大板坯连铸机多采用双孔气-水雾化喷嘴单喷嘴布置，如图 10-37 所示。

对于某些裂纹敏感的合金钢或热送铸坯，还可采用干式冷却，即二冷区不喷水，仅靠支撑辊及空气冷却铸坯。夹辊用小辊径密排以防铸坯鼓肚变形。

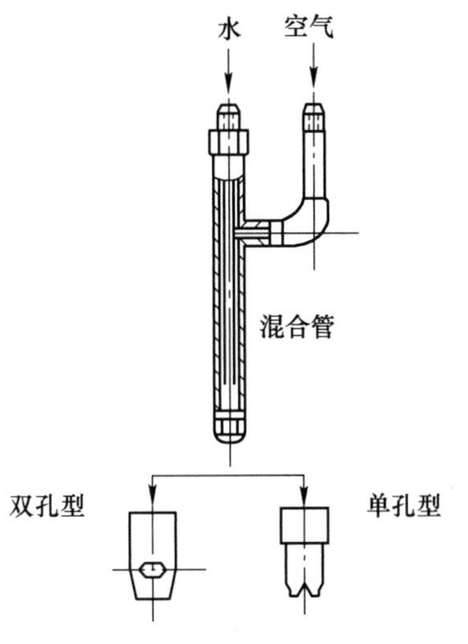

图 10-35　气-水雾化喷嘴结构

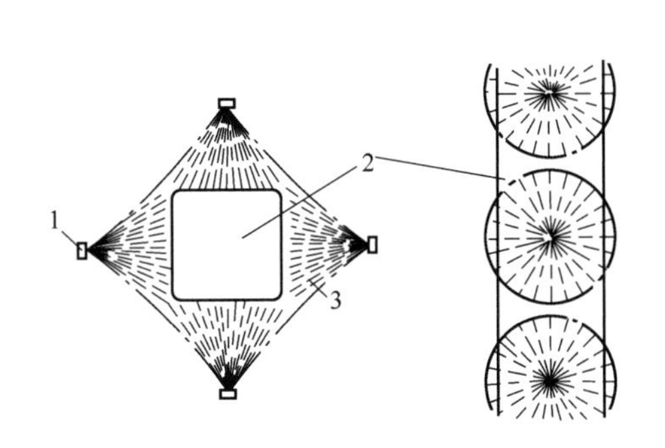

图 10-36　小方坯喷嘴布置

1—喷嘴；2—方坯；3—充满圆锥的喷雾形式

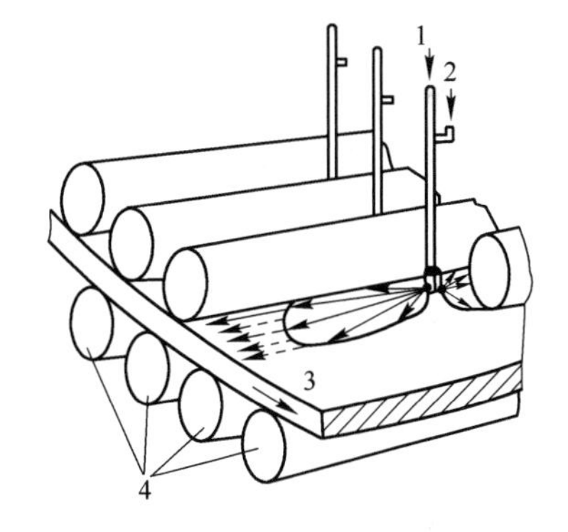

图 10-37　双孔气-水雾化喷嘴单喷嘴布置

1—水；2—空气；3—板坯；4—夹辊

10.3.6　拉坯矫直装置

在弧形连铸机设备中，拉坯矫直装置由拉坯矫直机和引锭杆两部分组成。拉坯矫直机由辊子或夹辊组成。这些辊子既有拉坯作用，又有矫直铸坯作用，所以连铸坯的拉坯和矫直这两个工序，通常由一个机组来完成，故称为拉坯矫直机，简称拉矫机。引锭杆部分则由引锭杆及其存放装置、脱引锭装置组成。

10.3.6.1　拉坯矫直装置的作用

拉坯矫直装置的作用如下：

（1）将铸坯从二次冷却段内拉出。在拉坯过程中，拉坯速度根据不同条件（钢种、浇注温度、断面等）的要求在一定范围内进行调节，可以满足快速送引锭，并有足够大的拉坯力，以克服铸坯可能遇到的最大拉坯阻力。

（2）将弧形铸坯经过一次或多次矫直，使其成为水平铸坯。矫直时，对不同的钢种和断面以及带液芯的铸坯，都能避免裂纹等缺陷的产生，并能适应特殊情况下低温矫直铸坯。

（3）对于没有采用专门的上引锭杆装置的连铸机，在浇注前将引锭杆送入结晶器的底部。

（4）在处理事故时（如冻坯），可以先将结晶器盖板打开吊出结晶器，通过引锭杆上顶冻坯，再用吊车吊走事故坯。

（5）对于板坯连铸机，在引锭杆上装辊缝测量仪，通过拉矫机的牵引检测二冷段的装配及工作状态。

综上所述，拉矫机的作用可简单归结为“拉坯、矫直、送引锭、处理事故和检测二冷段状态”等。

10.3.6.2　拉坯力的确定

拉坯力是根据铸坯在运动过程中所需要的动力和所需要克服的阻力来确定的，同时需要考虑在不正常情况下浇注阻力的增加。弧形连铸机的阻力主要有铸坯在结晶器内的阻力、铸坯二次冷却段内的阻力、铸坯通过矫直辊的阻力、铸坯通过切割设备的阻力。铸坯自重所产生的重力可在确定拉坯动力时考虑。

10.3.6.3　对拉坯矫直装置的要求

对拉坯矫直装置的要求如下：

（1）应具有足够的拉坯力，以在浇注过程中能够克服结晶器、二次冷却区、矫直辊、切割小车等一系列阻力，将铸坯顺利拉出。

（2）能够在较大范围内调节拉速，适应改变断面和钢种的工艺要求和快速送引锭杆的要求；拉坯系统应与结晶器振动、液面自动控制、二次冷却区配水实现计算机闭环控制。

（3）应具有足够的矫直力，以适应可浇注的最大断面和最低温度铸坯的矫直，并保证在矫直过程中不影响铸坯质量。

（4）在结构上除了适应铸坯断面变化和输送引锭杆的要求外，还要考虑使未矫直的冷铸坯通过，以及多流连铸机在结构布置的特殊要求。

小方坯和小矩形坯的铸坯厚度较薄，凝固较快，液相深度也较短，铸坯进入矫直区时已完全凝固，一般采用单点矫直，如图 10-38（a）所示。而对大方坯、大板坯来说，铸坯较厚，等铸坯完全凝固后再矫直，就会增加连铸机的高度和长度，因而采用带液芯多点矫直，如图 10-38（b）所示。

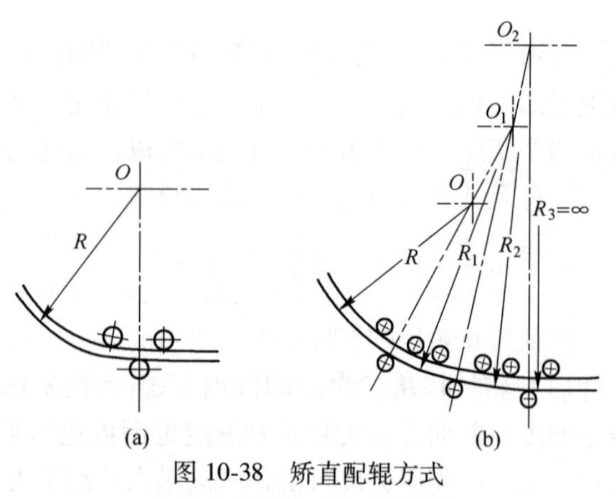

图 10-38　矫直配辊方式
（a）单点矫直；（b）多点矫直

带液芯铸坯矫直多采用多点连续矫直，即铸坯在矫直区内连续变形，应变力和应变率分散变小，极大地改善了铸坯受力状况，有利于提高铸坯质量。

10.3.7 引锭装置

引锭装置是结晶器的“活底”：开浇前用它堵住结晶器下口；浇注开始后，结晶器内的钢液与引锭头凝结在一起，通过拉矫机的牵引，铸坯随引锭杆连续地从结晶器下口拉出，直到铸坯通过拉矫机与引锭杆脱钩为止，引锭装置完成任务，铸机进入正常拉坯状态。引锭杆运至存放处，留待下次浇注时使用。

10.3.7.1 引锭装置的组成

引锭装置包括引锭杆（由引锭杆本体和引锭头两部分组成）、引锭杆存放装置、脱引锭装置。

引锭杆本体有柔性、刚性、半刚半柔性三种。

（1）柔性引锭杆。它是最早的引锭杆，由引锭头、过渡件和杆身三部分组成，如图10-39所示。它是一根活动连接的链条，故又称引锭链。这种引锭杆结构简单，存放占地小，弧形连铸机基本上都采用这种结构。

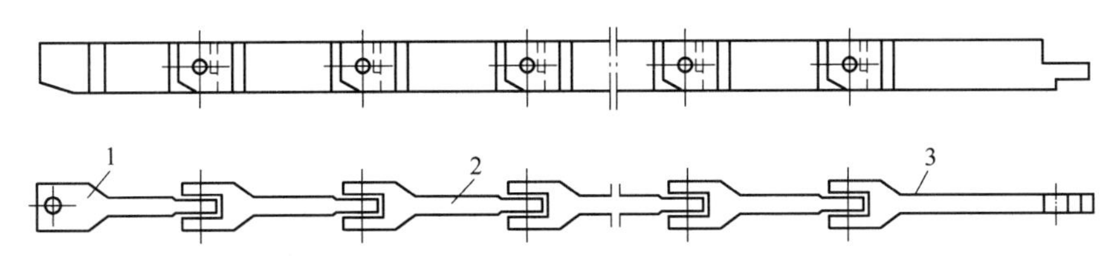

图 10-39 柔性引锭杆
1—引锭头；2—引锭杆；3—引锭杆尾部

（2）刚性引锭杆。它是一根刚性的90°圆弧杆，杆身是由四块钢板焊成的箱形结构（实体刚结构引锭杆），两侧弧形板的外弧半径等于铸机半径，如图10-40所示。近年来弧形小方坯连铸机多应用于此种引锭结构。其优点在于大大简化了二冷段铸坯导向装置和引锭杆跟踪装置，引锭较平稳，但刚性引锭杆存放占空间很大。

（3）半刚半柔性引锭杆。如图10-41所示，该杆前半段是刚性的，后半段是柔性的，存放时柔性部分卷起来。它综合了前两种引锭杆的优点，而又克服了它们的缺点。

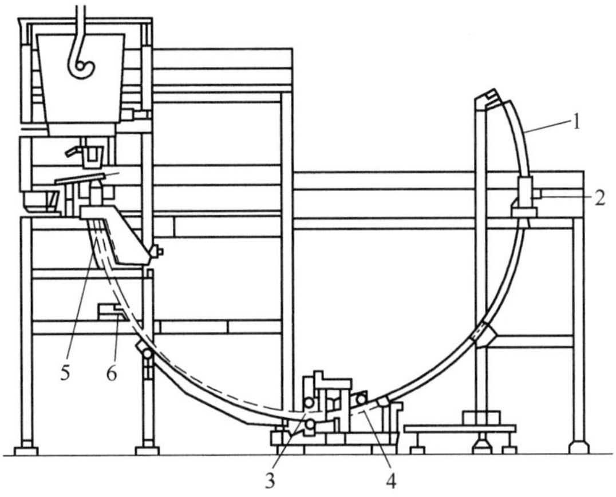

图 10-40 刚性引锭杆
1—引锭杆；2—驱动装置；3—拉辊；4—矫直辊；5—二冷区；6—托坯辊

10.3.7.2 脱锭装置

常用的引锭头主要是钩头式。引锭头可与拉矫机配合实现脱钩（见图10-42）。当引

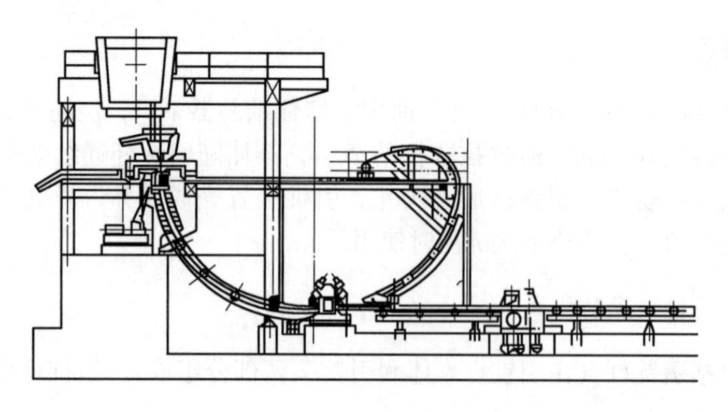

图 10-41　半刚半柔性引锭杆

锭头通过拉辊后，用上矫直辊压一下第一节引锭杆的尾部，便可使引锭头与铸坯脱开。

在现代板坯连铸机中，往往采用液压脱锭装置与小节距链式引锭杆和钩式引锭头配合使用。脱锭装置设置在拉矫机与切割设备之间，当引锭头通过最后一对夹持辊时，液压缸带动脱锭头上升，从而使引锭头与铸坯脱开（见图 10-43）。

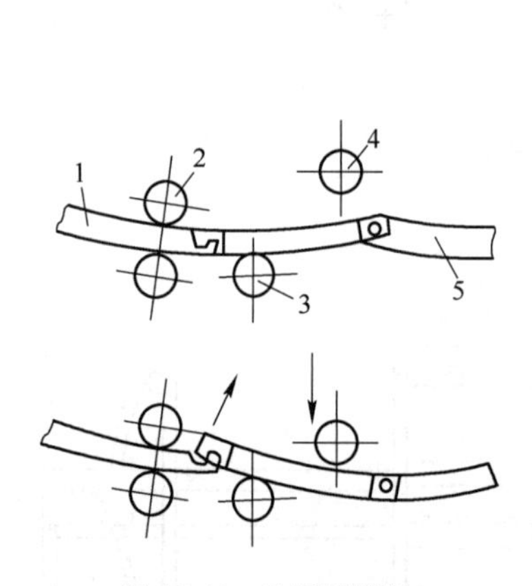

图 10-42　拉矫机脱锭

1—铸坯；2—拉辊；3—下矫直辊；4—上矫直辊；5—长节距引锭杆

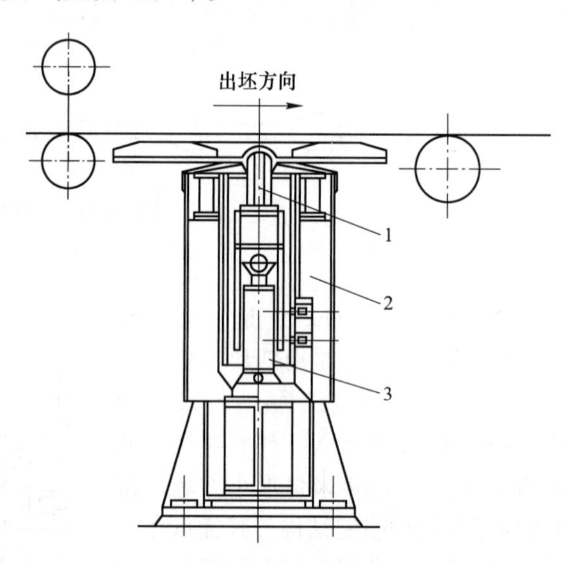

图 10-43　液压脱锭装置

1—脱锭头；2—导向框架；3—液压缸

10.3.8　辊缝测量装置

为适应现代板坯连铸机浇注断面的变化及保持铸坯的尺寸精确，减少铸坯发生鼓肚变形，必须经常对辊缝进行测量、调整。

辊缝可以人工测量，但此法精度较低，工作条件恶劣。目前常采用专用的辊缝测量装置（见图 10-44a）测量辊缝，也可以在引锭杆上安装两个位移传感器（见图 10-44b），分别与上、下辊接触，两个位移传感器的输出信号叠加得出两个辊间的距离。

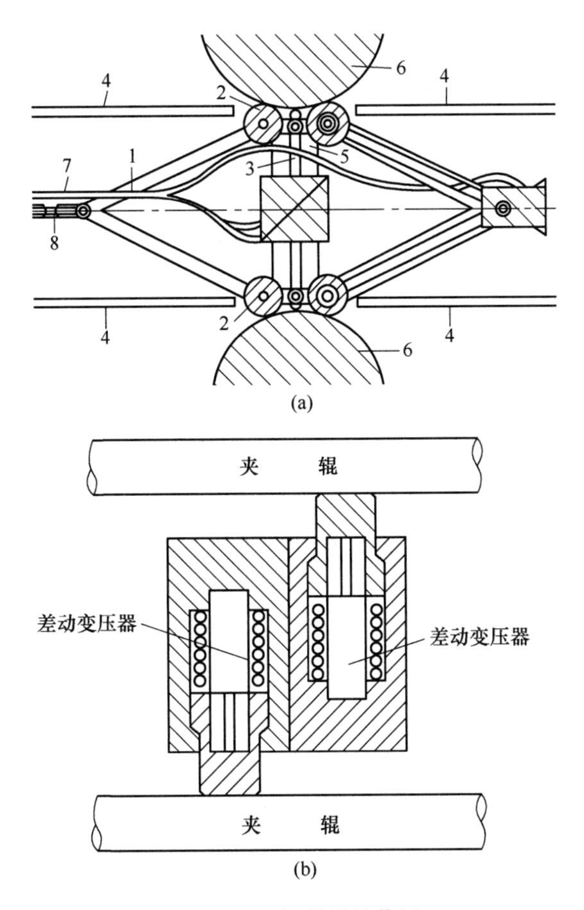

图 10-44　辊缝测量装置

(a) 剪形牵引辊缝测量装置；(b) 引锭头辊缝测量装置

1—气动可调整剪形牵引装置；2—压紧辊；3—带变速器的传感器；4—皮带

5—气缸；6—连铸机辊；7—电缆；8—链条

10.3.9　铸坯切割装置

连铸机中的切割装置应具有以下两点功能要求：

(1) 切割装置能够比较准确地把矫直后的铸坯，按照用户或下步工序的要求切割成定尺或数倍定尺长的铸坯。

(2) 与拉矫机拉出的铸坯同步运动，并在与铸坯同步运动中完成切割，切割动作应具有一定的速度，以防止铸坯切割时出现弯曲和其他缺陷。

目前连铸机上常用的切割装置主要有火焰切割机、机械剪和液压剪三种。

(1) 火焰切割装置。火焰切割装置由车架及车体走行装置、同步机构、切割枪横移装置、切割枪、边部检测器等组成。它利用预热氧气和可燃气（乙炔、丙烷、天然气、焦炉煤气、氢气等）混合燃烧的火焰，将切缝处的金属熔化，同时用高压氧气把熔化的金属吹掉，直至把铸坯切断。切割不锈钢或某些高合金铸坯时，还需向火焰中喷入铁粉、铝粉或镁粉等材料，使之氧化形成高温，以利于切割。

(2) 机械剪切装置。机械剪切设备简称机械剪或剪机。由于剪切是在运动过程中进行的，所以连铸机上用的剪机又称为飞剪。采用机械剪切，设备较大，但其剪切速度快，剪切时间只需 2~4s，定尺精度高，特别是生产定尺较短的铸坯时，因其无金属损耗且操作方便，在小方坯连铸机上应用较为广泛。

10.3.10　铸坯输出装置

输出装置的任务是把切成定尺的铸坯冷却、精整、出坯，以保证连铸机的连铸生产。由于钢种、产量、铸坯断面尺寸和定尺长度以及对铸坯质量要求的不同，输出设备也不同。一般情况下，输出装置包括输送辊道（见图 10-45 和图 10-46）、铸坯的横移装置、铸坯的冷却装置、铸坯表面清理装置、铸坯的吊具、打号机、去毛刺机和自动称量装置等等。

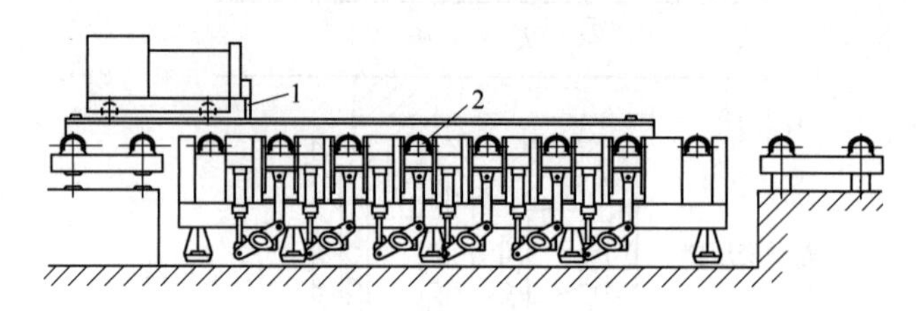

图 10-45　升降辊道
1—切割小车；2—升降辊道

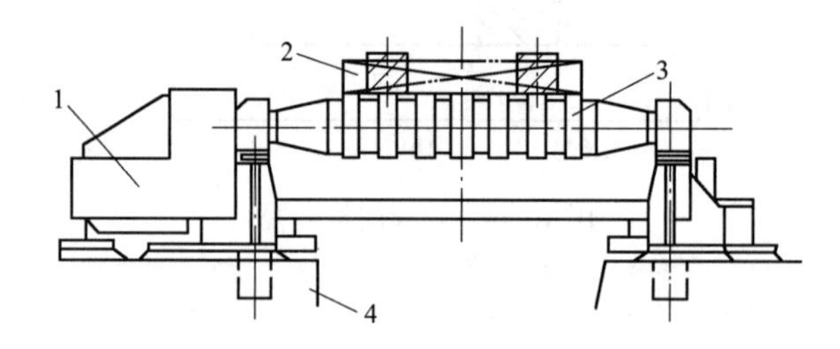

图 10-46　水平输送辊道
1—悬挂减速器；2—铸坯；3—盘形辊；4—冲渣沟

10.4　连铸坯质量

连铸坯的质量决定最终产品的质量。连铸坯质量从以下四个方面评价：连铸坯的纯净度、连铸坯的表面质量、连铸坯的内部质量、连铸坯的外观性质。

10.4.1　连铸坯的纯净度

与模铸相比，连铸的工序环节多，浇注时间长，因而夹杂物的来源范围广，组成也较为复杂，夹杂物从结晶器液相穴内上浮比较困难。夹杂物的存在破坏了钢基体的连续性和致密性。大于 50μm 的大型夹杂物往往伴有裂纹出现，造成连铸坯低倍结构不合格，板材分层，并损坏冷轧钢板的表面等，对钢危害很大。夹杂物的大小、形态和分布对钢质量的影响不同：如果夹杂物细小，呈球形，弥散分布，对钢质量的影响比集中存在要小些；当夹杂物大，呈偶然性分布，数量虽少对钢质量的危害也较大。

连铸机的机型对铸坯内夹杂物的数量和分布有着重要影响。不同的连铸机机型，其铸坯内夹杂物的分布有很大差别。就弧形结晶器而言，铸流对坯壳的冲击是不对称的，上浮的夹杂物容易被内弧侧液固界面所捕捉，因而在连铸坯内弧侧距表面约 10mm 处就形成了 Al_2O_3 夹杂物的聚集，大型夹杂物也多集中于连铸坯内弧内侧厚度的 1/5~1/4 的部位，如图 10-47 所示。由此可见弧形结晶器的铸坯夹杂物分布很不均匀，偏析于内弧侧。倘若是直结晶器，铸流冲击是对称的，液相穴夹杂物的上浮比较容易，同时夹杂物分布也比较均匀。

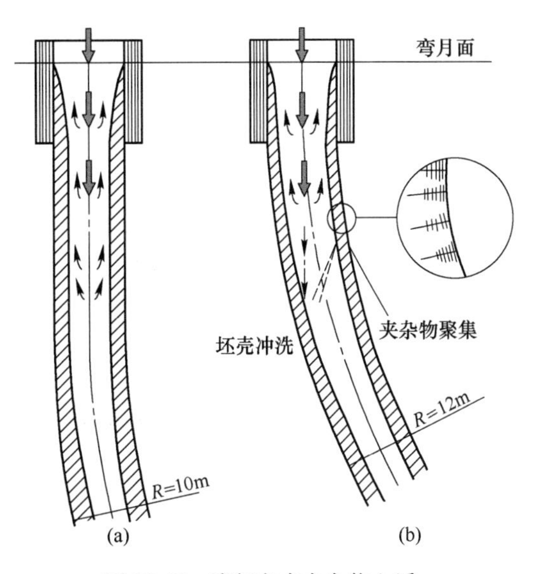

图 10-47　液相穴内夹杂物上浮
(a) 带垂直段立式连铸机；(b) 弧形连铸机

铸坯夹杂物聚集机理表明，液相穴内有利于夹杂物上浮的有效垂直长度应不小于 2m，因而要消除弧形连铸坯内夹杂物的聚集，最好建设带有 2~3m 垂直长度的弧形连铸机。

连铸机的机型不同，连铸坯内夹杂物的数量也有明显的差异。如按大样电解后大型夹杂物的数量排列，按立式铸机、立弯式铸机、弧形铸机顺序逐渐增多。

要提高钢的纯净度就应在钢液进入结晶器之前，从各工序着手，尽量减少对钢液的污染，并最大限度促使夹杂物从钢液中排除。为此应采取以下措施：

(1) 无渣出钢。

(2) 根据钢种的需要选择合适的精炼处理方式，以纯净钢液，改善夹杂物的形态。

(3) 采用无氧化浇注技术。

(4) 充分发挥中间包冶金净化器的作用。

(5) 连铸系统选用耐火度高、熔损小、高质量的耐火材料，以减少钢中外来夹杂物。

(6) 充分发挥结晶器的钢液净化器和铸坯质量控制器的作用。

(7) 采用电磁技术，控制铸流的运动。

10.4.2　连铸坯表面质量

连铸坯表面质量的好坏决定了铸坯在热加工之前是否需要精整，这也是影响金属收得率和成本的重要因素，还是铸坯热送和直接轧制的前提条件。

连铸坯表面缺陷（见图 10-48）形成的原因较为复杂，但总体来讲，主要是受结晶器内钢液凝固所控制。

10.4.2.1　表面裂纹

表面裂纹就其出现的方向和部位，可分为纵向裂纹、角部纵裂纹、横向裂纹和星状裂纹等。

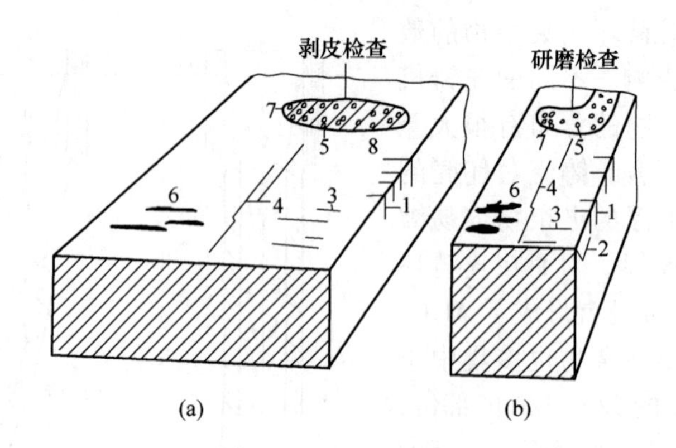

图 10-48　连铸坯表面缺陷

（a）板坯；（b）方坯

1—角部横裂纹；2—角部纵裂纹；3—表面横向裂纹；4—宽面纵裂纹；5—星状裂纹；6—振动痕迹；7—气孔；8—大型夹杂物

（1）纵向裂纹。纵向裂纹在板坯多出现在宽面的中间部位，方坯多出现在棱角处。表面纵裂纹直接影响钢材质量。严重的裂纹深度达 10mm 以上，将造成漏钢事故或废品。

其实早在结晶器内坯壳表面就存在细小裂纹，铸坯进入二冷区后，微小裂纹继续扩展形成明显裂纹。由于结晶器弯月面区初生坯壳厚度不均匀，其承受的应力超过了坯壳高温强度，在薄弱处产生应力集中，致使产生纵向裂纹。

坯壳厚度不均匀还会使小方坯发生菱变、圆坯表面产生凹陷，这些均是形成纵裂纹的决定因素。影响坯壳生长不均匀的原因很多，但关键仍然是弯月面初生坯壳生长的均匀性，为此应采用以下措施：

1）结晶器采用合理的倒锥度。坯壳表面与器壁接触良好，冷却均匀，可以避免产生裂纹和发生拉漏。

2）选用性能良好的保护渣。在保护渣的特性中，黏度对铸坯表面裂纹影响最大，高黏度保护渣使纵裂纹增加。

3）浸入式水口的出口倾角和插入深度要合适，安装要对中，以减轻铸流对凝固坯壳的冲刷，使其生长均匀，可防止纵裂纹的产生。

4）根据所浇钢种确定合理的浇注温度及拉坯速度。

5）保持结晶器液面稳定，结晶器液面波动区间应控制在±5mm 以内。

6）钢的化学成分应控制在合适的范围。钢中 $w[\mathrm{C}] \approx 0.10\%$时，由于凝固处于包晶区，此时温度在固相线以下 20~50℃时，钢的线收缩最大，出现纵裂纹最为严重。当钢中 $w[\mathrm{C}] > 0.20\%$时，产生纵裂纹的几率很小。铸坯厚度不同，拉速不同，出现裂纹的严重程度也不相同。钢中 $w[\mathrm{P}] > 0.015\%$，$w[\mathrm{S}] > 0.015\%$时，钢的强度与塑性降低较多，容易产生纵裂纹。

7）采用热顶结晶器。即在弯月面区 75mm 铜板内，镶入导热性差的材料，如不锈钢等，使结晶器此处的热流密度减少 50%~70%，延缓坯壳的收缩，减轻铸坯表面的凹陷，从而减少裂纹发生几率。

（2）角部纵裂纹。角部纵裂纹常常发生在铸坯角部 10~15mm 处，有的发生在棱角上、板坯的宽面与窄面交界棱角附近部位。由于角部是二维传热，因而结晶器角部钢水凝固速度较其他部位要快，初生坯壳收缩较早，形成了角部不均匀气隙，热阻增加，影响坯壳生长，其薄弱处承受不住应力作用而形成角部纵裂纹。角部纵裂纹产生关键在结晶器。有试验指出，倘若将结晶器窄面铜板内壁纵向加工成凹面，呈弧线状，这样在结晶器 1/2 高度上，角部坯壳被强制与结晶器壁接触，由此热流增加了 70%，坯壳生长均匀，因而避免了铸坯凹陷和角部纵裂纹。

另外，试验还发现当板坯宽面出现鼓肚变形时，若铸坯窄面能随之呈微凹时，则无角部纵裂纹发生。这可能是由于窄面的凹下缓解了宽面突起时对角部的拉应力。

小方坯的菱变会引起角部纵裂纹。为此结晶器水缝内冷却水流分布均匀，保持结晶器内腔的正规形状、正确尺寸、合理倒锥度和圆角半径及规范的操作工艺，可以避免角部裂纹的发生。

（3）横向裂纹。横向裂纹多出现在铸坯的内弧侧振痕波谷处，通常是隐蔽看不见的。经金相检查指出，裂纹深 7mm，宽 0.2mm，处于铁素体网状区，也正好是初生奥氏体晶界。晶界处还有 AlN 或 Nb(CN) 的质点沉淀，因而降低了晶界的结合力，诱发了横裂纹的产生。铸坯矫直时，内弧侧受拉应力作用，由于振痕缺陷效应而产生应力集中，如果正值700~900℃脆化温度区，就会促成振痕波谷处横裂纹的生成。当铸坯表面有星状龟裂纹时，由于受矫直应力的作用，这些细小的裂纹就会扩展成横裂纹。浇注高碳钢和高磷硫钢时，若结晶器润滑不好，摩擦力稍有增加也会导致坯壳产生横裂纹。减少横裂纹的措施如下：

1）结晶器采用高频率、小振幅振动，振动频率在 200~400 次/min，振幅 2~4mm，可以有效减小振痕深度。

2）二冷区采用平稳的热冷却，矫直时铸坯的表面温度要高于质点沉淀温度或高于 $\gamma\rightarrow\alpha$ 转变温度，避开低延性区。

3）降低钢中 S、O、N 的含量，或加入 Ti、Zr、Ca 等元素，抑制 C-N 化物和硫化物在晶界的析出。

4）选用性能良好的保护渣。

5）保持结晶器液面的稳定。

（4）星状裂纹。星状裂纹是一般发生在晶间的细小裂纹，呈星状或网状。它通常是隐藏在氧化铁皮之下，难以发现，经酸洗或喷丸后才出现在铸坯表面。星状裂纹的产生主要是由于铜向铸坯表面层晶界的渗透，或者有 AlN、BN 或硫化物在晶界沉淀，降低了晶界的强度，引起晶界的脆化。减少铸坯表面星状裂纹的措施如下：

1）结晶器铜板表面应镀铬或镀镍，减少铜的渗透。

2）精选原料，降低 Cu、Sn 等元素的原始含量，以控制钢中残余成分 $w[\mathrm{Cu}]<0.20\%$。

3）降低钢中含硫量，并控制 $w[\mathrm{Mn}]/w[\mathrm{S}]>40$，有可能消除星状裂纹。

4）控制钢中 [Al]、[N] 的含量。

5）选择合适的二次冷却制度。

10.4.2.2 表面夹渣

表面夹渣是指在铸坯表皮下 2~10mm 镶嵌有大块的渣子，因而也称为皮下夹渣。就其夹渣的组成来看，锰-硅盐系夹杂物的外观颗粒大而浅，Al_2O_3系夹杂物细小而深。若不清除表面夹渣，会造成成品表面缺陷，增加制品的废品率。夹渣的导热性低于钢，致使夹渣处坯壳生长缓慢，凝固壳薄弱，这往往是拉漏的起因。一般渣子的熔点高易形成表面夹渣。

敞开浇注时，由于二次氧化，结晶器表面有浮渣。浮渣的熔点和流动性以及钢液的浸润性均与浮渣的组成有直接关系。对硅铝镇静钢，浮渣的组成与钢中的 $w[Mn]/w[Si]$ 有关。当 $w[Mn]/w[Si]$ 低时，形成浮渣的熔点高，容易在弯月面处冷凝结壳，产生夹渣的几率较高。因此，钢中的 $w[Mn]/w[Si]$ 以大于 3 为宜。对用铝脱氧的钢，铝线喂入数量也影响夹渣的性质，当钢液加铝量大于 200g/t 时，浮渣中 Al_2O_3增多，熔点升高，致使铸坯表面夹渣猛增。所以 $w[C]=0.15\%\sim0.30\%$ 的低锰钢，加铝量控制在 70～120g/t；$w[C]<0.20\%$时，最佳加铝量为 50～100g/t。

此外，可以加入能够软化和吸收浮渣的材料，改善浮渣的流动性，以减少铸坯的表面夹渣。

用保护渣浇注时，产生夹渣的根本原因是由于结晶器液面不稳定。因此水口出孔形状与尺寸的变化、插入深度、吹气量的多少、塞棒失控以及拉速突然变化等均会引起结晶器液面的波动，严重时导致夹渣。结晶器液面波动对卷渣的影响为：液面波动区间为±20mm时，皮下夹渣深度小于 2mm；液面波动区间为±40mm 时，皮下夹渣深度小于 4mm；液面波动区间大于 40mm 时，皮下夹渣深度小于 7mm。

皮下夹渣深度小于 2mm，铸坯在加热过程中可以消除；皮下夹杂深度在 2～5mm 时，热加工前铸坯必须进行表面精整。为消除铸坯表面夹渣，应采取的措施为：

（1）控制结晶器表面波动，使其小于±5mm。

（2）浸入式水口插入深度应控制在最佳位置。

（3）浸入式水口出孔的倾角要选择得当，以出口流股不致搅动弯月面渣层为原则。

（4）控制中间包塞棒的吹氩气量，防止气泡上浮时，对钢渣界面强烈搅动和翻动。

（5）选用性能良好的保护渣，且（Al_2O_3）原始含量小于 10%，并控制一定厚度的液渣层。

10.4.2.3　皮下气泡与气孔

在铸坯表皮以下，直径约 1mm，长度在 10mm 左右，沿柱状晶生长方向分布的气泡，这些气泡若裸露于铸坯表面称其为表面气泡；小而密集的小孔称皮下气孔，也称皮下针孔。在加热炉内铸坯皮下气泡表面氧化，轧制过程不能焊合，产品形成裂纹；埋藏较深的气泡，也会使轧后产品形成细小裂纹。为此要采取以下措施消除气泡的形成：

（1）强化脱氧，如钢中溶解 $w[Al]>0.008\%$，可以消除 CO 气泡的生成。

（2）凡是入炉的一切材料、与钢液直接接触的所有耐火材料，如钢包、中间包衬及保护渣和覆盖剂等必须干燥，以减少氢的来源。

（3）采用全程保护浇注。

（4）选用合适的精炼方式降低钢中含气量。

（5）控制中间包塞棒的吹入 Ar 气量。

10.4.3 连铸坯内部质量

铸坯的内部质量是指铸坯是否具有正确的凝固结构、偏析程度、内部裂纹、夹杂物含量及分布状况等。凝固结构是铸坯的低倍组织，即钢液凝固过程中形成的等轴晶和柱状晶的比例。铸坯的内部质量与二冷区的冷却及支撑系统是密切相关的。铸坯的内部缺陷如图10-49所示。

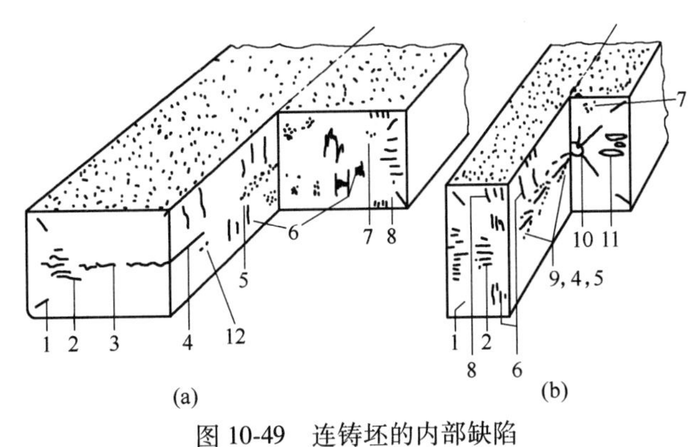

图 10-49 连铸坯的内部缺陷

（a）板坯；（b）方坯

1—内部角裂；2—侧面中间裂纹；3—中心线裂纹；4—中心线偏析；5—疏松；6—中间裂纹；7—非金属夹杂物；8—皮下鬼线；9—缩孔；10—中心星状裂纹对角线裂纹；11—针孔；12—半宏观偏析

10.4.3.1 中心偏析

钢液在凝固过程中，由于溶质元素在固液相中的再分配造成了铸坯化学成分的不均匀性，中心部位碳、磷、硫的含量明显高于其他部位，这就是中心偏析。中心偏析往往与中心疏松和缩孔相伴而存在，恶化了钢的力学性能，降低了钢的韧性和耐蚀性，严重影响产品质量。

中心偏析是由于铸坯凝固末期，尚未凝固富集偏析元素的钢流流动所造成的。铸坯的柱状晶比较发达，凝固过程常有“搭桥”发生。方坯的凝固末端液相穴窄尖，“搭桥”后钢液补缩受阻，形成“小钢锭”结构。因而周期性、间断地出现了缩孔与偏析。相比之下，板坯的凝固末端液相穴宽平，尽管有柱状晶“搭桥”，钢液仍能进行补充。但当板坯发生鼓肚变形时，也会引起液相穴内富集溶质元素的钢液流动，从而形成中心偏析。

为减小铸坯的中心偏析，可采取以下措施：

（1）降低钢中易偏析元素的含量。应采用炉外处理技术，将［S］含量降到0.01%以下。

（2）采用低过热度的浇注，减小柱状晶带的宽度，从而达到控制铸坯的凝固结构。

（3）采用电磁搅拌技术，消除柱状晶“搭桥”，增大中心等轴晶区宽度。

（4）防止铸坯发生鼓肚变形，二冷区夹辊要严格对弧，宽板坯的夹辊最好采用多节辊。

（5）在铸坯的凝固末端采用轻压下技术来补偿铸坯最后凝固的收缩，从而抑制残余钢水的流动，减轻或消除中心偏析。

（6）在铸坯的凝固末端设置强制冷却区，可以防止鼓肚，增加中心等轴晶区，中心偏析大为减轻，其效果不亚于轻压下技术。

10.4.3.2 中心疏松

在铸坯的断面上分布有细微的孔隙，这些孔隙称为疏松。分散分布于整个断面的孔隙称为一般疏松；在树枝晶间的小孔隙称为枝晶疏松；铸坯中心线部位的疏松称之为中心疏松。一般疏松和枝晶疏松在轧制过程中均能焊合，唯有中心疏松伴有明显的偏析，轧制后完全不能焊合。中心疏松和中心偏析严重时，还会导致中心线裂纹。中心疏松还影响着铸坯的致密度。

根据钢种的需要控制合适的过热度和拉坯速度；二冷区采用弱冷却制度和电磁搅拌技术，可以促进柱状晶向等轴晶转化，是减少中心疏松和改善铸坯致密度和有效措施，从而提高铸坯质量。

10.4.3.3 内部裂纹

铸坯从皮下到中心出现的裂纹都是内部裂纹，由于这是在凝固过程中产生的裂纹，因此也称凝固裂纹。从结晶器下口拉出带液芯的铸坯，在弯曲、矫直和夹辊的压力作用下，于凝固前在薄弱的固液界面上沿一次树枝晶或等轴晶界裂开，富集溶质元素的母液流入缝隙中，因此这种裂纹往往伴有偏析线，也称其为“偏析条纹”。在热加工过程中“偏析条纹”是不能消除的，在最终产品上必然留下条状缺陷，影响钢的力学性能，尤其是对横向性能危害最大。

（1）皮下裂纹。一般在距铸坯表面20mm以内，与表面垂直的细小裂纹，都称为皮下裂纹。皮下裂纹大都靠近角部，也有在菱变后沿断面对角线走向形成的。主要是由于铸坯表面层温度反复变化导致相变，沿两相组织的交界面扩展而形成的裂纹。

（2）矫直裂纹。矫直裂纹是带液芯的铸坯进入矫直区，铸坯的内弧表面受张力作用，矫直变形率超过了凝固前沿固液界面的临界允许值，从晶间裂开而形成的。

（3）压下裂纹。压下裂纹是与拉辊压下方向相平行的中心裂纹。当压下过大时，即使铸坯完全凝固，也有可能形成裂纹。

（4）中心裂纹。中心裂纹是在板坯横断面中心线上出现的裂纹，并伴有磷、硫元素的正偏析，也称为断面裂纹。在加热过程中，裂纹表面会被氧化，从而使板坯报废。这种缺陷很少出现，一旦出现危害极大。

（5）中心星状裂纹。中心星状裂纹是在方坯断面中心出现的呈放射状的裂纹。其形成原因主要由于凝固末期液相穴内残余钢液凝固收缩，而周围的固体阻碍其收缩产生拉应力，中心钢液凝固又放出潜热而加热周围的固体使其膨胀，在两者综合作用下，中心区受到破坏而导致放射性裂纹。

为减少铸坯内部裂纹，应采取以下措施：对板坯连铸机可采用压缩浇注技术，或者应用多点矫直技术、连续技术均能避免铸坯内部裂纹的发生；二冷区夹辊辊距要合适，要准确对弧，支撑辊间隙误差要符合技术要求；二冷区冷却水分配要适当，保持铸坯表面温度均匀；拉辊的压下量要合适，最好用液压控制机构。

10.4.4 连铸坯形状缺陷

10.4.4.1 鼓肚变形

带液芯的铸坯在运行过程中，于两支撑辊之间，高温坯壳中钢液静压力作用下，发生鼓胀成凸面的现象，称为鼓肚变形，如图 10-50 所示。板坯宽面中心凸起的厚度与边缘厚度之差称为鼓肚量，可以衡量铸坯鼓肚变形程度。高碳钢在浇注大、小方坯时，在结晶器下口侧面有时会产生鼓肚变形，同时还可能引起角部附近的皮下晶间裂纹。

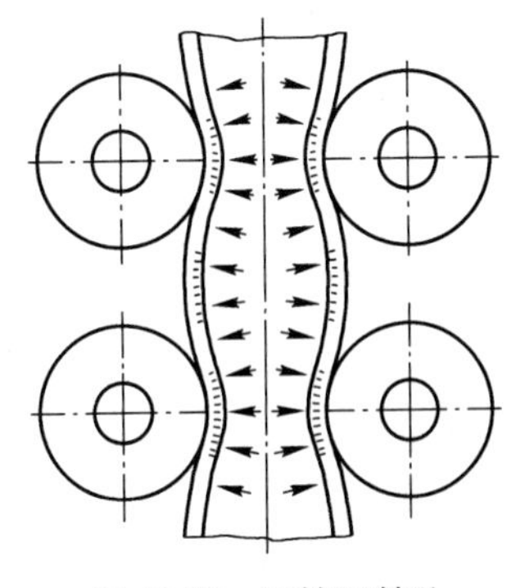

图 10-50 连铸坯鼓肚

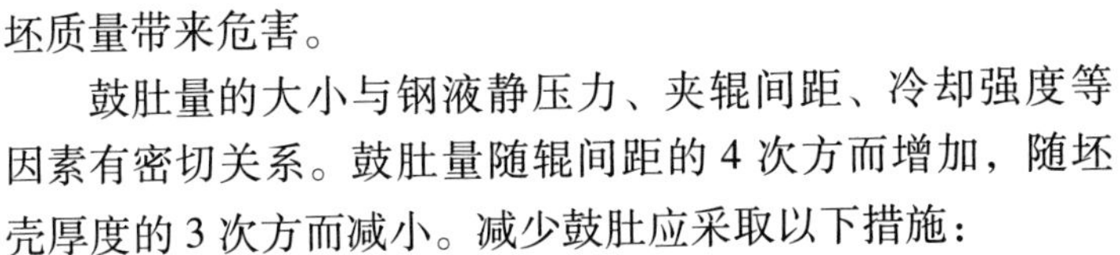

板坯鼓肚会引起液相穴内富集溶质元素钢液的流动，从而加重铸坯的中心偏析，也有可能形成内部裂纹，给铸坯质量带来危害。

鼓肚量的大小与钢液静压力、夹辊间距、冷却强度等因素有密切关系。鼓肚量随辊间距的 4 次方而增加，随坯壳厚度的 3 次方而减小。减少鼓肚应采取以下措施：

（1）降低连铸机的高度，减小钢液对坯壳的静压力。

（2）二冷区采用小辊距密排列，铸机从上到下辊距应由密到疏布置。

（3）支撑辊要严格对中。

（4）加大二冷区冷却强度，以增加坯壳厚度和坯壳的高温强度。

（5）防止支撑辊的变形，板坯的支撑辊最好选用多节辊。

10.4.4.2 菱形变形

菱形变形也称脱方，是大、小方坯的缺陷。菱形变形是指铸坯的一对角小于 90°，另一对角大于 90°。两对角线长度之差称为脱方量。菱形变形程度用（脱方量/对角线平均长度）×100%来衡量。它应控制在 3%以下。

铸坯发生菱形变形主要是由于结晶器四壁冷却不均匀，因而形成的坯壳厚度不均匀，引起收缩的不均匀，这一系列的不均匀导致了铸坯的菱形变形。在结晶器内由于四壁的限制铸坯仍然能保持方坯；可一旦出了结晶器，如果二次冷却仍然不够均匀，支撑不充分，那么铸坯的菱变会进一步地发展；即使是二冷能够均匀冷却，由于坯壳厚度的不均匀造成的温度不一致，坯壳的收缩仍然是不均匀的，菱形变形也会有发展。

引起结晶器冷却不均匀的因素较多，如冷却水质的好坏、流速的大小、进出水温度差、结晶器的几何形状和锥度都要影响结晶器冷却的均匀性。控制这些因素是控制菱形变形的关键。

10.4.4.3 圆铸坯变形

圆铸坯变形是指圆坯变形成椭圆形或不规则多边形。圆坯直径越大，变成椭圆的倾向越严重。形成椭圆变形的原因有：

（1）圆形结晶器内腔变形。

（2）二冷区冷却不均匀。

（3）连铸机下部对弧不准。

（4）拉矫辊的夹紧力调整不当，过分压下。

针对以上形成的原因可采取相应措施：及时更换变形的结晶器；二冷区均匀冷却；连铸机要严格对弧；调整拉矫辊形成合适的夹紧力；也可适当降低拉速，以增加坯壳强度，避免变形。

思考题

10-1 连铸的主要特点及优越性有哪些？

10-2 连铸机的主要种类及特点有哪些？

10-3 连铸结晶器的主要作用有哪些？

10-4 中间包冶金的主要含义是什么？

10-5 结晶器振动的作用及其主要方式有哪些？

10-6 什么是二次冷却？它的主要作用有哪些？二冷配水的基本原则是什么？

10-7 连铸引锭杆及其作用有哪些？

10-8 什么是成分过冷？它在钢液凝固过程中有哪些作用？

10-9 什么是偏析？简述其产生原因及相应改进措施。

10-10 连铸坯产生裂纹的根本原因是什么？

10-11 简述连铸坯的凝固组织及其控制方法。

10-12 连铸保护渣有哪些冶金功能？

10-13 连铸坯的表面质量和内部质量的含义是什么？

参考文献

［1］高泽平．炼钢工艺学［M］．北京：冶金工业出版社，2013.
［2］包燕平，冯捷．钢铁冶金学教程［M］．北京：冶金工业出版社，2008.
［3］王新华．钢铁冶金——炼钢学［M］．北京：高等教育出版社，2007.
［4］朱苗勇．现代冶金学（钢铁冶金卷）［M］．北京：冶金工业出版社，2005.
［5］高泽平．炉外精炼教程［M］．北京：冶金工业出版社，2011.
［6］李建朝，齐素慈．转炉炼钢生产［M］．北京：化学工业出版社，2011.
［7］王雅贞，李承祚．转炉炼钢问答［M］．北京：冶金工业出版社，2003.
［8］郑沛然．炼钢学［M］．北京：冶金工业出版社，1994.
［9］陈家祥．钢铁冶金学（炼钢部分）［M］．北京：冶金工业出版社，1990.
［10］沈才芳，孙社成，陈建斌．电弧炉炼钢工艺与设备［M］．北京：冶金工业出版社，2001.
［11］赵沛．炉外精炼及铁水预处理实用技术手册［M］．北京：冶金工业出版社，2004.
［12］刘根来．炼钢原理与工艺［M］．北京：冶金工业出版社，2004.
［13］贺道中．连续铸钢［M］．北京：冶金工业出版社，2007.
［14］陈建斌．炉外处理［M］．北京：冶金工业出版社，2009.

参考文献

[illegible]

冶金工业出版社部分图书推荐

书　名	定价(元)
新能源导论	46.00
锡冶金	28.00
锌冶金	28.00
工程设备设计基础	39.00
功能材料专业外语阅读教程	38.00
冶金工艺设计	36.00
机械工程基础	29.00
冶金物理化学教程（第2版）	45.00
锌提取冶金学	28.00
大学物理习题与解答	30.00
冶金分析与实验方法	30.00
工业固体废弃物综合利用	66.00
中国重型机械选型手册——重型基础零部件分册	198.00
中国重型机械选型手册——矿山机械分册	138.00
中国重型机械选型手册——冶金及重型锻压设备分册	128.00
中国重型机械选型手册——物料搬运机械分册	188.00
冶金设备产品手册	180.00
高性能及其涂层刀具材料的切削性能	48.00
活性炭-微波处理典型有机废水	38.00
铁矿山规划生态环境保护对策	95.00
废旧锂离子电池钴酸锂浸出技术	18.00
资源环境人口增长与城市综合承载力	29.00
现代黄金冶炼技术	170.00
光子晶体材料在集成光学和光伏中的应用	38.00
中国产业竞争力研究——基于垂直专业化的视角	20.00
顶吹炉工	45.00
反射炉工	38.00
合成炉工	38.00
自热炉工	38.00
铜电解精炼工	36.00
钢筋混凝土井壁腐蚀损伤机理研究及应用	20.00
地下水保护与合理利用	32.00
多弧离子镀 Ti-Al-Zr-Cr-N 系复合硬质膜	28.00
多弧离子镀沉积过程的计算机模拟	26.00
微观组织特征性相的电子结构及疲劳性能	30.00